高职高专教育"十二五"规划特色教材
国家骨干高职院校建设项目成果

花卉生产技术

韩春叶　王淑珍　主编

U0342425

中国农业大学出版社
·北京·

内 容 简 介

本教材共分 12 个情境：花卉分类，花卉生产设施，花卉繁殖技术，花期调控技术，一、二年生花卉生产技术，宿根花卉生产技术，木本花卉生产技术，球根花卉生产技术，水生花卉生产技术，温室花卉生产技术，切花生产技术，花卉应用技术。

每个情境均有任务单、资讯单、信息单、计划单、决策单、材料工具单、实施单、作业单、检查单、评价单、教学反馈单，理论结合实训，培养学生的综合应用能力。

图书在版编目(CIP)数据

花卉生产技术/韩春叶，王淑珍主编. —北京：中国农业大学出版社，2013.7(2016.7 重印)
ISBN 978-7-5655-0730-4

Ⅰ.①花… Ⅱ.①韩… ②王… Ⅲ.①花卉-观赏园艺 Ⅳ.①S68

中国版本图书馆 CIP 数据核字(2013)第 134177 号

书　名 花卉生产技术	
作　者 韩春叶　王淑珍　主编	
策划编辑 姚慧敏　伍　斌	**责任编辑** 韩元凤
封面设计 郑　川	**责任校对** 王晓凤　陈　莹
出版发行 中国农业大学出版社	
社　址 北京市海淀区圆明园西路 2 号	**邮政编码** 100193
电　话 发行部 010-62818525，8625	**读者服务部** 010-62732336
编辑部 010-62732617，2618	**出 版 部** 010-62733440
网　址 http://www.cau.edu.cn/caup	**e-mail** cbsszs @ cau.edu.cn
经　销 新华书店	
印　刷 涿州市星河印刷有限公司	
版　次 2013 年 7 月第 1 版　2016 年 7 月第 2 次印刷	
规　格 787×1 092　16 开本　22.75 印张　560 千字	
定　价 39.00 元	

图书如有质量问题本社发行部负责调换

河南农业职业学院教材编审委员会

编审人员

主　编　韩春叶（河南农业职业学院）
　　　　王淑珍（河南农业职业学院）

副主编　郭　丽（河南农业职业学院）
　　　　陈星星（河南农业职业学院）
　　　　王明山（河南农业职业学院）

参　编　张新俊（河南农业职业学院）
　　　　衡　静（河南农业职业学院）
　　　　朱永兴（河南农业职业学院）
　　　　程玉江（缤纷园艺公司）
　　　　闫书顺（凤凰园艺公司）

主　审　王明山（河南农业职业学院）

前　言

　　《花卉生产技术》是河南农业职业学院园艺园林系园林教研室教师多年来教学改革的成果。花卉生产技术是根据高等职业院校园林、园艺专业人才培养模式培养目标的要求,通过教、学实施,从真正意义上来改变学生、教师在课堂中的地位,实现以学生为主体地位、教师起主导作用的目标。在教学目标的培养上也体现出了职业能力的几个方面。

　　《花卉生产技术》是以引导文式教学方法为主,教师讲授法为辅的教学法。引导文式教学法是"借助于预先准备的引导式性的教学文字,引导学生自己解决实际问题"。引导文式的教学任务是建立项目教学工作和它所需求的专业知识、专业技能之间的关系,让学生圆满完成教学任务应该掌握的知识内容、专业技能等。

　　引导文式教学法一般包括以下几个部分:

　　(1)任务单:给出一个项目的工作任务。

　　(2)资讯单:完成项目任务可以咨询的材料。

　　(3)信息单:学生所要掌握的专业知识和技能。

　　(4)计划单:学生通过引导性问题,找出相应任务的专业知识和专业技能方法。

　　(5)决策单:制定任务实施计划及完成任务所需要的时间及难度。

　　(6)材料工具单:完成任务所需要的材料及工具。

　　(7)实施单:学生按照自己制订的任务计划分步实施。

　　(8)作业单:学生完成任务时所要完成的作业情况。

　　(9)检查单:为保质保量地完成生产任务,实施过程中教师要进行检查,学生要自查、相互检查。

　　(10)评价单:通过学生任务实施完成的情况,给出综合性评价。

　　(11)教学反馈单:以上完成任务时反映出的问题。

　　在11个步骤当中,教师能作为主体存在的部分是决策和评价。学生在整个过程中大多都占主体地位,能充分体现引导文式教学的意义。

　　本书内容包括花卉分类,花卉生产设施,花卉繁殖技术,花期调控技术,一、二年生花卉生产技术,宿根花卉生产技术,木本花卉生产技术,球根花卉生产技术,水生花卉生产技术,温室花卉生产技术,切花生产技术,花卉应用技术。各地根据当地条件调整部分授课内容及学时安排,合理地、渐进地完成教学任务。

　　本书的编写分工如下:学习情境1、2由郭丽编写,学习情境3、4由韩春叶编写,学习情境5、6由衡静、王明山、郭丽编写,学习情境7、8由张新俊编写,学习情境9由程玉江、闫书顺编写,学习情境10由陈星星编写,学习情境11由朱永兴编写,学习情境12由王淑珍编写,最后由韩春叶、王淑珍负责统稿。全书由王明山审稿。本书作者于2011年7月参加在上海同济大学举办的"高职工作过程系统化课程开发与实施的师资能力培养"，在此基础上，开发了花卉生产技术课程设计，是否得当还需同行专家指正。本书部分内容参考了部分学者的文献资料，在此致以衷心的感谢。

编　者

2013 年 1 月

目 录

学习情境 1　花卉分类

任 务 单

学习领域	花卉生产技术		
学习情境 1	花卉分类	学时	12
任务布置			
学习目标	1.了解常见花卉生物学特性、观赏部位、应时开花、栽培形式及应用目的的分类等基础知识。 2.掌握常见花卉的生态习性、栽培要点、观赏应用目的,并熟练识别常见花卉。 3.掌握一、二年生花卉、宿根花卉、球根花卉、多年生花卉、水生花卉、仙人掌及多肉植物、木本花卉的形态特征,生态习性,观赏应用目的。为花卉生产和花卉装饰应用奠定基础。		
任务描述	本章是花卉学习的入门,主要介绍花卉生产上常用的分类方法以及各类花卉的习性和特征等。在学习过程中可通过各种教学手段和形式,掌握各类花卉的特征、习性,并熟练识别常见花卉。为学习掌握花卉生产技术打下良好基础。具体任务要求如下: 1.利用多媒体或播放幻灯片,了解花卉常见分类方法。 2.能够说出按照不同的分类方法花卉可以分为哪些种类。 3.了解常见花卉种类,熟悉并掌握 100 种花卉的形态特征。		

学时安排	资讯 2 学时	计划 1 学时	决策 1 学时	实施 6 学时	检查 1 学时	评价 1 学时
参考资料	1.曹春英.花卉栽培.北京:中国农业出版社,2011. 2.陈俊愉.中国花卉品种分类学.北京:中国林业出版社,2001. 3.北京林业大学园林系花卉教研组.花卉学.北京:中国林业出版社,1990. 4.康亮.园林花卉学.北京:中国建筑工业出版社,1999. 5.芦建国,杨艳容.园林花卉.北京:中国林业出版社,2006. 6.张树宝.花卉生产技术.重庆:重庆大学出版社,2010. 7.鲁涤非.花卉学.北京:中国农业出版社,2003. 8.杨红丽.园艺植物生产技术(第三分册).河南农业职业学院. 9.http://www.hm123.cn 花木资讯通.					
对学生的 要求	1.了解花卉常见分类方法。 2.能进行常见花卉种类识别。 3.能说出常见的宿根花卉、球根花卉、水生花卉、多肉多浆花卉。 4.识别各类花卉的形态特征,掌握常见花卉的生态习性、栽培要点及观赏应用目的。 5.学生分组课余时间学习 100 种花卉名称、科属及生态习性、繁殖技术、栽培要点、观赏应用目的。 6.严格遵守纪律,不迟到,不早退,不旷课。					

资　讯　单

学习领域	花卉生产技术		
学习情境1	花卉分类	学时	12
咨询方式	在资料角、图书馆、专业杂志、互联网及信息单上查询;咨询任课教师		
咨询问题	1.按照不同的分类方法花卉可以分为哪些种类? 2.什么是一、二年生花卉?并举例说明。 3.什么是宿根花卉、球根花卉?并举例说明。 4.什么是水生花卉、多肉多浆花卉?并举例说明。 5.什么是蕨类植物?并举例说明。 6.按花卉对温度的要求可分哪几类?它们对温度有何要求? 7.按花卉对光照的要求可分哪几类?它们对光照强度有何要求? 8.按花卉对水分的要求可分哪几类?它们对水分有何要求?生产中如何掌握? 9.分析一、二年生花卉的异同,举例说明装饰应用。 10.分析宿根花卉、球根花卉的异同,举例说明装饰应用。		
资讯引导	1.问题1～7可以在《园林花卉》(芦建国,杨艳容)和《花卉学》(鲁涤非)中查询。 2.问题8～10可以在《花卉栽培》(曹春英)和《园林花卉学》(康亮)中查询。		

信 息 单

学习领域	花卉生产技术		
学习情境 1	花卉分类	学时	12

信 息 内 容

人们对花卉的分类与常规的植物分类一样,从不同的角度或是从花卉植物的应用特点,有各种不同的分类方法,不同的方法各有其优缺点,因此也就各有其实际应用的具体条件。

我国地域辽阔,气候复杂,南北地跨热、温、寒三带,花卉种类繁多,生态习性各异,为了便于学习掌握,现将常用的分类方法(自然科属分类见植物学)介绍如下。

一、按生物学性状分类

(一)草本花卉

植物的茎为草质,木质化程度低,柔软多汁易折断的花卉称为草本花卉。按花卉形态分为6种类型。

1.一、二年生花卉

(1)一年生花卉 是指个体生长发育在一年内完成其生命周期的花卉。这类花卉在春天播种,当年夏秋季节开花、结果、种子成熟,入冬前植株枯死。所以又称春播花卉。如一串红、万寿菊、百日草、凤仙花、鸡冠花、孔雀草、半枝莲、紫茉莉等。

(2)二年生花卉 是指个体生长发育需跨年度才能完成其生命周期的花卉。这类花卉一般在秋季播种,第二年春季开花、结果、种子成熟,夏季植株死亡。所以又称秋播花卉。如金鱼草、金盏菊、三色堇、羽衣甘蓝、雏菊等。

2.宿根花卉

植株入冬后,根系在土壤中宿存越冬,第二年春天萌芽生长开花或秋季开花的一类花卉。如菊花、芍药、萱草、玉簪、蜀葵、麦冬等。

3.球根花卉

花卉地下根或地下茎变态为肥大的球状或块状等,以其贮藏水分、养分度过休眠期的花卉。球根花卉按形态的不同分为5类:

(1)鳞茎类 地下茎极度短缩,呈扁平的鳞茎盘,其上有许多肉质鳞叶相互聚合或抱合成球的一类花卉。如水仙、风信子、郁金香、百合、朱顶红等。

(2)球茎类 地下茎膨大呈球形,表面有环状节痕,顶端有肥大的顶芽,侧芽不发达的一类花卉。如唐菖蒲、小苍兰、番红花、狒狒花、香雪兰、荸荠等。

(3)块茎类 地下茎膨大呈块状,它的外形不规则,表面无环状节痕,块茎顶部有几个发芽点的花卉。如大岩桐、球根海棠、白头翁、马蹄莲、彩叶芋等。

(4)根茎类 地下茎膨大呈粗长的根状茎,外形具有分枝,有明显的节和节间,节上可发生侧芽的一类花卉。如美人蕉、蕉藕、荷花、睡莲、鸢尾等。

（5）块根类　地下根膨大呈块状，其芽仅生在块根的根茎处而其他处无芽。如大丽花、花毛茛等。这类球根花卉与宿根花卉的生长基本相似，地下变态根新老交替，呈多年生状。由于根上无芽，繁殖时必须保留原地上茎的基部（根茎）。

4.多年生常绿草本花卉

植株枝叶一年四季常绿，无落叶现象，地下根系发达。这类花卉在南方作露地多年生栽培，在北方作温室多年生栽培。如君子兰、吊兰、万年青、文竹、马拉巴栗、富贵竹、孔雀竹芋、天鹅绒竹芋等。

5.水生花卉

常年生长在水中或沼泽地中的多年生草本花卉。主要有以下几类：

（1）挺水植物　根生于泥水中，茎叶挺出水面。如荷花、千屈菜。

（2）浮水植物　根生于泥水中，叶片浮于水面或略高于水面。如睡莲、王莲等。

（3）漂浮植物　根伸展于水中，叶浮于水面，随水漂浮流动，在水浅处可生根于泥水中。如浮萍、凤眼莲（水葫芦）等。

（4）沉水植物　根生于泥水中，茎叶沉入水中生长，在水浅处偶有露出水面。如苦草、茨藻等。

6.蕨类植物

是一类较低等而古老的植物，多分布在西南和长江以南各省。蕨类植物指叶丛生状，叶片形状各异，不开花也不结种子，叶片背面着生有孢子囊，可以依靠孢子繁殖。蕨类植物因其耐阴且叶形美丽，因此是重要的室内观叶植物。蕨类植物作盆栽观叶或插花装饰，日益受到重视。如肾蕨、铁线蕨、鸟巢蕨、鹿角蕨、凤尾蕨等。

（二）木本花卉

木本植物指植物茎木质化，木质部发达，枝干坚硬，难折断的这一类花卉。根据形态分为3类：

（1）乔木类　地上部有明显的主干，主干与侧枝区别明显。如茶花、桂花、梅花、樱花、杜鹃、山茶等。

（2）灌木类　地上部无明显主干，由基部发生分枝，各分枝无明显区分呈丛生状枝条的花卉。如牡丹、月季、蜡梅、栀子花、贴梗海棠、迎春、南天竹等。

（3）藤木类　茎细长木质，不能直立，需缠绕或攀缘其他物体上生长的花卉。如紫藤、凌霄、络石等。

（三）多肉、多浆植物

广义的多肉、多浆植物是仙人掌科及其他50多科多肉植物的总称。这些植物抗干旱、耐瘠薄能力强。植株茎变态为肥厚能储存水分、营养的掌状、球状及棱柱状；叶变态为针刺状或厚叶状并附有蜡质且能减少水分蒸发的多年生花卉。常见的有仙人掌科的仙人球、昙花、令箭荷花；大戟科的虎刺梅；番杏科的松叶菊；景天科的燕子掌、毛叶景天；龙舌兰科的虎皮兰等。

二、按观赏部位分类

花卉植物依观赏部位来分类主要是按花卉的茎、叶、花、果、芽等具有观赏价值的器官进行分类。它是指某一器官具有较高的观赏价值，为主要观赏部位。

（1）观花花卉　以观花为主的花卉。这类花卉开花繁多，花色艳丽，花型奇特而美丽。如牡丹、月季、茶花、菊花、杜鹃花、郁金香、一串红、瓜叶菊、三色堇、大丽花、非洲菊等。

（2）观叶花卉　以观叶为主的花卉。这类花卉花形不美，颜色平淡或很少开花，但叶形奇特，挺拔直立，叶色翠绿，或带彩色条斑，富于变化，具有较高观赏价值。如龟背叶、彩叶草、蔓绿绒、万年青、苏铁、变叶木、绿萝、蕨类植物等。

（3）观茎花卉　以观茎为主的花卉。这类花卉的茎、枝奇特，或变态为肥厚的掌状或节间极度短缩呈链珠状，具有独特的观赏价值。如仙人掌、文竹、竹节蓼、山影拳、佛肚竹、光棍树、富贵竹、霸王鞭等。

（4）观果花卉　以观果为主的花卉。这类花卉果形奇特，果实鲜艳、繁茂，挂果时间长且果实干净，可供观赏。如冬珊瑚、观赏辣椒、佛手、金橘、代代、乳茄等。

（5）观根花卉　以观根为主的花卉。这类花卉主根呈肥厚的薯状，须根呈小溪流水状，气生根呈悬崖瀑布状。如根榕盆景、薯榕盆景、龟背竹等。

（6）芳香花卉　花卉香味浓郁，花期较长。如米兰、白兰花、茉莉花、栀子花、丁香、含笑、桂花等。

（7）其他观赏类　如观赏银芽柳毛笔状、银白色的芽；观赏鸡冠花膨大的花托；还有些植物看上去"花朵"很美，但并非花瓣，而是其他部分的瓣化，如观赏叶子花、象牙红、一品红鲜红色的苞片，观赏紫茉莉、铁线莲瓣化的萼片，观赏美人蕉瓣化的雄蕊等。

三、按花卉对环境的要求分类

我国幅员辽阔，南北跨热、亚热、温、寒带气候，由于环境的差异，在各地形成了不同生理特性的花卉植物群类。目前，花卉市场流通广泛，往往热带花卉到温带或寒带栽培，温带花卉和寒带花卉到热带、亚热带栽培，相互弥补了花卉植物种类单一或匮乏的不足，这是一种异地栽培和异地观赏新时尚，也是一种栽培新技术的应用。为了科学地栽培管理花卉，应了解温度、光照、水分等与花卉的关系，人为地创造花卉生长所适宜的环境条件。

花卉在生长发育的过程中，温度的高低与适宜，直接影响到花卉的生理活动，如酶的活性、光合作用、呼吸作用、蒸腾作用等。植物一般在 4～35℃ 的范围内都能生长，但不同的植物的生长习性或者生长在不同地区的植物，所需要的适宜温度是有差异的。

（一）按花卉对温度的要求分类

不同的气候类型地带，具有不同的植被类型。花卉植物的耐寒力因为不同气候带的气温而有很大的差异，以花卉的耐寒力不同将其分为 3 类：

（1）耐寒性花卉　它们是原产于寒带和温带以北的二年生及宿根花卉。0℃ 以下的低温能安全越冬，部分能耐−10～−5℃ 以下的低温。如三色堇、雏菊、金鱼草、玉簪、羽衣甘蓝、菊花、蜡梅等。

（2）半耐寒性花卉　能耐0℃的低温,0℃以下需保护才能安全越冬的花卉。它们原产温带较温暖处,在我国北方需稍加保护才能安全越冬。如石竹、福禄考、紫罗兰、美女樱等。

（3）不耐寒性花卉　在北方不能露地越冬,10℃以上的温度条件才能安全越冬的花卉。一年生花卉、原产热带及亚热带地区的多年生花卉多属此类。这类花卉在北方地区只能在一年中的无霜期内生长发育,其他季节必须在温室内完成(称为温室花卉)。如富贵竹、散尾葵、竹芋、马拉巴栗(发财树)、矮牵牛、叶子花、扶桑、米兰、凤梨类花卉等。

（二）按花卉对光照的要求分类

1.按对光照强度的需求分类

不同花卉植物对光照强度的要求是不一致的,一般来讲,喜光的阳生植物要求光照充足,才能良好地生长发育,在光照不足的条件下其生长就会受到阻碍,如大多数露地栽培的花卉;相反,耐阴的阴生植物就要求较低的光照强度,在低光照的半阴条件下生长健壮,而在强光照条件下反而生长极为不良,如万年青、铃兰等。因此,根据植物对光照强度要求的不同,将花卉植物划分为:

（1）阳性花卉　在阳光充足的条件,才能生长发育良好并正常开花结果的花卉。光照不足会使植株节间伸长,生长纤弱,开花不良或不能开花。如月季、荷花、香石竹、一品红、菊花、牡丹、梅花、半枝莲、鸡冠花、石榴等。

（2）中性花卉　一般喜阳光充足,但在微阴下生长良好。如扶桑、天竺葵、朱顶红、晚香玉、景天、虎皮兰等。

（3）阴性花卉　只有在一定荫蔽环境下才能生长良好的花卉。在北方5~10月份需遮阳栽培,在南方需全年遮阳栽培,一般要求荫蔽度50%左右,不能忍受强烈直射光。如秋海棠、万年青、八仙花、君子兰、何氏凤仙、山茶、杜鹃、海桐等。

（4）强阴性花卉　要求荫蔽度在80%左右,1 000~5 000 lx光照强度下才能正常生长的花卉,在南、北方都需全年遮阳栽培。如兰科花卉、蕨类植物、绿萝、鸭跖草等。

2.按对光周期的要求分类

光周期就是指每天昼夜交替的时数。光周期对植物生长发育的反应,是植物生长发育中一个重要的影响因子,它不仅可以控制某些植物的花芽分化和花芽的发育开放过程即成花过程,而且还影响到植物的其他生长发育现象,如植物的分枝习性、块茎、球茎、块根等地下器官的形成以及其他器官的衰老和休眠(如落叶等)。因此,光周期与花卉植物的生命活动有十分密切的关系。根据花卉对光周期的敏感程度分为3类:

（1）短日照花卉　每天光照时数在12 h或12 h以下才能正常进行花芽分化和开花,而在长日条件下则不能开花的花卉。如菊花、蟹爪兰、一品红、叶子花、大丽花等。在自然条件下,秋季开花的一年生花卉多属此类。

（2）长日照花卉　与短日照花卉相反,只有每天光照时数在12 h以上才能正常花芽分化和开花的花卉。如紫茉莉、唐菖蒲、八仙花、瓜叶菊等。在自然条件下,春夏开花的二年生花卉属此类。

（3）日中性花卉　花芽分化和开花不受光照时数长短的限制,只要其他条件适宜,即能完成花芽分化和开花。如仙客来、香石竹、月季花、一串红、非洲菊、扶桑、茉莉、天竺葵、矮牵牛等。

利用花卉开花对日照时数长短的反应,对调节花期具有重要作用。利用该特性可以人工调节光照时数,使花卉提早或延迟开花,以达到周年开花的目的。如采用遮光的方法,可以促使短日照花卉提早开花;反之,用人工加光的方法可以促使长日照花卉提早开花。

3.光质量

花卉栽培是在太阳光的全光谱下进行的,但是不同的光谱成分对光合作用、叶绿素、花青素的形成有不同的效果和影响。

在光合作用中,绿色植物只吸收可见光区(380~760 nm)的大部分,通常把这一部分光波称为生理有效辐射。其中红、橙、黄光是被叶绿素吸收最多的光谱,有利于促进植物的生长。青、蓝、紫光能抑制植物的伸长而使植株矮小,它有利于控制花青素等植物色素的形成。在不可见光谱中紫外线也能抑制茎的伸长和促进花青素的形成,它还具有杀菌和抑制植物病虫害传播的作用。红外线是转化为热能的光谱,使地面增温及增加花卉植株的温度。

花卉在高原、高山地区栽培,受太阳辐射所含的蓝、紫及紫外线的成分多,因此高原高山花卉常具有植株矮小、节间较短、花色艳丽等特点。花青素是各种花卉的主要色素,它来源于色原素,产生于阳光强烈时,而在散射光时不利于形成。因此,在室外花色艳丽的花卉,移入室内一段时间后,便会发生叶色和花色变淡,影响观赏,所以,观花花卉在室内一段时间后,再移入阳台给予日光的照射,花色仍然艳丽。

(三)按花卉对水分的要求分类

不同原产地的花卉植物,它的生理现象已适应旱地、湿地、山区、平原的环境,在生长发育过程中对水分的需求不同,形成不同类型花卉。在栽培中有的花卉需浇水量多,有的花卉需浇水量少。因此,在生产中,应根据花卉不同的需水量,采取相应的措施对花卉供水,满足其对水分的需求。

根据花卉对水分需求的不同,可以将花卉划分为:

(1)旱生花卉 是适应干旱环境下生长发育的花卉。原产于干旱或沙漠地区,耐旱能力强,只要有很少的水分便能维持生命或进行生长。在生长发育过程中已从生理方面形成固有的耐旱特性。植物茎变肥厚贮存水分和营养,叶片变小为针刺状或叶片表皮角质层加厚呈革质状减少水分蒸发。使植物细胞浓度大,渗透压大,减少水分的蒸腾,生长速度慢。同时,地下根系发达,吸收水分能力强。例如仙人掌类、景天类及许多肉质多浆花卉等。在生产中应掌握"宁干勿湿"的浇水原则,土壤水分20%~30%,空气相对湿度20%~30%。

(2)中生花卉 原产温带地区,既能适应干旱环境,也能适应多湿环境的花卉。根系发达吸收水分能力强,适应于干旱环境,叶片薄而伸展适应于多湿环境。大多数花卉都属此类,如月季、菊花、山茶花、牡丹、芍药等。最适宜于有一定的保水性,但又排水良好的土壤。在生产中应掌握"干透浇透"的浇水原则,土壤水分50%~60%,空气相对湿度70%~80%。

(3)湿生花卉 原产热带或亚热带,喜欢土壤疏松和空气多湿环境的花卉。这类花卉根系小而无主根,须根多,水平状伸展,吸收表层水分。大多通过多湿环境补充植物水分,保持体内平衡,在生产中应掌握土壤水分60%~70%,空气相对湿度80%~90%。浇水量略多,空气湿度高。如兰花、杜鹃花、栀子花、茉莉花、马蹄莲、竹芋等。

(4)水生花卉　这类花卉的整个植物体或根部必须生活在水中或潮湿地带,遇干旱则枯死。植物体内已经形成发达的通气器官组织,通过叶柄或叶片直接呼吸氧气,须根吸收水分和营养。它们无主根而且须根短小,必须依附水中或者在沼泽地中生存。如荷花、睡莲、王莲、千屈菜、凤眼莲等。

水分是植物的组成部分,也是植物生理活动的必备条件。植物的光合作用、呼吸作用、矿物质营养吸收及运转,都必须有水分的参与才能完成。不同的环境,也造就了不同的植物类群,它们的生理现象已经适应生存环境,长期以来,形成自身的适应稳定性。目前,南北方交流异地栽培的花卉种类比较多,我们要了解他们的生理对水分的要求,在栽培中给予适应的水分条件,才能达到正常生长、发育和开花的目的。

(四)按花卉对土壤的酸碱度反应分类

土壤的酸碱度是指土壤中的氢离子浓度,用 pH 表示,土壤 pH 大多在 4~9 之间。我国从南到北土壤质地的结构和酸碱度不同,也就造就了适应不同土壤酸碱度的花卉植物。花卉栽培中,土壤酸碱度能提高花卉植物营养元素吸收的有效性。由于各种花卉对土壤酸碱度有着不同的要求,可根据花卉对土壤的酸碱度反应分为 3 大类:

(1)酸性花卉　这一类花卉在土壤 pH 4~5 之间生长良好。碱性土壤影响铁离子吸收,使花卉缺铁,叶片发黄。如杜鹃、兰科花卉、栀子花、茉莉、山茶、桂花等。

(2)中性花卉　这一类花卉在土壤 pH 6.5~7.5 之间生长良好。土壤过酸、过碱均影响花卉的生长。如月季花、菊花、牡丹花、芍药花、一串红、鸡冠花、半枝莲、凤仙花、君子兰、仙客来等。大多花卉都属于此类。

(3)碱性花卉　这一类花卉能适应土壤 pH 7.5 以上,土壤过酸均影响花卉的生长。如香石竹、丝石竹、香豌豆、非洲菊、天竺葵、柽柳、蜀葵等。

四、按开花季节分类

(1)春花类　在 2~4 月期间盛开的花卉。如郁金香、虞美人、金盏菊、山茶花、杜鹃花、牡丹花、芍药花、梅花、报春花等。

(2)夏花类　在 5~7 月期间盛开的花卉。如凤仙花、荷花、石榴花、月季花、紫茉莉等。

(3)秋花类　在 8~10 月期间盛开的花卉。如大丽花、菊花、桂花、万寿菊等。

(4)冬花类　在 11 月至次年 1 月期间盛开的花卉。如水仙花、蜡梅花、一品红、仙客来、蟹爪兰、墨兰等。

五、按栽培方式分类

(1)露地栽培　指在露地播种或在保护地育苗,但主要的生长开花阶段在露地栽培的一类花卉。达到街头绿地、庭院装饰美化的效果。

(2)盆花栽培　花卉栽植于花盆或花钵的生产栽培方式。北方的冬季实行温室栽培生产,南方实行遮阳栽培生产。盆栽花卉可以南北方相互进行种类调整,丰富花卉市场,目前是国内花卉生产栽培的主要部分。

(3)切花栽培 用于插花装饰的花卉称为切花,这类花卉的生产栽培称为切花栽培。切花生产一般采用保护地栽培,生产周期短,见效快,可规模生产,能周年供应鲜花,是国际花卉生产栽培的主要部分。

(4)促成栽培 为满足花卉观赏的需要,人为运用技术处理,使花卉自然花期提前开花的生产栽培方式。

(5)抑制栽培 为满足花卉观赏的需要,人为运用技术处理,使花卉自然花期延迟开花的生产栽培方式。

(6)无土栽培 运用营养液、水、基质代替土壤栽培的生产方式。在现代化温室内进行规模化生产栽培。

计 划 单

学习领域	花卉生产技术		
学习情境 1	花卉分类	学时	12
计划方式	小组讨论、成员之间团结合作共同制订计划		
序号	实施步骤	使用资源	
制订计划说明			
	班级		第 组	组长签字	
	教师签字		日期	
计划评价	评语：		

决 策 单

学习领域		花卉生产技术					
学习情境 1		花卉分类		学时		12	
			方案讨论				

	组号	任务耗时	任务耗材	实现功能	实施难度	安全可靠性	环保性	综合评价
方案对比	1							
	2							
	3							
	4							
	5							
	6							

方案评价	评语:

班级		组长签字		教师签字		日期	

材料工具单

学习领域		花卉生产技术					
学习情境1		花卉分类				学时	12
项目	序号	名称	作用	数量	型号	使用前	使用后
所用工具	1	钢卷尺	花卉形态特征测量	5个			
	2	直尺	花卉形态特征测量	5个			
	3	卡尺	花卉形态特征测量	5个			
	4	铅笔	记录	5只			
	5	笔记本	记录	5个			
	6						
	7						
	8						
	9						
	10						
	11						
所用材料	1	一、二年草本花卉20种					
	2	宿根花卉10种					
	3	球根花卉10种					
	4	切花花卉10种					
	5	盆栽花卉40种					
	6	名贵花卉10种					
	7						
	8						
	9						
	10						
	11						
	12						
班级		第　组	组长签字			教师签字	

实 施 单

学习领域	花卉生产技术		
学习情境 1	花卉分类	学时	12
实施方式	小组合作；动手实践		

序号	实施步骤	使用资源
1	基本理论讲授	多媒体
2	花卉种类和品种识别	花卉示范园、大轿车
3	花卉市场参观	大轿车

实施说明：

利用多媒体资源，进行理论学习，掌握花卉分类基本理论知识水平；

利用花卉示范园，通过花卉种类和品种识别，熟悉当前生产上常见花卉优良品种和新潮花卉种类；

通过花卉市场参观，了解花卉市场行情，提高积极性。

班级		第 组	组长签字	
教师签字			日期	

作 业 单

学习领域	花卉生产技术		
学习情境1	花卉分类	学时	12
作业方式	资料查询、现场操作		
1	一年生花卉和二年生花卉有什么不同？并举出一些代表性花卉。		
作业解答：			
2	宿根花卉和球根花卉的概念各是什么？并举出一些代表性花卉。		
作业解答：			
3	按花卉对水分的要求可分哪几类？他们对水分有何要求？生产中怎样掌握？		
作业解答：			
4	按花卉对温度的要求可分哪几类？它们对温度有何要求？		
作业解答：			
5	按花卉对光照的要求可分哪几类？它们对光照强度有何要求？		
作业解答：			

作业评价	班级		第 组	学号		姓名	
	教师签字		教师评分		日期		
	评语：						

检 查 单

学习领域		花卉生产技术		
学习情境 1		花卉分类	学时	12
序号	检查项目	检查标准	学生自检	教师检查
1	基本理论知识	课堂提问,课后作业,理论考试		
2	花卉种类和品种	正确识别		

	班级		第　组	组长签字	
检查评价	教师签字			日期	
	评语：				

评 价 单

学习领域	花卉生产技术				
学习情境1	花卉分类			学时	12
评价类别	项目	子项目	个人评价	组内互评	教师评价
专业能力 (60%)	资讯(10%)				
	计划(10%)				
	实施(15%)				
	检查(10%)				
	过程(5%)				
	结果(10%)				
社会能力 (20%)	团结协作 (10%)				
	敬业精神 (10%)				
方法能力 (20%)	计划能力 (10%)				
	决策能力 (10%)				

	班级		姓名		学号		总评	
	教师签字		第　组	组长签字			日期	
评价评语	评语：							

教学反馈单

学习领域	花卉生产技术		
学习情境1	花卉分类	学时	12
序号	调查内容	是	否	理由陈述
1	你是否明确本学习情境的目标？			
2	你是否完成了本学习情境的学习任务？			
3	你是否达到了本学习情境对学生的要求？			
4	资讯的问题，你都能回答吗？			
5	你知道花卉有哪些分类方法吗？			
6	你熟悉花卉常用的分类方法吗？			
7	你知道什么是一、二年生花卉吗？			
8	你知道什么是宿根花卉、球根花卉吗？			
9	你知道什么是水生花卉吗？			
10	你知道水生花卉按生态分为哪几类吗？			
11	你了解蕨类植物吗？			
12	你掌握什么是草本花卉、木本花卉吗？			
13	你掌握木本花卉按形态的分类吗？			
14	你掌握按花卉对环境的要求分类吗？			
15	你知道多肉、多浆植物的特征吗？			
16	通过几天来的工作和学习，你对自己的表现是否满意？			
17	你对本小组成员之间的合作是否满意？			
18	你认为本学习情境对你将来的学习和工作有帮助吗？			
19	你认为本学习情境还应学习哪些方面的内容？（请在下面回答）			
20	本学习情境学习后，你还有哪些问题不明白？哪些问题需要解决？（请在下面回答）			

你的意见对改进教学非常重要，请写出你的建议和意见：

调查信息		被调查人签字		调查时间	

学习情境 2 花卉生产设施

任务单

学习领域	花卉生产技术		
学习情境 2	花卉生产设施	学时	10
任务布置			
学习目标	1.了解花卉生产设施的类型及其结构特点。 2.掌握花卉生产设施中温室的基本性能及其在花卉生产上的应用。 3.了解温室设计建造的基本要求及方法,掌握温室内的设施设备及对花卉生长发育的影响。 4.了解塑料大棚等其他花卉生产设施的基本结构特点,掌握其性能及在花卉生产上的应用。 5.掌握花卉常用器具的基本性能及应用。		
任务描述	为满足人们对花卉日益增长的需要,人们利用栽培设施创造的栽培环境就可进行周年生产。另外,还需要一些栽培设备,如机械化、自动化设备,各种机具和器具等。具体任务要求如下: 1.利用多媒体或播放幻灯片,了解花卉栽培的各种生产设施,如温室、塑料大棚、机具和器具等。 2.掌握花卉常用生产设施的基本性能及应用。 3.熟练掌握因季节、因花卉种类选择适宜的栽培器具。		

学时安排	资讯 2 学时	计划 1 学时	决策 1 学时	实施 4 学时	检查 1 学时	评价 1 学时
参考资料	1.曹春英.花卉栽培.北京:中国农业出版社,2011. 2.陈俊愉.中国花卉品种分类学.北京:中国林业出版社,2001. 3.北京林业大学园林系花卉教研组.花卉学.北京:中国林业出版社,1990. 4.康亮.园林花卉学.北京:中国建筑工业出版社,1999. 5.芦建国,杨艳容.园林花卉.北京:中国林业出版社,2006. 6.张树宝.花卉生产技术.重庆:重庆大学出版社,2010. 7.鲁涤非.花卉学.北京:中国农业出版社,2003. 8.杨红丽.园艺植物生产技术(第三分册).河南农业职业学院. 9.http://www.hm123.cn/花木资讯通.					
对学生的要求	1.了解花卉生产设施有哪些类型。 2.掌握花卉常用生产设施的基本性能及应用。 3.掌握因地制宜选择适合的设施设备,以满足生产花卉生长发育需要的技能。 4.掌握因季节、因花卉种类选择适宜的栽培设施的技能。 5.熟练掌握因花卉种类选择适宜的栽培器具。 6.掌握常见生产设施的种类及使用效果。 7.严格遵守纪律,不迟到,不早退,不旷课。 8.本情境工作任务完成后,需要提交学习体会报告。					

资 讯 单

学习领域	花卉生产技术		
学习情境2	花卉生产设施	学时	10
咨询方式	在资料角、图书馆、专业杂志、互联网及信息单上查询;咨询任课教师		
咨询问题	1.如何因地制宜设计温室、建造温室、利用温室? 2.利用所学知识,结合当地气候条件,设计一栋温室,要求配套设施齐全,并计算其成本。 3.实地调查花卉生产场圃,观察并记录生产设施。各种设施使用情况如何?应做哪些改进? 4.花卉栽培器具有哪些种类? 5.花卉常用器具的基本性能及应用是什么? 6.因花卉种类不同如何选择适宜的栽培器具? 7.常见花盆的种类有哪些?使用效果有何不同? 8.花盆依质地不同分为哪几类?		
资讯引导	在以下书籍中查询: 1.《花卉学》(北京林业大学园林系花卉教研组); 2.《中国花卉品种分类学》(陈俊愉); 3.《花卉栽培》(曹春英); 4.《园林花卉》(芦建国,杨艳容); 5.《花卉生产技术》(张树宝); 6.《花卉学》(鲁涤非); 7.《园艺植物生产技术》(第三分册)(杨红丽); 8.《园林花卉学》(康亮)。		

信 息 单

学习领域	花卉生产技术		
学习情境 2	花卉生产设施	学时	10

信 息 内 容

一、温室与大棚

温室是以具有透光能力的材料作为全部或部分维护结构材料建成的一种特殊建筑,能够提供适宜植物生长发育的环境条件。温室是花卉栽培中最重要的栽培设施,对环境因子的调控能力较强。温室在花卉生产中的主要作用是:在不适合植物生态要求的季节,创造出适于植物生长发育的环境条件来栽培花卉,以达到花卉的反季节生产;在不适合植物生态要求的地区,利用温室创造的条件栽培各种类型的花卉,以满足人们的需求;利用温室可以对花卉进行高度集中化栽培,实行高肥密植,以提高单位面积产量和质量,节省开支,降低成本。因此,温室已成为花卉生产中最重要、应用最广泛的栽培设施。

随着科技的发展,温室朝向智能化的方向发展。温室大型化、温室现代化、花卉生产工厂化已成为当今国际花卉栽培生产的主流。

(一)温室的种类及特点

1.依温室应用目的划分

(1)观赏温室　专供陈列观赏花卉之用,一般建于公园及植物园内。温室外观要求高大、美观,其建筑形式要求具有一定的艺术性。

(2)栽培温室　以花卉生产栽培为主。建筑形式以符合栽培需要和经济适用为原则,一般不注重外形美观与否,造型和结构都较简单,室内地面利用十分经济。

(3)繁殖温室　这种温室专供大规模繁殖之用。温室建筑多采用半地下式,以便维持较高的温度和湿度。

(4)人工气候温室　可根据需要自动调控各项环境指标。为了提供精度较高的试验研究条件,此温室在建筑和设备上都要求很高,室内需装有自动调节温度、湿度、光照、通风及土壤水肥等栽培环境条件的一系列装置。现在的大型自动化温室在一定意义上已经是人工气候温室。

2.依温室建筑形式划分

(1)单屋面温室　利用温室北侧的高墙,屋面向南倾斜,依墙而建。这种温室阳光充足,保温性能较好,造价低廉,小面积温室多用此种形式,尤其在北方严寒地区。一般跨度为3～6 m,北墙高270～350 cm;前墙高60～90 cm。其缺点是通风不良,光照不均匀,室内盆花需要经常转盆。

(2)双屋面温室　多南北延伸,在温室的东西两侧装有坡面相等的玻璃,屋面倾斜角一般在28°～35°,使室内从日出到日落都能受到均匀的光照,故又称全日照温室。这种温室面积较为宽大,一般跨度为6～10 m,室内受光均匀,温度较稳定,适于修建大面积温室,栽培各种类型的花卉。其缺点是通风不良、保温较差,需要有完善的通风和加温设备。

(3)不等屋面温室　东西向延伸,温室南北两侧具有两个坡度相同而斜面长度不等的屋面,北坡约为南坡的1/2,故又称为3/4屋面温室(亦有2/3屋面温室)。这种温室一般跨度为5～8 m,适于作小面积温室。这类温室提高了光照强度,通风较好,但仍有光照不均,保温性能不及单屋面温室的缺点。

(4)拱顶温室　温室屋顶呈均匀的弧形,通常为连栋温室。

由上述若干个双屋面或不等屋面温室组成,借助纵向侧柱或柱网连接起来,相互通连,可以连续搭接,形成室内串通的大型温室,称为连栋温室,又称为现代化温室。每栋温室可达数千至上万平方米,框架采用镀锌钢材,屋面用铝合金作桁条,覆盖物可采用玻璃、玻璃钢、塑料板或塑料薄膜。冬季通过暖气或热风炉加温,夏季采用通风与遮阳相结合的方法降温。连栋温室的加温、通风、遮阳和降温等工作可全部或部分由电脑控制。

这种温室具有层架结构简单,加温容易,湿度也便于维持,便于机械化作业,利于温室内环境的自动化控制,适合于花卉的工厂化生产,特别是鲜切花生产以及名优特盆花的栽培养护。但此种温室造价高,能源消耗大,生产出的商品花卉成本高。

3.依温室相对于地面的位置划分

(1)地上式温室　室内与室外的地面在同一个水平面上。

(2)半地下式温室　四周短墙深入地下,仅侧窗留于地面之上。这类温室保温好,室内又可维持较高的湿度。

(3)地下式温室　仅屋顶凸出于地面,只由屋面采光,此类温室保温、保湿性能好但采光不足,空气不流通,适于在北方严寒地区栽培湿度要求大及耐阴的花卉。

4.依温室是否有人工热源划分

(1)不加温温室　也称为日光温室,只利用太阳辐射来维持温室温度。这种温室一般为单屋面温室,东西走向,采光好,能充分利用太阳的辐射能,防寒保温性能好。在东北地区冬季可辅助以加温设施,但较其他类型的温室节省燃料;在华北地区一般夜间最低可保持5℃以上,一般不需要人工加温,遇到特殊天气,气温过低时,可采用热风炉短时间内补充热量。

(2)加温温室　除利用太阳辐射外,还用烟道、暖气、热风炉等人为加温的方法来提高温室温度。

5.依温室内温度划分

(1)高温温室　室内温度冬季一般保持在18～36℃,供冬季花卉的促成栽培及养护热带观赏植物之用,如王莲、热带兰、热带棕榈等。

(2)中温温室　室内温度冬季一般保持在12～25℃,供栽培亚热带和热带高原观赏植物之用,如热带蕨类、秋海棠类、天南星科植物、凤梨科植物,中温常绿植物和多浆植物等。

(3)低温温室　室内温度冬季一般保持在5～20℃,供栽培温带观赏植物之用,如温带兰花、温带蕨类、竹类、低温常绿植物等。

(4)冷室　室内温度冬季一般保持在0～15℃,用以保护不耐寒的观赏植物越冬,如常绿半耐寒植物、柑橘类、松柏类等。

6. 依温室建筑材料划分

(1)土温室 墙壁用泥土筑成,屋顶上面主要材料也为泥土,其他各部分结构均为木材,采光面常用玻璃窗和塑料薄膜。

(2)木结构温室 屋架及门窗框等都为木制。木结构温室造价低,但使用几年后温室密闭度常降低。使用年限一般15~20年。

(3)钢结构温室 柱、屋架、门窗框等结构均为钢材制成,可建成大型温室。钢材坚固耐久,强度大,用料较细,支撑结构少,遮光面积较小,能充分利用日光。但造价较高,容易生锈,由于热胀冷缩常使玻璃面破碎,一般可用20~25年。

(4)钢木混合结构温室 除中柱、桁条及屋架用钢材外其他部分都为木制。由于温室主要结构应用钢材,可建较大的温室,使用年限也较久。

(5)铝合金结构温室 结构轻,强度大,门窗及温室的结合部分密闭度高,能建大型温室。使用年限长,可用25~30年,但造价高,是目前大型现代化温室的主要结构类型之一。

(6)钢铝混合结构温室 柱、屋架等采用钢制异形管材结构,门窗框等与外部接触部分是铝合金构件。这种温室具有钢结构和铝合金结构二者的长处,造价比铝合金结构的低,是大型现代化温室较理想的结构。

7. 依温室覆盖材料划分

(1)玻璃温室 以玻璃为覆盖材料。为了防雹有用钢化玻璃的。玻璃透光度大,使用年限久。

(2)塑料薄膜温室 以各种塑料薄膜为覆盖材料,用于日光温室及其他简易结构的温室,造价低,也便于用作临时性温室。也可用于制作连栋式大型温室。形式多为半圆形或拱形,也有尖顶形的,单层或双层充气膜,后者的保温性能更好,但透光性能较差。常用的塑料薄膜有聚乙烯膜(PE)、多层编织聚乙烯膜、聚氯乙烯膜(PVC)等。

(3)硬质塑料板温室 多为大型连栋温室。常用的硬质塑料板材主要有丙烯酸塑料板(acrylic)、聚碳酸酯板(PC)、聚酯纤维玻璃(玻璃钢,FRP)、聚乙烯波浪板(PVC)。聚碳酸酯板是当前温室建造应用最广泛的覆盖材料。

(二)温室的作用

1. 引种栽培花卉

温带以北地区引种热带、亚热带花卉,都需要在温室中栽培,特别是在冬季创造出一个温暖、湿润的环境,使花卉正常生长或安全越冬,引种才能成功。

2. 切花生产的需要

随着社会物质文化生活的不断改善和提高,对鲜花的需要量也在不断增多并要求周年都有鲜花供应。为此,可以在温室创造一个适宜的环境,使花卉周年生长、开花,从而充分供应切花,满足市场的需要。当前,世界四大切花月季、菊花、香石竹、唐菖蒲,已经实现周年生产和供应的良好局面。

3. 促成栽培和抑制栽培

随着国际、国内交往的增多。各种节、假日,各种花展等活动日益剧增,随时随地都需要一定量的鲜花供应。所以,必须运用各种栽培技术措施,使花卉早于或晚于自然花期而根据需要适时开放。运用这些促成或抑制栽培技术措施,都需要在温室或其他的特殊设备中进行。如在"五一"、"十一"、元旦等举办"百花齐放"的展览,通过控制环境条件的手段,达到催百花于片刻、聚四季于一时的目的,诸多花卉届时盛开,在展览时争红吐妍。

(三)温室的设计与建造

1.温室设计的基本要求

(1)符合当地的气候条件 不同地区的气候条件差异很大,温室的性能只有符合使用的气候条件,才能充分发挥其作用。例如,在我国南方地区夏季潮湿闷热,若温室设计成无侧窗,用水帘加风机降温,则白天温度会很高,难以保持适宜的温度,花卉生长不良。再如昆明地区,正常年份四季如春,只要简单的冷室设备即可进行花卉生产,若设计成具备完善加温设施的温室,则不经济适用。因此,要根据当地的气候条件,设计建造温室。

(2)满足栽培花卉的生态要求 温室设计是否科学适用,主要看它能否最大限度地满足栽培花卉的生态要求。即要求温室内的主要环境因子,如温度、湿度、光照、水分、空气等,都要适合栽培花卉的生态要求。不同花卉的生态习性不同,如仙人掌及其他多浆植物,多原产于沙漠地区,喜强光,耐干旱;而蕨类植物,多生于阴湿环境,要求空气湿度大有适度荫蔽的环境。同时,花卉在不同生长发育阶段,对环境条件也有不同的要求。因此,设计温室,除了解温室设置地区的气候条件外,还应熟悉花卉的生长发育对环境的要求,以便充分运用建筑工程学原理和技术,设计出既科学合理又经济实用的温室。

(3)地点选择 温室通常是一次建造,多年使用。因此,必须选择比较适宜的场所。

①向阳避风。温室设置地点必须选择有充足的日光照射,不可有其他建筑物及树木遮光,以免室内光照不足。在温室或温室群的北面和西北面,最好有山或高大的建筑物及防风林,以防寒风侵袭,形成温暖小气候环境。

②地势高燥,土壤排水良好,无污染的地方。

③水源便利,水质优良,供电正常,交通方便之处,以便于管理和运输。

(4)场地规划 在进行大规模花卉生产的情况下,对温室的排列和阴棚、温床、冷床等附属设备的设置及道路,应有全面合理的规划布局。温室的排列,首先要考虑不可相互遮光,在此前提下,温室间距越近越有利,不仅可节省建筑投资,节省用地面积,降低能源消耗,而且还便于管理,提高温室防风、保温能力。温室的合理间距取决于温室设置地的纬度和温室高度,当温室为东西向延长时,南北两排温室的距离,通常为温室高度的2倍;当温室为南北向延长时,东西两排温室间的距离应为温室高度的2/3;当温室的高度不等时,高的应设在北面,矮的设置在南面。工作室及锅炉房设置在温室北面或东西两侧。若要求温室内部设施完善,可采用连栋式温室,内部可分成独立单元,分别栽培不同的花卉。

(5)温室屋面倾斜度和温室朝向 太阳辐射是温室的基本热量来源之一,能否充分利用太阳辐射热,是衡量温室保温性能的重要标志。太阳辐射主要通过南向倾斜的温室屋面获得。温室吸收太阳辐射能量的多少,取决于太阳的高度角和南向玻璃屋面的倾斜角度。太阳高度角一年之中是不断变化的,而温室的利用多以冬季为主,所以在北半球,通常以冬至中午太阳的高度角为确定南向玻璃屋面倾斜角度的依据。温室南向玻璃屋面的倾斜角度不同,太阳辐射强度有显著的差异,以太阳光投向玻璃屋面的投射角为90°时最大。在北京地区,为了既要便于在建筑结构上易于处理,又要尽可能多地吸收太阳辐射,透射到南向玻璃屋面的太阳光线投射角应不小于60°,南向玻璃屋面的倾斜角应不小于33.4°。其他纬度地区可依据此适当安排。

至于南北向延长的双屋面温室,屋面倾斜角度的大小在中午前后与太阳辐射强度关系不大,因为不论玻璃屋面的倾斜角度大小,都和太阳光线投射于水平面时相同。这正是东西向屋面温室白天温度比南北向屋面温室相对偏低的缘故。但为了上午和下午能更多地接受太阳的辐射能量,屋面倾斜角度不宜小于30°。

温室内的连接结构影响温室内的光照条件,这些结构的投影大小取决太阳高度角和季节变化。对于单栋温室,在北纬40°以南的地区,东西向屋脊的温室比南北向屋脊温室能够更有效地吸收冬季低高度角的太阳辐射,而南北向屋脊的温室的连接结构遮挡了较多的太阳辐射。在北纬40°以南的地区,由于太阳高度角较高,温室(屋脊)多南北延长。连栋型温室不论在什么纬度地区,均以南北延长者对太阳辐射的利用效率高。

2.温室的建造

(1)建筑材料 日光温室的建筑材料有筑墙材料、前屋面骨架材料和后屋面建筑材料。连栋式温室大多由工厂化配套生产,组装构成,施工简单。生产栽培温室一般讲求实用,不图美观,就地取材,尽量降低造价,以最少的投资,取得最大效益。

山墙后墙最好用红砖或空心砖筑墙。选择建筑材料,除了考虑墙体的强度及耐久性外,更重要的是保温性能。后屋面大多为木结构,也有用钢筋混凝土预制柱和背檩,后屋面盖预制板。前者保温性能好,后者坚固耐久。

前屋面骨架大多用钢筋或钢圆管构成骨架。近年来开发的抗碱玻璃纤维配低碱增强水泥复合制品(GRC),它的特点是容重较轻、强度高、抗腐蚀、经久耐用。用它制作的拱架,前后屋面可连成一体,直接架在后墙上,下面无需再设支柱。GRC骨架截面积较大,遮光较严重,但对冬季盆花生长影响不大。

(2)覆盖材料 温室屋面常用塑料或玻璃覆盖。现大多采用塑料薄膜或塑料板材覆盖。

①聚乙烯(PE)普通薄膜 该类薄膜透光性好,无增塑剂污染,吸尘轻,透光率下降缓慢,耐低温性强,低温脆化温度为-70℃,密度小;透光率较强,红外线透过率较高,达87%以上;其导热率较高,夜间保温性较差;透湿性差,易附着水滴;不耐日晒,高温软化温度为50℃;延伸率达400%;弹性差,不耐老化,一般只能连续使用4~6个月。这种薄膜只适用于春季花卉提早栽培,日光温室不宜选用。

②聚氯乙烯(PVC)普通薄膜 这种薄膜新膜透光性好,但随时间的推移,增塑剂渗出,吸尘严重,且不易清洗,透光率锐减,红外线透过率比PE膜低10%,夜间保温性好;高温软化温度为100℃,耐高温日晒;弹性好,延伸率小(180%);耐老化,可连续使用1年左右,易粘补;透湿率比PE膜好,雾滴较轻,耐低温性差,低温脆化温度为-50℃,硬化温度为-30℃;密度大。这种薄膜适于长期覆盖栽培。

③聚乙烯(PE)长寿薄膜 又称PE防老化薄膜。在生产原料中按一定比例加入紫外线吸收剂、抗氧化剂等防老化剂,以克服普通薄膜不耐高温日晒、不耐老化的缺点,延长使用寿命,可连续使用两年以上。其他特点与PE普通薄膜相同,可用于北方寒冷地区长期覆盖栽

培,但应注意清扫膜面灰尘,以保持较好的透光性。

④聚氯乙烯(PVC)无滴膜 在 PVC 普通膜原料配方基础上,按一定比例加入表面活性剂(防雾剂),使薄膜的表面张力与水相同或接近,使薄膜下表面的凝聚水在膜面形成一层水膜,沿膜面流入低凹处不滞留在膜的表面形成露珠。由于薄膜下表面不结露,可降低温室内的空气湿度,减轻由水滴侵染的花卉病害。水滴和雾气的减少,还避免了对阳光的漫射和吸热蒸发的耗能。所以温室内光照增强,晴天升温快,对花卉的生长发育有利。最适于花卉的越冬栽培和鲜切花的周年生产。

⑤塑料板材 一般有聚乙烯塑料板和丙烯树脂板等类型,厚度 2~3 mm,有平板和波形板之分。丙烯树脂板具有优良的透光性,透光率高达 92%,紫外线透过率高于普通玻璃,红外线透过率也很高,但大于 3 μm 以上的长波红外线几乎不能通过,因此,保温性好。但是耐冲击性和耐热性较差,使用寿命 5 年。除普通丙烯树脂板外,还有丙烯硬质塑料板、玻璃纤维增强树脂板等,它们都具有轻质、透光性好的特点,使用年限均在 7 年以上。

利用塑料板材作温室覆盖材料最大的优点是一次建造,多年使用,省工,寿命长,其透光、保温等性能亦优于塑料薄膜,抗风、雪、雹能力强,但其价格高,目前尚不能被普遍接受。

(3)保温材料 温室的保温材料一般是指不透光覆盖物。常用的保温材料有草苫、纸被、棉被等。

草苫多用稻草、蒲草或谷草编制而成。稻草苫应用最普遍,一般宽 1.5~2 m,厚度5 cm,长度应超过前屋面 1 m 以上,用 5~8 道径打成。草苫材料来源方便,价格低廉,但保温性一般,寿命短,雨天易吸水变潮,降低保温性能,并增大重量,增加卷放难度。

纸被是用 4 层牛皮纸缝制成与草苫大小相仿的一种保温覆盖材料。由于纸被有几个空气夹层而且牛皮纸本身导热率低,热传导慢,可明显滞缓室内温度下降,一般能保温 4~6.8℃,严寒季节纸被可弥补草苫保温能力的不足。

棉被是用棉布(或包装用布)和棉絮或防寒毡缝制而成,保温性能好,其保温能力在高寒地区约为 10℃,高于草苫、纸被的保温能力,但造价高,一次性投资大。

(四)温室内的设施

1.花架

花架是放置盆花的台架。有平台和级台两种形式。平台常设于单屋面温室南侧或双屋面温室的两侧,在大型温室中也可设于温室中部。平台一般高 80 cm,宽 80~100 cm,若设于温室中部宽可扩大到 1.5~2 m。在单屋面温室常靠北墙,台面向南;在双屋面温室,常设于温室正中。级台可充分利用温室空间,通风良好,光照充足而均匀,适用于观赏温室,但管理不便,不适于大规模生产。

花架结构有木制、铁架木板及混凝土 3 种。前两种均由厚 3 cm,宽 6~15 cm 的木板铺成,两板间留 2~3 cm 的空隙以利于排水,其床面高度通常低于短墙约为 20 cm。现代温室大多采用镀锌钢管制成活动的花架,可大大提高温室的有效面积,节省室内道路所占的空间,减轻劳动强度,但投资较大。花架间的道路一般宽 70~80 cm,观赏温室可略宽些。

2.栽培床

栽培床是温室内栽培花卉的设施。与温室地面相平的称为地床,高出地面的称为高床。

高床四周由砖和混凝土筑成,其中填入培养土(或基质)。栽培床易于保持湿润,土壤不易干燥;土层深厚,花卉生长良好,更适于深根性及多年生花卉生长;设置简单,用材经济,投资少;管理简便。节省人力,但通风不良,日照差,难以严格控制土壤温度。

3.繁殖床

除繁殖温室内,在一些小规模生产栽培或教学科研栽培中,也常设置繁殖床。有的直接设置在加温管道上,有的采用电热线加温。以南向采光为主的温室,繁殖床多设于北墙,大小视需要而定,一般宽约1 m,深40～50 cm,其中填入基质即可。

4.给水排水设备

水分是花卉生长必须条件,花卉灌溉用水的温度应与室温相近。在一般的栽培温室中,大多设置水池或水箱,事先将水注入池中,以提高温度,并可以增加温室内的空气湿度。水池大小视生产需要而定,可设于温室中间或两端。现代化温室多采用滴灌或喷灌,在计算机的控制下,定时定量地供应花卉生长发育所需要的水分,并保持室内的空气湿润度,尤其适用于对空气湿度要求大的蕨类、热带兰等专类温室,这样可增加温室利用面积,提高温室自动化程度,但需较高的智力和财力投入。温室的排水系统,除天沟落水槽外,可设立柱为排水管,室内设暗沟、暗井,以充分利用温室面积,并降低室内温度,减少病害的发生。

5.通风及降温设备

温室为了蓄热保温,均有良好的密闭条件,但密闭的同时造成高温、低二氧化碳浓度及有害气体的积累。因此,良好的温室应具有通风降温设备。

(1)自然通风 自然通风是利用温室内的门窗进行空气自然流通的一种通风形式。在温室设计时,一般能开启的门窗面积不应低于覆盖面积的25％～30％。自然通风可手工操作和机械自动控制。一般适于春秋降温排湿之用。

(2)强制通风 用空气循环设备强制把温室内的空气排到室外的一种通风方式。大多应用于现代化温室内,由计算机自动控制。强制通风设备的配置,要根据室内的换气量和换气次数来确定。

(3)降温设备 一般用于现代化温室,除采用通风降温外,还装置喷雾、制冷设备进行降温。喷雾设备通常安装在温室上部,通过雾滴蒸发吸热降温。喷雾设备只适用于耐高空气湿度的花卉。制冷设备投资较高,一般用于人工气候室。

6.补光、遮光设备

温室大多以自然光作为主要光源。为使不同生态环境的奇花异草集于一地,如长日性花卉在短日照条件下生长,就需要在温室内设置灯源补光,以增强光照强度和延长光照时数;若短日性花卉在长日照条件下生长,则需要遮光设备,以缩短光照时数。遮光设备需要黑布、遮光墨、暗房和自动控光装置,暗房内最好设有便于移动的盆架。

7.加温设备

温室加温的主要方法有烟道、暖气、热风和电热等。

(1)热水加温 用锅炉加温使水达到一定的温度,然后经输水管道输入温室内的散热管,散发出热量,从而提高温室内的温度。热水加温一般将水加热至80℃左右即可。

(2)热风加温 又称暖风加温,用风机将燃料加热产生的热空气输入温室,达到升温的一种方式。热风加热的设备通常有燃油热风机和燃气热风机。

（3）烟道加热 此方法构置简单易行，投资较小，燃料消耗少。但供热力小，室内温度不宜调节均匀，空气较干燥，花卉生长不良，多用于较小的温室。

（五）大棚的作用

塑料大棚是指用塑料薄膜覆盖的没有加温设备的棚状建筑，塑料大棚是花卉栽培及养护的又一主要设施，可用来代替温床、冷床，甚至可以代替低温温室，而其费用仅为建一温室的 1/10 左右。塑料薄膜具有良好的透光性，白天可使地温提高 3℃ 左右，夜间气温下降时，又因塑料薄膜具有不透气性，可减少热气的散发，起到保温作用。在春季气温回升昼夜温差大时，塑料大棚的增温效果更为明显。如早春月季、唐菖蒲、晚香玉等，在棚内生长比露地可提早 15～30 d 开花、晚秋时花期又可延长 1 个月。由于塑料大棚建造简单、耐用、保温、透光、气密性能好、成本低廉、拆装方便、适于大面积生产等特点，近几年来，在花卉生产中已被广泛应用、并取得了良好的经济效益。

塑料大棚内的温度源于太阳辐射能。白天，太阳能提高了棚内温度；夜晚，土壤将白天贮存的热能释放出来，由于塑料薄膜覆盖，散热较慢，从而保持了大棚内的温度。但塑料薄膜夜间长波辐射量大，热量散失较多，常致使棚内温度过低。塑料大棚的保温性与其面积密切相关。面积越小，夜间越易于变冷，日温差越大；面积越大，温度变化缓慢，日温差越小，保温效果越好。

（六）大棚的建造

大棚建造的形式有多种。其中单栋大棚的形式有拱圆形和屋脊形两种。大棚一般南北延长，高度 2.2～2.6 m，宽度（跨度）10～15 m，长度为 45～60 m，占地面积为 600 m² 左右，便于生产和管理。连栋大棚多由屋脊形大棚相连接而成，覆盖的面积大，土地利用充分，棚内温度高，温度稳定，缓冲力强，但因通风不好，往往造成棚内高温、高湿，易发生病害，因此连栋的数目不宜过多，跨度不宜太大。

为了加强防寒保温效果，提高大棚内夜间的温度，减少夜间的热辐射而采用多层薄膜覆盖。多层覆盖是在大棚内再覆盖一层或几层薄膜，进行内防寒，俗称二层幕。白天将二层幕拉开受光，夜间再覆盖严格保温。二层幕与大棚薄膜之间隔，一般为 30～50 cm。除两层幕外，大棚内还可覆盖小拱棚及地膜等，多层覆盖使用的薄膜为 0.1 mm 厚度的聚乙烯薄膜。

二、其他设施

（一）温床和冷床

1.温床

温床除利用太阳辐射外，还需人为加热以维持较高温度，供花卉促成栽培或越冬之用，是北方地区常用的保护地类型之一。温床保温性能明显高于冷床，是不耐寒植物越冬、一年生花卉提早播种、花卉促成栽培的简易设施。温床建造宜选在背风向阳、排水良好的场地。

温床由床框、床孔及玻璃窗 3 部分组成。

床框：宽 1.3～1.5 m，长约 4 m，前框高 20～25 cm，后框高 30～50 cm。

床孔：是床框下面挖出的空间，床孔大小与床框一致，其深度依床内所需温度及酿热物填充量而定。为使床内温度均匀,通常中部较浅,填入酿热物少;周围较深,填入酿热物较多。

玻璃窗:用以覆盖床面,一般宽约 1 m,窗框宽 5 cm,厚 4 cm,窗框中部设椽木 1～2 条,宽 2 cm,厚 4 cm,上嵌玻璃,上下玻璃重叠约 1 cm,呈覆瓦状。为了便于调节,常用撑窗板调节开窗的大小。撑窗板长约 50 cm,宽约 10 cm。床框及窗框通常涂以油漆或桐油防腐。

温床加温可分为发酵热和电热两类。发酵床由于设置复杂,温度不易控制,现已很少采用。电热温床选用外包耐高温的绝缘塑料、耗电少、电阻适中的加热线作为热源,发热 50～60℃。在铺设线路前先垫以 10～15 cm 的煤渣等,再盖以 5 cm 厚的河沙,加热线以 15 cm 间隔平行铺设,最后覆土。温度可由控温仪来控制,电热温床具有可调温、发热快、可长时间加热,并且可以随时应用的等特点,因而采用较多。目前,电热温床常用于温室或塑料大棚中。

2.冷床

冷床是不需要人工加热而利用太阳辐射维持一定温度,使植物安全越冬或提早栽培繁殖的栽植床。它是介于温床和露地栽培之间的一种保护地类型,又称"阳畦"。冷床广泛用于冬春季节日光资源丰富而且多风的地区,主要用于二年生花卉的保护越冬及一、二年生草花的提前播种,耐寒花卉的促成栽培及温室种苗移栽露地前的炼苗期栽培。

冷床分为抢阳阳畦和改良阳畦两种类型。

(1)抢阳阳畦　由风障、畦框及覆盖物三部分组成。风障的篱笆与地面夹角约 70℃,向南倾斜,土背底宽 50 cm、顶宽 20 cm、高 40 cm。畦框经过叠垒、夯实、铲削等工序,一般北框高 35～50 cm,底宽 30～40 cm,顶宽 25 cm,形成南低北高的结构。畦宽一般为 1.6 m,长 5～6 m。覆盖物常用玻璃、塑料薄膜、蒲席等。白天接受日光照射,提高畦内温度;傍晚在透光覆盖材料上再加不透明的覆盖物,如蒲席、草苫等保温。

(2)改良阳畦　由风障、土墙、棚架、棚顶及覆盖物组成。风障一般直立;墙高约 1 m,厚 50 cm;棚架由木质或钢质柱、椽构成,前柱长 1.7 m,椽长 1.7 m;棚顶由棚架和泥顶两部分组成,在棚架上铺芦苇、玉米秸等,上覆 10 cm 左右厚土,最后以草泥封裹。覆盖物以玻璃、塑料薄膜为主。建成后的改良阳畦前檐高 1.5 m,前柱距土墙和南窗各为 1.33 m,玻璃倾角 45°,后墙高 93 cm,跨度 2.7 m。用塑料薄膜覆盖的改良畦不再设棚顶。

抢阳阳畦和改良阳畦均有降低风速、充分接受太阳辐射、减少蒸腾、降低热量损耗、提高畦内温度等作用。冬季晴天,抢阳阳畦内的旬平均温度要比露地高 13～15.5℃,夜间最低温度为 2～3℃,改良阳畦较抢阳阳畦又高 4～7℃,增温效果相当显著,而且日常可以进入畦内管理,应用时间较长,应用范围也比较广。但在春天气温上升时,为防止高温窝风,应在北墙开窗通风。阳畦内温度在晴天条件下可保持较高,但在阴天、雪天等没有热源的情况下,阳畦内的温度会很低。

(二)阴棚

阴棚指用于遮阳栽培的设施,阴棚常用于夏季花卉栽培的遮阳降温。阴棚下具有避免日光直射,降低温度,增加湿度,减少蒸发等优点,为夏季的花卉栽培创造了比较适宜的小环境。

阴棚形式多样,可分为永久性和临时性两类。永久性阴棚多设于温室近旁,用于温室花卉的夏季遮阳;临时性阴棚多用于露地繁殖床和切花栽培。

永久性阴棚多设于温室近旁不积水又通风良好之处。一般高2~3 m,用钢管或水泥柱构成,棚架多采用遮阳网,遮光率视栽培花卉种类的需要而定。为避免晚上、下午阳光从东或西面透入,在阴棚东西两端设倾斜的遮阳帘,遮阳帘下缘要距地表50 cm以上,以利于通风。阴棚宽度一般为6~7 m,过窄遮阳效果不佳。盆花应置于花架或倒扣的花盆上,若放置于地面上,应铺以陶粒、炉渣或粗沙,以利于排水,下雨时可免除污水溅污枝叶及花盆。

临时性阴棚较低矮,一般高度50~100 cm,上覆遮阳网,可覆2~3层,也可根据生产需要,逐渐减至1层,直至全部除去,以增加光照,促进植物生长发育。

(三)风障

风障指露地保护栽培防风屏障。风障是我国北方地区常用的简易保护设施之一,可用于耐寒的二年生花卉越冬,或一年生花卉露地栽种。也可对新栽植的园林植物设置风障,借以提高移栽成活率。

风障可降低风速,使风障前近地层气流比较稳定,一般能使风速降低4 m/s,风速越大防风效果越明显。风障能充分利用太阳辐射能,增加风障前附近的地表温度和气温,并能比较容易保持风障前的温度,一般风障南面夜间温度比开阔地高2~3℃,白天高5~6℃,以有风晴天增温效果最显著,无风晴天次之,阴天不显著,距风障愈近,温度愈高。风障还有减少水分蒸发和降低相对湿度的作用,从而相对改善植物的生长环境。

风障主要有基埂、篱笆、披风三部分组成。篱笆是风障的主要部分,一般高2.5~3.5 m,通常用芦苇、高粱秆、玉米秸、细竹等材料,以芦苇最好。具体的设置方法是在地面东西向挖约30 cm的长沟,栽入篱笆,向南倾斜,与地面呈70°~80°,填土压实,在距地面1.8 m左右处扎一横杆,形成篱笆。基埂是风障北侧基部培起来的土埂,通常高约20 cm,用于固定篱笆,又能增强保温效果。披风是附在篱笆北面的柴草层,用来增强防风、保温功能。披风材料常以稻草、玉米秸为宜,其基部与篱笆基部一并埋入土中,中部用横杆缚于篱笆上,高度1.3~1.7 m。两风障间的距离以其高度的2倍为宜。

(四)地窖

地窖又称冷窖,是不需人为加温的用来贮藏植物营养器官或植物防寒越冬的地下设施。冷窖具有保温性能较好、建造简易易行的特点。建造时,从地面挖掘至一定深度、大小,而后作顶,即形成完整的冷窖。冷窖通常用于北方地区贮藏不能露地越冬的宿根、球根、水生花卉及一些冬季落叶的半耐寒花木,如石榴、无花果、蜡梅等,也可用来贮藏球根如大丽花块根、风信子鳞茎等。

冷窖依其与地表面的相对位置,可分为地下式和半地下式两类:地下式的窖顶与地表持平;半地下式窖顶高出地表面。地下式地窖保温良好,但在地下水位较高及过湿地区不宜采用。

不同的植物材料对冷窖的深度要求不同。一般用于贮藏花木植株的冷窖较浅,深度1 m左右;用于贮藏营养器官的较深,达2~3 m。窖顶结构有人字式、单坡式和平顶式三类。人字式出入方便;单坡式保温性能较好。窖顶建好后,上铺以保温材料,如高粱秆、玉米秸、稻草等10~15 cm,其上再覆土30 cm厚封盖。

冷窖在使用过程中,要注意开口通风。有出入口的活窖可打开出入口通气,无出入口的死窖应注意逐渐封口,天气转暖时要及时打开通气口。气温越高,通气次数应越多。另外,植物出入窖时,要锻炼几天再进行封顶或出窖,以免造成伤害。

三、灌溉、栽培容器与器具

(一)灌溉设施

(1)自动喷灌系统　自动喷灌系统分移动式和固定式。这种喷灌系统可采用自动控制,无人化喷洒系统使操作人员远离现场,不致受到药物的伤害,同时在喷洒量、喷洒时间、喷洒途径均可由计算机来加以控制的情况下,大大提高其效率。缺点是容易造成室内湿度过大。

(2)滴灌系统　通过在地面铺设滴灌管道,实现对土壤的灌溉。优点较多,省水、节能、省力,可实现自动控制。缺点是对水质要求较高,易堵塞,长期采用易造成土壤表层盐分积累。

(3)渗灌系统　通过在地下 40～60 cm 埋设渗灌系统,实现灌溉。优点:更加节水、节能、省力,可实现自动控制,可非常有效降低温室内湿度,而且不易造成盐分积累。缺点是对水质要求高,成本较高。

(二)花盆与花钵

1.花盆

花盆是花卉栽培中广泛使用的栽培容器,其种类很多,通常依质地和使用目的分类。

(1)依质地分类

①素烧盆　又称瓦盆,黏土烧制,有红盆和灰盆两种。质地粗糙,易生青苔,色泽不佳,欠美观,且易碎,运输不便。但排水良好,空气流通,适于花卉生长;通常圆形,规格多样。素烧盆易破碎,不适于栽植大型花木。通常盆地或两侧留有小洞孔,以排出多余水分。

②陶瓷盆　由高岭土制成。上釉的为瓷盆,不上釉的为陶盆。盆底或两侧有小洞,以利于排水。瓷盆常有彩色绘画,外形美观,但通气性差不适宜植物栽培,只适合作套盆或短期观赏用,供室内装饰及展览之用。陶盆多为紫褐色或赭紫色,有一定的排水通气性。陶瓷盆除圆形之外,也有方形、菱形、六角形等。

③木盆或木桶　由木料与金属箍、竹箍或藤箍制造而成。需要用 40 cm 以上口径的盆时即采用木盆。木盆形状仍以圆形较多,但也有方形的。盆的两侧应设有把手,以便搬动。底部钻有排水孔数个。多用作栽植高大、浅根观赏花木,如棕榈、南洋杉、橡皮树等,但木质易腐烂,使用年限短。现在木盆正被塑料盆或玻璃钢盆所代替。

④紫砂盆　又称宜兴盆,亦是陶盆的一种。多产于华东地区,以宜兴产的为代表,故名宜兴盆。盆的透气性较普通陶盆稍差,但造型美观,形式多样,并多有刻花题字,典雅大方,具有典型的东方容器的特点,在国际上较受欢迎,多用于室内名贵花卉以及盆景栽培。

⑤塑料盆　质轻而坚固耐用,可制成各种形状,色彩也极为丰富,由于塑料盆的规格多、式样新、硬度大、美观大方、经久耐用及运输方便,目前已成为国内外大规模花卉生产及贸易流通中主要的容器,尤其在规模化盆花生产中应用更加广泛。虽然塑料盆透水,透气性较差,但只要注意培养土的物理性状,使之疏松透气,便可克服其缺点。塑料花盆一般为圆形、高腰、矮三脚或无脚、底部或侧面留有孔眼,以利于浇灌吸水及排水,也有不留孔作水培或套

盆之用,在家庭或展览会上,在底部加一托盘,承接溢出水。此外,还有用塑料花盆种植花卉,吊挂在室内作装饰,或在苗圃用软质塑料盆育苗,易于成活而使用轻便。另外,也有不同规格的育苗塑料盘,用于花卉种苗生产,又称皿盘育苗,非常适于花卉种苗的规模化工厂化生产。塑料盆的规格一般是以盆直径的毫米数标出的,如230即是230 mm。这样可以根据需要直接购买各种型号的盆子。

⑥纸盆　仅供培养幼苗之用,特别用于不耐移植的花卉,如香豌豆、香矢车菊等在定植露地前,先在温室内纸盆中进行育苗。在国外,这种育苗纸盒已商品化,有不同的规格,在一个大盆上有数十个小格,适用于各种花卉幼苗的生产。

⑦其他材料　不锈钢、石材、玻璃、植物纤维花盆等。

(2)依使用目的分类

①水养盆　专用于水生花卉或水培花卉之用,盆底无排水孔,盆面宽大而较浅,专用于水生花卉盆栽。其形状多为圆形。球根水养用盆多用陶瓷或瓷制的浅盆,如"水仙盆"。

②兰盆　兰盆专用于栽培气生兰及附生的蕨类植物。盆壁有各种形状的气孔,以便流通空气。此外,也常用木条制成各种式样的兰筐代替兰盆。

③盆景用盆　深浅不一,形式多样,常为陶盆或瓷盆。有树桩盆景盆和水石盆两类。树桩盆底部有排水孔,形状多样,有方形、长方形、圆形、椭圆形、八角形、扇形、菱形等,色彩丰富、古朴大方;水石盆底部无孔,山水盆景用盆为特制的浅盆,形式以长方形和椭圆形为主。盆景盆的质地除泥、瓷、釉、紫砂外,还有水泥、石质等。石质其中以洁白、质细的汉白玉和大理石为上品,多制成长方形、椭圆形浅盆,适于水石盆景使用。

2.花钵

花钵多由玻璃钢材料制成。一般口径较大,可制成各种美观的形状,如高脚状、正六边形、圆形等,多摆放于公共场所。

(三)育苗容器

花卉种苗生产中常用的育苗容器有穴盘、育苗盘、育苗钵等。

(1)穴盘　穴盘是用塑料制成的蜂窝状的有同样规格的小孔组成的育苗容器。盘的大小及每盘上的穴洞数目不等。一方面满足不同花卉种苗大小差异以及同一花卉种苗不断生长的要求;另一方面也与机械化操作相配套。一般规格128~800穴/盘。穴盘能保持花卉根系的完整性,节约生产时间,减少劳动力,提高生产的机械化程度,便于花卉种苗的大规模工厂化生产。

(2)育苗盘　育苗盘也叫催芽盘,多由塑料铸成,也可以用木板自行制作。用育苗盘育苗有很多优点,如对水分、温度、光照容易调节,便于种苗贮藏、运输等。

(3)育苗钵　育苗钵是指培育小苗用的钵状容器,规格很多。按制作材料不同可划分为两类:一类是塑料育苗钵,由聚氯乙烯和聚乙烯制成,多为黑色,个别为其他颜色。另一类是有机质育苗钵,是以泥炭为主要原料制作的,还可用牛粪、锯末、黄泥土或草浆制作。这种容器质地疏松透气、透水,装满水后能在底部无孔情况下40~60 min内全部渗出。由于钵体会在土壤中迅速降解,不影响根系生长,移植时育苗钵可与种苗同时栽入土中,不会伤根,无缓苗期,成苗率高,生长快。

(四)其他器具

(1)浇水壶　有喷壶和浇壶两种。喷壶用来为花卉枝叶淋水除去灰尘,增加空气湿度。喷嘴有粗、细之分,可根据植物种类及生长发育阶段、生活习性灵活取用。浇壶不带喷嘴,直接将水浇在盆内,一般用来浇肥水。

(2)喷雾器　防虫防病时喷洒农药用,或作温室小苗喷雾,以增加湿度,或作根外施肥,喷洒叶面等。

(3)修枝剪　用以整形修剪,以调整株形,或用作剪裁插穗、接穗、砧木等。

(4)嫁接刀　用于嫁接繁殖,有切接刀和芽接刀之分。切接刀选用硬质钢材,是一种有柄的单面快刃小刀;芽接刀薄,刀柄另一端带有一片树皮分离器。

(5)切花网　用于切花栽培防止花卉植株倒伏,通常用尼龙制成。

(6)遮阳网　又称寒冷纱,是高强度、耐老化的新型网状覆盖材料,具有遮光、降温、防雨、保湿、抗风及避虫防病等多种功能。生产中根据花卉种类选择不同规格的遮阳网,用于花卉覆盖栽培,借以调节、改善花卉的生长环境,实现优质花卉的生产目的。

(7)覆盖物　用于冬季防寒,如用草帘、无纺布制成的保温被等覆盖温室,与屋面之间形成防热层,有效地保持室内温度,亦可用来覆盖冷床、温床等。

(8)塑料薄膜　主要用来覆盖温室。塑料薄膜质轻,柔软、容易造型、价格低,适于大面积覆盖。其种类很多,生产中应根据不同的温室和花卉采用不同的薄膜。

此外,花卉栽培过程中还需要竹竿、棕丝、铅丝、铁丝、塑料绳等用于绑扎支柱,还有各种标牌、温度计与湿度计等材料。

(五)花卉栽培机具

国外大型现代化花卉生产常用的农机具有播种机、球根种植机、上盆机、加宽株行距装置、运输盘、传送装置、收球机、球根清洗机、球根分检称重装置、切花去叶去茎机、切花分级机、切花包装机、盆花包装机、温室计算机控制系统、花卉冷藏运输车及花卉专用运输机械等。

计 划 单

学习领域	花卉生产技术		
学习情境2	花卉生产设施	学时	10
计划方式	小组讨论、成员之间团结合作共同制订计划		
序号	实施步骤		使用资源

制订计划说明	

班级		第 组	组长签字	
教师签字			日期	

计划评价	评语:

决 策 单

学习领域			花卉生产技术			
学习情境 2			花卉生产设施		学时	10

方案讨论

	组号	任务耗时	任务耗材	实现功能	实施难度	安全可靠性	环保性	综合评价
方案对比	1							
	2							
	3							
	4							
	5							
	6							

方案评价	评语:

班级		组长签字		教师签字		日期	

材料工具单

学习领域		花卉生产技术					
学习情境2		花卉生产设施				学时	10
项目	序号	名称	作用	数量	型号	使用前	使用后
所用工具	1	瓦盆	花卉栽培	35个			
	2	陶瓷盆	花卉栽培	35个			
	3	木盆	花卉栽培	10个			
	4	紫砂盆	花卉栽培	20个			
	5	塑料盆	花卉栽培	60个			
	6	玻璃盆	花卉栽培	5个			
	7						
	8						
	9						
	10						
	11						
所用材料	1	浇水壶	花卉管理	4把			
	2	喷雾器	花卉管理	1个			
	3	修枝剪	花卉管理	2把			
	4	嫁接刀	花卉管理	2把			
	5	塑料薄膜	花卉管理	1张			
	6	遮阳网	花卉管理	1张			
	7						
	8						
	9						
	10						
	11						
	12						
班级		第　　组	组长签字			教师签字	

实 施 单

学习领域	花卉生产技术		
学习情境 2	花卉生产设施	学时	10
实施方式	小组合作;动手实践		
序号	实施步骤	使用资源	
1	基本理论讲授	多媒体	
2	花卉生产设施、栽培器具种类及使用效果比较	花卉示范园、大轿车	
3	花卉市场参观	大轿车	

实施说明：

利用多媒体资源,进行理论学习,掌握花卉栽培常用生产设施基本理论知识水平;

利用花卉示范园,通过花卉栽培种类及使用效果比较,熟悉因花卉种类选择适宜的栽培设施;

通过花卉市场参观,调查各式各样的栽培器具和市场价格。

班级		第 组	组长签字	
教师签字			日期	

作 业 单

学习领域	花卉生产技术		
学习情境2	花卉生产设施	学时	10
作业方式	资料查询、现场操作		
1	花盆依质地不同分为哪几类?		
作业解答:			
2	花盆依使用目的不同分为哪几类?		
作业解答:			
3	常见花盆的种类有哪些?使用效果有何不同?		
作业解答:			
4	塑料盆的优缺点是什么?		
作业解答:			
5	实地调查花卉生产场圃,观察并记录栽培器具。各种器具使用情况如何?		
作业解答:			

	班级		第 组	学号		姓名	
	教师签字		教师评分			日期	
作业评价	评语:						

检 查 单

学习领域	花卉生产技术			
学习情境 2	花卉生产设施		学时	10
序号	检查项目	检查标准	学生自检	教师检查
1	基本理论知识	课堂提问，课后作业，理论考试		
2	花卉常用生产设施及应用	正确识别及应用效果		

	班级		第　组	组长签字	
	教师签字			日期	
检查评价	评语：				

评 价 单

学习领域	花卉生产技术				
学习情境2	花卉生产设施			学时	10
评价类别	项目	子项目	个人评价	组内互评	教师评价
专业能力 （60%）	资讯（10%）				
	计划（10%）				
	实施（15%）				
	检查（10%）				
	过程（5%）				
	结果（10%）				
社会能力 （20%）	团结协作 （10%）				
	敬业精神 （10%）				
方法能力 （20%）	计划能力 （10%）				
	决策能力 （10%）				
	班级		姓名		学号		总评	
	教师签字		第　组	组长签字		日期	
评价评语	评语：				

教学反馈单

学习领域	花卉生产技术			
学习情境 2	花卉生产设施	学时		10
序号	调查内容	是	否	理由陈述
1	你是否明确本学习情境的目标?			
2	你是否完成了本学习情境的学习任务?			
3	你是否达到了本学习情境对学生的要求?			
4	资讯的问题,你都能回答吗?			
5	你知道花卉有哪些生产设施吗?			
6	你熟悉花卉常用的生产设施吗?			
7	你知道温室的各种类型及其结构特点吗?			
8	你知道大棚等其他花卉设施的基本结构特点吗?			
9	你知道花卉常用栽培器具吗?			
10	你知道花卉常用栽培器具基本性能吗?			
11	你知道花卉常用栽培器具的应用吗?			
12	你掌握花盆依质地不同分为哪几类吗?			
13	你掌握花盆依使用目的不同分为哪几类吗?			
14	你掌握陶盆和瓷盆有什么不同吗?			
15	你知道塑料盆的优缺点是什么吗?			
16	通过几天来的工作和学习,你对自己的表现是否满意?			
17	你对本小组成员之间的合作是否满意?			
18	你认为本学习情境对你将来的学习和工作有帮助吗?			
19	你认为本学习情境还应学习哪些方面的内容? (请在下面回答)			
20	本学习情境学习后,你还有哪些问题不明白? 哪些问题 需要解决?(请在下面回答)			

你的意见对改进教学非常重要,请写出你的建议和意见:

调查信息		被调查人签字		调查时间	

学习情境3 花卉繁殖技术

任务单

学习领域	花卉生产技术		
学习情境 3	花卉繁殖技术	学时	12
任务布置			
学习目标	1.简述一种小粒种子花卉的盆播技术。 2.优质花卉种子应具备怎样的品质。 3.能够针对不同种类花卉正确选用合适的繁殖方法生产花苗。 4.叙述花卉嫁接成活的原理,并掌握常用的几种嫁接方法。 5.掌握花卉扦插繁殖的技术。 6.理解花卉压条繁殖的原理,并掌握高空压条技术。 7.熟练掌握花卉分株繁殖的方法技术。 8.对万寿菊花苗的生产过程能够独立进行操作。 9.培养学生吃苦耐劳、团结合作、开拓创新、务实严谨的态度。 10.熟练掌握育苗工具的使用和维护。		
任务描述	针对不同种类、品种和目的正确选用适当的繁殖方法生产花苗。具体任务要求如下: 1.进行育苗前,建好畦、整好地。 2.准备好育苗工具、育苗材料。 3.育苗技术操作熟练。 4.正确进行地播、盆播。		

学时安排	资讯 2 学时	计划 1 学时	决策 1 学时	实施 6 学时	检查 1 学时	评价 1 学时
参考资料	1. 张树宝. 花卉生产技术. 重庆:重庆大学出版社,2006. 2. 曹春英. 花卉栽培. 北京:中国农业出版社,2001. 3. 芦建国,杨艳容. 园林花卉. 北京:中国林业出版社,2006. 4. 刘会超,王进涛,武荣花. 花卉学. 北京:中国农业出版社,2006. 5. 赵祥云,侯芳梅,陈沛仁. 花卉学. 北京:气象出版社,2001. 6. 北京林业大学园林系花卉教研室. 花卉学. 北京:中国林业出版社,1990. 7. 陈俊渝,程绪珂. 中国花经. 上海:上海文化出版社,1990. 8. http://www.fpcn.net/中国花卉图片网. 9. http://www.flowerworld.cn/花卉世界网.					
对学生的 要求	1. 理解花卉扦插繁殖、嫁接繁殖的基本原理。 2. 制订一年生花卉如万寿菊的生产方案。 3. 规定时间完成一定量一串红的育苗工作。 4. 某种花卉的成苗数及成苗率达到一定数值。 5. 实验实习过程要爱护实验场的工具设备。 6. 严格遵守纪律,不迟到,不早退,不旷课。 7. 本情境工作任务完成后,需要提交学习体会报告。					

资 讯 单

学习领域	花卉生产技术		
学习情境3	花卉繁殖技术	学时	12
咨询方式	在资料室、图书馆、专业杂志、互联网及信息单上查询;咨询任课教师		
咨询问题	1.试述花卉盆播的方法及步骤。 2.简述种子萌发的条件有哪些? 3.种子处理的方法有哪些? 4.分株繁殖的步骤有哪些? 5.影响扦插成活的因素有哪些? 6.促进扦插生根方法有哪些? 7.试述嫁接成活的原理及影响嫁接成活的因素。 8.简述花卉切接的方法技术。 9.试述"T"字形芽接技术。 10.枝接的主要方法有哪些? 11.嫁接苗的特点有哪些? 12.简述高空压条的技术。		
资讯引导	问题1~5可以在《花卉生产技术》(张树宝)的第3章中查询。 问题6~8可以在《花卉学》(刘会超,王进涛,武荣花)的第4章中查询。 问题9~12可以在《花卉栽培》(曹春英)的第4章中查询。		

信 息 单

学习领域	花卉生产技术		
学习情境 3	花卉繁殖技术	学时	12

信 息 内 容

一、种子繁殖

(一)播种繁殖

播种繁殖又称实生繁殖或有性繁殖,是利用种子或果实播种而产生后代的一种繁殖方式。这类繁殖是植物在营养生长后期转为生殖生长期,通过有性过程形成种子,因此又称为有性繁殖。凡是有种子播种长成的幼苗称为实生苗(seedling)。适宜有性繁殖的花卉种类,对于那些产生大量种子,而子苗又大致保留祖代优良性状的植物来说,从种子生长成植株通常是代价最低又最令人满意的植物繁殖方法。

花卉种子繁殖的优点:

(1)贮运方便　如果用切块的方法把种球切开,运输起来麻烦,对保存条件有较高的要求,种子便于携带、保存和流通,满足市场需求。

(2)播种方便　播种直接撒播或机播到盆里或地里,自然比一株株地移植要方便得多,也易成活。适应性强,生长发育健壮,植株寿命长。

花卉种子繁殖的缺点:

(1)繁殖条件受限　必须经过开花、结实、成熟、收获这样的漫长过程,繁殖速度慢,受到环境条件的影响。

(2)遗传稳定性差　如果是杂交种的话,杂种优势不能保存。而且在制种过程中可能有混杂,使得种子纯度降低。

(3)发育期长　对于一些开花植物来说,实生植株从播种到开花结实需要一个童期,即无性生长期,才能分化出有性器官。而切块本身分化程度高,开花结实较早,可以较早获得经济收益。

(二)种子的品质、采收及贮藏

1.种子的品质

优质花卉种子是播种育苗成败的关键。可以通过以下几方面检验花卉种子的品质。

(1)品种纯正　花卉种子形状各异,通过种子的形状可以确认品种,如弯月形(金盏菊)、地雷形(紫茉莉)、鼠粪形(一串红)、肾形(鸡冠花)、卵形(金鱼草)、椭圆形(四季秋海棠)等。在种子采收、处理去杂、晾干、装袋贮存整个过程中,要标明品种、处理方法、采收日期、贮藏温度、贮藏地点等,以确保品种正确无误。

(2)发育充实,颗粒饱满　采收的种子要成熟,粒大而饱满,有光泽,种胚发育健全。种子大小按千粒重分级:大粒种子,千粒重 10 g 左右,如牵牛花、紫茉莉、旱金莲等;中粒种子,千粒重3～5 g,如一串红、金盏菊、万寿菊等;小粒种子,千粒重0.3～0.5 g,如鸡冠花、石竹、翠菊、金鸡菊等;微粒种子,千粒重约0.1 g,如矮牵牛、虞美人、半枝莲、藿香蓟等。

(3)发芽率高,富有生活力　新采收的种子比陈旧的种子生活力强盛,发芽率高。贮藏条件适宜,种子的寿命长,生命力强。花卉种类不同,其种子寿命差别也较大。

(4)无病虫害　种子是传播病虫害的重要媒介。种子上常常带有各种病虫的孢子和虫卵,贮藏前要杀菌消毒,检验检疫,不能通过种子传播病虫害。

2.种子的采收与贮藏

(1)种子采集的原则

①应选择生长健壮、无病虫害、无机械损伤的植株作为采种母株,并选择其中生长发育良好且具有该品种典型形状的果实为种源,淘汰畸形果、劣变果、病虫果。

②如果田间生长的果实或种子为一次性成熟,则采种也应一次性完成。淘汰少数生长发育迟缓的种源。如十字花科花卉。

③如果果实或种子是分期成熟的,采种工作也应分期分批进行。

④要在种子充分成熟时采收。种子颜色变褐或变黑时采收。

(2)种子的成熟度　种子的成熟,包括形态成熟和生理成熟两个方面。形态成熟是指种子的外部形态及大小不再发生变化,可以从植株上自行脱落。生理成熟是指种子发育完全,已具有良好发芽能力的种子。

种子成熟后具有以下特点:含水量低,营养物质已转化为难溶于水的大分子贮藏物质,种胚休眠,种皮坚硬。色泽由浅转深。

生产上把含有一粒种子且不开裂的干果也称为种子。

(3)采种的时期与方法

①对于成熟期一致而又不容易散落的种子,可在种子充分成熟时,把整个花序或植株一同剪切采收,风干后,种子便可经揉搓、敲打、机械处理后,自果实中脱出。如万寿菊、百日草、千日红、翠菊等。

②对于种子陆续成熟,且容易散落的种子,应分期分批采收,成熟一批采收一批。如一串红、紫茉莉、波斯菊、金鸡菊、美女樱、长春花等。

③对于成熟时自然开裂、落地的果实,必须在果实熟透前采收,即在果实有绿色转为黄褐色时采收,最好在清晨湿度较大时采收,经晾晒后取种。如半枝莲、凤仙花、三色堇、花菱草等。

④对于肉质果实的种子,必须要到果实充分成熟并足够软化后采集。最好放置在室内数天,使种子充分后熟,用清水浸泡,需要经过发酵或机械的方法,去除果肉取出种子,洗净晾干。如石榴、无花果、火龙果等。

⑤取得的种子会带有杂物,可用风吹、过筛、机械处理等方法,提高种子的净度。值得注意的是,目前,市场上出售的花卉种子大部分是F_1代种子,自行采种后的种子播种后会发生变性退化的现象。

(4)种子寿命及贮藏

①花卉种子的寿命　种子的寿命是指种子的生命力在一定环境条件下能保持的期限。

当一个种子群体的发芽率降到 50％左右时,那么从收获后到半数种子存活所经历的这段时间,就是该种子群体的寿命,也叫种子的半活期。

种子寿命长短的差异很大,其寿命主要取决于植物本身的遗传特性,还取决于种子形成、成熟过程与休眠贮藏等不同阶段。凡能影响种子新陈代谢过程的一切因素,如气候、土质、水分、肥料、病虫害、收获期,种子的干燥程度及贮藏的条件等,都可直接或间接影响种子生理状况和寿命的长短。

②影响种子寿命的因素

a.遗传因素

短命种子:种子寿命在 1 年左右的,如报春类花卉、秋海棠类、非洲菊只有 6 个月左右。

中命种子:种子寿命在 2～3 年的,如菊花、天人菊等多数花卉。

长命种子:种子寿命在 4～5 年以上的。如莲藕、美人蕉、满天星、桂竹香等。

一般情况下,在热带及亚热带地区,种子生命力容易丧失,在北方寒冷高燥地区,寿命较长。

b.成熟度　种子充分成熟以后才具有发芽力。

c.种子含水量　种子水分含量在 5％～6％最好,低于 5％细胞膜的结构破坏,加速种子衰败;8％～9％则容易出现虫害;12％～14％则容易发生真菌危害;18％～20％容易发热而败坏;40％～60％种子发霉。种子贮藏的安全含水量,含油脂高的种子一般不超过 9％,含淀粉高的种子不超过 13％。

d.环境中空气相对湿度　空气相对湿度在 70％时,一般种子含水分量在 14％时,是一般种子安全贮藏含水量的上限。在相对湿度为 20％～25％时,种子寿命最长。

e.温度　温度 5℃以下,贮藏时间较长。

f.氧气　种子需要一定的氧气进行呼吸才能维持生命。

③花卉种子的贮藏方法　低温、干燥、密封是种子贮藏的基本原则。

a.干燥贮藏法　用纸袋、纸箱贮藏。保持干燥是防止种子变质的主要条件,含水率应保持在 12％的水平上,才能使种子的生命活动稳定,发现超过 1％,就应立即翻晒,防止发热、霉烂、受冻。

b.干燥密闭法　用罐子、瓶子贮藏。

c.干燥低温密闭法　在干燥器中 4～5℃的情况下,会使种子呼吸作用增强,直接影响种子的品质和发芽率,最好在 2～3℃的条件下保存,可降低种子的呼吸作用,从而保持种子有较长的生命力。

d.水藏法　睡莲、王莲的种子,则须要放入盛水的瓶中。

种子是有生命的有机体,各种花卉种子都有一定的保存年限,在保存年限之内种子有生命力或生命力强盛,若超出了保存年限,种子生命力就会降低甚至失去生命力。花卉种子的保存年限见表 3-1。

表 3-1　常见花卉种子的保存年限

花卉名称	保存时间/年	花卉名称	保存时间/年	花卉名称	保存时间/年
菊花	3～5	凤仙花	5～8	百合	1～3
蛇目菊	3～4	牵牛花	3	茑萝	4～5
报春花	2～5	鸢尾	2	一串红	1～2
万寿菊	4～5	长春花	2～3	矢车菊	2～5
金莲花	2	鸡冠花	4～5	千日红	3～5
美女樱	2～3	波斯菊	3～4	大岩桐	2～3
三色堇	2～3	大丽花	5	麦秆菊	2～3
毛地黄	2～3	紫罗兰	4	薰衣草	2～3
花菱草	2～3	矮牵牛	3～5	耧斗菜	2
蕨类	3～4	福禄考	1～3	藏报春	2～3
天人菊	2～3	半枝莲	3～4	含羞草	2～3
天竺葵	3	百日草	2～3	勿忘我	2～3
彩叶草	5	藿香蓟	2～3	木犀草	3～4
仙客来	2～3	桂竹香	5	宿根羽扇豆	5
蜀葵	5	瓜叶菊	3～4	地肤	
金鱼草	3～5	醉蝶花	2～3	五色梅	1～2
雏菊	2～3	石竹	3～5	观赏茄	4～5
翠菊	2	香石竹	4～5		
金盏菊	3～4	蒲包花	2～3		

(三)种子萌发的条件及种子处理

1.种子发芽的条件

(1)自身条件　种子发育成熟;通过休眠阶段;种子完好无损。

(2)环境条件

①水分　种子必须吸收一定量的水分才能萌发。水分是发芽的首要条件,只要有了水分,就能使种子膨胀,种皮破裂,使种子内的水解酶类激活,从而使种子内部的贮藏性物质转化为结构物质,供种子萌发之用。

②温度　温度对种子萌发的影响很大,种子内部的生理生化作用,是在一定的温度下进行的。种子萌发也有"三基点"温度,即最高、最低、和最适温度。种子在最高和最低温度范围之外容易失去发芽力,高温使种子变性,过低温度使种子遭受冻害。最适温度不是生长发育最快的温度,温度高生长发育快,但幼苗细弱。而是幼苗生长发育健壮时的温度,称最适温度。温度处理可分为以下几种:

a.变温处理种子 可以激发种子内水解酶的活性,有利于种子内营养物质的转化,使贮藏性物质转化为结构性物质;变温还可使种皮因胀缩而破裂,利于种子的气体交换,促进萌发。

b.变温处理种球 球茎类花卉用变温处理种球,可以促进球茎类花卉的花芽分化,可以促进根系发育健壮,茎叶生长健壮,还可以调控开花期。如唐菖蒲子球栽植前 2 d,用 32℃水浸种,去掉漂浮球,然后用 53～55℃的药液(100 g 苯菌特,180 g 克菌丹)浸种 30 min,用凉水冲洗 10 min,在 2～4℃下备用;要使郁金香在 12 月份开花,在 6 月份收获后,置 34℃条件下 1 周,然后放在 17～20℃的条件下促进花芽分化,直到 8 月中下旬,把温度改为 7～9℃的条件下贮藏 6 周。

c.变温处理花卉的营养体 可以打破有些植物的生理休眠。如满天星(霞草)的自然花期为 5～9 月份,在冬季的低温和短日照条件下,满天星的节间不伸长,呈莲座状生长,不能开花,可以通过低温(2～4℃)处理幼苗,可以在冬季及春节前上市。也可以通过低温配合长日照处理(每天给予 16 h 的光照)。

③氧气 种子萌发需要大量的能量,能量源于呼吸作用。因此,种子萌发时呼吸强度会显著增加,需要有足够的氧气供应。

④光照 光照条件也对种子的萌发产生一定的影响。多数种子萌发对光照条件不敏感。有些喜光种子在有光的条件下才能更好地发芽,如金鱼草、四季海棠、球根秋海棠、长春花、鸡冠花、凤仙花、烟草、芥菜、莴苣、芹菜、水浮莲、早熟禾、稗草等。嫌光性种子,一些种子须在黑暗的条件才能发芽,如仙客来、雁来红、蒲包花等。

2.种子处理

一些容易发芽的种子可直接播种,但是不容易发芽的种子在播种前要进行处理,称之为播前处理。播种前处理的目的是打破休眠,促进种子快速而整齐地萌发,又提高幼苗的抗性和对种子消毒的作用。

(1)选种 种子应为充实饱满,无病虫害,成熟度一致的个体,这样才可适时萌发出健壮的幼苗。

(2)破皮处理

①机械破皮 对于一些种皮坚硬的种子,可用人工方法将种子通过破皮、开裂、擦伤等,改变种皮的透性以促进种子发芽。如与粗沙混合摩擦、适度的碾压、超声波处理。荷花、美人蕉、牡丹、夹竹桃、梅、桃等用于此法。此法主要用于种(果)皮不透水、不透气的硬实,通过擦伤种皮处理,改变了种皮的物理性质,增加种皮的透性。常用的工具有锉刀、锤子、砂纸、石滚等。例如香豌豆在播种前用 65℃的温水浸种(温汤浸种后不吸胀,不发芽)。解决的方法是用快刀逐粒划伤种皮,操作时不要伤到种脐,刻伤后再浸入温水中 1～2 h 即可。

②酸碱腐蚀处理 酸碱腐蚀是常用的增加种皮透性的化学方法,把具有坚硬种壳的种子浸在有腐蚀性的酸碱溶液中,经过短时间处理,可使种壳变薄增加透性。常用 98% 的浓硫酸和氢氧化钠。处理时间是关键,处理得当的种子表皮为暗淡无光,但又无凸凹不平。95% 的 H_2SO_4 浸泡 10～120 min,少数种类可以浸泡 6 h 以上,用 10%NaOH 浸泡 24 h 左右,浸泡后必须要用清水冲洗干净,以防对种胚萌发产生影响。

对于种壳坚硬和种皮有蜡质的种子,可进入有腐蚀性的浓硫酸(95%)或10%的氢氧化钠或双氧水溶液中,经过短时间的处理,使蜡质消除,种皮变薄,透性增加。但要注意时间不能过长,浸种后种子必须洗净。林生山黧豆用浓硫酸处理1 min;芍药、美人蕉用2%~3%的盐酸或浓硫酸浸种使种皮柔软,用清水洗净后播种。

③化学药剂处理 利用一些生长调节剂和肥料等处理,可以促进种子发芽,补充营养,增强种子抗性等。利用赤霉素处理可以打破种子休眠,代替一些种子的低温处理。10~25 mg/L赤霉素浸种大花牵牛、林生山黧豆等。硫酸铵、尿素、磷酸二氢钾等可用于拌种,硼酸、钼酸铵、硫酸铜、高锰酸钾、稀土可用来浸种,使用浓度0.1%~0.2%。

④清水浸种 可使种子在短时间内吸足发芽所需要的水分,并使种皮软化,除去发芽抑制物,促进种子萌发。温水浸种是用20~30℃温水,浸种几个小时至十几个小时,可使种子在短时间内吸水膨胀,吸足萌芽所需的水分。君子兰、旱金莲、仙客来、杉木、侧柏、月光花、牵牛花、香豌豆等,适于用35~40℃温水浸种。海棠、珊瑚豆、金银花、观赏辣椒、金鱼草、文竹、天门冬、君子兰、棕榈、蒲葵等,适于用热水70~75℃烫种,烫种时要往复快速倾倒,水温降至50℃,再进行温汤浸种。开水烫种是用100℃浸泡数秒再用冷水浸泡1 d,如核桃、山桃、山杏、山楂、油松、马蔺、刺槐、合欢、紫藤等。

⑤低温层积处理 对于要求低温和湿润条件下完成休眠的种子,如牡丹、鸢尾、蔷薇等,常用低温湿沙层积法来处理,第二年早春播种,发芽整齐迅速。

(3)拌种 对于小粒或微粒花卉种子,拌入"包衣剂",给种子包上一层外衣,主要起保持种子的水分和防治病虫害的作用,有利于种子发芽。

(四)播种时期

选择播种时期,首先要考虑种子本身的特性,最重要的就是种子的寿命。对于短命种子一般无休眠期,还有些花卉种子含水分多,生命力短,不耐贮藏,失水后易丧失发芽力,需要随采随播,如君子兰、四季秋海棠等。

其次要考虑植物的耐寒性。不耐寒的花卉,如一年生花卉、宿根花卉、木本花卉,原产热带、亚热带的多年生观赏植物,只能采取春播,南方地区在2月下旬至3月上旬,华中地区约在3月中旬,北方地区约在4月份或5月上旬。北京地区"五一"节花坛用花,可提前2~3月份在温室、温床或冷床中育苗。

最后要根据市场的需求来决定播种期。比如露地二年生草花和部分木本花卉适宜秋播。一般在9~10月间进行播种,冬季需在温床或冷床越冬。在长江流域,二年生花卉多行秋播,原因是:节省贮藏手续;避免连绵的春雨对播种及移栽工作的影响;经过冬季低温的春化,植株生长健壮,发育更好。

周年播种,热带和亚热带花卉的种子及部分盆栽花卉的种子,常年处于恒温状态,种子随时成熟。如果温度合适,种子随时萌发,可周年播种。如中国兰花、热带兰花等。

(五)播种方法

1.床播

(1)苗床准备 选择光照充足、地势高、土质疏松、排水良好的地方设置苗床,施入腐熟的有机肥做基肥,再耙细、混匀、整平做畦,浇足底水(同时采用杀菌剂做好床土消毒),调节好苗床墒情,准备播种。

(2)播种方法　根据植物的种类、花卉种子的大小、花卉耐移栽程度以及园林应用等,可选择点播、条播或撒播等播种方式,见图 3-1。

大粒种子一般采用点播。点播又称穴播,按一定的株行距,单粒点播或多粒点播,主要便于移栽。如紫茉莉、牡丹、芍药、紫荆、丁香、金莲花、君子兰等。

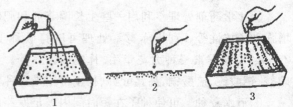

图 3-1　播种方法
1.撒播　2.点播　3.条播

中粒种子一般采用条播。条拊是最常见的播种方法,通常等距离横条播。条播基本能保证通风透光,间苗、除草操作亦方便。如文竹、天门冬等。

小粒种子一般采用撒播。撒播出苗量大,苗木生长相对较弱,要及时间苗和蹲苗,如一串红、鸡冠花、翠菊、三色堇、石竹等。

微粒种子一般把种子混入少许的细干土或细面沙后,再撒播到育苗床上。如矮牵牛、虞美人、半枝莲、藿香蓟等。

播种量应根据种子的质量、大小与重量、幼苗生长的速度、栽培条件、管理水平来决定。种子发芽率高、幼苗生长迅速、土地肥沃、光照充足、温度适宜且管理水平较高则播种宜稀。

(3)播种深度及覆土　播种的深度也就是覆土的厚度。一般播种深度为种子直径的2～3倍,大粒种子可稍厚些;小粒种子宜薄,以不见种子为度;微粒种子也可不覆土,播后轻轻镇压即可。播种覆土后,稍压实,使种子与土壤紧密接触,便于吸收水分,有利于种子萌发。

(4)播种后的管理　播种后管理需注意以下几个问题:

①播种后利用石滚或镇压器压实土壤,或踩实土壤,镇压可使种子与土壤紧密接触,使种子容易吸水。应在土壤疏松,上层土壤较干时进行,如果土壤黏重或湿度较大可不用镇压。

②为保持苗床的湿润,播种后要进行覆盖,现代多用薄膜及遮阳网等。覆盖可以起到防止雨水冲刷、抑制杂草滋生的作用。初期水分要充足,以保证种子充分吸水发芽的需要,发芽后适当减少水分,以土壤湿润为宜,不能使苗床有过干过湿现象。

③播种后,如果温度过高或光照过强,要适当遮阳,避免床面出现"封皮"现象,影响种子发芽出土。

④播种后期根据发芽情况,适当拆除遮阳物,逐步见阳光。

⑤当真叶出现后,根据苗的疏密程度及时"间苗",去掉弱苗,留壮苗,充分见光"蹲苗"。

⑥间苗后需立即浇水,以免留苗因根部松动失水而死亡。

2.盆播

(1)苗盆准备　一般采用播种盘或盆口较大的浅盆,盆一般高 10 cm,直径 30 cm,底部有排水孔,播种前洗刷消毒后备用。

(2)盆土准备　播种用土,要求疏松通气肥沃,排水保水性能好,富含有机质丰富,不含病虫卵和杂草的种子。一般用园土5份,草炭土或腐叶土4份,蛭石1份,混合均匀后过筛消毒可用。消毒的方法是:将培养土堆放在光照充足的水泥地面上,以每立方米土壤0.75%的福尔马林2 L灌注、搅拌、压实,再用塑料薄膜封闭熏蒸2 d,然后去除薄膜,暴晒至福尔马林完全挥发(约15 d)为止。

(3)播种　培养土经粗筛后装盆,注意上细下粗且表面平整,并留出3 cm左右的浇水口。上细是为了保证种子长出的幼根能与土壤紧密结合,保证对水分、养分的吸收。下粗是为了排水透气。大粒种子或名贵种子,用点播或条播;小粒种子或用量多的用撒播。

(4)盆底浸水　将播种盆放在水槽内,底部浸到水里,至盆面完全湿润均匀后取出,忌喷水。

(5)覆盖　浸盆后将盆平放在荫蔽处,用玻璃或报纸覆盖盆口,防止水分蒸发和阳光直射。夜间可将玻璃掀去,使之通风透气,白天再盖好。

(6)管理　种子出苗后立即揭去覆盖物,并移到通风处,逐步见光。可继续用盆底浸水法给水,当长出1~2片真叶时用细眼喷壶浇水,并视苗的密度及时间苗,间苗后要立即灌水,以保证苗木根系与土壤的结合。当长出4~6片真叶时幼苗可分盆移栽。

3.直播

将花卉种子直接播种于应用处,不再移栽的方法。常用于生长较快、植株较小、管理粗放或直根性、不适于移栽的种类。如矮牵牛、孔雀草、二月兰、虞美人、花菱草、牵牛花、茑萝、紫茉莉、桔梗花等。一般采用点播或条播,以便于管理。

二、无性繁殖

无性繁殖又称营养繁殖,是指利用植物的营养器官即根、茎、叶或芽的一部分为繁殖材料,培育新植株的繁殖方式。

无性繁殖优点:

(1)后代能保持母本的优良性状。

(2)可以缩短育苗期,使植物提早开花结果。

(3)对于无法产生种子的植物是主要的繁殖方法。

无性繁殖缺点:

(1)苗木无主根,根系发育差。

(2)繁殖系数低。

(3)繁殖材料体积较大。

(4)寿命短。

(5)易感染病毒病而退化。

(一)分生繁殖

分生繁殖是将利用某些植物体上自然分生出来的幼小植株(如萌蘗、珠芽、吸芽等)或变态根茎上产生的子球等与母株切割分离后,另行栽植而形成独立新植株的繁殖方式。分生繁殖简便、成活率高且成苗快的营养繁殖方法,缺点是产苗量较低。

1.分株繁殖

分株是将根部或茎部产生的带根萌蘖(根蘖、茎蘖)从母体上分割下来,形成新的独立植株的方法。

多用于丛生类容易萌发根蘖的花灌木或宿根花卉。将这些花卉由根部分开,使之成为独立新植株的方法。分株的时间则依种类而定,大多在休眠期结合换盆时进行。为了不影响开花,一般夏秋开花类在早春萌芽前分株,春季开花类宜在秋季落叶后进行。如芍药、牡丹需秋季分,故有"春分分芍药,到老不开花"一说。

分株繁殖适合于易产生萌蘖的花卉,如木槿、紫荆、玫瑰、牡丹、大叶黄杨、月季、贴梗海棠等木本花卉;草本花卉如菊花、芍药、玉簪、萱草、中国兰花、美女樱、蜀葵、非洲菊、石竹等,都可采用分株的方法进行繁殖。

分株方法:将整个植株连根挖出,脱去土团,然后用手或利刀将株丛顺势分割成数丛,使每丛都带有根、茎、叶和2～3个芽。幼株栽植深度与原来保持一致,切忌将根颈部埋入土中。根据需要和要求进行分栽,踏实浇水即可,见图3-2。

图3-2 分株繁殖

花卉分株时应注意的问题:

(1)君子兰出现吸芽后,吸芽必须有完整的根系后才能进行分株,否则影响成活。

(2)中国兰分株时,不要伤及假鳞茎,假鳞茎一旦受伤会影响成活率。

(3)分株时要检查病根、烂根的植株,一旦发现,立即销毁或彻底消毒后栽植。

(4)分株时根部的切伤口处在栽植前用草木灰或高锰酸钾消毒,栽后不易腐烂。

(5)春季分株应注意土壤湿润,避免栽植后被大风抽干;秋冬季分株时防冻害,可适当加以草苫等保护。

(6)匍匐茎的花卉如虎耳草、吊兰、草莓、竹类等每节处都能生出不定根和芽,分株后均可成为独立完整的植株。

2.分球繁殖

将球根花卉的地下变态茎如球茎、块茎、鳞茎、根茎和块根等产生的子球,进行分级种植的繁殖方法。

分球繁殖需注意的问题是:

(1)鳞茎类繁殖时,将子球从母球上掰下来即可。采收的子鳞茎洗净后置通风处贮藏,经休眠后依种类分别春植和秋植。春季开花的球根花卉一般夏季休眠,秋季种植,如水仙、郁金香、风信子等。夏秋开花的一般冬季休眠,春季种植,如百合、朱顶红、石蒜、葱兰、韭莲等。

（2）鳞茎类花卉如百合、水仙、郁金香等,在栽培中对母球采用割伤处理,使花芽受到损伤后产生不定芽形成小鳞茎,加大繁殖量。百合的叶腋间,可发生珠芽,这种珠芽取下后播种产生小鳞茎,经栽培 2～3 年可长成开花球。

（3）球茎类花卉如唐菖蒲、香雪兰、番红花等栽培中的老球产生新球,新球基部又产生子球,可利用新球和子球即可另行栽培。同时,因球茎上具多数侧芽,可将母球切割几块,每块都具有 1～2 个芽点,单独栽植。

（4）美人蕉、鸢尾具肥大根茎,可按其上的芽眼数,适当分割成数段,切割时要保护芽体,伤口要用草木灰消毒防止腐烂。

（5）块茎花卉如马蹄莲、花叶芋、仙客来、晚香玉、大岩桐、球根秋海棠等四周有多数芽眼,底部生根。分割时要注意不定芽的位置,切割时不能伤及芽,每块都要带芽,增加繁殖数量和繁殖效果。

（6）块根类花卉如大丽花、银莲花、花毛茛等,根茎部一般有多个芽,可将块根分割成多个带芽的小块,分割时注意保护芽眼,一旦破坏就不能发芽,达不到繁殖的目的。

总之,母球切割后一般需晾干,或在切口涂抹草木灰或硫黄粉,以防病菌感染,然后栽植。

（二）扦插繁殖

扦插繁殖是指剪取花卉植物根、茎、叶的一部分,插入相应基质中,使之生根发芽成为独立植株的繁殖方法。利用扦插的材料称为插条。扦插繁殖的特点是:生长快,开花早;繁殖系数较高,在短时间内能育成大量的幼苗;保持品种的优良性状,保存品种资源。

1.扦插成活的原理

扦插生根的原理是植物的细胞具有全能性,每个细胞都具有相同的遗传物质。在适宜的环境条件下,具有潜在的形成相同植株的能力。同时,植物体具有再生机能,即当植物体的某一部分受伤或被切除而使植物整体受到破坏时,能表现出弥补损伤和恢复协调的功能。

在枝条扦插后的生根过程中,枝插与根插的生根原理是不同的。其中枝插生根是在枝条内的形成层和维管束鞘组织,形成根原始体,从而发育生长出不定根,并形成根系;而根插是在根的皮层薄壁细胞组织中生长不定芽,而后发育成茎叶。

枝条扦插后,通常是在枝条的叶痕以下剪口断面处,先产生愈合组织,而后形成生长点。在适宜的温度和湿度条件下,枝条基部发生大量不定根,地上部萌芽生长,长成新的植株。按枝条生根的部位来分,有 3 种生根类型:一是愈合组织生根类型,包括大部分园林树种;二是皮部生根类型;三是两者兼有类型。

2.影响插条生根的因素

（1）影响插条生根的内在因素

①植物的种和品种　不同的园艺植物插条生根的能力差异很大。可分为以下几种。

极易生根种类:如秋海棠、栀子花、月季、欧美葡萄、侧柏、杉木、大叶黄杨、夹竹桃、杨、柳、红杉、悬铃木、珊瑚树、榕树、石榴、橡皮树、巴西铁、富贵竹、菊花、矮牵牛、香石竹。

较易生根的种类:山茶、桂花、雪松、火棘、南天竹、龙柏、茉莉、丁香、棕竹、木兰。

难以生根的种类:松、榆树、山毛榉、桃、蜡梅、栎类、香樟、鹅掌楸、鸡冠花、虞美人、百合、美人蕉及大部分单子叶植物花卉,山葡萄、圆叶葡萄。

极难生根的种类:玉兰类、泡桐等。

树种和品种不同其枝条生根难易也不同,如山丁子、秋子梨、枣、李、山楂、核桃,其枝条上在生根的能力很差,但是根再生不定根的能力强,葡萄、穗醋栗则相反。

②树龄、枝龄和插条部位 一般情况下,树龄越大插条生根越难,一年生枝的能力最强,一般枝龄越小扦插越容易成活。对于常绿树种,以中上部枝条为好;落叶树种夏秋扦插,以中上部枝条为好;冬春扦插以下部枝条为好。

③枝条的发育情况 发育充实的枝条,其营养物质丰富,扦插容易成活,生长也较好。绿枝扦插应在插条开始木质化及半木质化时采取;硬枝扦插多在秋末冬初和营养状况较好的情况下采取;草本植物应在植株生长旺盛的时期采取。

④贮藏营养状况 插条内贮藏的营养物质的含量和组分,与生根难易密切相关。通常枝条糖类越多,生根就越容易,枝条中的含氮量过高影响生根的数目,含氮量较低可增加生根数,但在缺氮情况下,就会抑制生根。硼可促进生根。

⑤激素水平 生长素和维生素对生根和根的生长有促进作用,由于内源激素与生长调节剂的运输方向一般具有极性的运输特点,如果枝条倒插,则生根仍在枝段的形态学下端。

⑥插条叶面积大小 叶能合成生根所需的营养物质和激素,然而插条未生根之前,叶面积越大,蒸腾越激烈,插条容易失水过多而枯死,所以要依据植物的种类和条件,有效地保持吸水和蒸腾的平衡关系,限制插条上的叶数和叶面积,一般保留2～4片,大叶种类要将叶片剪去一半或一半以上。

(2)影响插条生根的外在因素

①温度 温度对枝条生根的快慢起重要的作用,白天气温达到21～25℃,夜间15℃就能满足生根需要,在土壤温度10～12℃时插条就能萌芽。但生根则要求土温18～25℃或略高于气温3～5℃。如果土温偏低,或气温高与土温相等,插条容易先萌芽但不能生根,由于先长枝叶大量消耗营养,反而抑制根系的生长,导致死亡。

②湿度 插条在生根前失水干枯是扦插失败的主要原因,在扦插初期因为新根还没有长成,无法吸收水分,而插条短和叶片因蒸腾作用而不断失水。因此,除保持土壤或基质适宜水分有利生根外,还要使空气中的相对湿度尽可能大,特别是绿枝扦插,要求空气湿度大,空气相对湿度最好在90%以上,以保持插条不枯萎。因此,扦插苗床需要遮阴或密闭(梅雨季节扦插可不密闭),最好采用自动控制的间歇性喷雾装置。但基质的湿度要控制在最大持水量的60%～80%以保证通气性,或随着插条不断生根,逐渐降低空气湿度和基质湿度,有利于促进根系生长和培育壮苗。

③氧气 插条生根过程中要不断进行呼吸作用,需要氧气的供应。基质保证15%以上的氧气含量,因此,宜选择疏松的沙性土、草炭土、蛭石、珍珠岩等苗床基质,其通透性好,有利于生根。同时,苗木不能积水,以免供氧不足,影响不定根的生长。

④光照 扦插生根,要有一定的光照条件,特别是绿枝扦插,充足的光照可促进叶片制造光合产物,促进生根,尤其是在扦插后期,插条生根后,更需要有光照条件。但在扦插前期,要注意避免直射强光照,防止插条水分过度蒸发,造成叶片萎蔫或灼伤,影响发根和根的生长。扦插根系大量生出后,陆续给予光照。嫩枝扦插,可采用全光照喷雾扦插,以加速生根,提高成活率。

⑤生根激素　花卉扦插繁殖中,合理使用生根激素促进剂,可有效地促进插条早生根多生根。常见的生根促进剂有萘乙酸(NAA)、吲哚乙酸(IAA)、吲哚丁酸(IBA)等。吲哚丁酸效果最好,萘乙酸成本低。促根剂的应用浓度要准确,过高会抑制生根,过低不起作用。处理易生根插条时,浓度为 500~2 000 μL/L,对生根较难的插条浓度为 10 000~20 000 μL/L。

3.促进插条生根的方法

(1)机械处理

①剥皮　对于木栓组织比较发达的枝条或较难发根的木本植物,扦插前可将表皮木栓层剥去,对促进发根有效。剥皮后能增加插条韧皮部吸水能力,幼根也容易长出。

②纵伤　用利刀或手锯在插条的基部 1~2 节的节间处刻划 5~6 道纵向切口,深达木质部,可促进节部和茎部断口周围发根。

③环剥　在取插条之前 15~20 d,对母株上准备采用的枝条基部剥去宽 1.5 cm 左右的一圈树皮。在其环剥口长出愈伤组织而又完全愈合时,即可剪下进行扦插。

(2)黄化处理　对不易生根的枝条在其生长初期用黑纸、黑布或黑色塑料薄膜等包扎基部,使之黄化,可促进生根。

(3)浸水处理　休眠期扦插,插条应置于清水中浸泡 12 h,使之充分吸水,达到饱和生理湿度。

(4)加温催根处理　增加基质温度,控制空气温度,如电热温床。

(5)药物处理

①植物生长调节剂　吲哚乙酸(IBA)、萘乙酸(NAA)涂粉法、液浸法。液浸法分高浓度(500~1 000 mg/L)和低浓度(5~200 mg/L)。低浓度溶液浸泡插条 3~4 h,高浓度溶液快蘸 5~15 min。涂抹法将植物生长激素与滑石粉或黏土粉混合,即先将一定量的植物生长激素溶解后,按比例拌入滑石粉,然后晾干呈粉末状。应用时将插条基部用水浸湿,再蘸一下拌有植物生长激素的滑石粉,并抖掉过多的粉末,即可扦插。另外,也可将植物生长激素拌入羊毛脂中,涂于插条基部后扦插。ABT 生根粉是多种生长调节剂的化合物,是一种高效、广谱的促根剂。

②其他化学药剂　维生素 B_1、维生素 C、硼素、蔗糖、高锰酸钾。

4.扦插床的类型与扦插基质

(1)扦插床的类型

①温室插床　在温室内作地面插床或台面插床,有加温、通风、遮阳降温及喷水条件的,可常年扦插使用。北方气候干燥的可采用温室地面扦插。根据温室面积以南北方向作床面,床面长以温室的大小而定,一般长 10 m 左右,宽 1.0~1.2 m,向下挖深度 0.5 m,上铺硬质网状支撑物及扦插基质,下面可通风。这种插床保温保湿效果好,生根较快。南方气候湿润,采用高台面插床,南北走向,离地面 0.5 m 处用砖砌成宽 1.2~1.5 m 培养槽状床,床面留有排水孔,利于下部通风透气,生根快而多。

②全光喷雾扦插　这是一种自动控制的扦插床。插床底装有电热线及自动控制仪器,使扦插床保持一定温度和湿度。插床上还装有自动喷雾的装置,由电磁阀控制,按要求进行间歇喷雾,增加叶面湿度降低温度,降低蒸发和呼吸作用。插床上不用任何覆盖物,能充分利用太阳光照,进行光合作用。利用这种设备可加速扦插生根,成活率大大提高。

（2）扦插基质 扦插基质种类很多,作为扦插基质的材料,应具有保温、保湿、疏松、透气、洁净、酸碱度适中、成本低、便于运输等特点。

①蛭石 是一种云母矿物质,经高温制成,黄褐色片状,疏松透气,保水性好,酸碱度呈微酸性。适宜木本、草本花卉扦插。

②珍珠岩 由火山岩的铝硅化合物加热到870～2 000℃形成的膨胀白色颗粒,疏松透气质地轻,保温保水性好。一次使用为宜,长时间易滋生病菌,颗粒变小,透气差。酸碱度呈中性,适宜木本花卉扦插。

③砻糠灰 由稻壳炭化而成,疏松透气,保湿性好,黑灰色吸热性好,经高温炭化不含病菌,新炭化材料酸碱度呈碱性。适宜草本花卉扦插。

④沙 取河床中的冲积沙为宜,质地重,疏松透气,不含病虫杂菌,酸碱呈中性,成本低。适宜草本与木本花卉扦插。

5.扦插技术

（1）枝插 采用花卉植物枝条作插穗的扦插方法称为枝插。根据生长季节分为硬枝扦插、绿枝扦插和嫩枝扦插(图3-3)。

①硬枝扦插 在休眠期用完全木质化的1～2年生的枝条作插穗的扦插方法。多用于落叶木本及针叶树,有些难以扦插成活的花卉可采用带踵插、锤形插或泥球插等。

在秋季落叶后或者翌年萌芽前采集生长充实健壮(节间短而粗壮)、无病虫害的枝条,选中段有饱满芽部分,剪成10～20 cm的小段,每段3～4个芽。上剪口在芽上方1 cm左右平

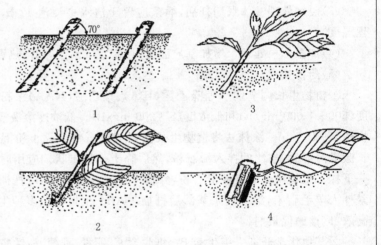

图3-3 枝插
1.硬枝扦插 2.嫩枝扦插 3.绿枝扦插 4.叶柄插

剪,下剪口在基部芽下约0.3 cm斜剪,扦插深度为插穗的2/3。春季采穗需立即扦插,秋季采穗在南方温暖地区也可立即扦插,在北方寒冷地区可先保湿冷藏,至翌年春天再扦插。具体做法是将剪好的插条捆扎成束,埋藏于冻土层以下或室内基质内保湿,保存于5℃左右的环境条件下。插床基质为壤土或沙壤土,如紫薇、海棠类、刺柏、玉兰、叶子花等。

②绿枝扦插 在生长期用当年生半木质化带叶片的绿枝作为插穗的扦插方法。花谢1周左右,选取腋芽饱满、叶片发育正常、无病虫害的枝条,剪成10～15 cm的枝段,每段3～5个芽,上剪口在芽上方1 cm左右,下剪口在基部芽下0.3 cm左右,切面要平滑。枝条上部保留2～3枚叶片,以利光合作用,叶片较大的可适当剪去一半。基质可用蛭石、砻糠或沙。插穗插入前可先用与插条相当粗细的木棒插一孔洞,避免插穗基部插入时磨破皮层。插穗插入基质约1/2或2/3,喷水压实。如月季、大叶黄杨、小叶黄杨、女贞、桂花等。仙人掌及多

肉多浆植物,剪枝后应放在阴凉通风处干燥几天,待伤口稍愈合后再扦插,否则易引起腐烂。

③嫩枝扦插　生长期采用枝条顶端的嫩枝作插穗的扦插方法。在生长旺盛期,大多数的草本花卉生长快,剪取5~10 cm长度的幼嫩茎,基部削面平滑,插入用木棒插过有孔洞的蛭石或河沙基质中,喷水压实。亦可采用全光照喷雾扦插。如菊花(采用抱头芽进行扦插)、一串红、石竹等草本花卉。

(2)叶插　用于能在叶上产生不定芽或不定根的花卉,大都具有粗壮的叶柄、叶脉和肥厚的叶片。如虎尾兰、大岩桐、秋海棠、落地生根等。

采用花卉的叶片或者叶柄作插穗的扦插方法。

①叶片插　一是平置法,将除叶柄的叶片平铺在沙面上,用针或竹签固定,使叶片与下面的沙面紧密接触,用于叶脉发达、切伤后易生根的花卉叶作全叶插或片叶插。如蟆叶秋海棠扦插时,先剪除叶柄,叶片边缘过薄处亦可适当剪去一部分,以减少水分蒸发,将叶片上的主脉和较大的支脉,每间隔约2 cm长切断一处,切口深为叶脉的2/3或深达上皮处,平铺在插床面上,使叶片与基质密切接触,可用竹枝或透光玻璃固定,一段时间后,可在主脉、支脉切伤处生根,见图3-4。二是直插法,将叶柄插入基质中,叶片直立于沙面,从叶柄基部发出不定芽及不定根。如大岩桐、球根海棠、天竺葵等。

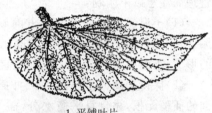

1. 平铺叶片

2. 扦插生长小苗

图3-4　蟆叶秋海棠叶片插

有的花卉(如落地生根)可在叶缘处生根发芽,可将叶缘与基质紧密接触,促使生根发芽。将虎尾兰一个叶片切成数块(每块上应具有一段主脉和侧脉)分别进行扦插,使每块叶片基部形成愈伤组织,再长成一个新植株,见图3-5。

②叶柄插　用于易发根的叶柄作插穗。

将带叶的叶柄插入基质中,由叶柄基部发根,也可将半张叶片剪除,将叶柄斜插于基质中。橡皮树叶柄扦插时,将肥厚叶片卷成筒状,减少水分蒸发;大岩桐叶插时,叶柄基部先发生小球茎,再形成新个体,见图3-3。

(3)叶芽插　指以一叶一芽及其着生茎或茎的一部分作为插条的方法,主要用于叶插易生根,但不易长芽的种类。如菊花、八仙花、山茶、橡皮树、龟背竹、春羽等。叶芽插由于使用的是茎的一部分,所以更像茎插,由于只带一个芽,故又称单芽插。叶芽插于生长期进行,选取2 cm长、枝上有较成熟、腋芽饱的枝条作插穗,削成每段只带1叶1芽的插穗。芽的对面略削去皮层,将插穗的芽尖露出基质面,可在茎部表皮破损处愈合生根,腋芽萌发成为新植株。

图3-5　虎尾兰的叶片插

（4）根插 用根作插穗的扦插方法,仅适用于易从根部发生新梢的花卉。这类花卉大多具有粗壮的根,于休眠期结合分株进行。将粗壮的根剪成 $5\sim15$ cm 的根段,全部埋入插床基质。注意上下方向不可颠倒,如牡丹、芍药、月季、凌霄、紫藤、海棠等。也可剪成 $3\sim5$ cm 的小段插穗横埋基质中,深度约 1 cm,注意保湿,如蓍草、宿根福禄考、补血草等,见图 3-6。

6.扦插后的管理

扦插后的管理较为重要,也是扦插成活的关键之一。扦插管理需注意以下问题:

（1）土温要高于气温 北方的硬枝扦插在室外要搭盖小拱棚,防止冻害;调节土壤墒情,提高土温,促进插穗基部愈伤组织的形成,土温高于气温 $3\sim5$ ℃最适宜。

（2）保持较高的空气湿度 扦插初期,硬枝插、嫩枝插和叶插的插穗无根,靠自身平衡水分,需 90% 左右的相对空气湿度。气温上升后,及时遮阳防止插穗蒸发失水,影响成活。

（3）光照由弱到强 扦插后,逐渐增加光照,加强叶片的光合作用,尽快产生愈伤组织而生根。

（4）及时通风透气 随着根的发生,应及时通风透气,以增加根部的氧气,促使生根快、生根多。

图 3-6　根插

（三）嫁接繁殖

嫁接是把需要繁殖的植物营养器官的一部分,移接到另一植物体上,使之愈合生长在一起,形成一个新植株的繁殖方法。用于嫁接的枝条或芽称接穗或接芽,被嫁接的植株称砧木,嫁接成活后的苗称嫁接苗,嫁接苗由于借助于砧木的根,所以被称为"它根苗"。嫁接繁殖是获得优良花卉品种的好方法,对技术的要求高,操作技术较复杂,且接口处易形成瘤状,影响观赏,故其应用受到一定限制,且产苗量少。嫁接繁殖主要用于一些不易用分生、扦插法繁殖的木本花卉,如桂花、梅、白兰、山茶等。

其优点是:能保持母本的优良特性;提高接穗抗逆性和适应能力;提早开花结果(银杏实生苗需要生长 $18\sim20$ 年才能开花,而嫁接苗 $3\sim4$ 年开花)提高观赏价值;可使一株砧木多个花色、矮化株高、改变花卉株形等。

1.嫁接成活的原理与主要因素

（1）细胞的再生能力 嫁接成活的生理基础是植物细胞具有再生能力。嫁接成活的技术关键是砧木与接穗的形成层相互密接。形成层是植物再生能力最旺盛的地方,嫁接后接穗和砧木伤口处的形成层、髓射线以及次生韧皮部的薄壁细胞,恢复分裂能力,形成愈伤组织,愈伤组织进一步分化出新的输导组织,使砧木与接穗之间的输导系统互相沟通成为一体。因此,形成层细胞和薄壁细胞的再生能力强弱是嫁接成活的关键因素。

（2）砧木与接穗的亲和力 砧木与接穗能否愈合,还要看二者的亲和力。嫁接亲和力是指砧木与接穗在内部组织结构、生理、遗传上彼此相同或相近,能通过嫁接相互结合在一起并正常生长的能力。亲缘关系近的亲和力强,嫁接成活率高。同科、属植物嫁接愈合快,成活率高。不同科的植物亲和力弱,嫁接难以成活或不能成活。所以,选择接穗和砧木多数在同属内、同种内或同品种的不同植株间进行。

（3）嫁接物候期

①休眠期嫁接　休眠期采集接穗，并在低温下储藏，在春季3月上中旬砧木树液流动后进行嫁接。此时砧木的形成层已开始活动，接穗的芽也即将萌动，嫁接成活率最高。秋季嫁接在10月份至12月初进行，嫁接后当年愈合，明春接穗再抽枝。故休眠季嫁接可分为春接和秋接两种。

②生长期嫁接　生长期嫁接主要为芽接，多在树液流动旺盛之夏季进行。此时枝条腋芽发育充实饱满，树皮易剥离。7～8月份是芽接的最适期，故又叫夏接。靠接也在生长季进行。

嫁接成活还与操作技术及嫁接后的管理有很大关系。接穗要用快刀稳削，使削面平滑，不能有凹陷和毛糙现象；形成层对准密接，绑缚正确牢固等。

2.砧木和接穗的选择

（1）砧木的选择　砧木与接穗有良好的亲和力；砧木适应本地区的气候、土壤条件，根系发达，生长健壮；对接穗的生长、开花、寿命有良好的基础；对病虫害、旱涝、地温、大气污染等有较好的抗性；能满足生产上的需要，如矮化、乔化、无刺等；以一、二年生实生苗为好。

（2）接穗的采集　接穗应从优良品种植株上采取；枝条生长充实、色泽鲜亮光洁、芽体饱满，取枝条的中间部分，过嫩不成熟，过老基部芽体不饱满；春季嫁接采用翌年生枝，生长期芽接和嫩枝接采用当年生枝。

3.嫁接技术

嫁接的方法很多，可根据花卉种类嫁接时期、气候条件选择不同的嫁接方法。花卉栽培中常用的是枝接、芽接、根接和髓心接等。

（1）枝接　把带有1个芽或数个芽的枝条接到砧木上称为枝接。优点是成活率高嫁接苗生长快，在砧木较粗及砧木、接穗均不离皮条件下多用枝接。如春季对在秋季芽接未成活的砧木进行补接。缺点是操作技术不如芽接容易掌握，而且用接穗多，对砧木要求有一定的粗度。

①切接　一般在春季3～4月间进行。选定砧木，离地10 cm左右处，水平截去上部，在横切面一侧用嫁接刀纵向下切2 cm左右，稍带木质部，露出形成层。将选定好优良的接穗，截取5～8 cm的枝段，其上具2～3个芽，将枝段下端一侧削成约2 cm长的面，再在其背侧末端0.5～1 cm处斜削一刀，让长削面朝内插入砧木，使它们的形成层相互对齐，用塑料膜带扎紧不能松动。碧桃、红叶桃等可用此方法嫁接，见图3-7。

图3-7　切接

1. 接穗　2. 砧木　3. 插入接穗　4. 绑缚

②劈接 适用于大部分落叶树种,砧木粗度为接穗的2~5倍。一般在春季3~4月间进行。砧木离地10 cm左右处,截去上部,然后在砧木横切面中央,用嫁接刀垂直下切3 cm。剪取接穗枝条5~8 cm,保留2~3个芽,接穗下端削成2~3 cm长的楔形,两面削口的长度一致,插入切口,使一侧形成层对齐,可一次插入两个接穗。用塑料膜带扎紧即可。菊花中大立菊嫁接,杜鹃花、榕树、金橘的高头换接可用此嫁接方法,见图3-8。

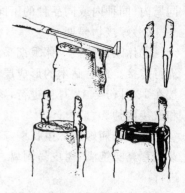

图 3-8 劈接

③靠接 用于亲和力较差,嫁接不易成活的花卉,砧穗粗度宜相近。靠接在温度适宜的生长季节进行,在高温期最好。先将靠接的两植株移置一处,在距离地面相同高度,且侧面较光滑的树干上,将作为砧木和接穗的植株各削下一段略带木质部的树皮,切削面的长度、大小、深度均尽量相同,然后使切口相接,紧密捆绑。待愈合成活后,将接穗自接口下方剪离母体,并截去砧木接口以上的部分,则成一株新苗。由于愈合过程中接穗未离开母体,故成活较容易,如用小叶女贞作砧木靠接桂花、大叶榕树靠接小叶榕树、代代靠接佛手等,见图3-9。

④皮下接 又称插皮接,用于砧木粗大,直径在15 cm以上的种类。砧木在距地面5 cm处去顶削平;接穗一侧削成长3~5 cm的斜面,接法和切接相同。将大斜面朝向木质部,插入砧木皮层中,皮层过紧时可先纵切一刀,将接穗插入中央,注意接穗切口不可全部插入,应留0.5 cm的伤口在外,即"留白"以利愈合。

图 3-9 靠接

(2)芽接 以芽为接穗的嫁接方法。在夏秋季皮层易剥离时进行。

①T字形芽接 选枝条中部饱满的侧芽作接芽,剪去叶片,保留叶柄,在接芽上方0.5~0.7 cm处横切一刀深达木质部,再从接芽下方约1 cm处向上削去芽片,芽片呈盾形,长2 cm左右,连同叶柄一起取下(一般不带木质部)。在砧木嫁接部位光滑处横切一刀,深达木质部,再从切口中间向下纵切一刀长约3 cm,使其呈T字形,用芽接刀轻轻把皮剥开,将盾形芽片插入T字口内,紧贴形成层,用剥开的皮层合拢包住芽片,用塑料膜带扎紧,露出芽及叶柄。1周后检查是否成活,用手触摸即掉的叶柄,说明已

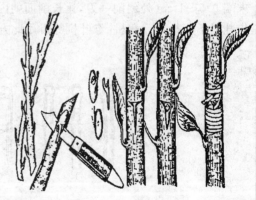

图 3-10 T字形芽接

经嫁接成活,否则为不成活,随后进行补接,见图3-10。

②嵌芽接 在砧、穗不易离皮时用此方法。先从芽的上方0.5~0.7 cm处下刀,斜切入木质部少许,向下切过芽眼至芽下0.5 cm处,再在此处(芽下方0.5~0.7 cm处)向内横切一刀取下芽片,含入口中。接着在砧木嫁接部位切一与芽片大小相应的切口,并将切开部分切取上端1/3~1/2,用留下部分夹合芽片,将芽片插入切口,对齐形成层,并使芽片上端露一点砧木皮层,最后用塑料膜带扎紧。

(3)髓心接 接穗和砧木切口处的髓心(维管束)相互密接愈合而成的嫁接方法。这是一种常用于仙人掌类花卉的园艺技术,主要是为了加快一些仙人掌类的生长速度和提高它们的观赏效果。在温室内一年四季均可进行。

①仙人球嫁接 以仙人球或三棱箭为砧木,观赏价值高的仙人球为接穗。先用利刀在砧木上端适当高度切平,露出髓心。把仙人球接穗基部用利刀也削成一个平面,露出髓心。然后把接穗和砧木的髓心(维管束)对准后,牢牢按压对接在一起。最后用细绳绑扎固定。放置半阴处3~4 d后松绑,植入盆中,保持盆土湿润,1周内不浇水,半个月后恢复正常管理,见图3-11。

②蟹爪兰嫁接 以仙人掌或三棱箭为砧木,蟹爪兰为接穗。将培养好的砧木在其适当高度平削一刀,露出髓心部分。采集生长成熟、色泽鲜绿肥厚的蟹爪兰2~3节,在基部1 cm处两面都削去外皮,露出髓心。在砧木切面中心的髓心部位切一深度1.5~2.0 cm的楔形切口,立即将接穗插入挤紧,用仙人掌针刺将髓心穿透固定。还可根据需要在仙人掌四周或三棱箭的三个棱角处刺座上再接上4个或3个接穗,提高观赏价值。1周内不浇水,保持一定的空气湿度,当蟹爪兰嫁接成活后移到阳光下进行正常管理。见图3-11。

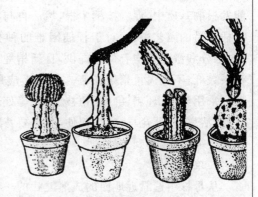

图3-11 髓心接

(4)根接 以根系作砧木,枝条为接穗的方法。砧木是一完整的根系,也可以是一个根段。如果是露地嫁接,可选生长粗壮的根在平滑处间断,用劈接法、插皮接法等;也可较粗度0.5 cm以上的根系,截成8~10 cm长的根段,移入室内,在冬闲时用劈接、切接、插皮接和腹接等方法嫁接。若砧根比接穗粗,可把接穗插入砧根中;如果砧根比接穗细可把砧根插入接穗中,接好绑缚后,用湿沙分层沟藏,早春植于苗圃,见图3-12。

4.嫁接后的管理

(1)检查成活率及补接 嫁接7~15 d后,检查成活情况,枝接的需要接穗萌芽后有一定的生长量时才能确定是否成活。未成活的需要补接。

(2)解绑后剪砧 成活的嫁接苗要及时解除绑缚物。夏末秋初芽接的在翌年春发芽前及时剪去砧木接芽以上部分,春季芽接的随即剪砧,夏季芽接的一般10 d后解除绑缚物后剪砧。剪砧时注意,修剪刀的刀刃要迎向接芽的一面,在芽片以上0.3~0.4 cm处剪下,剪口向芽背面稍微倾斜,有利于剪口愈合和接芽萌发生长,但剪口不能过低,以防止伤害接芽和抽干。

（3）除萌　剪除砧木发出的萌蘗。

（4）设立支柱　接穗成活萌发后,需要将接穗绑在支柱上。

（5）整形　一些在幼苗期能发出二次梢或多次梢的树种如碧桃,当年能发出 2～4 次梢,可利用副梢进行苗期整形,培育出优质成型的大苗。

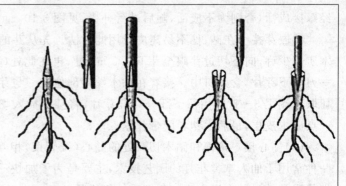

图 3-12　根接

（6）其他管理　中耕除草、追肥灌水和防治病虫害正常管理。

（四）压条繁殖

压条繁殖(layerage)是在枝条不与母株分离的情况下,将枝梢部分埋入土中,或包裹在能发根的基质中,促进枝梢生根,然后再与母株分离成独立的植株的繁殖方式。不仅适用于扦插容易的园艺植物,对于扦插困难的种类和品种更为适用。因为新植株在生根前,其养分、水分和激素等均有母株提供,且新梢埋入土中又有黄化作用,所以容易生根。缺点是繁殖系数低,不能大量繁殖花卉。果树上应用较多,花卉中仅有一些温室花卉采用压条法繁殖。采用刻伤、环剥、绑缚、扭枝、黄化等处理和生长调节剂处理等可促进压条生根。其优点是:成活率高、开花早;操作简便,不需要特殊的养护管理条件;能保存母株的优良性状,可以弥补扦插、嫁接不到之处。

1．单枝压条

从母株中选靠近地面的成熟健壮的一年生枝条,在其附近挖沟,将压条枝条的中部弯曲压入沟底,在弯曲部位处进行环剥,有利生根。固定,使枝条的中段压入土中,其顶端要露出土外,在枝蔓弯曲部分填土压平,使枝蔓埋入土中的部分生根,露在地面的部分继续生长。入冬前或翌春将生根枝条与母株剪下,即可成为一独立植株。绝大多数花灌木、草本、藤本都可采用,如石榴、玫瑰、金莲花等可用此法,见图 3-13。

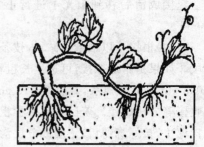

图 3-13　单枝压条

2．波状压条

适合于枝条长而容易弯曲的花卉种类。将枝条弯曲牵引到地面,在枝条上刻伤数处,将每一刻伤处弯曲后埋入土中,用小木叉固定。待其生根后,分别切断移植,即成为数个独立的植株。如美女樱、葡萄、地锦、迎春等。

3．直立压条

直立压条又称垂直压条和培土压条,选用丛生性的种类的花卉。第一年春天,栽植母株,按 2 m 行距开沟作垄,沟深宽均为 30～40 cm,垄高 30～50 cm。第二年春天,腋芽萌动

前或开始萌动时,母株的基部留 2 cm 左右剪截,促
使基部发生萌蘖;当萌蘖新梢长到 15～30 cm 时,进
行对新梢基部第一次培土,培土厚度为新梢高度的
1/2,培土前可将新梢的基部几片叶摘除,也可同时
刻伤;约 1 个月新梢长到 40～50 cm 时,进行第二次
培土,在原土堆上再增加 10～15 cm。

　　每次培土前要视土壤墒情灌水,保证土壤湿润。
一般培土后 20 d 左右,即可生根。入冬前或第二年
春萌芽前即可分株起苗。起苗前先扒开土堆,自每
根萌蘖的基部,靠近母株处留 2 cm 短装剪截,未生
根的萌蘖也要短截,起苗后盖土,可继续繁殖。常用
于牡丹、木槿、紫荆、大叶黄杨、锦带花、贴梗海棠等,
见图 3-14。

图 3-14　直立压条

4.空中压条

　　适合于小乔木状枝条硬直花卉。在我国古代就已用
此法繁殖,所以又叫中国压条法。空中压条技术简单、成
活率高,但对母株损伤较重。在整个生长季节均可进行,
但是春季和雨季最好。选择离地面较高充实的 2～3 年
生枝条,在适宜部位进行环剥,环剥后用 5 g/L 的吲哚乙
酸或萘乙酸涂抹伤口,以利伤口生根。在环剥处包上一
包生根基质,用塑料薄膜包紧,2～3 个月后生根,剪下即
可。此法适用于基部少分枝又不宜弯曲作普通压条的花
卉,常用的花卉如米兰、杜鹃、月季、栀子、佛手、金橘、叶
子花、变叶木、扶桑、龙血树、白兰花、山茶花等,见图
3-15。

图 3-15　高空压条

(五)组织培养繁殖

　　20 世纪初,在植物细胞全能性(totipotency)理论的指导下,特别是植物生长调节剂
(growthregulator)的应用,极大促进植物组织培养的发展。近 40 年来,植物组织培养已经
成为生物科学研究的重要技术手段。并在农业、林业、工业、医药业广泛应用,产生巨大的经
济效益和社会效益。

　　植物组织培养(plant tissue culture)繁殖又称为微体快繁,是指通过无菌操作,把植物
的器官、组织或细胞(外植体)接种于人工配制的培养基上,在人工控制的环境条件下培
养,使之生长发育成植株的技术和方法。由于培养物脱离植株母体,在试管中进行培养,
所以也叫植物离体培养(plan culture in uitro)。

1.应用领域

　　(1)植物离体快繁。繁殖系数大、周年生产、繁殖速度快、苗木生长整齐一致。一个
单株一年可繁殖几万、几百万个植株,一株兰花可繁殖 400 万株;草莓一个顶芽一年可繁

殖 108 个芽。尤其是对一些繁殖系数低、不能用种子繁殖的名、优、特、新奇的品种繁殖。

(2)培养无毒苗木。

(3)繁殖材料的长距离寄运和无性系材料的长期贮藏。

(4)细胞次生代谢物的生产并应用于生物制药工业。

(5)人工种子(artificial seed)生产。

2.组织培养的一般技术

(1)**培养基的配制** 培养基主要由矿质营养元素、有机物质、生长调节物质和碳源组成。培养基的配方有几十种。其中以 MS 培养基应用最为广泛,此外还有 White(怀特)、Nitsch、B5、ER、HE 等培养基。选定培养基后,准备好所需化学药剂,把矿质元素、维生素等配制成比使用浓度高 10~100 倍的母液。配制培养基时再按比例稀释,再加入蔗糖,并用 0.6%~1%琼脂作为凝固剂。培养基 pH 5.5~6.5。

(2)**消毒** 不同的物种用不同的消毒方法,配制好的培养基用高压灭菌消毒;接种使用 1:50 的新洁尔灭实行消毒,每次接种前用紫外灯照射消毒 20~30 min,并定期用甲醛熏蒸消毒等。有些药品的性质不稳定,不耐高温高压,可以用过滤法除菌。

(3)**外植体的准备与消毒** 在生长旺盛的植株上取外植体,常用未萌发的侧芽生长点和顶芽。从 1~5 mm 的茎尖分生组织到几厘米的茎尖。

用流水冲洗 2~4 h,在 70%的酒精中浸渍极短的时间 20~30 s,再用饱和漂白粉溶液消毒 10~20 min 或用 0.1%~1%氯化汞溶液消毒 2~10 min,接着用无菌水冲洗 4~5 次,后在经消毒过的培养皿中准备接种。

(4)**接种** 在超净工作台或接种箱内进行无菌操作。接种人员要彻底洗手,并用 70%的酒精擦拭,同时戴口罩、帽子、穿工作服,接种工具均要用酒精灯火焰消毒。在接种无菌的外植体要求迅速、准确,暴露的时间尽可能要短。

(5)**培养** 培养是要在温度(25±2)℃恒温条件下,光照强度 2 000~3 000 lx,光照时间 10~12 h,干燥季节还要考虑提高空气湿度。

(6)**继代培养** 培养的新梢长至 1 cm 以上时,切成若干小段转至增殖培养基上,再培养 30 d。可得到大量新梢。

(7)**诱导生根** 方法有三:一是将新梢转入 100~150 mg/L IBA 溶液中处理 48 h,然后转移到无激素的生根培养基中;二是直接转入含有生长素的培养基中培养 4~6 d 后,再转移到无激素的培养基中;三是直接接种于含有生长素的生根培养基中。

(8)**小植株移栽入土** 试管苗应在生根后不久,当小根还没有停止生长时及时移栽,移栽前要加强光照并打开瓶盖进行炼苗,使小苗逐渐适应外界环境。

计 划 单

学习领域	花卉生产技术		
学习情境 3	花卉繁殖技术	学时	12
计划方式	小组讨论,成员之间团结合作,共同制订计划		
序号	实施步骤		使用资源
制订计划说明			
计划评价	班级	第 组	组长签字
	教师签字		日期
	评语:		

决 策 单

学习领域	花卉生产技术		
学习情境 3	花卉繁殖技术	学时	12
方案讨论			

	组号	任务耗时	任务耗材	实现功能	实施难度	安全可靠性	环保性	综合评价
方案对比	1							
	2							
	3							
	4							
	5							
	6							

	评语：
方案评价	

班级		组长签字		教师签字		日期	

材料工具单

学习领域			花卉生产技术				
学习情境3			花卉繁殖技术			学时	12
项目	序号	名称	作用	数量	型号	使用前	使用后
所用仪器仪表	1						
	2						
	3						
	4						
	5						
	6						
	7						
所用材料	1	基质	生根	500 kg			
	2	营养钵	扦插育苗	1 000 个			
	3	育苗盘	播种育苗	500 个			
	4	穴盘	育苗				
	5						
	6						
	7						
	8						
所用工具	1	修枝剪	扦插	50 把			
	2	嫁接刀	嫁接育苗	50 把			
	3	塑料薄膜	保温保湿	2 卷			
	4	麻绳	绑扎	4 卷			
	5						
	6						
	7						
	8						
班级		第　　组	组长签字		教师签字		

实 施 单

学习领域	花卉生产技术		
学习情境 3	花卉繁殖技术	学时	12
实施方式	学生独立完成、教师指导		
序号	实施步骤	使用资源	
1	花卉繁殖的方法	多媒体课件	
2	播种繁殖技术	实习基地	
3	扦插繁殖技术	实习基地	
4	嫁接繁殖技术	实习基地	
5	组织培养技术	组培实验室	

实施说明:

　　使用多媒体教学课件上课,学生很直观地学到花卉繁殖的方法技术。再通过实习基地的现场教学,锻炼学生的动手操作能力,使学生能够很熟练地掌握花卉的繁殖技术。

班级		第　　组	组长签字	
教师签字			日期	

作 业 单

学习领域	花卉生产技术		
学习情境3	花卉繁殖技术	学时	12
作业方式	资料查询、现场操作		
1	优质花卉种子具备哪些品质?		
作业解答:			
2	简述花卉种子的盆播繁殖技术。		
作业解答:			
3	简述花卉硬枝扦插繁殖技术。		
作业解答:			
4	简述花卉嫁接繁殖技术。		
作业解答:			
5			
作业解答:			

	班级		第 组	学号		姓名	
	教师签字		教师评分		日期		
作业评价	评语:						

检 查 单

学习领域	花卉生产技术		
学习情境 3	花卉繁殖技术	学时	12
序号	检查项目	检查标准	学生自检	教师检查
1	繁殖方案的制订	准备充分,细致周到		
2	繁殖实施情况	实施步骤合理,有利于提高评价质量		
3	操作的准确性	细心、耐心		
4	实施过程中操作的方法	符合操作技能要求		
5	实施前工具的准备	所需工具准备齐全,不影响实施进度		
6	成苗数及成苗率	依花卉种类确定		
7	教学过程中的课堂纪律	听课认真,遵守纪律,不迟到,不早退		
8	实施过程中的工作态度	在工作过程中乐于参与		
9	上课出勤状况	出勤 95% 以上		
10	安全意识	无安全事故发生		
11	环保意识	及时处理垃圾,不污染周边环境		
12	合作精神	能够相互协作,相互帮助,不自以为是		
13	实施计划时的创新意识	确定实施方案时不随波逐流,有合理的独到见解		
14	实施结束后的任务完成情况	过程合理,鉴定准确,与组内成员合作融洽,语言表述清楚		

	班级		第 组	组长签字	
	教师签字			日期	
检查评价	评语:				

评 价 单

学习领域		花卉生产技术				
学习情境3		花卉繁殖技术		学时		12
评价类别	项目	子项目	个人评价	组内互评	教师评价	
专业能力 (60%)	资讯(10%)	搜集信息(5%)				
		引导问题回答(5%)				
	计划(10%)	计划可执行度(3%)				
		程序的安排(4%)				
		方法的选择(3%)				
	实施(20%)	工作步骤执行(10%)				
		安全保护(5%)				
		环境保护(5%)				
	检查(5%)	5S管理(5%)				
	过程(5%)	使用工具规范性(2%)				
		操作过程规范性(2%)				
		工具管理(1%)				
	结果(5%)	成苗数量及成活率(5%)				
	作业(5%)	完成质量(5%)				
社会能力 (20%)	团结协作 (10%)	小组成员合作良好(5%)				
		对小组的贡献(5%)				
	敬业精神 (10%)	学习纪律性(5%)				
		爱岗敬业、吃苦耐劳精神 (5%)				
方法能力 (20%)	计划能力 (10%)	考虑全面、细致有序(10%)				
	决策能力 (10%)	决策果断、选择合理(10%)				

	班级		姓名		学号		总评	
	教师签字		第 组	组长签字			日期	
评价评语	评语:							

教学反馈单

学习领域	花卉生产技术			
学习情境 3	花卉繁殖技术	学时		12
序号	调查内容	是	否	理由陈述
1	你是否明确本学习情境的目标？			
2	你是否完成了本学习情境的学习任务？			
3	你是否达到了本学习情境对学生的要求？			
4	资讯的问题，你都能回答吗？			
5	你知道花卉繁殖原理和技术吗？			
6	你是否能够说出主要花卉的类型及特点？			
7	你能否说出各种主要花卉生产繁殖的基本途径？			
8	你是否熟练掌握了繁殖工具的使用和维护？			
9	你是否可以针对不同种类、品种和目的正确选用适当的繁殖方法生产花卉？			
10	你对常见花卉的生产过程能够独立进行操作吗？			
11	你是否喜欢这种上课方式？			
12	通过几天来的工作和学习，你对自己的表现是否满意？			
13	你对本小组成员之间的合作是否满意？			
14	你认为本学习情境对你将来的学习和工作有帮助吗？			
15	你认为本学习情境还应学习哪些方面的内容？（请在下面回答）			
16	本学习情境学习后，你还有哪些问题不明白？哪些问题需要解决？（请在下面回答）			
你的意见对改进教学非常重要，请写出你的建议和意见：				
调查信息		被调查人签字		调查时间

学习情境 4 花期调控技术

任 务 单

学习领域	花卉生产技术		
学习情境 4	花期调控技术	**学时**	4
任务布置			
学习目标	1.花期控制有哪些意义？ 2.花期调节需要掌握哪些基本理论知识？光周期与花期控制有何关系？ 3.花期调控的主要方法有哪些？ 4.简述唐菖蒲、蒲包花在春节开花的促成栽培技术。 5.简述菊花、九重葛在"十一"开花的促成栽培技术。 6.简述牡丹在春节开花的花期调控技术。 7.哪些激素对植物开花有调控作用？怎样调控？ 8.花期调控常用的修剪措施有哪些？ 9.如何通过调节育苗时间来调节花期？举例说明。		
任务描述	针对不同种类、不同花期和目标花期正确选用适当的调控方法控制花期。 具体任务要求如下： 1.理解花期调控的原理。 2.掌握花期与环境条件的关系。 3.调节光照、温度、利用生长激素、利用修剪技术、控制育苗时间的方法调节某一花卉的花期。 4.规范某种花卉的温度，花期控制的正确管理。 5.根据自己确定的某一种花卉的目标花期，适时开花。		

学时安排	资讯0.2学时	计划0.5学时	决策0.5学时	实施2学时	检查0.5学时	评价0.3学时
参考资料	1.张树宝.花卉生产技术.重庆:重庆大学出版社,2006. 2.曹春英.花卉栽培.北京:中国农业出版社,2001. 3.芦建国,杨艳容.园林花卉.北京:中国林业出版社,2006. 4.刘会超,王进涛,武荣花.花卉学.北京:中国农业出版社,2006. 5.赵祥云,侯芳梅,陈沛仁.花卉学.北京:气象出版社,2001. 6.郭维明,毛龙生.观赏园艺概论.北京:中国农业出版社,2001. 7.陈俊渝,刘师汉.园林花卉.上海:上海科学技术出版社,1980. 8.北京林业大学园林系花卉教研室.花卉学.北京.中国林业出版社,1990. 9.陈俊渝,程绪珂.中国花经.上海:上海文化出版社,1990. 10. http://www.flowerworld.cn/花卉世界网.					
对学生的 要求	1.理解花期调控的基本原理。 2.制订某种花卉的合理花期控制方案。 3.能够科学制定现代温室的管理。 4.规定时间完成某一花卉的花期调控。 5.实验实习过程要爱护实验场的工具设备。 6.严格遵守纪律,不迟到,不早退,不旷课。 7.本情境工作任务完成后,需要提交学习体会报告。					

资 讯 单

学习领域	花卉生产技术		
学习情境 4	花期调控技术	学时	4
咨询方式	在资料角、图书馆、专业杂志、互联网及信息单上查询;咨询任课教师		
咨询问题	1.春化作用对开花有哪些影响? 2.植物生长调节剂对开花的有哪些影响? 3.调节光照的方法有哪些? 4.调节温度的方法有哪些? 5.常用的植物生长调节剂有哪些? 6.常用的修剪技术方法有哪些? 7.试述怎样通过控制育苗时间来调节花期。 8.如何使牡丹在春节开花? 9.如何使水仙在元旦、春节盛开?		
资讯引导	问题 1～6 可以在《花卉生产技术》(张树宝)的第 4 章中查询。 问题 7～9 可以在《园林花卉学》(康亮)的第 6 章中查询。		

信 息 单

学习领域	花卉生产技术		
学习情境 4	花期调控技术	学时	4

信息内容

自然界中各种植物,都有各自的开花期,用人为改变环境条件或采取一些特殊的栽培管理方法,使一些观赏植物提早、延迟开花或保花期延长的技术措施叫做花期调控。使开花期比自然花期提早的称为促成栽培;使开花期比自然花期延迟的称为抑制栽培。应用花期调控技术,可使花卉集中在同一个时期开花,可举办展览会,增加节日期间观赏植物开花的种类;也能使花卉均衡生产,解决市场供花旺淡的矛盾;使不同期开花的父母本同时开花,解决杂交授粉上的矛盾,有利于育种工作;在掌握开花规律后把一年开一次花的改为一年开两次或多次,缩短栽培期,可提高开花率,产生经济效益;延长花期,满足人们对花卉消费的需求;提高观赏植物的商品价值,对调整产业结构、增加种植者收入有着重要的意义。

一、花期调控的基本原理

(一)光照与花期

1.光周期对开花的影响

一天内白昼和黑夜的时数交替,称为光周期。光周期对花诱导,有着极为显著的影响。有些花卉必须接受到一定的短日照后才能开花,如秋菊、一品红、叶子花、波斯菊等,通常需要每日光照在 12 h 以内,以 10～12 h 最多。我们把这类花卉称短日照花卉。有些花卉则不同,只有在较长的日照条件下才能开花,如金光菊、紫罗兰、三色堇、福禄考、景天、郁金香、百合、唐菖蒲、杜鹃等。我们把这类花卉称为长日照花卉。也有一些花卉对日照的长度不敏感,在任何长度的日照条件下都能开花,如香石竹、长春花、百日菊、鸡冠花等。

试验证明,植物开花对暗期的反应比对光期更明显,即短日花卉是在超过一定暗期时才开花,而长日照花卉是在短于一定暗期时开花。因而又把长日照花卉叫短夜花卉,把短日照花卉叫长夜花卉。所以,诱导植物开花的关键在于暗期的作用。

在进行光周期诱导的过程中,各种植物的反应是不一样的,有些种类只需一个诱导周期(1 d)的处理,如大花矮牵牛等,而有些植物例如高雪轮,则需要几个诱导周期才能够分化花芽。

通常植物必须长到一定大小,才能接受光周期诱导。如蟹爪兰是典型的短日照植物,它在长日照条件下主要进行营养生长,而在短日照的条件下才能形成花芽,其花芽主要生于先端茎节上,通常可着生 1～2 花朵,但是并非每个先端茎节都能开花,这要取决于其发育程度,营养状况,只有生长充实的蟹爪兰茎节才能分化出花芽。

植物接受的光照度与光源安置位置有关。100 W 白炽灯相距 1.5～1.8 m 时,其交界处的光照强度在 50 lx 以上。生产上常用的方式是 100 W 白炽灯,相距 1.8～2.0 m,距植株高度为 1～1.2 m。如果灯距过远,交界处光照度不足,对长日照植物会出现开花少、花期延迟或不开花现象,对短日照植物则出现提前开花,开花不整齐等弊病。

2.光度对开花的影响

光度的强弱对花卉的生长发育有密切关系。花在光照条件下进行发育,光照强,促进器官(花)的分化,但会制约器官的生长和发育速度,使植株矮化健壮;促进花青素的形成使花色鲜艳等。光照不足常会促进茎叶旺盛生长而有碍花的发育,甚至落蕾等。

不同花卉花芽分化及开花对光照强度的要求不同。原产热带、亚热带地区的花卉,适应光照较弱的环境;原产热带干旱地区的花卉,则适应光照较强的环境。

(二)温度与花期

1.温度与花诱导

自然界的温度随季节而变化,植物的生长发育进程与温度的季节变化相适应。一些秋播的花卉植物,冬前经过一定的营养生长,度过寒冷的冬季后,在第二年春季再开始生长,继而开花结实。但如果将它们春播,即使生长茂盛,也不能正常开花。这种低温促使植物开花的作用,叫春化作用。

一些二年生花卉植物成花受低温的影响较为显著(即春化作用明显),一些多年生草本花卉也需要低温春化。这些花卉通过低温春化后,还要在较高温度下,并且许多花卉还要求在长日照条件下才能开花。因此春化过程只是对开花起诱导作用。

一些一年生花卉通常在6~8月份高温季节进行花芽分化,秋末完成分化,后进入休眠状态,于早春或春季长日照下开花,如凤仙花、鸡冠花、牵牛、半枝莲等。

2.春化作用对开花的影响

根据花卉植物感受春化的状态,通常将其分为种子春化、器官春化和植物体整株春化3种类型。这种分类的方式主要是根据在感受春化作用时植物体的状态而言,一般认为,秋播一年生草花有种子春化现象,二年生草花无种子春化现象,多年生草花没有种子春化现象。但是这种情况也有例外,譬如勿忘我虽是多年生草本植物,但也有种子春化现象。种子春化的花卉有香豌豆等,器官春化的花卉有郁金香等,整株春化的花卉有榆叶梅等。

花卉通过春化作用的温度范围因种类不同而有所不同,通常春化的温度范围在0~17℃间。一般认为,0~5℃是适合绝大多数植物完成春化过程的温度范围,春化所必需的低温因植物种类、品种而异,通常在5~10℃的范围内。研究结果表明,3~8℃的温度范围对春化作用的效果最佳。

春化作用完成的时间因具体温度而不同,当然不同的植物,即使在同一温度条件下,所完成的春化时间也不尽相同。

当植株的春化过程还没有完全结束前,就将其放到常温下,则会导致春化效应被减弱或完全消失,这种现象称为脱春化。

春化和光周期理论在花期控制方面有重要的实践应用。

(三)生长调节剂与花期

植物激素是由植物自身产生的,其含量甚微,但对植物生长发育起着极其重要的调节作用。由于激素的人工提取、分离困难,也很不经济,使用也有许多不便等,人工就模拟植物激素的结构,合成了一些激素类似物,即植物生长调节剂,如赤霉素、萘乙酸、2,4-D、B$_9$等,它们与植物激素有着许多相似的作用,生产上已广泛应用。

植物的花芽分化与其激素的水平关系密切。在花芽分化前植物体内的生长素含量较低,当植株开始花芽分化后,其体内的生长素水平明显提高。

植物激素对植物开花有较为明显的刺激作用,例如,赤霉素可以代替一些需要低温春化的二年生花卉植物的低温要求,也可以促使一些莲座状生长的长日照植物开花。

细胞分裂素对很多植物的开花均有促进作用。

处理前的准备工作:

1.花卉种类和品种的选择

根据用花时间,首先要选择适宜的花卉种类和品种。一方面选择的花卉应充分满足市场的需要,另一方面要选择在用花时间比较容易开花的且不需过多复杂处理的花卉种类,以节约时间,降低成本。同种花卉的不同品种,对处理的反应也不同,甚至相差很大,如菊花的早花品种"南洋大白"短日照处理 50 d 开花;而晚花品种"佛见笑"则要处理 65~70 d 才能开花。为了提早开花,应选择早花品种,若延迟开花宜选择晚花品种。

2.球根的成熟程度

球根花卉要促成栽培,需要促使球根提早成熟,球根的成熟程度对促成栽培的效果有很大影响,成熟度不高的球根,促成栽培的效果不佳。开花质量下降,甚至球根不能发芽生根。

3.植株或球根大小

要选择生长健壮、能够开花的植株或球根。依据商品质量的要求,植株和球根必须达到一定的大小,经过处理后花的质量才有保证。如采用未经充分生长的植株进行处理,花的质量降低,不能满足花卉应用的需要。一些多年生花卉需要达到一定的年龄后才能开花,处理时要选择达到开花年龄的植株处理。如郁金香的球茎要达到 12 cm 以上、风信子鳞茎的直径要达到 8 cm 以上才能开花。

4.处理设备和栽培技术

要有完善的处理设备如控温设备、补光设备及控光设备等,精细的栽培管理也是十分必要的。

二、花期调控的主要方法

(一)光照处理

长日照花卉在日照短的季节,用人工补充光照能提早开花,若给予短日照处理,即抑制开花;短日照花卉在日照长的季节,进行遮光短日照处理,能促进开花,若长期给予长日照处理,就抑制开花。但光照调节,应辅之以其他措施,才能达到预期的目的。如花卉的营养生长必须充实,枝条应接近开花的长度,腋芽和顶芽应充实饱满,在养护管理中应加强磷、钾肥的施用,防止徒长等。否则,对花芽的分化和花蕾的形成不利,难以成功。

1.光周期处理的日长时数计算

植物光周期处理中,计算日长时数的方法与自然日长有所不同,每日日长的小时数应从日出前 20 min 至日落后 20 min 计算。例如,北京 3 月 9 日,日出至日落的自然日长为 11 h 20 min,加日出前和日落后各 20 min,共为 12 h。即当作光周期处理时,北京 3 月 9 日的日长应为 12 h。

2.长日照处理(延长明期法)

用加补人工光照的方法,延长每日连续光照的时数达到 12 h 以上,可使长日照花卉在短日照季节开花。一般在日落后或日出前给以一定时间照明,但较多采用的是日落前作初夜照明。如冬季栽培的唐菖蒲,在日落之前加光,使每日有 16 h 的光照,并结合加温,可使其在冬季或早春开花,用 14～15 h 的光照,蒲包花也能提前开花。人工补光可采用荧光灯,悬挂在植株上方 20 cm 处。30～50 lx 的光照强度就有日照效果,100 lx 有完全的日照作用,一般光照强度是能够充分满足的。

(1)唐菖蒲的长日照处理促成栽培技术 种球定植前,必须先打破休眠,其方法有两种:第一种是低温处理,用 3～5℃低温贮藏 3～4 周,然后移到 20℃的条件下促根催芽。第二种是变温处理,先将种球置入 35℃高温环境处理 15 d,再移入 2～3℃低温环境处理 20 d 即可定植。如需 11～12 月份开花,8 月上中旬定植种球,至 11 月份应加盖塑料薄膜保温,并补充光照。如需春节供花,于 9 月份定植,11 月份进行加温补光处理。通常种球贮藏在冷库之中,贮藏温度为 1～5℃,周年生产可随用随取。每隔 15～20 d 分批栽种,以保证周年均衡供花。唐菖蒲是典型的阳性花卉,只有在较强的光照条件下,才能健壮生长正常开花,但冬季在温室、大棚内栽植易受光照不足的影响,如果在 3 叶期出现光照不足,就会导致花萎缩,产生盲花;如在 5～7 叶期发生光照不足,则少数花蕾萎缩,花朵数会减少。唐菖蒲属于长日照植物,秋冬栽培需要进行人工补光,通常要求每日光照时数 14 h 以上。补光强度要求达到 50～100 lx,一个 100 W 的白炽灯(加反射罩)具有光照显著效果的有效半径为 2.23 m。故补光时可每隔 5～6 m² 设一盏 100 W 白炽灯,光源距植株顶部 60～80 cm,或设 40 W 荧光灯,距植株顶部 45 cm。夜间 9 时至凌晨 3 时加光,每天补光 5 h,即可取得较好效果。

(2)使蒲包花在春节开花的促成栽培技术 8 月间播种育苗,在预定开花日期之前 100～120 d 定植。为了使其能在春节开花,从 11 月份起每天太阳即将落山时就要进行人工照明,直至凌晨 22 时左右,补光处理大约要经过 6 周。在促成栽培过程中,环境温度不宜超过 25℃,当花芽分化后,应该使气温保持在 10℃左右,经过 4 周,能够使植株花朵开得更好。

3.短日照处理

在日出之后至日落之前利用黑色遮光物,如黑布、黑色塑料膜等对植物遮光处理,使白昼缩短、黑夜加长的方法称为短日照处理,主要用于短日照花卉在长日条件下开花。

通常于下午 5 时至翌日上午 8 时为遮光时间,使花卉接受日照的时数控制在 9～10 h。一般遮光处理的天数为 40～70 d,遮光材料要密闭,不透光,防止低照度散射光产生的破坏作用。短日照处理超过临界夜长小时数不宜过多,否则会影响植物正常光合作用,从而影响开花质量。

短日照处理以春季及早夏为宜,夏季做短日照处理,在覆盖下易出现高温危害或降低产花品质。为减轻短日处理可能带来的高温危害,应采用透气性覆盖材料;在日出后和日落前覆盖,夜间揭开覆盖物使之与自然夜温相近。

(1)使菊花在国庆节开花的促成栽培技术 要使秋菊提前至国庆节开花。宜选用早花或中花品种进行遮光处理。一般在 7 月底当植株长到一定高度(25～30 cm)时,用黑色塑料薄膜覆盖,每天日照 9～10 h,以下午 5 时到第二天早上 8 时 30 分效果为佳。早花品种需遮光 50 d 左右可见花蕾露色,中花品种约 60 d,在花蕾接近开放显色时停止遮光。处理时温度不宜超过 30℃,否则开花不整齐,甚至不能形成花芽。

(2)使九重葛(叶子花)在国庆节开花的促成栽培技术　九重葛是典型的短日照植物,自然花期为 11 月份至翌年 6 月份,其花期控制主要通过遮光处理予以实现。通常在中秋节前 70～75 d 对植株进行遮光,具体时间是每天下午 4 时至第二天早上 8 时,大约处理 60 d 后,九重葛的花期诱导基本完成。如果其苞片已变色,即使停止遮光也不会影响其正常开花。在遮光处理过程中,要注意通风,尽量降低环境温度,防止温度过高给植株的发育造成不良影响。

4.暗中断法

暗中断法也称"夜中断法"或"午夜照明法"。在自然长夜的中期(午夜)给予一定时间的照明,将长夜隔断,使连续的暗期短于该植物的临界暗期小时数。通常晚夏、初秋和早春夜中断,照明小时数为 1～2 h;冬季照明小时数多为 3～4 h。如短日照植物在短日照季节,形成花蕾开花,但在午夜 1～2 时给以加光 2 h,把一个长夜分开成两个短夜,破坏了短日照的作用,就能阻止短日植物开花。用作中断黑夜的光照,以具有红光的白炽灯为好。

5.光暗颠倒处理

采用白天遮光、夜间光照的方法,可使在夜间开花的花卉在白天开放,并可使花期延长 2～3 d。如昙花的花期控制,主要通过颠倒昼夜的光周期来进行处理,在昙花的花蕾长约 5 cm 的时候,每天早上 6 时至晚上 8 时用遮光罩把阳光遮住,从晚上 8 时至第二天早上 6 时,用白炽灯进行照明,经过 1 周左右的处理后,昙花已基本适应了人工改变的光照环境,就能使之在白天开花,并且可以延长花期。

6.全黑暗处理

一些球根花卉要提早开花,除其他条件必须符合其开花要求外,还可将球根盆栽后,在将要萌动时,进行全黑暗处理 40～50 d,然后在进行正常栽培养护。此法多于冬季在温室进行,解除黑暗后,很快就可以开花,如朱顶红可作这样的处理。

(二)温度处理

花卉的温度处理要注意以下问题:①同种花卉的不同品种的感温性也存在着差异。②处理温度的高低,多依该品种的原产地或品种育成地的气候条件而不同。温度处理一般以 20℃ 以上为高温,15～20℃ 为中温,10℃ 以下为低温。③处理温度也因栽培地的气候条件、采收时期、距上市时间的长短、球根的大小等而不同。④温度处理的时期,是在生长期处理还是于休眠期处理,因花卉的种类和品种特性而不同。⑤温度处理的效果,因花卉的种类和处理的日数多少而异。⑥多种花卉的花期控制需要同时进行温度和光照的综合处理,或在处理过程中先后采用几种处理措施才能达到预期的效果。⑦处理中或处理后栽培管理对花期控制的效果也有极大影响。

1.增温处理

(1)促进开花　大多数花卉在冬季加温后都能提前开花,如温室花卉中的瓜叶菊、大岩桐等。对花芽已经形成而正在越冬休眠的种类,如春季开花的露地木本花卉杜鹃、牡丹等,以及一些春季开花的秋播草本花卉和宿根花卉,由于冬季温度较低而处于休眠状态,自然开花需待来年春季。若移入温室给予较高的温度(20～25℃),并经常喷雾,增加湿度(空气相对湿度在 80％以上),就能提前开花。

(2)延长花期 有些花卉在适合的温度下,有不断生长、连续开花的习性。但在秋、冬季节气温降低时,就要停止生长和开花。若在停止生长之前及时地移入温室,使其不受低温影响,提供继续生长发育的条件,可使它连续不断地开花。例如,要使非洲菊、茉莉花、大丽花、美人蕉等在秋、初冬期间连续开花就要早做准备,在温度下降之前,及时加温、施肥、修剪,否则一旦气温降低影响生长后,再增加温度就来不及了。

2.降温处理

(1)延长休眠期以推迟开花 耐寒花木在早春气温上升之前,趁还在休眠状态时,将其移入冷室中,使之继续休眠而延迟开花。冷室温度一般以 1～3℃为宜,不耐寒花卉可略高一些。品种以晚花种为好,送冷室前要施足肥料。这种处理适于耐寒、耐阴的宿根花卉、球根花卉及木本花卉,但因留在冷室的时间较长,因而植物的种类、自身健壮程度、室内的温度和光照及土壤的干湿度都是成败的重要问题。在处理期间土壤水分管理要得当,不能忽干忽湿,每隔几天要检查干湿度;室内要有适度的光照,每天开灯几个小时。至于花卉贮藏在冷室中的时间,要根据计划开花的日期,植物的种类与气候条件,推算出低温后培养至开花所需的天数,从而决定停止低温处理的日期。处理完毕出室的管理也很重要,要放在避风、避日、凉爽的地方,逐步增温、加光、浇水、施肥、细心养护,使之渐渐复苏。

(2)减缓生长以延迟开花 较低的温度能延缓植物的新陈代谢,延迟开花。这种处理大多用在含苞待放或初开的花卉上,如菊花、天竺葵、八仙花、瓜叶菊、唐菖蒲、月季、水仙等。处理的温度也因植物种类而异。例如,家庭水养水仙花,人们往往想让其在元旦、春节盛开,以增添节日的气氛。虽然可以凭经验分别提前 40～50 d 处理水仙,但是一般都不易恰好在适时盛开。为了让水仙能在预定的日子准时开花,可在计划前 5～7 d 仔细观察水仙花蕾总苞片内的顶花,如已膨大欲顶破总苞,就应把它放在 1～4℃的冷凉地方,一直到节日前 1～2 d 再放回室温 15～18℃的环境中,就能使其适时开放。如发现花蕾较小,估计到节日开不了,可以放在温度 20℃以上的地方,盆内浇 15～20℃的温水,夜间补以 60～100 W 灯泡的光照,就能准时开花。

(3)降温避暑 很多原产于夏季凉爽地区的花卉,在适当的温度下,能不断地生长、开花,但遇到酷暑,就停止生长,不再开花。例如,仙客来和倒挂金钟在适于开花的季节花期很长,如能在 6～9 月份降低温度,使温度在 28℃以下,植株继续处于生长状态,也会不停地开花。

(4)模拟春化作用而提早开花 改秋播为春播的草花,欲使其在当年开花,可用低温处理萌动的种子或幼苗,使之通过春化作用在当年就可开花,适宜的温度为 0～5℃。

此外,秋植球根花卉若提前开花,也需要先经过低温处理;桃花等花木需要经过 0℃的低温,强迫其经过休眠阶段后才能开花。

3.变温法

变温法催延花期,一般可以控制较长的时期。此方法多用于在一年中的元旦、春节、"五一"、"十一"等重大节日的用花上,具体做法是将已形成花芽的花木先用低温使其休眠,原则上要求既不让花芽萌动,又不使花芽受冻。如果是热带、亚热带花卉,给予 2～5℃的温度,温带木本落叶花卉则给予－2～0℃的温度。到计划开花日期前 1 个月左右,放到(逐渐增温)15~25℃的室温条件下养护管理。花蕾含苞待放时,为了加速开花,可将温度增至25℃左右。如此管理,一般花卉都能预期开花。

梅花元旦、春节开花的控温处理,可在元旦前1个月移入到4℃的室内养护,到节前10~15 d再移到阳光充足,室内温度10℃左右的温室,然后根据花蕾绽放的程度决定加温与否,如果估计赶不上节日开花,可逐渐加温至20℃来促花。牡丹的催花稍复杂些,因牡丹的品种很多,一般春节用花,应选择容易催花的品种来催花,其加温促花需经3~4个变温阶段,约需50~60 d。促花前先将盆栽牡丹浇一次透水,然后移入15~25℃的中温温室,至花蕾长到2 cm左右时,加温至17~18℃,此时应控制浇水,并给予较好的光照,第三次加温是在花蕾继续膨大呈现出绿色时,温度增加到20℃以上,此时因室温较高,可浇一次透水以促进叶片生长,为了防止叶片徒长和盆土过湿,应勤观察花与叶的生长情况,注意控水。最后一个阶段是在节前5~6 d。主要是看花蕾绽蕾程度,如估计开花时间拖后,可再增温至25~35℃促其开花。如果花期提前,可将初开盆花移入15℃左右的中低温弱光照的地方暂存。

在自然界生长的花木,大多是春华秋实,要想让花木改变花期,推迟到国庆节开放,也需要采用改变温度的方法来控制花期。具体做法是将已形成花芽的花木,在2月下旬至3月上旬,在叶、花芽萌动前就放到低温环境中,强制其进行较长时间的休眠。具体温度一般原产于热带、亚热带的花木控制在2~5℃,原产于温带、寒带的花木控制在-2~0℃。到计划开花日期前1个月左右,移到15~25℃的环境中栽培管理,很多种花卉都能在国庆节时开放。如草本花卉中的芍药、荷包牡丹,木本花卉中的樱花、榆叶梅、丁香、连翘、锦带、碧桃、金银花等都能这样处理。

(三)利用植物生长激素

花卉生产中使用一些植物生长激素和调节剂如赤霉素、萘乙酸、2,4-D、B_9 等,对花卉进行处理,并配合其他养护管理措施,可促进提早开花,也可使花期延迟。

1.解除休眠促进开花

不少花卉通过应用赤霉素打破休眠从而达到提早开花的目的。用500~1 000 mg/L浓度的赤霉素点在芍药、牡丹的休眠芽上,4~7 d内萌动。蛇鞭菊在夏末秋初休眠期,用100 mg/L赤霉素处理,经贮藏后分期种植分批开花。当10月份以后进入深休眠时处理则效果不佳,开花少或不开花。桔梗在10~12月份为深休眠期,在此之前于初休眠期用100 mg/L赤霉素处理可打破休眠、提高发芽率,促进伸长,提早开花。小苍兰用5 mg/kg乙烯利浸泡种球24 h,可打破休眠,室温贮存1个月后种植,可提前7~10 d开花;将种球用10~30 mg/kg赤霉素浸泡24 h,在10~12℃下贮存45 d后种植,可提前3个月开花;在种球低温处理前,用10~40 mg/kg赤霉素浸泡24 h,可提前40 d开花。

2.代替低温促进开花

夏季休眠的球根花卉,花芽形成后需要低温使花茎完成伸长准备。赤霉素常用作部分代替低温的生长调节剂。

郁金香于6月份气温渐高,地上部分逐渐枯黄,当叶片有1/3以上变黄时,即为采收适期,采收后的鳞茎以缓慢自然干燥为宜,温度不可超过35℃,一般35℃下干燥3 d;30℃下干燥15 d,然后在20℃,相对湿度60%的条件下处理,促使花芽分化。20℃是郁金香花芽分化的适温,处理20~25 d,其后8℃处理50~60 d,促使花芽发育;再用10~15℃进行发根处理,见根抽出即可栽植。也可不经高温干燥处理,于空气流通处在20℃的温度条件下,使之边干燥边花芽分化,需在雌蕊分化后经过低温诱导方可伸长开花。促成栽培时栽种已经过低温冷藏的鳞茎,待株高达7~10 cm时,由叶丛中心滴入400 mg/L赤霉素液0.5~1 mL,这种处理对需低温期长的品种,以及在低温处理不充分的情况下效果更为明显,赤霉素起了弥补低温量不足的作用。如满天星选择生育期75 d以上的植株,用200~300 mg/kg赤霉素喷洒叶面,每隔3 d喷洒一次,连喷3次。夏花在2月底喷洒,可提前半个月开花;冬花在10月中旬喷洒,可提前1个月开花。用250 mg/kg细胞分裂素喷洒植株后,不经低温处理也能在15℃以上、长日照条件下抽薹开花。

3.加速生长促进开花

山茶花在初夏停止生长,进行花芽分化,其花芽分化非常缓慢,持续时间长。如用500~1 000 mg/L的赤霉素点涂花蕾,每周2次,半个月后即可看出花芽快速生长,同时结合喷雾增加空气湿度,可很快开花。蟹爪兰花芽分化后,用20~50 mg/L的赤霉素喷射能促进开花。用100~500 mg/L赤霉素涂君子兰、仙客来、水仙的花茎上,能加速花茎伸长。

4.延迟开花

2,4-D对花芽分化和花蕾的发育有抑制作用。菊花用2,4-D 5 mg/kg喷洒植株,可延迟1个月开花;用50 mg/kg萘乙酸+50 mg/kg GA₃混合液处理或用200 mg/kg乙烯利喷洒植株,可抑制花芽形成;用300~400 mg/kg细胞分裂素喷洒叶面,可抑制花茎伸长、延迟开花。万寿菊用500~2 000 mg/kg B₉每周喷洒植株中上部叶片1次,共3次,可延迟8~10 d开花。一品红在短日照自然条件下,用40 mg/kg赤霉素喷洒叶面,可延迟开花。

5.加速发育

用100 mg/L的乙烯利30 mL浇于凤梨的株心,能使其提早开花。天竺葵生根后,用500 mg/L乙烯利喷2次,第5周喷100 mg/L GA₃,可使提前开花并增加花朵数。

6.调节衰老延长寿命

切花离开母体后由于水分、养分和其他必要物质失去平衡而加速衰老与凋萎。在含有糖、杀菌剂等的保鲜液中,加入适宜的生长调节剂,有增进水分平衡、抑制乙烯释放等作用,可延长切花的寿命。例如,6-苄基腺嘌呤(BA)、激动素(KT)应用于月季花、球根鸢尾、郁金香、花烛、非洲菊保鲜液;赤霉素(GA₃)可延长紫罗兰切花寿命;B₉对金鱼草、香石竹、月季切花有效;矮壮素(CCC)对唐菖蒲、郁金香、香豌豆、金鱼草、香石竹、非洲菊等也可延长切花寿命。

(四)利用修剪技术

1.剪截

主要是指用于促使开花,或再度开花为目的的剪截。在当年生枝条上开花的花木用剪截法控制花期,在生长季节内,早剪截使早长新枝的植株早开花,晚剪截则晚开花。月季、大丽花、丝兰、盆栽金盏菊等都可以在开花后剪去残花,再给以水肥、加强养护,使其重新抽枝、发芽开花。月季从一次开花修剪到下次开花一般需45 d,欲使其在国庆节开放,可在8月中旬将当年发生的粗壮枝叶从分枝点以上4~6 cm处剪截,同时将零乱分布的细弱侧枝从基部剪下,并给予充足的水肥和光照,就能适时盛开。

2.摘心

主要用于延迟开花。延迟的日数依植物种类、摘取量的多少、季节而有不同。重要节日常用摘心方法控制花期的有矮串红、康乃馨、荷兰菊、大串红、大丽花等。如一串红在国庆节开花的修剪技术,一串红可于4～5月份播种繁殖,在预定开花期前100～120 d定植。当小苗高约6 cm时进行摘心,以后可根据植株的生长情况陆续摘心2～3次。在预定开花前25 d左右进行最后一次摘心,到"十一"会如期开花。荷兰菊在9月10日左右进行摘心,"十一"即能开花。

3.摘叶

有些木本花卉春季开完花后,夏季形成花芽,到翌年春季再次开放。若使其在当年再次开花,可用摘叶的方法,促使花芽萌发、开花。如白玉兰在初秋进行摘叶迫使其休眠,然后再进行低温、加温处理,促使其提早开花。紫茉莉花在早春萌发后,可将老叶摘去,促使其抽生新枝,以延迟开花。桃、杏、李、梅等,当其花芽长到饱满后进行摘叶,经20 d左右就能开花。此外,剥去侧芽、侧蕾,有利于主芽开花;摘除顶芽、顶蕾,有利于侧芽、侧蕾生长开花等。

(五)调节播种期

不需要特殊环境诱导,在适宜的环境条件下,只要生长到一定大小就可开花的种类,可以通过改变育苗期或播种期来调节开花期。多数一年生草本花卉属于日中性花卉,对光周期时数没有严格要求,在温度适宜生长的地区或季节采用分期播种、育苗,可在不同时期开花。如果在温室提前育苗,可提前开花,秋季盆栽后移入温室保护,也可延迟开花。翠菊的矮生品种于春季露地播种,6～7月份开花;7月份播种,9～10月份开花;温室2～3月份播种,则5～6月份开花等。一串红的生育期较长,春季晚霜后播种,可于9～10月份开花;2～3月份在温室育苗,可于8～9月份开花;8月份播种,入冬后上盆,移入温室,可于次年4～5月份开花。需国际劳动节开放的花卉,如金鱼草可在8月上旬播种,三色堇、雏菊、紫罗兰可在8月中旬播种,金盏菊可在9月初播种。需国庆节开放的花卉,如一串红可在4月上旬播种,鸡冠花可在6月上旬播种,万寿菊、旱金莲可在6月中旬播种,百日菊、千日红、红黄草可在7月上旬播种。

二年生草本花卉需要在低温下形成花芽和开花。在温度适宜的季节或冬季在温室保护下,也可调节播种期在不同时期开花。金盏菊自然花期4～6月份,但春化作用不明显,可秋播、春播、夏播。从播种至开花需60～80 d,生产上可根据气温及需要,推算播期。如自7～9月份陆续播种,可于12月份至次年5月份先后开花。紫罗兰12月份播种,5月份开花;2～5月份播种,则6～8月份开花;7月份播种,次年2～3月份开花。需国庆节开放的花卉,如藿香蓟、一串红可在6月中旬至7月下旬扦插,美女樱、红黄草可在7月上旬扦插。

计 划 单

学习领域	花卉生产技术		
学习情境 4	花期调控技术	学时	4
计划方式	小组讨论、成员之间团结合作共同制订计划		
序号	实施步骤		使用资源

制订计划说明	

计划评价	班级		第 组	组长签字	
	教师签字			日期	
	评语：				

决 策 单

学习领域	花卉生产技术		
学习情境 4	花期调控技术	学时	4
方案讨论			

	组号	任务耗时	任务耗材	实现功能	实施难度	安全可靠性	环保性	综合评价
方案对比	1							
	2							
	3							
	4							
	5							
	6							

方案评价	评语:

班级		组长签字		教师签字		日期	

材料工具单

学习领域		花卉生产技术					
学习情境 4		花期调控技术			学时		10
项目	序号	名称	作用	数量	型号	使用前	使用后
所用仪器仪表	1	测光表	光照度测定	5个			
	2	湿度计	湿度测定	5个			
	3						
	4						
	5						
	6						
	7						
所用材料	1	电棒	补光	30根			
	2	黑布	遮光	50 m			
	3	各类激素	调节生长	40袋			
	4						
	5						
	6						
	7						
	8						
所用工具	1	修枝剪	剪截	30把			
	2	育苗盘	育苗	50个			
	3	冷室	低温处理	2个			
	4						
	5						
	6						
	7						
	8						
班级		第　组	组长签字			教师签字	

实 施 单

学习领域	花卉生产技术		
学习情境 4	花期调控技术	学时	4
实施方式	学生独立完成、教师指导		
序号	实施步骤		使用资源
1	花期调控的定义及原理是什么？		多媒体课件
2	花期调控的方法技术有哪些？		多媒体课件
3	花卉的增温、降温处理技术有哪些？		实习基地
4	花卉日照处理方法有哪些？		实习基地
5	花卉如何分期播种？		实习基地

实施说明：

    通过讲解花卉花期调控的原理,使同学们对花期调控有了很好的认识。根据实习基地提供的条件,同学们能掌握花卉各种花期调控的方法技术。使同一种的花卉在不同时期开放,来满足市场需求。

班级		第 组	组长签字	
教师签字			日期	

作 业 单

学习领域	花卉生产技术		
学习情境 4	花期调控技术	学时	4
作业方式	资料查询、现场操作		
1	花期调控的原理是什么?		
作业解答:			
2	花期调控的意义是什么?		
作业解答:			
3	花期调控的主要方法有哪些?		
作业解答:			
4			
作业解答:			
5			
作业解答:			

	班级		第 组	学号		姓名	
	教师签字		教师评分			日期	
作业评价	评语:						

检 查 单

学习领域	花卉生产技术			
学习情境 4	花期调控技术		学时	12
序号	检查项目	检查标准	学生自检	教师检查
1	某一花卉花期方案的制订	准备充分,细致周到		
2	某一花卉花期实施情况	实施步骤合理,有利于提高评价质量		
3	操作的准确性	细心、耐心		
4	某一花卉花期实施过程中操作的方法	符合花期控制要求		
5	实施前工具的准备	所需工具准备齐全,不影响实施进度		
6	目标花期	依花卉种类确定		
7	教学过程中的课堂纪律	听课认真,遵守纪律,不迟到不早退		
8	实施过程中的工作态度	在工作过程中乐于参与		
9	上课出勤状况	出勤 95% 以上		
10	安全意识	无安全事故发生		
11	环保意识	及时处理垃圾,不污染周边环境		
12	合作精神	能够相互协作,相互帮助,不自以为是		
13	实施计划时的创新意识	确定实施方案时不随波逐流,有合理的独到见解		
14	实施结束后的任务完成情况	过程合理,鉴定准确,与组内成员合作融洽,语言表述清楚		
	班级		第 组	组长签字	
	教师签字			日期	
检查评价	评语:			

评 价 单

学习领域		花卉生产技术			
学习情境4		花期调控技术		学时	16
评价类别	项目	子项目	个人评价	组内互评	教师评价
专业能力 (60%)	资讯(10%)	搜集信息(5%)			
		引导问题回答(5%)			
	计划(10%)	计划可执行度(3%)			
		程序的安排(4%)			
		方法的选择(3%)			
	实施(20%)	工作步骤执行(10%)			
		安全保护(5%)			
		环境保护(5%)			
	检查(5%)	5S管理(5%)			
	过程(5%)	使用工具规范性(2%)			
		操作过程规范性(2%)			
		工具管理(1%)			
	结果(5%)	目标花期(5%)			
	作业(5%)	完成质量(5%)			
社会能力 (20%)	团结协作 (10%)	小组成员合作良好(5%)			
		对小组的贡献(5%)			
	敬业精神 (10%)	学习纪律性(5%)			
		爱岗敬业、吃苦耐劳精神 (5%)			
方法能力 (20%)	计划能力 (10%)	考虑全面、细致有序(10%)			
	决策能力 (10%)	决策果断、选择合理(10%)			
	班级		姓名		学号		总评	
	教师签字		第 组	组长签字			日期	
评价评语	评语：				

教学反馈单

学习领域	花卉生产技术			
学习情境 4	花期调控技术	学时		4
序号	调查内容	是	否	理由陈述
1	你是否明确本学习情境的目标？			
2	你是否完成了本学习情境的学习任务？			
3	你是否达到了本学习情境对学生的要求？			
4	资讯的问题,你都能回答吗？			
5	你知道花期调控的原理和技术吗？			
6	你是否能够说出主要春节用花有哪些吗？			
7	你能否说出牡丹在春节开花的调控技术吗？			
8	你是否熟练掌握了主要花卉的花期调控技术？			
9	你是否可以针对不同种类、品种和目的正确选用适当花期调控方法？			
10	你能使水仙在春节开花吗？通过什么样的调控技术完成？			
11	你是否喜欢这种上课方式？			
12	通过几天来的工作和学习,你对自己的表现是否满意？			
13	你对本小组成员之间的合作是否满意？			
14	你认为本学习情境对你将来的学习和工作有帮助吗？			
15	你认为本学习情境还应学习哪些方面的内容？（请在下面回答）			
16	本学习情境学习后,你还有哪些问题不明白？哪些问题需要解决？（请在下面回答）			

你的意见对改进教学非常重要,请写出你的建议和意见：

调查信息		被调查人签字		调查时间	

学习情境 5 一、二年生花卉生产技术

任 务 单

学习领域	花卉生产技术		
学习情境 5	一、二年生花卉生产技术	学时	10
任务布置			
学习目标	1.熟记一、二年生花卉的定义。 2.掌握一、二年生花卉常用的繁殖方法。 3.能够说出 50 种常见的一、二年生花卉。 4.掌握长春花的修剪方法。 5.掌握矮牵牛的繁殖和栽培要点。 6.掌握一串红的繁殖和栽培要点。 7.掌握彩叶草的扦插方法。 8.熟练掌握栽培过程中工具的使用和维护。 9.对某种花卉的栽培生产过程能够独立进行操作。 10.培养学生吃苦耐劳、团结合作、开拓创新、务实严谨、诚实守信的职业素质。		
任务描述	针对不同种类的花卉,正确选用适当的繁殖方法进行栽培生产。 具体任务要求如下: 1.进行栽培前,建好苗圃、整好地。 2.准备好栽培工具、材料。 3.栽培技术熟练操作。 4.正确进行栽后的养护管理。 5.适时进行移植、定植某种花卉。 6.制定某一花卉的栽培管理技术方案。		

学时安排	资讯 3 学时	计划决策 1 学时	实施 5 学时	检查评价 1 学时
参考资料	1.张树宝.花卉生产技术.重庆:重庆出版社,2008. 2.包满珠.花卉学.北京:中国农业出版社,2006. 3.陈俊愉,程旭珂.中国花卉品种分类学.北京:中国农业出版社,2001. 4.鲁涤飞.花卉学.北京:中国农业出版社,1998. 5.吴志华.花卉生产技术.北京:中国农业出版社,2005. 6.朱加平.园林植物栽培养护.北京:中国农业出版社,2001. 7.曹春英.花卉栽培.北京:中国农业出版社,2001. 8.宋满坡.园艺植物生产技术.河南农业职业学院,2009. 期刊:《园艺学报》《北方园艺》《中国园艺花卉》《中国盆景》			
对学生的 要求	1.了解常见一、二年生花卉的生态习性。 2.制订合理的三色堇的生产方案。 3.完成指定花卉的栽培操作过程。 4.实习过程要爱护实验场的工具设备。 5.严格遵守纪律,不迟到,不早退,不旷课。 6.本情境工作任务完成后,需要提交学习体会报告。			

资 讯 单

学习领域	花卉生产技术		
学习情境 5	一、二年生花卉生产技术	学时	4
咨询方式	在资料角、图书馆、专业杂志、互联网及信息单上查询;咨询任课教师		
咨询问题	1.试述一、二年生花卉的生态习性和栽培要点。 2.描述常见花卉种子的形态特征。 3.常见一、二年生花卉的繁殖方法有哪些? 4.试述矮牵牛的繁殖和栽培方法。 5.试述彩叶草的扦插方法。 6.试述凤仙花的繁殖和栽培方法。 7.试述金盏菊的繁殖和栽培方法。 8.试述羽衣甘蓝的繁殖和栽培方法。 9.鸡冠花栽培要点有哪些? 10.试述三色堇的生产要点。 11.试述万寿菊的移植和定植技术。 12.如何提高一、二年生花卉繁殖的成活率?		
资讯引导	问题 1 可以在《花卉生产技术》(张树宝)的第 5 章中查询。 问题 2～4 可以在《花卉生产技术》(张树宝)的第 3 章中查询。 问题 5～8 可以在《花卉生产技术》(张树宝)的第 5 章中查询。 问题 9～12 可以在《花卉学》(包满珠)的第 6 章中查询。		

信 息 单

学习领域	花卉生产技术		
学习情境 5	一、二年生花卉生产技术	学时	10

信 息 内 容

一、矮牵牛(*Petunia hybrida* Vilm)

别名碧冬茄、番薯花,茄科矮牵牛属。

(一)形态特征(图 5-1)

一年生或多年生草本,北方地区多作一年生栽培。株高 10～60 cm,茎直立或匍匐生长,全株被短毛。上部叶对生,中下部互生,叶片卵圆形,全缘,先端尖。花单生于枝顶或叶腋间,花冠漏斗状,花径 5～8 cm,花筒长 6～7 cm,花色丰富,有紫、白、粉、红、雪青等,有一花一色的,也有复色和镶边品种。花萼 5 深裂,雄蕊 5 枚,花瓣变化多,有单瓣、重瓣、瓣边缘波皱等。花期长,北方可从 4 月份开到 10 月份,南方冬季亦可开花。蒴果卵形,成熟后呈两瓣裂。种子细小,千粒重 0.16 g,种子寿命 3～5 年。

图 5-1 矮牵牛

(二)类型及品种

品种一般可分单瓣和重瓣两类。

常见栽培品种有单瓣大花类:红瀑布(Red Cascade)、苹果花(Appleblossom)、蓝霜(Blue Frost)、狂欢之光(Razzle Dazzle)。单瓣多花种:夏季之光(Summer Sun)。重瓣多花种:蓝色多瑙河(Blue Danube)。矮生种:超红(Ultra Red)、超粉(Ultra Pink)。

矮牵牛还可以根据株型分类,株型有高(40 cm 以上)、中(20～30 cm)、矮丛(低矮多分枝)、垂吊型;花色有红、紫、白、粉、堇至近黑色以及各种斑纹。

(三)生态习性

原产南美,由南美的野生种经杂交培育而成。性喜温暖,不耐寒,耐暑热,在干热的夏季也能正常开花。最适生长温度,白天 27～28℃,夜间 15～17℃,喜光,耐半阴,忌雨涝,疏松肥沃的微酸性土壤为宜。

(四)生产技术

1.繁殖技术

有播种和扦插两种繁殖方法。以播种繁殖为主,可春播或秋播。露地春播在 4 月下旬进行,如欲提早开花可提前在温室内进行盆播;秋播通常于 9 月份进行。矮牵牛种子细小,播种应精细,可用育苗盘进行撒播,一般播种量 1.5～2 g/m²。将床土先压实刮平,用喷壶浇足底水,播后覆细土 0.2～0.3 cm,并覆盖地膜。地温控制在 20～24℃,白天气温 25～30℃,5 d 左右齐苗,出苗后及时揭去地膜。有一片真叶出现时即可移植。终霜后定植于露地或上盆。

重瓣或不易结实品种可采用扦插繁殖,在5~6月份或8~9月份时扦插成活率较高。截取插条的母株应将老枝剪掉,利用根际处萌蘖出的嫩枝作插穗较好。在20~23℃环境中,15~20 d即可生根。扦插繁殖还利于保持优良品种特性。为保存大花重瓣优良品种的繁殖材料,每年秋季花谢后,应挖一部分老株放入温室内贮存越冬。

2.生产要点

矮牵牛移栽时,根系受伤后的恢复较慢,故在移苗定植时应多带土团,最好采用营养袋育苗,脱袋定植。露地定植时,株距为30~40 cm。主茎应及时进行摘心,促使侧枝萌发,增加着花部位。土壤肥力要适当,土壤过肥,植株易过于旺盛生长,易倒伏。

矮牵牛常见病害有叶斑病、白霉病、病毒病等,叶斑病和白霉病可用75%百菌清700~800倍水溶液喷洒防治,并及时清除发病严重的病株。病毒病主要由于媒介昆虫(蚜虫)、汁液接触、种子或土壤传毒。高温干旱时期利于发病,要及时消灭媒介昆虫(蚜虫),可在蚜虫发生期喷洒10%吡虫啉可湿性粉剂1 000倍液。另外,预防人为接触传播,加强栽培管理,促进植株生长健壮,减少发病率和降低传病率,减轻对植株的危害。

(五)园林应用

矮牵牛花大,色彩丰富,花期长,在温室中栽培可四季开花,是目前最为流行的花坛和盆栽花卉之一。目前流行的品种一般均为F_1代杂交种,品种极为丰富。大花重瓣品种多用作盆栽造型。长枝种、垂吊种还可作为窗台、门廊的垂直美化材料。种子入药,有驱虫之功效。

二、一串红(*Alvia splendens* Ker-Gawl.)

别名墙下红、爆竹红、撒尔维亚,唇形科鼠尾草属。

(一)形态特征(图5-2)

多年生亚灌木,生产栽培多作一年生栽培。茎直立,四棱形,幼时绿色,后期呈紫褐色,基部半木质化,全株光滑,株高30~80 cm。叶对生,卵形或三角状卵形、心脏形,有长柄,长6~12 cm,顶端尖,叶缘有锯齿。轮伞状花序顶生,密集成串,每序着花4~6朵。花冠唇形,伸出萼外,花萼筒状,和花冠同为红色。花有红、紫、白、粉等色。花期7~10月份。小坚果卵形,黑褐色,似鼠粪,千粒重2.8 g,种子寿命1~4年。

图5-2 一串红

(二)类型及品种

同属常见栽培品种的还有以下几种:

(1)朱唇(*S. coccinea*) 别名红花鼠尾草。原产北美南部,多作一年生栽培。花萼绿色,花冠鲜红色,下唇长于上唇两倍,自播性强,栽培容易。

(2)一串紫(*S. horminum*) 原产南欧,一年生草本。具长穗状花序,花小,有紫、雪青等色。

(3)一串蓝(*S. farinacea*) 别名粉萼鼠尾草。原产北美南部,在华东地区作多年生栽培,华北地区多作一年生栽培。花冠青蓝色,被柔毛。此外还有一串粉、一串白。

（三）生态习性

原产于南美巴西。喜温暖湿润气候，不耐寒，怕霜冻。最适生长温度 20～25℃，当温度低于 14℃时，降低茎的伸长生长。喜阳光充足环境，也稍耐半阴。幼苗忌干旱又怕水涝。对土壤要求不严，在疏松而肥沃的土壤上生长良好。

（四）生产技术

1. 繁殖技术

采用播种、扦插和分株等方法繁殖，以播种繁殖为主，播种温度 20～22℃，低于 10℃不发芽，扦插在春、秋两季都可进行。分批播种可分期开花，如北京地区"五一"用花需秋播，10月上旬假植在温室内，不断摘心，抑制开花，于"五一"前 25～30 d，停止摘心，"五一"繁花盛开；"十一"用花，可于早春 2 月下旬或 3 月上旬在温室或阳畦播种，冬季温室播种育苗，4 月份即可栽入花坛，5 月份开花；在 3 月份露地播种，可供夏末开花。播种量 15～20 g/m²。播后覆细土 1 cm。为加大花苗繁殖量，从 4～9 月份即可结合摘心剪取枝条先端的枝段，长5～6 cm 进行嫩枝扦插，10 d 左右生根。30 d 就可分栽。

2. 生产要点

一串红对水分要求较为严格，苗期不能过分控水，否则容易形成小老苗，水分过多，则会导致叶片脱落。幼苗长出真叶后，可进行第一次分苗，5～6 片叶时，可第二次分苗，育苗移栽时需带土球。当幼苗高 10 cm 时留两片叶摘心，促使多萌发侧枝。以后生长可反复摘心，摘心约 25 d 后即可开花，故可通过摘心控制花期。一串红苗期易得猝倒病，育苗时应注意预防。育苗前用 50%多菌灵或 50%福美双可湿性粉剂 500 倍液对土壤进行浇灌灭菌消毒，出苗后，向苗床喷施 50%多菌灵可湿性粉剂 800 倍液，连喷 2～3 次。生长期施用 1 500 倍的硫酸铵以改变叶色。花前追施磷肥，开花尤佳。一串红的种子易散落，应在早霜前及时采收。

（五）园林应用

一串红花色艳丽，是重要的花坛材料，可单一布置花坛、花境或花台，也可作花丛和花群的镶边。上盆后是组摆盆花群不可缺少的材料，可与其他盆花形成鲜明的色彩对比。一串红全株均可入药，有凉血消肿的功效。它还对硫、氯的吸收能力较强，但其抗性弱，所以既是硫和氯的抗性植物，又是二氧化硫、氯气的监测植物。

三、三色堇(*Viola tricolor*)

别名蝴蝶花、猫儿脸，堇菜科、堇菜属。

（一）形态特征(图 5-3)

多年生草本，多作二年生栽培，北方则常作一年生栽培用。株高15～30 cm，全株光滑，分枝多。叶互生，基生叶卵圆形或圆心脏形，有叶柄；茎生叶较长，披针形，具钝圆状锯齿。花顶生或腋生，挺立于叶丛之上；花大，花瓣 5 片，上面 1 片先端短钝，下面的花瓣有腺型附属体，并向后伸展，花冠状似蝴蝶。花色绚丽，有黄、白、紫三色，花瓣中央还有一个深色的"眼"状斑纹。除一花三色外，还有纯黄、纯蓝、纯

图 5-3 三色堇

白、褐、红等单色品种。花期通常为 3～6 月份,南方可在 1～2 月份开花。蒴果椭圆形,呈三瓣裂。种子倒卵形,果熟期 5～7 月份,千粒重 1.16 g,种子寿命 2 年。

(二)类型及品种

目前常见栽培的有杂种 1 代和杂种 2 代品种。

同属种类有:香堇(*V. odorata*),被柔毛,匍匐茎,花有深紫、淡紫、粉红和白色,有芳香,2～4 月份开花;角堇(*V. cornuta*),茎丛生,花紫色,品种有复色、白、黄色,微香。

(三)生态习性

原产南欧,性喜光,喜冷凉气候条件,略耐半阴,较耐寒而不耐暑热。可露地越冬,为二年生花卉中最为耐寒的品种之一。要求肥沃湿润的沙质壤土,在瘠薄的土壤上生长发育不良。

(四)生产技术

1.繁殖技术

主要采用种子繁殖。通常秋季播种,8～9 月份间播种育苗,发芽适宜温度 19℃,分苗后可移栽到营养钵,供春季花坛栽植应用,南方可供春节观花。目前多采用温室育苗,采用育苗盘播种,覆土 0.6～1 cm,控制地温 18℃ 左右,7 d 左右即可出苗。北京地区秋播后可在阳畦越冬,供"五一"花坛用花。

也可在夏初剪取嫩枝进行扦插繁殖,供秋季花坛用花。夏季凉爽的地区老株如能安全度夏,秋后可分株移栽于温室,越冬后再移植入花坛。

2.生产要点

三色堇喜肥,种植前需精细整地并施入大量基肥,最好是氮磷钾全肥。生长期内则应做到薄肥勤施。起苗移植时要多带土团,南方于 11 月上旬移植,做好越冬保护工作,可于 2～3 月份开花;北方 3～4 月份定植,4 月中、下旬即可开花。栽植后保持土壤湿润,但要注意排水防涝。

三色堇稍耐半阴,在北方炎夏干燥的气候或烈日下往往开花不良,为此常栽植于有疏荫环境的花境或花带中,或植入树旁和林间隙地。

三色堇生长期间,有时会发生蚜虫危害,可喷施 10% 吡虫啉 2 000～3 000 倍的溶液防治。

(五)园林应用

三色堇花期长,开花早,色彩丰富,是优良的春节花坛材料。也常用于花境及镶边,或用不同花色品种组成图案式花坛。亦可与开花较晚的花卉间种,提高绿化效果。由于其花型奇特,也可作盆栽或剪取做插花素材。

四、金盏菊(*Calendula officinalis* L.)

别名金盏花、长生菊,菊科金盏菊属。

(一)形态特征(图 5-4)

多年生草本,作一、二年生栽培。株高 50～60 cm,全株被毛。单叶互生,全缘,椭圆形或椭圆状倒卵形,基生叶有柄,上部叶基抱茎。头状花序单生,花径 4～10 cm,舌状花一轮或多轮平展,金黄或橘黄色,筒状花,黄色或褐色,盛花期 3～6 月份。瘦果弯曲,呈船形,种子千粒重 11 g。果熟期 5～7 月份。

图 5-4 金盏菊

(二)类型及品种

园艺品种有重瓣、卷瓣等,重瓣品种有平瓣型和卷瓣型。国外还选育出不少单瓣、重瓣的种间杂交种。有托桂型变种和株高 20～30 cm 的矮生种。

(三)生态习性

原产南欧,适应性强,我国各地均有栽培。喜光,耐寒,不耐阴,忌酷暑,炎热天气通常停止生长,对土壤要求不严格,但疏松肥沃土壤生长良好,尤其幼苗在含石灰质的土壤上生长较好,适宜的 pH 6.5～7.5,能自播。

(四)生产技术

1.繁殖技术

多采用种子繁殖,优良品种也可用扦插繁殖。9 月初将种子播于露地苗床,因金盏菊的发芽率相对较低,播种时需注意两点,一是覆土宜薄,二是播种量要大。保持床面湿润,7～10 d 即可发芽。也可于春季进行撒播,但形成的花常较小且不结实。

2.生产要点

幼苗生长迅速,应及时进行间苗和定苗,2～3 片叶时移植于冷床越冬,冬季加强覆盖防寒越冬,防止幼苗受冻。金盏菊 5～6 片真叶时进行摘心,促使多生分枝。生长期每半月施肥一次,并保持土壤湿润。生长期需日照充足,如光照不足,多阴雨天,基部叶片易发黄,甚至腐烂。在第一茬花谢后立即进行抹头,这能促发侧枝再度开花。盆栽时,要选择肥沃、疏松的盆土,若上盆后在温室越冬,则花期提早,能使整个冬春季开花不绝。

金盏菊在 5～6 月份易遭蚜虫、红蜘蛛的危害,之前用 2 500 倍的净粉剂连续喷 2～3 次。

(五)园林应用

金盏菊植株矮生,花朵密集,花色鲜艳,开花早,花期长,适合作切花和室内早春盆栽,是良好的晚秋、早春花坛、花境材料。金盏菊多黄色,把其盆栽摆放于中心广场、车站等公共场所,呈现一幅堂皇富丽的景象。对二氧化硫、氟化物、硫化氢等有害气体均有一定的抗性。全草入药。性辛凉,微苦。

五、羽衣甘蓝(*Brassica oleracea*)

别名叶牡丹、花甘蓝、花菜,十字花科甘蓝属。

(一)形态特征(图 5-5)

二年生草本植物。茎基部木质化,直立无分枝,株高达 30～60 cm。叶互生,倒卵形,宽大,平滑无毛。集生茎基部,被有白粉。叶缘皱缩,外部叶呈粉蓝绿色,内部叶色丰富,白、紫红、黄绿等,不包心结球,细圆柱形。叶柄较粗壮。总状花序顶生,十字形花冠,花小、花淡黄色,花葶较长,花期4月份。长角果细圆柱形,种子球形,成熟期6月份,千粒重1.6 g。

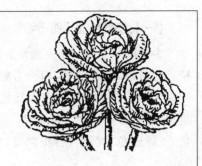

图5-5 羽衣甘蓝

(二)类型及品种

栽培品种以高度来分,有矮型和高型品种;从叶型上可分为皱叶、圆叶和深裂叶等品种。依据叶色分为边缘深红色、灰绿色、红紫叶和翠绿色、白绿叶。前一类心部呈紫红、淡紫或血青色,茎紫红色,种子红褐色后一类心部呈白色或淡黄色,茎部绿色,种子黄褐色。目前常用分为切花用品种和盆花、花坛用品种。

(三)生态习性

原产西欧,我国中、南部广泛栽培。喜光,喜冷凉,喜肥,耐寒性强,幼苗经过锻炼能忍受短期3～8℃低温,并且羽衣甘蓝只有经过低温才能结球良好,次年才抽薹开花;喜湿,有一定的耐旱性;喜疏松肥沃的沙质壤土。我国各地均能良好生长。

(四)生产技术

1.繁殖方法

常用播种繁殖,播种时间南方一般7～8月份进行,北方早春在温室播种育苗。因其易与其他十字花科植物自然杂交,最好不要用栽植过同属种植物的土壤配制床土。羽衣甘蓝需肥多,配制的床土应肥沃。其花葶高,应设立支架以免倒伏。育苗盘应放在露地的半遮阴防雨棚中,4 d左右出苗整齐。播后3个月即可达观赏效果。

2.生产要点

羽衣甘蓝播后及时浇足水,若光照强,还要进行覆盖遮阴。有3～4片真叶时开始分苗,7～8片真叶时,可再移植一次,11月份定植。9～10月份天气凉爽生长快,此时应供应充足的水肥,地栽每月施粪肥2～3次;盆栽7～10 d施肥一次。可适度剥离外部叶子,以利于生长,避免其叶片生长过分拥挤,通风不良。期间容易受食叶虫侵食,要注意做好蚜虫及菜青虫的防治工作,以免影响观赏效果。幼虫危害期喷施青虫菌6号或Bt乳剂600倍液防治。若需留种,则注意母株的隔离,避免品种间或种间杂交。

(五)园林应用

羽衣甘蓝叶色鲜艳美丽,耐寒性强,是著名的冬季露地草本观叶植物。是用于布置冬季城市中的大型花坛、中心广场、交通绿地的盆栽摆花良好材料,亦可盆栽观赏。全株可作饲料。

六、彩叶草(*Coleus blumei*)

别名五色草、洋紫苏、锦紫苏、老来少,唇形科彩叶草属。

(一)形态特征(图 5-6)

多年生草本作一年生栽培。株高 30～50 cm,少分枝,茎四棱。叶对生,菱状卵形,两面有软毛,先端长渐尖或锐尖,缘具钝齿牙,常有深缺刻,叶表面绿色而有紫红色斑纹。叶具多种色彩,且富有变化,故称彩叶草。顶生总状花序,一般花上唇白色,下唇蓝色或淡紫色,花期夏、秋。小坚果平滑,种子千粒重0.15 g。

图 5-6　彩叶草

(二)类型及品种

彩叶草的栽培品种很多,常见园艺变种有五色彩叶草(ver. *verschaffeltii* Lem):又名皱叶彩叶草。叶片上有淡黄、桃红、暗红色等斑纹,绿色的边。生长势强健,叶边缘锯齿较深,还有细裂品种。

(三)生态习性

原产印度尼西亚,在我国南北各地常用作盆花培养。喜温暖湿润的气候条件,喜光,但在强光照射下叶面粗糙,叶色发暗,以疏荫环境为好。不耐寒,当气温接近 12℃时叶片开始脱落,其中以皱叶彩叶草的耐寒力稍强。对土壤要求不严,以疏松、肥沃而排水良好的沙质壤土为宜。彩叶草叶大质薄,需水量大,但切忌积水,以免引起根系腐烂。

(四)生产技术

1. 繁殖技术

彩叶草常用播种或扦插繁殖。播种可于 2～3 月份温室内盆播,发芽适温 25～30℃,10 d 左右发芽。出苗后间苗 1～2 次。扦插一年四季均可进行,多在春秋季扦插。扦插后需保持湿度及温度,约 1 周发根。也可用叶插繁殖。

2. 生产要点

彩叶草生长健壮,栽培管理较粗放。播种苗抽出真叶后,进行分苗和上盆。盆土用 3 份壤土,1 份腐叶土并适量加沙。可用有机肥及骨粉作基肥。生长期要经常浇水和进行叶面喷水,但水量要控制,以防苗株徒长和感染苗腐病。切忌施用过量氮肥,否则节间过长,叶片稀疏。苗期进行 1～2 次摘心,促使多发分枝,增大冠幅,养成丛株,使株型丰满、美观。留种植株,夏季不能放在室外,于日照强烈时荫蔽,并防止暴雨强风危害。若不采种,以观叶为主,为避免养分消耗,最好在花穗形成初期把其摘掉。花后老株修剪可促生新枝,但老株下部叶片常脱落,株型不佳,观赏价值会大大降低,故常作一、二年生栽培。栽培管理过程中,如果浇水湿度过大,易感染灰霉病,可用 65% 甲霜灵可湿性粉剂 1 500 倍液或 60% 防霉宝超微粉剂 600 倍液防治。

(五)园林应用

为优良盆栽观叶植物,也可供夏秋花坛用,色彩鲜艳,非常美观。尤适用于毛毡式花坛。此外,还可剪取枝叶作为切花或镶配花篮用。

七、凤仙花(*Impatiens balsamina*)

别名指甲花、急性子、透骨草,凤仙花科凤仙花属。

(一)形态特征(图5-7)

一年生草本。株高20~80 cm。茎直立,多分枝,表面光滑,节部明显膨大,呈肉质状而多汁,颜色因花色而不同,茎呈青绿、红褐和深褐色。单叶互生,长达15 cm,呈披针形至宽披针形,先端锐尖,叶缘有小锯齿,叶柄两侧具腺体,肉质多汁。花大,花两性,数朵或单朵着生于上部叶腋间。似总状花序,花瓣5,花萼3片,后叶有矩,花冠侧垂生长,具短梗。花色有白、粉、玫瑰红、洋红、大红、紫、雪青等色。花期5~9月份。蒴果呈纺锤形,上面密被白色绒毛。种子球形,褐色,6~10月份陆续成熟,成熟后果实立即开裂种子弹出,千粒重9.5 g,种子寿命5~6年。

图5-7 凤仙花

(二)类型及品种

凤仙花栽培品种繁多,有爱神系列、俏佳人系列、精华系列、邓波尔系列;按株型可分为直立型、开展型、龙爪型;按花型可分为单瓣型、顶花型、玫瑰型、山茶型;按株高可分为高型、中型、矮型。其中有高型的可达1.5 m的品种,冠幅可达1 m。花多为单瓣,中型高40~60 cm。矮型高20~30 cm,同属种类有苏丹凤仙(*I. sultanii*)、何氏凤仙(*I. holstii*)等。

(三)生态习性

凤仙花原产于我国南方,印度及马来西亚一带,现世界各地均有栽培。喜阳光充足温暖湿润的气候条件,不耐寒冷,耐炎热,怕霜冻。对土壤适应性强,喜湿润而排水良好肥沃的沙质土壤,不耐干旱,遇缺水会凋萎造成叶片脱落而枯萎。能自播繁衍。

(四)生产技术

1.繁殖技术

凤仙花多采用播种繁殖。播种期为3~4月份,可先进行露地苗床育苗,也可在花坛内直播。在22~25℃环境下,4~6 d即可发芽。凤仙花的自播能力强。上年栽过凤仙花的花坛,次年4~5月份会陆续长出幼苗,可选苗进行移植。播种到开花需7~8周,可利用调节播种期来调节花期。

2.生产要点

幼苗期生长快,需及时间苗2~3次,保证每株苗的营养面积,使幼苗健壮。3~4片真叶时移栽定植。全株水分含量高,因此不耐干燥和干旱,水分不足时,易引起落花落叶现象,影响生长及观赏性。定植后应注意灌水,尤其7~8月份干旱时,要及时灌溉,防止植株凋萎,花期也要保持土壤湿润。雨水过多应注意排涝,否则根、茎易腐烂。耐移植,盛开时仍可移植,恢复容易。苗期应勤施追肥,可10~15 d追施1次氮肥为主,或氮、磷、钾结合的液肥。如延迟播种,分苗上盆,可与国庆节前后开花。依花期迟早需要进行1~3次摘心。在果皮开始发白时即行摘果,须上午采收种子,避免碰裂果皮弹失种子,之后进行晾干脱粒。夏季高温干旱时,应及时浇水,并注意通风,否则易受白粉病危害。可用50%托布津可湿性粉剂1 000倍液喷洒防治。据试验,7月初播种,遮阴保湿,出苗后加强管理,可在国庆节开花,所需肥水也较多。

(五)园林应用

凤仙花很早就受到我国人民的喜爱,妇女和儿童常用花瓣来涂染指甲。因其花色品种极为丰富,是花坛、花境中的优良用花材料,也可栽植成花丛和花群。它也是氟化氢的监测植物。种子在中药中叫"急性子",可活血、消积。

八、万寿菊(*Tagetes erecta*)

别名臭芙蓉、蜂窝菊、臭菊,菊科万寿菊属。

(一)形态特征(图5-8)

一年生草本花卉。茎粗壮而光滑,株高20~90 cm,全株具异味。叶对生或互生,有锯齿,单叶羽状全裂,裂片披针形,裂片边缘有油腺点。头状花序,着生枝顶,黄、橙色或橘黄色。舌状花有长爪,边缘皱曲,总花梗上部肿大。瘦果线性黑色,种子千粒重3 g。

(二)类型及品种

万寿菊栽培品种多,有高生和矮生种。目前市场流行的万寿菊品种多为进口的F_1代杂交种,主要包括两大类,一类为植株低矮的花坛用品种,一类为切花用品种。花坛用品种的植株高度通常在40 cm以下,株型紧密丰满,既有长日照条件下开花的品种,如万夏系列、丽金系列、四季系列。也有短

图5-8 万寿菊

日照品种,如虚无系列。切花品种一般植株高大,株高60 cm以上,花径10 cm以上,茎秆粗壮有力,并且多为短日照品种,如欢呼系列、明星系列、英雄系列、丰富系列等。

(三)生态习性

原产墨西哥及中美洲地区,我国南北方均可栽培。喜温暖,要求阳光充足,稍耐早霜和半阴,较耐旱,抗性强,但在多湿、酷暑下易生长不良。对土壤要求不严,适宜pH 5.5~6.5。耐移植,生长迅速,病虫害少。能自播繁殖。

(四)生产技术

1.繁殖技术

主要采用播种和扦插法繁殖。万寿菊一般春播,发芽适温为21~24℃,70~80 d即可开花,夏播50~60 d即可开花。可根据应用需要选择合适的播种日期,如早春在温室中育苗,也可露地直播,出苗后分苗一次即可移栽,可用于"五一"花坛;夏播可供"十一"花坛用花。开花后部分万寿菊可结种子,但种子退化严重,一般需要连年买种。扦插繁殖在生长期

进行,6～7月份采取嫩枝长5～7 cm作为插穗,扦插后略遮阳,极易成活。2周生根,1个月即可开花。

2.生产要点

万寿菊生长适应性强,在一般园地上均能生长良好,极易栽培。苗高15 cm可利用摘心促发分枝。万寿菊对土壤要求不严,栽植前结合整地可少施一些薄肥,苗期生长迅速,对水肥要求不严,以后可不必追肥。开花期每月追肥可延长花期,但注意氮肥不可过多。在干旱时期需适当灌水。植株生长后期易倒伏,应设立支架,并及时剪除残花。万寿菊常有蚜虫为害,可用烟草水50～100倍液或抗蚜威2 000～3 000倍液防治。

(五)园林应用

万寿菊花大色美,花期长,适应性强,其矮生品种最适宜布置花坛、花丛、林缘花境,还可盆栽欣赏;高生品种花梗长,切花水养持久。万寿菊的抗二氧化硫及氟化氢性能强,同时也能抗氮氧化物、氯气等有害气体,并吸收一定量的铝蒸汽,可用作工厂抗污染花卉。

九、五色草(*Alternanthera bettzickiana* Nichols.)

别名模样苋、红绿草,苋科虾钳菜属。

(一)形态特征(图5-9)

多年生草本。分枝多,呈密丛匍匐状。单叶对生,披针形或椭圆形,叶片常具彩斑或色晕,叶柄极短。头状花序生于叶腋,花白色,花期较晚,12月份至翌年2月份。胞果,种子少,常含一粒种子,北方通常不结种子。

(二)类型及品种

五色草按叶色不同常见品种主要有:小叶绿,茎斜出,叶片狭长,嫩绿色或具黄斑;小叶红,茎平卧状,叶狭,基部下延,叶暗紫红色;小叶黑,茎直立,叶片三角状卵形,茶褐色至绿褐色。

图5-9 五色草

(三)生态习性

原产南美巴西一带,我国南北各地均有栽培。喜光,喜温暖湿润的环境条件,不耐干旱及寒冷,也忌酷热。要求土壤通透性好,以排水好的沙质土为宜。

(四)生产技术

1.繁殖技术

扦插繁殖为主。需留种植株在秋季移入温室内越冬,3月中旬将母株移至温床,4月份就可在温床内剪取枝条扦插,5～6月份可在露地进行扦插繁殖,当土温到达20℃左右时,扦插苗经5 d左右即可生根。

2.生产要点

扦插苗定植后,在生长期要及时修剪。选取枝壮叶茂的植株作为母株,开花时及时摘除花朵,以降低营养消耗,可用2‰的硫酸铵液作追肥,每半月施肥一次,越冬温度保持在13℃

以上。为了在较快获得更多的扦插苗用于布置花坛、花境等应用,常对成龄植株进行修剪,把剪下的枝条作为插穗再扦插。用于布置模纹花坛的五色草,一般植株保持在10 cm高,为保持花纹形状,须经常予以修剪。

(五)园林应用

五色草植株低矮,耐修剪,分枝性强,可用不同色彩配置成各种花纹、图案、文字等平面或立体的造型,最适用于布置模纹花坛。也可用于花境边缘及岩石园的造景。

十、鸡冠花(*Celosia cristata*)

别名红鸡冠、鸡冠,苋科青葙属。

(一)形态特征(图5-10)

一年生草本。株高20~150 cm,茎直立粗壮,上部有棱状纵沟,少分枝。单叶互生,有叶柄,卵形或线状披针形,全缘或有缺刻,有红、黄、绿、黄绿等色。穗状花序顶生,花序梗扁平肉质似鸡冠,中下部集生小花,细小不显著。花萼膜质,5片;花萼及苞片有深红、红黄、橙和玫瑰紫等色,且叶色与花色常有相关性。花期6~10月份。胞果卵形,亮黑色,种子细小多数,千粒重约为1 g。

图5-10 鸡冠花

(二)类型及品种

鸡冠花园艺变种、变型很多。按花型可分为头状和羽状,按高矮株型分为高型鸡冠(80~120 cm)、中型鸡冠(40~60 cm)、矮型鸡冠(15~30 cm)。

(三)生态习性

原产印度、美洲热带,我国各地广泛栽培。鸡冠花生长期内喜高温,喜光及炎热干燥的气候,较耐旱而不耐寒,不耐涝。属短日照花卉。喜肥沃湿润弱酸性的沙质壤土。种子自播能力强,可自播繁衍。

(四)生产技术

1.繁殖技术

鸡冠花多采用播种繁殖。露地播种期为4~5月份,3月份可播于温床。种子细小,撒播且覆土宜薄,发芽适温20℃以上,夜间气温不低于12℃,约10 d出苗。4~5枚叶时即可移植,鸡冠花属直根性,不宜多次移栽。

2.生产要点

鸡冠花在生长期间特别是炎热夏季,需充分灌水,保持土壤湿润,但忌水涝。常用草木灰、油粕、厩肥作基肥。开花前到鸡冠形成后,可施薄肥,促其生长。如欣赏主枝花序,则要摘除腋芽,且苗期不宜施肥,因多数品种腋芽易萌发侧枝,肥后侧枝生长苗壮,会影响主枝发育。如要丛株欣赏,则要保留腋芽,不能摘心。播种用40%福尔马林200倍液处理土壤,以防苗期感染猝倒病,发病期喷施和浇灌50%福美双500倍可抑制此病发生。

(五)园林应用

鸡冠花色彩丰富,花序形状奇特,花期长,植株耐旱适应性强,适用于布置秋季花坛、花丛和花境,也可盆栽。其高型品种可作切花,水养持久,如制成干花,经久不凋。鸡冠花对二氧化硫抗性较强。鸡冠花的花序、种子都可入药,还有茎叶用作蔬菜的品种。

十一、虞美人(*papaver rhoesa*)

别名丽春花、赛牡丹、小种罂粟花,罂粟科罂粟属。

(一)形态特征(图5-11)

二年生草本花卉。株高40~80 cm,茎枝细弱,具白色乳汁,全身披短硬毛。叶互生,主要着生于分枝基部,有叶柄,叶片羽状深裂,裂片披针形,顶端尖锐,叶缘具粗锯齿。花蕾单生于长花梗的顶端,开放前弯曲下垂,开后花梗直立。萼片2枚,绿色,开花即落,花瓣4枚,组成圆盘形花冠,薄而有光泽,边缘呈浅波状,花色多样,有粉、白、红、深红、紫红及复色的品种,花期4~7月份。蒴果倒卵形,种子褐色,细小而多,千粒重0.33 g,种子寿命3~5年。

(二)类型及品种

同属其他种的品种还有:冰岛罂粟,多年生草本,丛生,叶基生,花单生,红色及橙色。东方罂粟,多年生直立草本,茎部不分枝,少叶,花猩红色。

图5-11 虞美人

(三)生态习性

原产欧洲中部及亚洲东北部,我国各地广为栽培。虞美人喜阳光充足的温凉气候,较耐寒而怕暑热,在盛夏到来前完成其开花结实阶段。要求高燥、通风,喜排水良好,疏松而又肥沃的沙壤土。

(四)生产技术

1.繁殖技术

虞美人多采用播种繁殖。我国大部分地区作二年生草花栽培,可于9~10月份播种,种子细小,覆土宜薄,冬季可覆盖保护越冬,翌年早春即可开花。夏季凉爽的地区,如东北和西北,4月初可露地直播,夏初开花。能自播繁衍。

2.生产要点

虞美人在长出4片真叶时移植,定植需带土球,否则易出现叶片枯黄现象。在花坛直播的,出苗后可间苗2次,使之簇状生长,开花后可布满畦面。肥水管理要适当,不宜过度,以防止枝茎纤细,长得太高。忌连作与积水,否则易出现开花前死苗和因湿热而造成落花落蕾。

(五)园林应用

虞美人花色鲜艳,花姿轻盈,是较受人欢迎、观赏价值较高的春季美化花坛、花境及庭院的良好材料,成片栽植时效果更佳。

十二、藿香蓟(*Ageratum conyzoides L.*)

别名胜红蓟、蓝绒球、蓝翠球、咸虾花,菊科藿香蓟属。

（一）形态特征（图 5-12）

一年生草本花卉,株高 40～60 cm。茎披散,节间有生根,被白色柔毛。叶对生或顶部互生,卵圆形或卵圆状三角形,基部圆钝,少数呈心形,有钝圆锯齿,叶皱有柄,叶脉明显。株丛紧密。头状花序呈聚伞状着生枝顶,无舌状花,全为筒状花,呈浓缨状,直径 0.5～1 cm,花色有蓝、天蓝、淡紫、粉红或白色,花冠先端 5 裂。花期 5 月份至霜降。瘦果,易脱落。种子千粒重 0.15 g。

图 5-12 藿香蓟

（二）类型及品种

常见栽培为 F_1 代杂种,有株高 1 m 的切花品种,也可用于园林背景花卉;另有矮生种(高 15～20 cm)和斑叶种。同属栽培种有大花藿香蓟(*A. houstonianuma*):又名四倍体藿香蓟,多年生草本,作一、二年生栽培,株高 30～50 cm,整株披毛,茎松散,直立性不强,叶对生,卵圆形,有锯齿,叶面皱折,头状花序,花径可达 5 cm,花为粉红色。

（三）生态习性

藿香蓟原产墨西哥。喜光,不耐寒,喜温暖气候,怕酷热。对土壤要求不严,耐修剪。

（四）生产技术

1.繁殖技术

藿香蓟可用播种和扦插法繁殖。以播种繁殖为主,3～4 月份将种子播于露地苗床。种子发芽适温 22℃。要求充足的阳光。床土过湿易得病,因种子细小,为播种均匀,应将种子拌沙,撒播于露地苗床。也可在冬、春季节于温室内进行扦插繁殖,室温保持在 10℃,极易生根。藿香蓟的花期控制可通过播种期和扦插时间来调控。一般藿香蓟播种到开花需 60 d 左右,可根据需要调整播种期。也可以根据需要确定具体扦插时间,1～2 月份扦插供春季花坛,5～6 月份扦插供夏秋花坛。

2.生产要点

苗期由于发芽率高,生长迅速,需及时间苗,经一次移植,苗高达 10 cm 时定植,株距 30～50 cm,喜日照充足的环境,光照是其开花的重要因子,栽培中应保持每天不少于 4 h 的直射光照射。过分湿润和氮肥过多则开花不良。栽培时可视需要进行修剪。因种子极易脱落,故需分批及时采收。藿香蓟易感染白粉病,栽植时密度要适当,保持通风透光良好;发病初期喷洒 20％粉锈宁乳油 1 200 倍液。

（五）园林应用

藿香蓟色彩淡雅,花朵繁多,株丛有良好的覆盖效果。可用于布置花坛、花境,还可作地被植物。高生种可以作切花、盆花等。又可在花丛、花群或小径沿边种植,还能点缀岩石园。修剪后能迅速开花。

十三、波斯菊（*Cosmos bipinnatus* Cav）

别名秋英、扫帚梅、大波斯,菊科秋英属。

(一)形态特征(图 5-13)

一年生草本花卉,株高 1～2 m,茎纤细而直立,有纵向沟槽,幼茎光滑,多分枝。单叶对生,呈二回羽状全裂,裂片线形,较稀疏。头状花序顶生或腋生,有长总梗,总苞片 2 层,内层边缘膜质,花盘边缘具舌状花 1 轮,花瓣 7～8 枚,有白、粉、红等不同花色,中心花筒状黄色,花期 7～10 月份。瘦果线形。千粒重 6 g 左右,种子寿命 3～4 年。

图 5-13　波斯菊

(二)类型及品种

变种有:白花波斯菊,花纯白色;大花波斯菊:花较大,有白、粉红、紫诸色;紫花波斯菊,花紫红色。有重瓣、半重瓣和托桂种。

同属常见的有硫磺菊($C. sulphureus$),又名硫华菊、黄波斯菊,一年生草本,株高 60～90 cm,全株有较明显的毛,茎较细,上部分枝较多,叶对生,二回羽状深裂,裂片全缘,较宽,头状花序顶生或腋生,梗细长,花黄色或橙黄色,花期 6～10 月份。

(三)生态习性

原产墨西哥。种植成活率高,容易成活,花期比较长,现全国各地均有种植。喜光,耐贫瘠土壤,忌肥,土壤过分肥沃,常引起徒长,开花少且易倒伏。性强健,忌炎热,对夏季高温不适应,不耐寒。忌大风,宜种背风处。具有极强的自播繁衍能力。

(四)生产技术

1.繁殖技术

波斯菊用种子繁殖。我国北方一般 4～6 月份播种,6～8 月份陆续开花,8～9 月份气候炎热,多阴雨,开花较少。秋凉后又继续开花直到霜降。如在 7～8 月份播种,则 10 月份就能开花,且株矮而整齐。波斯菊的种子有自播能力,一经栽种,以后就会生出大量自播苗,若稍加保护,便可照常开花。可于 4 月中旬露地床播,如温度适宜 6～7 d 小苗即可出土。在生长期间可行扦插繁殖,于节下剪取 15 cm 左右的健壮枝梢,插于沙壤土内,适当遮阴及保持湿度,6～7 d 即可生根。中南部地区 4 月份春播,发芽迅速,播后 7～10 d 发芽。也可用嫩枝扦插繁殖,插后 15～18 d 生根。

2.生产要点

幼苗具 4～5 片真叶时移植,并摘心,也可直播后间苗。7～8 月份高温期间开花者不易结子。波斯菊为短日照植物,春播苗往往枝叶茂盛开花较少,夏播苗植株矮小、整齐、开花不断。苗高 5 cm 即行移植,叶 7～8 枚时定植,也可直播后间苗。如栽植地施以基肥,则生长期不需再施肥,土壤若过肥,枝叶易徒长,开花减少。或者在生长期间每隔 10 d 施 5 倍水的腐熟尿液一次。天旱时浇 2～3 次水,即能生长、开花良好。7～8 月份高温期间开花者不易结子。种子成熟后易脱落,应于清晨采种。波斯菊为短日照植物,春播苗往往叶茂花少,夏播苗植株矮小、整齐、开花不断。其生长迅速,可以多次摘心,以增加分枝。

波斯菊植株高大,在迎风处栽植应设置支柱以防倒伏及折损。一般多育成矮棵植株,即在小苗高 20～30 cm 时去顶,以后对新生顶芽再连续数次摘除,植株即可矮化;同时也增多了花数。栽植圃地宜稍施基肥。采种宜于瘦果稍变黑色时摘采,以免成熟后散落。波斯菊在夏末秋初,易感染白粉病,发病初期可喷施 25% 的粉锈宁可湿性粉剂 1 500 倍液。

(五)园林应用

植株高大,花朵轻盈艳丽,开花繁茂自然,有较强的自播能力,成片栽植有野生自然情趣,可成片配置于路边或草坪边及林缘。是良好的花境和花坛的背景材料,也可杂植于树边、疏林下增加色彩,还可作切花。可入药,有清热解毒、明目化湿之用。种子可榨油。

十四、雏菊(*Bellis perennis* L.)

别名春菊、延命菊、马兰头花,菊科雏菊属。

(一)形态特征(图 5-14)

多年生草本,多作二年生栽培,株高 15～30 cm。基生叶丛生呈莲座状,叶匙形或倒卵形,先端钝圆,边缘有圆状钝锯齿,叶柄上有翼。花序从叶丛中抽出,头状花序辐射状顶生,舌状花为单性花,为雌花,有平瓣与管瓣两种,盘心花为两性花,花有黄、白、红等色,花期 3～5 月份。瘦果扁平,较小,果熟期 5～7 月份。种子千粒重 0.21 g,寿命 2～3 年。

(二)类型及品种

有单瓣和重瓣品种,园艺品种多为重瓣类型。有各种花型:蝶形、球形、扁球形。

图 5-14　雏菊

(三)生态习性

原产西欧,我国园林中栽培极为普遍。喜光,喜凉爽气候,较耐寒,寒冷地区需稍加保护越冬,怕炎热;喜肥沃、湿润、排水良好的肥沃壤土为宜;忌涝;浅根性。

(四)生产技术

1.繁殖技术

可播种、扦插、分株繁殖。9 月初将种子播于露地苗床,种子细小,略覆盖即可,发芽适温 20℃,约 7 d 可出苗。扦插在 2～6 月份,剪取根部萌发的芽插于备好的沙土中,浇水遮阴。分株繁殖,在夏季到来前将宿根挖出栽入盆内,阴棚越夏,秋季再分株种植。

2.生产要点

幼苗经间苗、移植一次后,北方于 10 月下旬移至阳畦中过冬,翌年 4 月初即可定植露地。雏菊耐移植,即使在花期移植也不影响开花。生长期间保证充足的水分供应,薄肥勤施,每周追肥一次。夏季花后,老株分株,加强肥水管理,秋季又可开花。雏菊易感染白粉病,发病初期喷洒 25% 粉锈宁可湿性粉剂 1 500 倍液,每隔 7～10 d 喷洒 1 次,连续喷洒 3～4 次。

(五)园林应用

植株娇小玲珑,花色丰富,为春季花坛常用花材,是优良的种植钵和边缘花卉,还可用于岩石园。

十五、醉蝶花（*Cleome spinosa* L.）

别名西洋白花菜、凤蝶草、紫龙须，白花菜科醉蝶花属。

（一）形态特征（图5-15）

一年生草本，株高80～100 cm，全株被黏毛；叶互生，5～7裂掌状复叶，小叶长椭圆状披针形；小叶柄短，总叶柄细长，基部具刺状托叶一对。总状花序顶生，花多数，白色到淡紫色，花瓣4枚，有长爪，淡红、紫或白色。雄蕊6枚，蓝紫色，伸出花冠外2～3倍，状如蜘蛛，颇为显著。花期7月份至降霜。蒴果圆柱形；种子小，千粒重1.5 g。

（二）类型及品种

常见的有航选1号醉蝶花、皇后醉蝶花等。

（三）生态习性

原产美洲热带西印度群岛。我国各地均有栽培。不耐寒，喜通风向阳的环境，在富含腐殖质、排水良好的沙质壤土上生长良好。

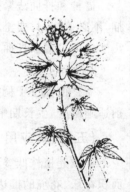

图5-15 醉蝶花

（四）生产技术

1.繁殖技术

播种繁殖。春4月初播于露地苗床，覆土后保持湿润即可，发芽整齐。

2.生产要点

幼苗生长较慢，宜及时间苗，2枚叶后可移植一次，5月下旬可定植园地，株距30～40 cm；生长期间，控制施肥，以免植株长得过于高大。在开花前可追肥2～3次。蒴果成熟时能自行开裂散落种子，故采种应在蒴果绿中发黄时，逐荚采收，晾干脱粒。

（五）园林应用

为优良的蜜源植物，是盆花和花境材料，也可丛植于树边空隙地。如于秋季播种，可在冬春于室内开花。是一种很好的抗污花卉，对二氧化硫、氯气抗性均强，种子入药。

十六、半枝莲（*Portulaca grandliflora*）

别名太阳花、日晒花，属于马齿苋科马齿苋属。

（一）形态特征（图5-16）

为一年生草本花卉，植株低矮，高10～15 cm，茎近匍匐生长，肉质多汁，其上疏生细毛。叶互生或散生，肉质，有两种叶形者：一为棍棒状圆柱形，二为倒卵状椭圆形。花单生或簇生于枝顶，每枝着花1～4朵，单朵花径2.5～4 cm，单瓣或重瓣，基部叶状苞片8～9枚，密生白色绒毛，单瓣者花瓣5枚，倒卵形，顶端微凹。花色有红、黄、紫、白、粉、橙和复色、杂色的。日出开花，日落闭合，阴天少开。果为蒴果，内含种子多数，成熟后蒴果顶盖开裂。种子细小，银黑色，千粒重0.1～0.14 g，种子寿命3～4年。花期6～10月份。

图5-16 半枝莲

(二)类型及品种

园艺品种很多,有单瓣、半重瓣、重瓣之分。

(三)生态习性

原产南美巴西。性喜温暖和充足阳光,不耐寒冷。喜疏松的沙质土,耐瘠薄和干旱。

(四)生产技术

1.繁殖技术

播种和扦插法繁殖。3～4月份精细整地后直播于花坛或花境。成苗后可摘取嫩枝扦插,不必遮阳,只要土壤湿润即可插活。能自播繁衍,华南冬季温暖,常有茎枝不死,来春萌出新枝即可摘取扦插繁殖。

2.生产要点

播种苗如过于稠密,应做好间苗、除草工作。事先育苗的可裸根移栽花坛。播种或栽苗前适施基肥,生长期中不需施肥太多,可较粗放管理。

(五)园林应用

半枝莲植株低矮,繁花似锦,花色丰富而鲜艳,是栽植毛毡式花坛的良好材料,也可作大面积花坛、花境的镶边。半枝莲植株矮小,茎、叶肉质光洁,花色丰艳,花期长。宜布置花坛外围,也可辟为专类花坛。全草可入药。药用:花茎和花含甜菜花青素。性味:苦,寒。花功效:清热,解毒,治咽喉肿痛,烫伤,跌打刀伤出血,湿疮。咽喉肿痛捣汁含漱,其他捣糊外敷。染料用途:全草可提取黑色染料。

十七、紫茉莉(*Mirabilis jalapa*)

别名草茉莉、胭脂花、宫粉花,属于紫茉莉科紫茉莉属。

(一)形态特征(图5-17)

为一年生草本花卉。在南方可多年栽培。主茎直立,侧枝散生,节部膨大。株高可达1 m左右。单叶对生,三角状卵形。花数朵顶生,萼片瓣化呈花瓣状,花冠小喇叭形,直径2.5～3 cm。花色红、紫、白、粉、黄等,并有条纹或斑块状复色的。具清淡的茉莉香气。坚果卵圆形,黑色,表面密布皱纹。种子白色。千粒重100 g,种子寿命2年。花期5～10月份。

(二)类型及品种

单从花色来说,有单紫色的,有红黄双色的,还有粉白双色的。

(三)生态习性

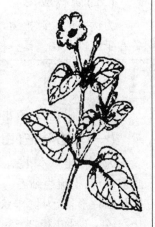

图5-17 紫茉莉

原产于南美热带地区,性喜温暖而湿润的气候,不耐寒,冬季地上部枯死,在江南地区地下块根和茎宿存,来春可萌发幼芽长出地面。要求深厚、肥沃而疏松的土壤。怕暑热,夏季如能在疏荫下则生长开花较好。

(四)生产技术

1.繁殖技术

以小坚果为种子,3～4月份直播于露地,5～6月份即可逐渐开花能直播繁衍,一年种植,年年有苗。南方留宿根分栽,成株快,开花也更早。

2.生产要点

植株长势强,露地定植株距可大些,普通品种应有50～60 cm,矮生种可达30 cm。其他管理可较粗放。一般作花境栽植,或散植、丛植于园林空地上组成花群。因其株型比较松散,不适合作花坛栽植,也不适合作背景材料。具有抗二氧化硫特性,常用于工矿污染区栽种。

(五)园林应用

用于夜游园、纳凉场所的布置,也可作夏秋季花坛、花镜材料和树坛、林缘的绿化。叶、胚乳可制化妆用香粉;根、叶可入药。花可入药,治下痢。

十八、茑萝(*Quamoclit pennata*)

别名游龙草、羽叶茑萝,属于旋花科茑萝属。

(一)形态特征(图5-18)

为一年生蔓生草本花卉。茎长达4 m,光滑。单叶互生,羽状细裂状,裂片线型,约有12对;托叶与叶片同形。聚伞花序腋生,花小,花冠高脚碟状,深红色,外形似五角星。蒴果卵圆形。

(二)类型及品种

圆叶茑萝,叶子如牵牛,呈心状卵圆形;裂叶茑萝,又称鱼花茑萝,叶心脏形,具3深裂,花多,二歧状密生;掌叶茑萝,又名槭叶茑萝,叶呈掌状分裂,宽卵圆形。

(三)生态习性

原产墨西哥等地,我国广泛栽培。喜光,喜温暖湿润园地,不耐寒。能自播。花期8～10月份,果熟期9～11月份。

图5-18 茑萝

(四)生产技术

1.繁殖方法

4月中旬将种子播于露地苗床,发芽整齐。茑萝繁殖用播种法。

2.生产要点

一般于早春4月份在露地直播,当苗高10 cm时定苗,种在庭院篱笆下或棚架两旁,疏垂细绳供其缠绕,极为美观。长江流域于早春4月份在露地播种,因其为直根性植物,多行直播。当小苗长出3～4片真叶时定植,若待苗很大时再移植就不容易成活。居住楼房的可用浅盆播种。如用浅盆播种,随着幼苗生长,及时用细线绳牵引,或用细竹片扎成各式排架,做成各式花架盆景。生长季节,适当给予水肥。地栽茑萝每7～10 d浇水一次,开花前追肥一次。盆栽的上盆时盆底放少量蹄片作底肥,以后每月追施液肥一次,并要经常保持盆土湿润。

(五)园林应用

茑萝蔓叶纤细秀丽,花叶俱美,细致动人,是庭院花架、花窗、花门、花篱、花墙以及隔断的优良绿化植物。也可盆栽陈设于室内,盆栽可用金属丝扎成各种屏风式、塔式。花开时节,其花形虽小,但星星点点散布在绿叶丛中,活泼动人。茑萝可入药,具有清热消肿功效,能治耳疗、痔瘘等。

十九、花菱草(*Eschscholtzia caliornica*)

别名金英花、人参花,属于罂粟科花菱草属。

图 5-19 花菱草

(一)形态特征(图 5-19)

在北方作二年生花卉,在南方作多年生栽培。茎铺散状,有分枝,多汁,株高约 50 cm,全株被白粉。叶互生,多回三出羽状分裂,裂片线形。花单生枝顶,具长梗,径 5~8 cm。萼片 2 枚,花开时便脱落。花瓣 4 枚,橙黄色,基部色深。蒴果细长,种子球形。

(二)类型及品种

海滨花菱草(*E. californica* subsp. *californica* var. *maritima*),分布在加州的蒙特利至圣米格尔岛的海边。多年生植物,寿命长,叶灰绿色,植株矮小匍匐生长,花黄色。橙色花菱草(*E. californica* subsp. *californica* var. *crocea*),多年生植物,生长在内陆的非干旱地区。植株较高,花橙色。半岛花菱草(*E. californica* subsp. *californica* var. *peninsularis*),一年生植物或偶为一年生植物,生长在内陆的干旱地区。墨西哥花菱草(*E. californica* subsp. *mexicana*),原产于索若拉沙漠。

(三)生态习性

原产美国加利福尼亚州。较耐寒,喜冷凉干燥气候,不宜湿热,宜疏松肥沃、排水良好、上层深厚的沙质壤土,也耐瘠土。主根长,肉质,大苗移植困难。花期 5~6 月份。

(四)生产技术

1. 繁殖方法

9 月初将种子播于露地苗床或直播于园地,出苗不整齐。也可 4 月份播种,花期夏、秋季。

2. 生产要点

常直播园地,经间苗后即定苗,保持株距 40 cm,若须移植,趁苗小时带土掘取,以利成活。沪、宁一带能露地越冬,寒地必须保温防寒才能越冬。春季要防雨水积涝,避免花株根颈霉烂。培养花菱草时应注意:

花菱草的主根较长,不耐移栽。在播种前施些腐熟的豆饼作基肥,将种子直接播于盆内。花菱草的根肉质,怕水涝,在多雨季节,根颈部四周易发黑腐烂,因此露地栽培夏季要注重及时排水;盆栽浇水要适量。生长旺季及开花前,浇水也不宜过多,每月施 1 次腐熟的稀薄饼肥水,使植株生长良好。生长期间白粉虱的危害较多,要注重以防为主,防治结合果皮变黄后,应在清晨及时采收,否则种子极易散落。晾晒蒴果时,注重在容器上加盖玻璃,因为晒干后,果皮的爆裂非常剧烈,会将种子弹出容器外,这样不利于种子的采收。

(五)园林应用

花菱草茎叶嫩绿带灰色,花色鲜艳夺目,是良好的花坛、花境和盆栽材料,也可用于草坪丛植。此植物有一定的毒性,直接接触其叶子可能会感觉瘙痒、起颗粒,严重时必须去看医生;将果子吃下去也许会引起呕吐、拉肚子等症状。

二十、长春花(*Catharanthus roseus*(L.)Don)

别名日日春、日日草、日日新、三万花、四时春、时钟花、雁来红,属于夹竹桃科长春花属。

(一)形态特征(图5-20)

长春花为多年生草本,在北方多做一年生栽培。茎直立,多分枝。叶对生,长椭圆状,叶柄短,全缘,两面光滑无毛,主脉白色明显。聚伞花序顶生。花有红、紫、粉、白、黄等多种颜色,花冠高脚蝶状,5裂,花朵中心有深色洞眼。长春花的嫩枝顶端,每长出一叶片,叶腋间即冒出两朵花,因此它的花朵特多,花期特长,花势繁茂,生机勃勃。从春到秋开花从不间断,所以有"日日春"之美名。

(二)类型及品种

最新品种有:阳台紫(Balcony Lavender),花淡紫色,白眼;樱桃吻(Cherry Kiss),花红色,白眼;加勒比紫(Caribbean Lavender),花淡紫色,具紫眼。

图5-20 长春花

(三)生态习性

原产地中海沿岸、印度、热带美洲。中国栽培长春花的历史不长,主要在长江以南地区栽培,广东、广西、云南等省(自治区)栽培较为普遍。目前,各省市从国外引进不少长春花的新品种,用于盆栽和栽植槽观赏。由于抗热性强,开花期长,色彩鲜艳,发展很快,在草本花卉中已占有一定位置。喜温暖、稍干燥和阳光充足环境。生长适温3~7月份为18~24℃,9月份至翌年3月份为13~18℃,冬季温度不低于10℃。长春花忌湿怕涝,盆土浇水不宜过多,过湿影响生长发育。

(四)生产技术

1.繁殖技术

长春花多为播种育苗,也可扦插育苗,但扦插繁殖的苗木生长势不如播种实生苗强健。用撒播法播种,1 000粒/m² 左右。播种后要用细薄沙土覆盖,勿使种子直接见光,用细喷壶浇足水,盖上薄膜或草帘以保持土壤湿润,7~10 d即可出苗。出苗后撤掉薄膜或草帘,逐步加强光照。幼苗时期生长缓慢,气温升高后生长较快。要及时间苗。为预防长春花猝倒病应每周用800倍百菌清或甲基托布津喷浇一次,连续2~3周。扦插多在4~7月份进行,扦插繁殖时应选用生长健壮无病虫害的成苗嫩枝为插穗,一般选取植株顶端长10~12 cm的嫩枝,插穗长度以5~7 cm为宜。扦插基质选用素沙、蛭石、草炭的混合基质,在插条基部裹上一小泥团,扦插于冷床内,室温20~24℃,经20 d左右生根,待插穗生根成活后即可移植上盆。因为扦插繁育的苗木长势不如播种实生苗,故在栽培上很少采用。

2.生产要点

长春花可以不摘心,但为了获得良好的株型,需要摘心1~2次。第一次在3~4对真叶时;第二次,新枝留1~2对真叶。长春花是多年生草本植物,所以如果成品销售不出去,可以重新修剪,等有客户需要时,再培育出理想的高度和株型。栽培过程中,一般可以用调节剂,但不能施用多效唑。当幼苗经过第一次摘心缓苗后进行正常的水肥管理,每7~10 d浇一次150 mg/kg的复合肥液,氮、磷、钾的比例为1:1:1,避免复合肥液中氮的比例高于磷、钾,那样容易造成叶片生长过于茂盛,而开花数量却减少。追肥每30~40 d一次,各种有机肥料或复合肥均可,施用适宜浓度为150~500 mg/kg,这样可使长春花开花不断。在施肥同时还要注意避免盐分的累积,盐分过量会引起植物根部的疾病。

(五)园林应用

长春花不仅姿态优美,花期特长,适合布置花坛、花境,也可作盆栽观赏。还是一种防治癌症的良药。据现代科学研究,长春花中含55种生物碱。其中长春碱和长春新碱对治疗绒癌等恶性肿瘤、淋巴肉瘤及儿童急性白血病等都有一定疗效,是目前国际上应用最多的抗癌植物药源。

二十一、千日红(*Gomphrena globosa* L.)

别名火球花、红光球、千年红,苋科千日红属。

(一)形态特征(图5-21)

一年生直立草本,株高20~60 cm。全株密被灰白色柔毛。茎粗壮,有沟纹,节膨大,多分枝,单叶互生,椭圆或倒卵形,全缘,有柄;头状花序单生或2~3个着生枝顶,花小,每朵小花外有2个蜡质苞片,并具有光泽,颜色有粉红、红、白等色,观赏期8~11月份,胞果近球形,种子细小橙黄色。

图5-21 千日红

(二)类型及品种

栽培中常有白花变种:千日白(var. *alba* Hort),小苞片白色;千日粉,小苞片粉红;此外,还有近淡黄和近红色的变种。

(三)生态习性

原产亚洲热带。现各地均有栽培,喜温暖、喜光,喜炎热干燥气候和疏松肥沃土壤,不耐寒。要求肥沃而排水良好的土壤。

(四)生产技术

1.繁殖技术

常用种子繁殖。春季播种,因种子外密被纤毛,易相互粘连,一般用冷水浸种1~2 d后挤出水分,然后用草木灰拌种,或用粗沙揉搓使其松散便于播种。发芽温度21~24℃,播种10~14 d发芽。矮生品种发芽率低。出苗后9~10周开花。

2.生产技术

如苗期需移栽,栽后需遮阴,保持湿润,否则易倒苗。幼苗具3~4枚真叶时移植一次,生长旺盛期及时追肥,6月底定植园地,株距30 cm。花谢后可整枝施肥,重新萌发新技,再次开花。常见病害有千日红病毒病,发现病株应及时拔除销毁;农事操作中减少植株之间的相互摩擦;及时防治蚜虫,清洁田园,减少农田杂草与CMV传染源。

(五)园林应用

植株低矮,花繁色浓,是布置夏秋季花坛的好材料。也适宜于花境应用。球状花主要是由膜质苞片组成,干后不凋,是优良的自然干花材料。也可作切花材料。对氟化氢敏感,是氟化氢的监测植物。

二十二、翠菊(*Allistephus chinensis* Nees.)

别名江西腊、蓝菊、五月菊,菊科翠菊属。

(一)形态特征(图5-22)

一、二年生草本,茎直立,株高30~90 cm,茎有白色糙毛。叶互生,广卵形至三角状卵圆形。中部叶卵形或匙形,具不规则粗钝锯齿,头状花序单生枝顶,花径3~15 cm。总苞片多层,苞片叶状外层革质,内层膜质,花色与茎的颜色相关;盘缘舌状花,色彩丰富,盘心筒状花黄色。花期7~10月份。瘦果,种子楔形,浅褐色,种子千粒重3.4~4.4 g,寿命2年。

图5-22 翠菊

(二)类型及品种

经200多年的选育,花型和花色变化多端,翠菊栽培品种丰富,花型有平瓣类和卷瓣类,有多个花型:单瓣型、芍药型、菊花型、放射型、托桂型、驼羽型等。花色分为绯红、桃红、橙红、粉红、浅红、紫、黑紫、蓝、白、乳白、乳黄、浅黄等。株型有直立型、半直立型、分枝型和散枝型等。株高有矮型(30 cm以下)、中型(30~50 cm)、高型(50 cm以上)。花期8~11月份,分为早花、中花和晚花3种类型。

(三)生态习性

翠菊原产我国东北、华北以及四川、云南各地。喜凉爽气候,但不耐寒,怕高温。白天最适宜生长温度20~23℃,夜间14~17℃。要求光照充足。喜适度肥沃、潮湿而又疏松的沙质土壤。忌涝,浅根性,不宜连作。

(四)生产技术

1.繁殖技术

采用播种繁殖,出苗容易。春、夏、秋均可播种,播种期因品种和应用的目的而不同。2~3月份在温室播种,5~6月份开花;4~5月份在露地播种,6~7月份开花;7月上旬播种,可在"十一"开花;8月上中旬播种,冷床越冬,翌年"五一"开花。播种覆土0.5~1.0 cm,温度控制在18~21℃温度下,3~6 d发芽。

2.生产技术

幼苗有2~3片真叶时移植,有条件的应早移植以减少伤根,当有8~10片真叶时定植。

119

翠菊为浅根性植物，生长期应经常灌溉。喜肥，栽植地应施足基肥，生长期半月追肥一次。忌连作，需隔4~5年才能再栽，也不宜与其他菊科花卉连作。翠菊一般不需要摘心。为了使主枝上的花序充分表现出品种特征，应适当疏剪一部分侧枝，每株保留花枝5~7个。忌涝，如栽培场所湿度过大，通风较差，易患锈病、斑枯病和立枯病等。可用10％抗菌剂401醋酸溶液1 000倍液喷洒防治。

（五）园林应用

翠菊品种多，花色鲜艳多样，花型多变，姿色美，观赏效果可与菊花媲美。矮生种用于花坛、盆栽，中高型品种适于各种类型的园林布置。翠菊是很好的切花材料，花梗长且坚挺，水养时间长。是氯气、氟化氢和二氧化硫的监测植物。花、叶可入药，具清热、凉血功效。

计 划 单

学习领域	花卉生产技术			
学习情境 5	一、二年生花卉生产技术		学时	10
计划方式	小组讨论,成员之间团结合作,共同制订计划			
序号	实施步骤		使用资源	
制订计划说明				
计划评价	班级		第 组	组长签字	
	教师签字		日期		
	评语:			

决　策　单

学习领域	花卉生产技术		
学习情境 5	一、二年生花卉生产技术	学时	10

方案讨论

方案对比	组号	任务耗时	任务耗材	实现功能	实施难度	安全可靠性	环保性	综合评价
	1							
	2							
	3							
	4							
	5							
	6							

方案评价	评语：

班级		组长签字		教师签字		日期	

材料工具单

项目	序号	名称	作用	数量	型号	使用前	使用后
学习领域			花卉生产技术				
学习情境5			一、二年生花卉生产技术		学时		10
所用仪器仪表	1						
	2						
	3						
	4						
	5						
	6						
	7						
	8						
	9						
所用材料	1	园土	配制培养土	100 kg			
	2	草炭	配制培养土	100 kg			
	3	蛭石	配制培养土	50 kg			
	4	珍珠岩	配制培养土	50 kg			
	5	腐叶土	配制培养土	50 kg			
	6	花卉种子	播种	若干			
	7	复合肥	育苗、追肥	50 kg			
	8						
	9						
所用工具	1	铁锹	培土	10 把			
	2	喷壶	浇水	5 个			
	3	筛子	培土	5 个			
	4	穴盘	播种	30 个			
	5						
	6						
	7						
	8						
	9						
班级			第 组	组长签字		教师签字	

实 施 单

学习领域	花卉生产技术		
学习情境5	一、二年生花卉生产技术	学时	10
实施方式	学生独立完成、教师指导		
序号	实施步骤	使用资源	
1	基本理论讲授	多媒体	
2	常见一、二年生花卉种类和品种识别	花卉市场	
3	配制培养土	实训基地	
4	播种繁殖	实训基地	
5	一、二年生花卉的养护管理	实训基地	
6	一、二年生花卉的移植、修剪	实训基地	

实施说明：

　　利用多媒体资源,进行理论学习,掌握一、二年生花卉栽培基本理论知识水平;

　　利用花卉市场等地,通过品种识别,熟悉当前市场上常见一、二年生花卉品种;

　　利用实训基地,通过配制培养土、装穴盘等环节,掌握一、二年生花卉日常管理的各项技能,及主要栽培技术;

　　进行播种繁殖,掌握常见一、二年生花卉的繁殖技术;

　　进行一、二年生花卉浇水、施肥等管理,掌握常见一、二年生花卉的日常管理技术;

　　通过参观,了解一、二年生花卉栽培现状及应用,提高学习积极性。

班级		第　组	组长签字	
教师签字			日期	

作 业 单

学习领域	花卉生产技术		
学习情境5	一、二年生花卉生产技术	学时	10
作业方式	资料查询、现场操作		
1	常见的一、二年生花卉有哪些？		
作业解答：			
2	一、二年生花卉各有什么特点？		
作业解答：			
3	矮牵牛盆播的步骤是什么？		
作业解答：			
4	凤仙花地播的步骤是什么？		
作业解答：			
5	三色堇生产管理中应注意什么问题？		
作业解答：			

	班级		第　组	学号		姓名	
	教师签字		教师评分			日期	
作业评价	评语：						

检 查 单

学习领域	花卉生产技术			
学习情境5	一、二年生花卉生产技术		学时	10
序号	检查项目	检查标准	学生自检	教师检查
1	栽培方案的制订	准备充分,细致周到		
2	栽培实施情况	实施步骤合理,有利于提高评价质量		
3	操作的准确性	细心、耐心		
4	实施过程中操作的方法	符合操作技能要求		
5	实施前工具的准备	所需工具准备齐全,不影响实施进度		
6	出苗数及成活率	依花卉类型确定		
7	教学过程中的课堂纪律	听课认真,遵守纪律,不迟到不早退		
8	实施过程中的工作态度	在工作过程中乐于参与		
9	上课出勤状况	出勤95％以上		
10	安全意识	无安全事故发生		
11	环保意识	及时清理,不污染周边环境		
12	合作精神	能够相互协作,相互帮助,不自以为是		
13	实施计划时的创新意识	确定实施方案时不随波逐流,有合理的独到见解		
14	实施结束后的任务完成情况	过程合理,鉴定准确,与组内成员合作融洽,语言表述清楚		

	班级		第 组	组长签字	
	教师签字			日期	
检查评价	评语:				

评 价 单

学习领域			花卉生产技术			
学习情境5			一、二年生花卉生产技术	学时		10
评价类别	项目	子项目	个人评价	组内互评	教师评价	
专业能力 （60%）	资讯（10%）	搜集信息（5%）				
		引导问题回答（5%）				
	计划（10%）	计划可执行度（3%）				
		程序的安排（4%）				
		方法的选择（3%）				
	实施（20%）	工作步骤执行（10%）				
		安全保护（5%）				
		环境保护（5%）				
	检查（5%）	5S管理（5%）				
	过程（5%）	使用工具规范性（2%）				
		操作过程规范性（2%）				
		工具管理（1%）				
	结果（5%）	育苗数量及成活率（5%）				
	作业（5%）	完成质量（5%）				
社会能力 （20%）	团结协作 （10%）	小组成员合作良好（5%）				
		对小组的贡献（5%）				
	敬业精神 （10%）	学习纪律性（5%）				
		爱岗敬业、吃苦耐劳精神 （5%）				
方法能力 （20%）	计划能力 （10%）	考虑全面、细致有序（10%）				
	决策能力 （10%）	决策果断、选择合理（10%）				
评价评语	班级		姓名		学号	总评
	教师签字		第　组	组长签字		日期
	评语：					

教学反馈单

学习领域			花卉生产技术			
学习情境5			一、二年生花卉生产技术	学时		10
序号	调查内容			是	否	理由陈述
1	你是否明确本学习情境的目标?					
2	你是否完成了本学习情境的学习任务?					
3	你是否达到了本学习情境对学生的要求?					
4	资讯的问题,你都能回答吗?					
5	你知道一、二年生花卉的习性特点吗?					
6	你是否能够说出6种常见的一、二年生花卉?					
7	你是否熟练掌握了栽培、育苗工具的使用和维护?					
8	你是否可以针对花卉的不同种类、品种和目的正确选用适当的繁殖方法?					
9	你对常见的花卉生产过程能够独立进行操作吗?					
10	你是否喜欢这种上课方式?					
11	通过几天来的工作和学习,你对自己的表现是否满意?					
12	你对本小组成员之间的合作是否满意?					
13	你认为本学习情境对你将来的学习和工作有帮助吗?					
14	你认为本学习情境还应学习哪些方面的内容?(请在下面回答)					
15	本学习情境学习后,你还有哪些问题不明白?哪些问题需要解决?(请在下面回答)					

你的意见对改进教学非常重要,请写出你的建议和意见:

调查信息		被调查人签字		调查时间	

学习情境 6　宿根花卉生产技术

任 务 单

学习领域	花卉生产技术		
学习情境 6	宿根花卉生产技术	**学时**	8
任务布置			
学习目标	1. 掌握宿根类花卉分株的繁殖方法。 2. 能够说出 30 种常见的宿根花卉。 3. 能够针对花卉的不同种类、品种和目的正确进行栽培生产管理。 4. 掌握菊花嫁接的原理及方法技术。 5. 掌握大立菊制作的方法。 6. 掌握芍药分株的时间和方法。 7. 熟练掌握栽培工具的使用和维护。 8. 对主要花卉的生产过程能够独立进行操作。 9. 培养学生吃苦耐劳、团结合作、开拓创新、务实严谨、诚实守信的职业素质。		
任务描述	针对花卉的不同种类、品种和目的正确选用适当的繁殖方法进行栽培生产。 具体任务要求如下： 1. 栽培前,整好地。 2. 栽培前的准备工作:工具、材料。 3. 栽培技术操作熟练。		

学时安排	资讯 2 学时	计划决策 1 学时	实施 4 学时	检查评价 1 学时
参考资料	1. 张树宝.花卉生产技术.重庆:重庆出版社,2008. 2. 包满珠.花卉学.北京:中国农业出版社,2006. 3. 陈俊愉,程旭珂.中国花卉品种分类学.北京:中国农业出版社,2001. 4. 鲁涤飞.花卉学.北京:中国农业出版社,1998. 5. 吴志华.花卉生产技术.北京:中国农业出版社,2005. 6. 北京林业大学园林系花卉教研组.花卉学.北京:中国林业出版社,1990. 7. 朱加平.园林植物栽培养护.北京:中国农业出版社,2001. 8. 曹春英.花卉栽培.北京:中国农业出版社,2001. 9. 杜莹秋.宿根花卉的栽培与应用.北京:中国林业出版社,2002. 10. 金波.常用花卉图谱.北京:中国农业出版社,1998. 11. 宋满坡.园艺植物生产技术.河南农业职业学院,2009. 期刊:《园艺学报》《北方园艺》			
对学生的要求	1. 理解宿根花卉的定义及特点。 2. 制订芍药合理生产方案。 3. 能够熟练操作菊花的扦插、嫁接、分株繁殖技术。 4. 实验实习过程要爱护实验场的工具设备。 5. 严格遵守纪律,不迟到,不早退,不旷课。 6. 本情境工作任务完成后,需要提交学习体会报告。			

资 讯 单

学习领域	花卉生产技术		
学习情境 6	宿根花卉生产技术	学时	8
咨询方式	在资料角、图书馆、专业杂志、互联网及信息单上查询;咨询任课教师		
咨询问题	1. 试述菊花的形态特征及生态习性。 2. 试述菊花常用的繁殖方法。 4. 大立菊的制作过程是什么? 5. 菊花嫁接的原理及方法是什么? 6. 芍药的分株方法是什么? 8. 试述萱草的生产要点。 9. 如何提高菊花的扦插成活率? 10. 简述石竹类花卉的应用。 11. 试述鸢尾的形态特征及习性。 12. 菊花的育苗方法有哪些? 13. 芍药的繁殖方法有哪些? 14. 试述石竹类的生产要点。		
资讯引导	问题 1～8 可以在《花卉生产技术》(张树宝)的第 3 章中查询。 问题 9～11 可以在《园艺植物种子生产》(孙新政)的第 8 章中查询。 问题 12～14 可以在《花卉生产技术》(张树宝)的第 5 章中查询。		

信 息 单

学习领域	花卉生产技术		
学习情境6	宿根花卉生产技术	学时	8

信 息 内 容

一、菊花(*Dendranthema×grandiflorum*)

别名黄花、节花、秋菊、金蕊,菊科菊属。

(一)形态特征(图6-1)

多年生宿根草本花卉。株高30～150 cm,茎直立多分枝,基部半木质化,小枝绿色或带灰褐,被柔毛。单叶互生,有柄,边缘有缺刻状锯齿,托叶有或无,叶表有腺毛,常分泌一种菊叶香气,叶形变化较大,是为识别品种的依据之一。头状花序单生或数个聚生茎顶,花序边缘为舌状花,多为不孕花,俗称"花瓣",花色丰富,有黄、白、红、紫、灰、绿等色,浓淡皆备。中心为筒状花,俗称"花心",多为黄绿色。

花期一般在10～12月份,也有春季、夏季、冬季及四季开花等不同生态型。瘦果细小褐色,寿命3～5年。

图6-1 菊花

(二)类型及品种

中国菊花是种间天然杂交而成的多倍体,经我国历代园艺学家精心选育而成,后传至日本,又掺入了日本若干野菊血统。目前菊花品种遍布全国各地,世界各国也广为栽培。我国目前栽培的菊花有观赏菊和药用菊两大类。药用菊有杭白菊、徽菊等。

菊花经长期培育,品种十分丰富,园艺上的分类习惯,常按开花季节、花型和花茎大小等进行。

1.按开花季节分类

春菊:花期4月下旬至5月下旬。

夏菊:花期6～9月份,日中性,10℃左右进行花芽分化。

秋菊:花期10月中旬至11月下旬,典型的短日照花卉,15℃以上进行花芽分化。

寒菊:花期12月份至翌年1月份,花芽分化、花蕾生长、开花都要求短日照条件。15℃以上进行花芽分化,高于25℃,花芽分化缓慢,开花受抑制。

四季菊:四季开花,花芽分化及花蕾生长,要求中性日照,且对温度要求不严。

2.按花型变化分类

在大菊系统中按花瓣类型分五大类,即平瓣、匙瓣、管瓣、桂瓣和畸瓣,下面又进一步分为花型和亚型。

3.按花茎大小分类

大菊系:花序直径 10 cm 以上,一般用于标本菊的培养。

中菊系:花序直径 6～10 cm,多供花坛或作切花及大立菊栽培。

小菊系:花序直径 6 cm 以下,多用于悬崖菊、塔菊和露地栽培。

4.依栽培和应用方式分类

(1)盆栽菊　栽种在花盆里的低矮菊花。

独本菊:一株一本一花。

立菊:一株多干数花。

案头菊:与独本菊相似但低矮,株高 20 cm 左右,花朵硕大。

(2)造型菊

大立菊:一株数百至数千朵花。

嫁接菊:在一株的主干上嫁接各种花色的菊花。

悬崖菊:通过整枝修剪,整个植株体成悬垂式。

菊艺盆景:由菊花制作的桩景或盆景。

(三)生态习性

菊花原产我国,至今已有 2 500 年以上的栽培历史,世界各地广为栽培。菊花适应性很强,喜冷凉环境,较耐寒、耐干旱,忌积涝。生长适温 16～21℃,地下根茎能耐－10℃低温,喜充足阳光,但也稍耐阴。喜地势高燥、土层深厚、疏松肥沃而排水良好的沙壤土,在微酸性至中性土壤中均能生长,忌连作。菊花属短日照花卉。

(四)生产技术

1.繁殖技术

以扦插繁殖为主,也可用嫁接、分株、播种的方法繁殖。

(1)扦插繁殖

①嫩枝扦插　是常用的繁殖方法。在 4～6 月份,剪取宿根萌芽条具 3～4 个节的嫩梢,长 8～10 cm 作为插穗,留 2～3 叶片,如叶片过大可剪去一半,然后插入苗床或盆内。扦插株距 3～5 cm,行距 10 cm。插时用竹扦开洞,深度为插条的 1/3～1/2,后将周围泥土压紧,立即浇透水,并保持土壤湿润,3 周后生根,生根 1 周后即可移植。

②芽插　多用根际萌发的脚芽进行扦插。在 11～12 月份菊花的花期时,挖取长 8 cm 左右的脚芽,选芽头丰满、距植株较远的脚芽为宜。然后剥去下部叶片,按一定株行距栽植,并保持 7～8℃的室温,至翌年 3 月中下旬移栽,此法多用于大立菊、悬崖菊的培育。

若遇开花时缺乏脚芽,可用茎上叶腋处的芽带一叶片作插条进行腋芽插,此芽形小细弱,养分不足,插后需精细管理。腋芽插后易生花蕾,故应用不多。

(2)嫁接繁殖　菊花嫁接多采用黄蒿(*Artemisia annua*)和青蒿(*A. apiacea*)作砧木。黄蒿的抗性比青蒿强,生长强健,但青蒿的茎较高大,宜嫁接塔菊。可于 11～12 月份选取色质鲜嫩的健壮植株,挖回上盆,在温室越冬或栽于露地苗床内,此时需加强肥水管理,使其生长健壮,根系发达。嫁接可在 3～6 月份进行,多采用劈接法。砧木在离地面 7 cm 处切断(也可以进行高接),切断处不宜太老,如发现髓心发白,表明已老化,不能用了。接穗粗细最好与砧木相似,选取充实的顶梢,长约 5～6 cm,留顶叶 1～2 枚,茎部两边斜削成楔形,再将砧木在剪断处劈开相应的长度,然后嵌入接穗,接着用塑料薄膜绑住接口,松紧要适当。嫁接后置于阴凉处,2～3 周后可除去缚扎物,并逐渐增加光照。

(3)播种繁殖 一般用于培养新品种。将种子掺沙撒播于盆内,后覆土、浸水。播后盖上玻璃或塑料薄膜,并置于较暗处,晚上需揭开玻璃,以通风透气,约 4～5 d 后发芽,出芽不整齐,要全部出齐需 1 个月左右。发芽后要逐渐增加光照,并减少灌水,幼苗出现 2～4 真叶时,即可移植。

(4)分株繁殖 菊花开花后根际发出较多蘖芽,可在 11～12 月份或翌年清明前将母株掘起,分成若干小株,并适当修除基部老根,即可进行移栽。

2.生产要点

菊花的栽培因造型不同、栽培目的不同,差别很大。

(1)标本菊的栽培 一株只开一朵花,又称标本菊或品种菊。标本菊由于全株只开一朵花,其花朵无论在色泽、花型及瓣形上都能充分表现该品种的优良特性,因此在菊花品种展览中多采用此形式。标本菊有多种整枝及栽培方法。现以北京地区的菊花栽培为例,介绍如下。

①冬存 秋末冬初时,在盆栽母株周围选取健壮脚芽进行扦插育苗。多置于低温温室内,温度维持 0～10℃ 之间,精心养护。

②春种 清明节前后分苗上盆,盆土可用普通腐叶土,不加肥料。

③夏定 7 月中旬前后通过摘心、剥侧芽,促进脚芽生长。此时从盆边生出的脚芽苗中选留一个发育健全、芽头丰满的苗,其余的可除掉,待新芽长至 10 cm 高时,换盆定植。定植时用加肥腐叶土并换入大口径的盆中,并施入基肥。新上盆的苗第 1 次填土可只填到花盆的 1/2 处。注意夏定时间不可过早或过晚,否则发育不良。

④秋养 8 月上旬以后,夏定的新株已经长成,此时可将老株齐土面剪掉,松土后,进行第 2 次填土,使新株再度发根。9 月中旬花芽已全部形成并进入孕蕾阶段,需架设支架,以防秋风刮起。秋养过程中要经常进行追肥,可每 7 d 追施一次稀薄液肥,至花蕾现色前为止。10 月上旬起要及时进行剥蕾处理,防止养分分散,为了延长花期,可放入树荫下,减少浇水。

(2)大立菊的栽培 一株可着生花达数百朵至数千朵以上的巨型菊花。大菊和中菊的有些品种,生长健壮、分枝性强,且根系发达、枝条软硬适中、易于整形,最适于培养成大立菊。一般栽培整形出一株大立菊要 1～2 年的时间,多用扦插法进行栽培。特大立菊则常用蒿苗嫁接。

在每年的 11 月份,挖取菊花根部萌发的健壮脚芽扦插,生根后移入口径 25 cm 的花盆,在低温温室中培养。多施基肥,待苗高 20 cm 左右,有 4～5 片叶片时,陆续进行 5～7 次摘心工作,直至 7 月中下旬为止,并逐渐移栽换入大盆。每次摘心后要培养出 3～5 个分枝,这样就可以分枝养成数百个至上千个花头。为了便于造型,植株外围下部的花枝要少摘心一次,使枝展开阔。每次摘心后,可施用微量速效化肥催芽。夏季 10 d 左右施用 1 次氮磷钾复合肥。7 月下旬末次摘心后,施用充分腐熟的饼肥,并于 15 d 后再施用 1 次,9 月下旬后,每周追液肥 1 次,直至花蕾露色为止。

立秋后加强肥水管理,经常进行除芽、剥蕾。为了使花朵分布均匀美观,要套上预制的竹箍,并用竹竿作支架,用细铅丝将蕾逐个进行缚扎固定,以形成一个微凸的球面。当花蕾发育定型后,即开始标扎,使花朵整齐,均匀的排列在预制的圆圈上。花蕾上架标扎时,盆土稍微干燥,不使枝叶水分过多,以免上架折断花枝。最好在午后进行,此时枝叶含水量少,易弯曲,易牵引。

(3)悬崖菊的栽培 小菊的一种整枝形式,是仿效山野中野生小菊悬垂的自然姿态,经过人工栽培、固定而进行欣赏的。通常选用单瓣品种,且分枝多、枝条细软、开花繁密的小花品种。

可在11月份进行室内扦插,生根后移栽上盆。悬崖菊主枝不摘心,苗高40~50 cm时,用细竹竿绑扎主干,将主干作水平诱引。随着植株主干不断地向前生长,对其进行逐级绑扎于竹竿上。待侧枝长出,依其不同部位进行不同长度的摘心,基部侧枝要稍长,中部侧枝稍短,顶部侧枝更短,仅留2~3片叶摘心。以后再生下一级侧枝时,均在4~5片叶时留2~3片叶摘心。如此进行多次摘心,以促发分枝。最后一次摘心的时间在9月上中旬。小菊顶端的花朵先开,顺次向下部开放。上、下部位花蕾开花期相差10 d左右,欲使花期一致,下部需提前摘心10 d,然后中部,再后上部。

花蕾形成在10月上旬,若为地栽悬崖菊,此时应将其带土坨移入大盆种植。掘起时尽量不要碰碎土球,上盆后置荫处2~3 d,每天喷水2次,防止叶片萎蔫。花蕾显色后停止喷水,以免使花朵腐烂。悬崖菊在布置观赏时,宜在高处放置,因其是用竹竿作水平诱引,主干横卧,将其拔掉竹竿后,主干成自然下垂之姿,甚为雄壮秀丽。

(4)塔菊的栽培 通常是以黄蒿和白蒿为砧木嫁接的菊花。北京地区约在6月下旬至7月上旬进行培养。砧木主枝不进行截顶,并将其养至3~5 m高,形成多数侧枝。将花期相近、大小相同的各种不同花型、花色的菊花在侧枝上分层嫁接,均匀分布。开花时,五彩缤纷,又因其愈往高处,花数愈少,层层上升如同宝塔,故称塔菊。

(5)案头菊的栽培 也是一种矮化的独本菊,高仅20 cm,可置于案头、厅堂,颇受人们喜爱。栽培过程中,需用矮壮素B9 2%水溶液喷4~5次,以实现其矮化效果。另注意品种的选择,宜选花大、花型丰满、叶片肥大舒展的矮形品种。

在8月下旬选择嫩绿、茎粗壮、无腋芽、无病虫害侵染、长6~8 cm的嫩梢。除去基部1~2片叶,插穗蘸取萘乙酸或吲哚丁酸粉剂后进行扦插,插后采用高湿全光育苗,生根后立即移栽,定植于小花盆中。栽后放在阴棚下,可每天喷2~3次水,10 d左右增加光照,可移至阳光充足、通风透光之地。此时开始施用稀薄液肥,同时施用0.2%的尿素,促使其长叶。20 d后,加入0.1%的磷酸二氢钾一起施用,同时也可用同浓度的磷酸二氢钾进行叶面喷肥,待现蕾后,加大肥水用量,追肥可用充分腐熟的花生麸,少量多次。

案头菊浇水不宜过多,以避免菊苗徒长,保持表土湿润即可,且浇水宜在午前进行。午后菊花如出现略萎蔫,可进行叶面喷雾,要防止过度萎蔫。案头菊一盆只开一朵花,因此只留主蕾,侧蕾全部摘除。如要使菊花矮化,扦插成活后,可用2%B9水溶液进行处理,第一次激素处理在成活后喷在其顶部生长点,第二次要在上盆1周后进行全株喷洒,以后每隔10 d喷洒一次,至现蕾为止,喷洒时间以傍晚为好,以免产生药害。

菊花常见的病害有:菊花叶斑病和白粉病。菊花白粉病的防治,发病初期可喷洒36%甲基硫菌灵悬浮剂500倍液,严重时用25%敌力脱乳油4 000倍液防治。菊花叶斑病的防治可在夏末开始每隔 7～10 d 喷洒一次 0.5％的波尔多液或 70％代森锰锌 400 倍液。

(五)园林应用

菊花是我国的一种传统名花,花文化丰富,被赋予高洁品性,为世人称颂和喜爱。它品种繁多,色彩丰富,花形各异,每至深秋,很多地方都要举办菊展,供人观摩和欣赏。菊花造型多种多样,可制作成大立菊、塔菊、悬崖菊、盆景等。也可用作切花,瓶插或制成花束、花篮。近年来,各地开始发展地被菊,做地被花卉使用。菊花具有抗二氧化硫、氯化氢、氟化氢等有毒气体的功能,也是厂矿绿化的良好材料。菊花还可食用及药用。

二、芍药(*Paeonia lactiflora* Pall)

别名将离、婪尾春、白芍、没骨花、余容,芍药科芍药属。

(一)形态特征(图 6-2)

多年生宿根草本。具肉质、粗壮根,纺锤形或长柱形;茎簇生,高 60～120 cm,初生茎叶褐红色,二回三出羽状复叶,小叶通常三深裂,椭圆形至披针形,全缘微波。花具长梗,着生于茎顶或近顶端叶腋处,单瓣或重瓣,原种花外轮萼片 5 片,绿色,宿存。花色多样,有白、黄、绿、粉红、紫红等混合色。蓇葖果 2～8 枚离生,内含黑褐色球形种子 1～5 粒。

图 6-2　芍药

(二)类型及品种

芍药同属植物约 23 种,我国有 11 种。目前世界上芍药的栽培品种已达 1 000 余个。园艺上常按花型、花期、花色、用途等方式分类。按花型常分为单瓣类、千层类、楼子类和台阁类。

按花期分为早花种(花期 5 月上旬)、中花品种(5 月中旬)、晚花品种(5 月下旬)。按花色分为红色类、紫色类、墨紫、黄色类、绿色类和混色类。按用途分为园艺栽培品种和切花品种。

(1)单瓣类　花瓣宽大,1～3 轮,多圆形或长椭圆形,雄雌蕊发育正常。如紫玉奴、紫蝶献金等。

(2)千层类　花瓣多轮,内层排列逐渐变小,无内外瓣,雌蕊正常或瓣化,雄蕊生于雌蕊周围,而不散生于花瓣间,全花扁平。

(3)台阁型　全花可分为上下两层花,在两花之间可见有明显着色的雌蕊瓣化瓣或退化雌雄蕊。

(三)生态习性

芍药原产我国北部、日本朝鲜和西伯利亚地区,现世界各地广为栽植。适应性强,较耐寒,我国北方大部分地区可露地越冬。喜阳光充足,也稍耐阴,光线不足时也可开花,但生长不良。忌夏季酷热。好肥,忌积水,要求土层深厚、肥沃而排水良好的沙壤土,黏土、盐碱土都不宜栽种,尤喜富含磷质有机肥的土壤。开花期因地区不同略有差异,一般在 4 月下旬至 6 月上旬之间。10 月底经霜后地上部分枯死,地下部分进入休眠状态。

（四）生产技术

1. 繁殖技术

芍药以分株繁殖为主,也可以用播种和根插繁殖。

(1)分株法 即分根繁殖,这样可以很好地保持品种特性,分根时间以 9 月份至 10 月上旬进行为宜,若分株过迟,地温低将会影响须根的生长。我国花农有"春分分芍药,到老不开花"的谚语,春季分株,将损伤根系,对开花不利,所以切忌春季分根。分株时将植株掘起,去掉附土,芍药的粗根脆嫩易折断,新芽也易碰伤,要特别小心。然后根据新芽分布状况顺着自然纹理切开分成数份,每份需带 2～4 个新芽及粗根数条,切口涂以草木灰或硫磺粉,放背阴处稍阴干待栽。一般花坛栽植,可 3～5 年分株 1 次。

(2)播种繁殖 种子成熟后要随采随播,播种愈迟,发芽率会愈低。也可沙藏于阴凉处,并保持湿润,在 9 月中、下旬播种,秋季萌发幼根,翌年发芽,4～5 年后即可开花。芍药有上胚轴休眠的习性,需经低温打破休眠。最适萌芽温度 11℃,生根温度 20℃,播种前可用 1 000 mg/L 赤霉素浸种催芽,可提高萌芽率。

(3)扦插繁殖 根插与分株季节相同,在秋季分株时,收集断根,分成 5～10 cm 的切段作为插条,插在整好的苗床内,沟深 10～15 cm,覆土 5～10 cm,浇透水。翌年春季可生根,萌发新株。

2. 生产要点

(1)定植 芍药根系较深且发生大量须根,栽培前土地应深耕、疏松,并充分施以基肥,如厩肥、腐熟堆肥、油粕等。栽植时深度要合适,如过深芽不易出土,过浅则植株根颈露出地面,不易成活。根颈覆土 2～4 cm 为宜,并适当压实。

(2)管理 芍药喜湿润土壤,也能稍耐干旱,但在花前如保持土壤湿润可使花大而色艳。此外早春出芽前后需结合施肥浇一次透水。在 11 月中、下旬浇一次"冻水",以利于越冬和保墒。芍药喜肥,除栽前施足底肥外,还要根据其不同生长时期的需要,追肥 2～3 次。显蕾期,绿叶全面展开,花蕾发育旺盛,此时需肥量大。花后孕芽,消耗养料很多,是整个生长生育过程中需肥料最迫切的时期。为促进萌芽,霜降后,结合封土施一次冬肥。施用肥料时,应注意氮、磷、钾肥料的结合,特别是含有丰富磷质的有机肥料。此外,在施肥、浇水后,应结合中耕除草,尤其在幼苗期更需要适时除草,加强管理,并适度遮阴,促使幼苗健壮生长。芍药还可根据应用需要进行花期调控,促成栽培可在冬季和早春开花,抑制栽培可在夏秋季开花。

(3)病虫害 芍药生长过程中,易受红斑病、白粉病、蚜虫、红蜘蛛等危害,必须注意病虫害的防治。芍药红斑病的防治,要及时清理并烧毁枯枝落叶,并摘除病叶,注意通风透光,增施磷钾肥。白粉病的防治,秋季需彻底清除销毁地面枯病枝叶,防止栽植过密,以利通风。红蜘蛛的防治,可在螨体侵叶盛期,每周喷洒 1.8% 爱福丁乳油 3 000 倍液,连续 3～4 次。

（五）园林应用

芍药为我国的传统名花,因其与牡丹外形相似而被称为"花相"。芍药的适应性强,品种丰富,花期长,观赏效果佳,是重要的露地宿根花卉。可布置花坛、花境、花带和芍药专类园。我国古典园林中常置其于假山湖畔来点缀景色,以展现芍药色、香、韵的特色。除地栽外,芍药还可盆栽欣赏或作切花材料。芍药还有药用价值,其根经加工后即为"白芍",有多种疗效。

三、萱草(*Hemerocallis*)

别名忘忧草、黄花菜,百合科萱草属。

(一)形态特征(图 6-3)

宿根草本,根肥大呈肉质纺锤形。叶基生成丛,带状披针形,花茎高出叶丛,花葶 90～110 cm,上部有分枝。圆锥花序,花大,花冠漏斗形,花被 6 片,分成内外两轮,每轮 3 片,橘红至橘黄色,花期 7～8 月份。亦有重瓣变种。原种单花开放 1 d。花朵开放时间不同,有的朝开夕凋,有的夕开次日清晨凋谢,还有夕开次日午后凋谢。蒴果背裂,内含少数黑色种子。

图 6-3 萱草

(二)类型及品种

(1)萱草(*H. fulva*) 别名忘忧草。株高 60 cm,花茎高达 120 cm,具短根状茎及膨大的肉质根,叶基生,长带形。花茎粗壮,盛开时花瓣裂片反卷。有许多变种:千叶萱草(var. *kwanso*),重瓣,橘红色;长筒萱草(var. *disticha*),花被管细长,花色橘红色至淡粉红色;斑花萱草(var. *maculata*),花瓣内部有红紫色条纹。

多倍体萱草是国外引进的优良园艺杂交种,茎粗,叶宽,花色丰富。花大,花径可达 19 cm,开花多,一个花葶上可开花 40 余朵,整株花期达 20～30 d。生长健壮,病虫害少,栽培容易,对土壤要求不严,北京地区亦可露地越冬。

(2)大花萱草(*H. middendorfii*) 原产中国东北、日本及西伯利亚地区。株丛低矮,叶较短窄,花期早,花茎高于叶丛,花梗短,2～4 朵簇生顶端。

(3)小黄花菜(*H. minor*) 原产中国北部、朝鲜及西伯利亚地区。植株小巧,高 30～60 cm。叶纤细,根细索状。花茎高出叶丛,着花 2～6 朵,黄色,小花芳香,傍晚开放,次日中午凋谢花期 6～8 月份。干花蕾可食。

(4)黄花菜(*H. citrina*) 别名黄花、金针菜,原产中国长江及黄河流域。具纺锤形膨大的肉质根。叶带状,2 列基生。生长强健而紧密。花茎稍长于叶,有分枝,着花多达 30 朵,花淡黄色,芳香,花期 7～8 月份,夜间开放,次日中午闭合。干花蕾可食。

(三)生态习性

萱草原产我国中南部,现各地园林广泛栽培。性强健适应性强,耐瘠薄和盐碱,也较耐旱,耐寒力强,在华北大部分地区可露地越冬,东北寒冷地区需做好防寒措施。喜阳光充足,也耐半阴。对土壤要求不严,但富含腐殖质、排水良好的沙质壤土最适。

(四)生产技术

1.繁殖技术

萱草以分株繁殖为主,春、秋两季均可进行。分株选在秋季落叶后或早春萌芽前将老株挖起分栽,每丛带 2～3 个芽。栽植后翌年夏季开花,一般 3～5 年分株 1 次。

扦插繁殖时可剪取花茎上萌发的腋芽,按嫩枝扦插的方法进行繁殖。夏季需在荫蔽的环境下,2 周即可生根。

播种繁殖春、秋季均可。采用上一年秋季的沙藏种子,进行春播,播后发芽迅速而整齐。9～10 月份进行露地秋播,翌春发芽,实生苗一般 2 年开花。萱草宜秋播,约 1 个月可出苗,冬季幼苗需覆盖防寒材料,播种苗培育两年后可开花。

多倍体萱草可用分根、播种、扦插等方法繁殖,以播种方法最好,但需经人工授粉才能结种。授粉前,先选好采种母株,并选择 1/3 的花朵授粉,授粉时间以每天的 10～14 时段为好,一般需要连续授粉 3 次,3 个月后,即可收到饱满种子。采种后,播于浅盆,遮阴并保持一定湿度,40～60 d 出芽,约 6 月份,既可栽植于露地,翌年 7～8 月份开花。

2. 生产要点

萱草适应性强,我国南北地区均可露地栽培,在定植的 3～5 年内无需特殊管理。栽前要施入基肥,株行距 50 cm×50 cm 左右,每穴 3～5 株,经常灌水,以保持湿润。但雨季应注意排水。每年施肥数次,入冬前需施一次腐熟堆肥助其越冬。如欲使其在国庆期间仍能保持观赏效果,使株形美观,枝叶碧绿,可在 7、8 月份加强水肥管理,并追施 1∶4 的黑矾水,效果显著。

萱草还要及时防治病虫危害,特别是蚜虫,危害较大。可在其发生期喷施 25% 灭蚜灵乳油 500 倍液。

(五)园林应用

萱草栽培容易,花色艳丽,且春季萌发早,绿叶成丛,是优良的夏季园林花卉。可作花丛、花坛或花境边缘栽植。也可丛植于路旁、篱缘、树林边。萱草类稍耐阴,也可用作疏林地被材料,还可作切花用。萱草的花蕾可食,采集后晒干即为著名的干菜——黄花菜。其根茎可入药。

四、鸢尾(*Iris*)

别名蝴蝶花、铁扁担,鸢尾科鸢尾属。

(一)形态特征(图 6-4)

多年生宿根草本,地下具短而粗的根状茎、鳞茎。匍匐多节,节间短、浅黄色。叶革质,剑形或线形,基生二列互生,长 20～50 cm。花梗从叶丛中抽出,分枝有或无,每梗着花 1～4 枚。花构造独特,花被片 6,外 3 片大,平展或下垂,称为"垂瓣";内花被片片较小,直立或呈拱形,称为"旗瓣"。内外花被基部联合成筒状,花柱瓣化,与花被同色,花期 5 月份。是高度发达的虫媒花。蒴果长椭圆形,多棱,种子深褐色,多枚。

(二)类型及品种

本属植物约 200 种以上,分布于北温带,我国野生分布约 45 种,其生物学特性、生态要求也各有不同,除按植物学分类外,还

图 6-4 鸢尾

按其形态、应用等进行分类。

(1)德国鸢尾(*I. germanica*) 原产欧洲中南部,我国广泛栽培。根茎粗壮,花大,花径约 14 cm,叶剑形,灰绿色,园艺品种很多,有白、紫、黄等色,花期 5～6 月份。喜阳光充足、排水良好的土壤,黏性石灰质土壤亦可栽培。其根茎可提供芳香油。

(2)香根鸢尾(*I. pallida*) 原产南欧及西亚。花大,淡紫色、白花品种。花期 5 月份。根状茎可提取优质芳香油。

(3)蝴蝶花(*I. japonica*) 原产我国中部及日本。根茎短粗。花中等,径约 6 cm,花淡紫色,花期 4～5 月份。喜湿润、肥沃土壤环境,常群生于林缘。

(4)花菖蒲(*I. kaempferi*) 又名玉蝉花,原产我国东北、日本及朝鲜、西伯利亚等地。花大,径可达 15 cm,花色有黄、白、鲜红、深紫等,花期 6～7 月份。较耐寒,要求光照充足,宜富含腐殖质丰富的酸性土,较喜湿,可栽培于浅水池,野生多分布于草甸沼泽。也是重要的切花品种。

(5)黄菖蒲(*I. pseudacorus*) 原产欧洲及亚洲西部。花中等,鲜黄色,花期 5～6 月份。喜水湿环境,以腐殖质丰富的酸性土为宜。

(6)溪荪(*I. orientalis*) 原产于中国、日本及欧洲。根茎匍匐伸展,花径中等,有紫蓝、白或暗黄色等变种,花期 5 月份。喜湿,是常见的丛生沼生鸢尾。

(7)马蔺(*I. eusata*) 原产我国东北及日本、朝鲜。植株基部常见红褐色的枯死纤维状叶鞘残留物。花小,瓣窄,淡蓝紫色。常生于沟边、草地,耐践踏。可作路旁及沙地的地被植物,减少水土流失。

(三)生态习性

原产我国西南地区及陕西、江西、浙江各地,日本、朝鲜、缅甸皆有分布。园林中应用广泛。其耐寒力强,在我国大部分地区可安全越冬。要求阳光充足,但也耐阴。花芽分化在秋季进行,花期 5 月份。春季根茎先端顶芽生长开花,顶芽两侧常发数个侧芽,侧芽生长后形成新的根茎,并在秋季重新分化花芽,顶芽花后死亡,侧芽继续形成花芽。一些鸢尾品种有休眠的现象,需要低温打破休眠。

(四)生产技术

1.繁殖技术

鸢尾多采用分株、扦插繁殖,也可用种子繁殖。

分株于初冬或早春进行,或花后进行,当根状茎长大时即可进行分株繁殖,每隔 2～4 年进行一次。分割根茎时,每块至少具有 1 芽。大量繁殖时,可将分割的根茎扦插于 20℃ 的湿沙中,促使其萌发不定芽。播种繁殖在种子成熟后立刻进行,播后 2～3 年可开花。若种子成熟后(9 月上旬)浸水 24 h,再冷藏 10 d,打破休眠,播于冷床中,加速育苗,提早开花。

2. 生产要点

鸢尾分根后及时栽植,注意将其根茎平放,按原来根茎位置摆放于土壤中,以原来根茎深度为准,一般不超过 5 cm,覆土浇水即可。3 月中旬需浇返青水,并进行土壤消毒和施肥,以促进植株生长和新芽分化。生长期内需追肥 2～3 次,特别是 8、9 月份花芽形成时,更要适当追肥,并注意排水。花谢后及时剪掉花葶。因其种类繁多,管理上要注意区别对待。

栽培过程中还要注意防治鸢尾叶枯病,及时清除病残体,减少土壤含水量。如发病初期喷洒70％代森锰锌可湿性粉剂400倍液防治。

(五)园林应用

鸢尾类植物种类丰富,株型大小高矮差异显著,花姿花色多变,生态适应性广,是园林中应用于花坛、花境、花丛和制作鸢尾专类园的重要宿根花卉。也可点缀于草坪边缘、山石旁、水边溪流、池边湖畔、岩石园等地,是重要的地被植物与切花材料。其地下茎可入药。

五、石竹类(*Dianthus*)

石竹科石竹属。

(一)形态特征(图6-5)

亚灌木或草本。植株直立或呈垫状。茎节间膨大。叶对生,披针形。花单生或数朵顶生,聚伞花序及圆锥花序,花萼管状,5裂,花瓣多数。花色丰富,紫红、红、黄、白等单色,还有条斑及镶边复色。蒴果圆筒形至长椭圆形,种子褐色。

图6-5 石竹

(二)类型及品种

本属中园艺化水平最高的是香石竹(*D. caryophyllus*)(作切花生产),原地中海区域、南欧及印度。

(1)高山石竹(*D. alpinus*) 原产前苏联至地中海沿岸的欧洲高山地带。矮生多年生草本,高5～10 cm。基生叶线状披针形,有细齿牙,绿色,具光泽。茎生叶2～5对。花单生,花径5～6 cm,粉红色,喉部紫色具白色斑及环纹,无香气,花期7～9月份。多用于花坛。

(2)常夏石竹(*D. plumarius*) 原产奥地利至西伯利亚。宿根草本,高30 cm,茎蔓状簇生,有分枝,光滑而被白粉。叶厚,长线形,灰绿色。花2～3朵顶生,喉部多具暗紫色斑纹,有芳香。本种花色丰富,有紫、粉红至白色,单瓣、重瓣、斑纹。花境、切花及岩石园应用。

(3)奥尔沃德氏石竹(*D. allwoodii* Hort) 株高30～40 cm,叶硬,叶面较宽,丛生。花色多样,亦有单瓣、重瓣等多数品种。多应用于岩石园。

(4)瞿麦(*D. superbus*) 原产欧洲及亚洲,我国各地均有分布。高60 cm,茎光滑而有分枝。叶对生,线形至线状披针形,全缘,具3～5脉。花淡红或深紫色,具芳香,花瓣具长爪,边缘丝状深裂。萼圆筒状,萼筒基部有2对苞片,花期7～8月份。多用作花坛及切花应用。

(5)少女石竹(*D. deltoides*) 又名西洋石竹,原产英国、挪威及日本,园林中较多栽培应用。宿根草本,高约25 cm。着花茎直立,稍被毛,营养茎匍匐丛生。基生叶倒卵状披针形。花茎上部分枝,花单生于茎端,瓣缘呈齿状,有簇毛,喉部常有"V"形斑,具长梗,花色有紫、红、白等,具芳香,花期6～9月份。

(三)生态习性

本属植物约300种,分布于亚洲、欧洲、美洲、北非,我国分布种约16种,南北方均产之。宿根石竹类喜凉爽环境,不耐炎热。喜光,喜高燥、通风,忌湿涝,喜肥沃、排水良好的土壤。

（四）生产技术

1. 繁殖技术

常用繁殖方式有播种、分株及扦插法。春、秋可露地直播,寒冷地区可于春秋季节播于冷床或温床,大多数发芽适温 15～18℃,温度过高会抑制其萌发。幼苗经过二次移植后可定植。分株繁殖多在 4 月份进行。扦插法繁殖生根较好,也可在春秋季在沙床中繁殖。

2. 生产要点

宿根石竹类以沙质土栽植为好,排水不良则易生立枯病及白绢病。3 月上旬需浇足返青水,同时进行土壤消毒,并施足基肥。3～6 月份为石竹类的生长期,应结合浇水及时中耕除草和进行防治病虫害,并适时进行花后修剪。7～8 月份雨季时,应注意排水,防止植株倒伏。如有蚜虫病害,可用 25% 灭芽灵乳油 500 倍防治。

如栽植的两年生石竹,5 月中旬花后,修剪去掉地上部,雨季注意排水,8 月下旬始加强肥水管理,国庆节期间即可开花。也可以采用不同的播种期来调控花期,欲使"五一"开花,应于前一年 8 月底播种,翌年 4 月份定植。欲使"十一"开花,应于 4～5 月间播种,出芽后,抹掉顶梢,加强管理,9 月份上蕾,国庆节即可开花。还可利用修剪和加强肥水管理,以控制花期。

（五）园林应用

宿根类石竹可用于花坛、花境、花丛的栽培,也可作为盆栽和切花。其中低矮型及簇生型品种又是布置岩石园及花坛、林缘镶边用的优良花卉材料。

六、玉簪（*Hosta plantaginea* Aschers）

别名玉春棒、白萼、白鹤花,百合科玉簪属。

（一）形态特征（图 6-6）

多年生宿根花卉。地下茎粗壮,株高 50～70 cm。叶基生或丛生,卵形至心状卵形,具长柄及明显的平行叶脉。顶生总状花序,花葶高出叶片,着花 9～15 朵,花被筒长,下部细小,形似簪,花白色,管状漏斗形,具芳香。因其花蕾如我国古代妇女插在发髻上的玉簪而得名。花期夏、秋,有重瓣及花叶的品种。

（二）类型及品种

本属约有 40 种,多分布在东亚,我国有 6 种,除此种栽培较广泛外,常见的其他栽培种有:

(1)狭叶玉簪（*H. lancifolia*） 又名水紫萼、日本玉簪。叶卵状披针形至长椭圆形,花淡紫色,形较小。有白边和花叶的变种。

(2)花叶玉簪（*H. undulata*） 又名皱叶玉簪、白萼。叶卵形,叶缘微波状,叶面有白色纵纹。花淡紫色。

图 6-6 玉簪

（3）紫萼（*H. ventricosa*） 又名紫玉簪。叶阔卵形，叶柄边缘常下延呈翅状花淡紫色。

（三）生态习性

玉簪原产我国及日本，现各国均有栽培。玉簪性强健，较耐寒，耐旱。忌强光照晒否则叶片有焦灼样，叶缘枯黄，耐阴，适于种植在建筑物的墙边、背阴处、大树浓荫下，使其花鲜艳，叶浓绿。喜肥沃湿润、排水良好的土壤。

（四）生产技术

1. 繁殖技术

玉簪多用分株法繁殖，易成活，当年即可成活。春季3～4月份或秋季10～11月份均可进行。先将根掘出，可晾晒2 d失水后再分离，以免太脆易折。全部分株或局部分株均可。去除老根，3～5个芽一墩植于土穴或盆中，适量浇水，不宜过多以免烂根。一般3～5年分株一次。

玉簪也可播种繁殖。秋季果实成熟后及时采收种子，晒干后贮藏，翌年早春播于露地或盆中。实生苗3年后才能开花。近年来从国外一些新的园艺品种，采用组织培养法繁殖，取花器、叶片作外植体均可，幼苗生长快，且比播种苗开花提前。

2. 生产要点

玉簪生性强健，栽培易，不需精细管理。选蔽荫之地种植，栽前施足基肥。生长期内保持土壤湿润，在春季或开花前追肥1～2次，可使叶浓绿，花葶抽出较多且花大。夏季需多浇水并避免阳光直射，否则叶片发黄，叶缘焦枯。盆栽玉簪时，栽植不要过深，分株后在缓苗期的浇水不宜太多，否则烂根。一般每隔2～3年进行翻盆换土并结合分株。玉簪易受蜗牛危害，可施用800～1 000倍40%的氧化乐果和80%的敌敌畏1 000倍液。夏末开始每隔7～10天喷洒1次0.5%波尔多液或70%代森锰锌400倍液以防治叶斑病。

（五）园林应用

玉簪花洁白如玉，花香叶美，为典型的喜阴花卉。可丛植于建筑物、庭院、林荫下或岩石的背阴处，无花时宽大的叶子也有很高的观赏价值，是园林绿化的极佳材料。矮生及观叶品种，多用于盆栽观赏或切花、切叶材料。玉簪的根、叶可入药，嫩芽可食，鲜花可提取香精和制作甜点。

七、景天类（*Sedum*）

景天科景天属。

（一）形态特征（图6-7）

多年生宿根花卉。茎直立，斜上或下垂。叶对生至轮生，伞房花序密集，萼片5枚，绿色；花瓣4～5枚，雄蕊与花瓣同数或2倍。花朵为黄色、白色，还有粉、红、紫等色。

（二）类型及品种

（1）景天（*S. spectabile*） 又名八宝景天、蝎子草，多年生肉质草本。原产中国，我国各地均有栽培。株高30～50 cm，地下茎肥

图6-7 景天

厚。茎粗壮,稍木质化,直立而稍被白粉,全株呈淡绿色。叶肉质扁平,对生至轮生,倒卵形,中脉明显,上缘稍有波状齿。伞房花序密集,萼片 5 枚,绿色。花瓣 5 枚,披针形,淡红色。秋季开花,极繁茂。雄蕊 10 枚,两轮排列,高出花瓣。蓇葖果,直立靠拢。另种白花蝎子草(*S. alborseum*),亦称"景天",多作盆栽观赏。花瓣白色,雌蕊淡红色,雄蕊与花瓣略等长。

景天性耐寒,在华东及华北地区露地均可越冬,喜阳光及干燥通风处,忌水湿,对土壤要求不严。春季分株或生长季扦插繁殖、播种繁殖均可。生长期勿使水肥过大,以免徒长,引起倒伏。可布置花坛、花境及用于镶边和岩石园,亦可盆栽欣赏。

(2)费菜(*S. kamtschaticum*) 又名金不换。产于我国河北、山西、陕西、内蒙古等地。多年生肉质草本。根状茎粗而木质。茎斜伸簇生,稍有棱。叶互生或对生。倒披针形,长 2.5～5 cm,基部渐狭,近上部边缘有钝锯齿,无柄。聚伞花序顶生,萼片披针形,花瓣 5 枚,橙黄色,雄蕊 10 枚。

费菜有较强的耐寒力。耐干旱,喜阳光充足,也稍耐阴,喜排水良好的土壤。以分株、扦插繁殖为主,也可播种繁殖。春季发叶时呈球形,整齐美观,但长大后需及时修剪否则遇雨易倒伏,全草入药。适宜丛植、花坛及岩石园的应用。

(3)景天三七(*S. aizoon*) 多年生草本。我国东北、华北、西北及长江流域均有分布。耐寒性强,华北地区可露地越冬。茎高 30～80 cm,直立,少分枝,全株无毛。根状茎粗而近木质化。单叶互生,无柄,广卵形至倒披针形,上缘具粗齿。聚伞花序密生,花瓣 5 枚,黄色,雄蕊 10 枚。蓇葖果,黄色至红色,呈星芒状排列。全草入药。常作花坛及切花应用。

(4)垂盆草(*S. sarmentosum*) 又名爬景天。原产长江流域各省,广布于我国东北、华北以及日本和朝鲜。多年生肉质草本,高 10～30 cm,茎纤细,匍匐或倾斜,整株光滑无毛。叶三片轮生,倒披针形至椭圆形,先端尖。夏季开花,聚伞花序,花小,无柄,黄色。种子细小,卵圆形,有细乳头状突起。3～4 月份可分根移植,以肥沃的黑沙土最好。垂盆草喜生于山坡潮湿处或路边、沟边,是林缘耐阴地被植物的良好选材。全草可入药。

(三)生态习性

景天类以北温带为分布中心,中国有 100 多种,南北各省都有分布,多数种类具有一定的耐寒性。大部分种类耐阴,对土质要求不严。本属主要野生于岩石地带,也由于地理条件的不同,形态和习性亦有所变化。

(四)生产技术

1.繁殖技术

以扦插、分株繁殖为主,也可于早春进行播种繁殖。早春 3 月上旬进行分株繁殖,掘出老根切成数丛,另行栽植即可。

2.生产要点

露地栽植的品种,在春季 3～4 月间除去覆土,充分灌水即可萌芽。生长期应适当追施液肥。盆栽的品种,每年早春可进行分盆,土壤以肥沃的沙质壤土拌以粗沙为宜,以利排水。雨季应注意排水,防止植株倒伏。

(五)园林应用

景天类植物生长适应性特强,耐寒、耐干旱,株形丰满,叶色葱绿,可用于布置花坛、花境,岩石园或作镶边植物及地被植物的配置。亦可盆栽供室内观赏或做切花用。多数种类全株可入药。

八、宿根福禄考类(*Phlox*)

别名天蓝绣球、锥花福禄考,花荵科福禄考属。

(一)形态特征(图 6-8)

宿根草本。茎直立或匍匐,基部半木质化,多须根。叶全缘,对生或上部互生,长圆状披针形,被腺毛。聚伞花序顶生,花冠基部紧收成细管样喉部,端部平展,花高脚碟状,开花整齐一致。花色有白、粉红、紫、蓝等。花期 7～9 月份。

图 6-8 福禄考

(二)类型及品种

(1)宿根福禄考(*P. paniculata*) 别名锥花福禄考、天蓝绣球。株高 60～120 cm,茎直立,不分枝。叶十字对生或上部叶轮生,先端尖,边缘具硬毛。圆锥花序顶生,花朵密集,花冠高脚碟状,萼片狭细,裂片刺毛状,粉紫色。园艺品种很多,花色有白、红紫、浅蓝。花色鲜艳具有很好的观赏性。

(2)丛生福禄考(*P. subulata*) 茎密集匍匐,基部稍木质化。常绿。叶锥形簇生,质硬。花有梗,花瓣倒心形,有深缺刻。花色不同,变种多。性耐热、耐寒、耐干燥。用作地被植株和模纹花坛。

(3)福禄考(*P. nivalis*) 茎低矮,匍匐呈垫状,植株被茸毛。叶锥形,长 2 cm。花径约 25 cm,花冠裂片全缘或有不整齐齿牙缘。外形与丛生福禄考较相似。适用于模纹花坛。

(三)生态习性

福禄考属植物约有 70 种,多产自北美洲,其中有一种产自西伯利亚地区。性强健、耐寒,匍匐类福禄考抗旱尤强。喜阳光充足环境,忌炎热多雨气候。喜石灰质壤土,但一般土壤也能正常生长。

(四)生产技术

1.繁殖技术

宿根福禄考可用播种、分株、扦插繁殖。种子可以随采随播。北方地区播种后要注意防冻,春播宜早。实生苗花期、高矮差异大。分株繁殖以早春或秋季分株为主,注意浇水,露地栽植的 3～5 年可分株一次。也可以春季扦插繁殖,取新梢 3～6 cm 作插穗,易生根。

2.生产要点

栽培宜选背风向阳又排水良好的土地,结合整地施入基肥。春秋季皆可栽植,株距因品种而异,一般 40～45 cm 左右。生长期可施 1～3 次追肥,要保持土壤湿润,夏季不可积水。还可摘心促分枝。花后适当修剪,促发新枝,可以再次开花。盆栽品种在每年春季萌芽后换盆一次。宿根类品种 3～4 年可进行分株更新。匍匐类品种 5～6 年分株更新。

栽培管理过程中要注意防治福禄考的斑枯病、白粉病、病毒病等。斑枯病的防治,在浇水时,尽量不溅到植株叶片上,春雨之前用 40%多硫胶悬剂 800 倍液、50%多菌灵可湿性粉剂 1 000 倍液防治,夏季梅雨季节要重点防治,每隔 10~15 d 喷药 1 次。病毒病的防治,需及时消灭蚜虫,选用无病毒苗木,植物生长季节喷施植病灵等药剂两次,以提高植株的抗病毒能力。白粉病的防治,要适当增施磷、钾肥,在 6~8 月份喷施 2 次 0.5~1.0%的磷酸二氢钾溶液,发病初期,每隔 7~10 d,喷施 25%粉锈宁可湿性粉剂 1 000 倍液,连续喷 2~3 次。

(五)园林应用

宿根福禄考花期长,开花紧密,花冠美丽,花色鲜艳,是优良的园林夏季用花卉。可露地栽培是用于花境、花坛及布置庭居室的良好材料,如成片种植可以形成良好的水平线条。匍匐类福禄考植株低矮,花大色艳,是优良的岩石园和毛毡花坛的花卉材料,在阳光充足处也可大面积丛植在林缘、草坪等处或片植作地被,观赏性强。亦可作切花栽培。

九、金光菊(*Rudbeckia*)

菊科金光菊属。

(一)形态特征(图 6-9)

多年生宿根花卉。茎直立,单叶或复叶,互生。头状花序顶生。外围舌状花瓣 6~10 枚,金黄色,有时基部带褐色。中心部分的筒状花呈黄绿至黑紫色,顶端有冠毛。瘦果。

图 6-9　金光菊

(二)类型及品种

(1)金光菊(*R. laciniata*)　又名太阳菊、裂叶金光菊。原产加拿大及美国。株高 1.2~2.4 m,茎多分枝,无毛或稍被短粗毛。基生叶羽状深裂,裂片 5~7 枚,茎生叶互生,3~5 片深裂。边缘具稀锯齿。头状花序顶生,花梗长,着花一至数朵。外围舌状花瓣 6~10 枚,倒披针形,长约 3 cm,金黄色,中心部分筒状花呈黄绿色。花期 7~10 月份。果为瘦果。主要变种有重瓣金光菊(var. *hortensis*),重瓣花,开花极为繁茂。

(2)黑心菊(*R. hybrida*)　园艺杂种。全株被粗糙硬毛。基生叶浅裂,3~5 裂,茎生叶互生,长椭圆形,无柄。管状花深褐色,半球形,舌状花单轮,黄色。瘦果细柱状,有光泽。是花境、树群边缘的良好绿化材料。

(3)毛叶金光菊(*R. hirta*)　原产北美。全株被粗毛。基部叶近匙形,叶柄有翼,上部叶披针形,全缘无柄。舌状花单轮,黄色,基部色深为褐红色,管状花紫黑色。

(三)生态习性

金光菊类原产于北美,我国北方园林中栽培应用广泛。耐寒性强,在我国北方多数地区入冬后可在露地越冬。喜阳光充足,也较耐阴,对土壤要求不严,但以疏松而排水良好的土壤上生长良好。

(四)生产技术

1. 繁殖技术

可采用播种、分株或扦插繁殖。春秋季均可播种,也可根据花期调整播种时期。如欲

6月份开花,则应于前一年的8月份进行播种繁殖。发芽适温10~15℃,2周即发芽。营养钵育苗可用于花坛用花,花前定植即可。也可进行分株繁殖,春、秋季皆可。在早春掘出地下宿根部分进行分根繁殖,每株需带顶芽3~4个,温暖地区也可在10~11月份分根繁殖。还可自播繁衍。

2.生产要点

金光菊可利用播种期的不同控制花期,如秋季播种,翌年6月份开花。4月份播种,7月份开花。6月份播种,8月份欣赏繁花。7月份播种的,10月份即可开花。露地栽的品种株行距保持80 cm左右,需在3月上旬及时浇返青水。生长期适当追肥1~2次。盆栽需用大盆并施以基肥。夏季可在花后将花枝剪掉,待秋季还可长出新的花枝再次开花。

栽培管理过程中需注意防治白粉病。在发病前喷洒保护性杀菌剂,如75%白菌清可湿性粉剂800倍液防治。发病初期每隔7~10 d喷洒一次25%粉锈宁可湿性粉剂1 500倍液,连续3~4次。

(五)园林应用

金光菊类花卉花朵繁多,风格粗放,花期长,株高不同,且耐炎热,是夏季园林中花境、花坛或自然式栽植的常用花卉材料。亦可用作切花,叶可入药。

十、荷包牡丹(*Dicentra spectabilis* Lem)

别名铃儿草、兔儿牡丹,罂粟科荷包牡丹属。

(一)形态特征(图6-10)

多年生宿根草本。地下茎水平生长,稍肉质;株高30~60 cm,茎带红紫色;叶有长柄,一至数回三出复叶,以叶形略似牡丹而得名。花序顶生或与叶对生,呈下垂的总状花序,小花具短梗,向一侧下垂,每序着花10朵左右。花形奇特,萼2片,较小而早落,花瓣4枚,分内外两层,外层2片茎部联合呈荷包形,先端外卷,粉红至鲜红色;内层2片,瘦长外伸,白色至粉红色。果实为蒴果,种子细长,先端有冠毛。开花期4~6月份。

图6-10 荷包牡丹

(二)类型及品种

同属常见的栽培种有:大花荷包牡丹、美丽荷包牡丹、加拿大荷包牡丹。

(三)生态习性

原产我国东北和日本,耐寒性强,宿根在北方也可露地越冬。忌暑热,喜侧方蔽阴,忌烈日直射。要求肥沃湿润的土壤,在黏土和沙土中明显生长不良。4~6月份开花。花后至夏季茎叶渐黄而休眠。

(四)生产技术

1.繁殖技术

以分株繁殖为主,也可采用扦插和种子繁殖。春季当新芽开始萌动时进行最宜,也可在秋季进行。把地下部分挖出,将根茎按自然段顺势分开,每段根茎需带 3~5 个芽,分别栽植。也可夏季扦插,茎插或根插,成活率高,翌年可开花。采用种子繁殖,春、秋播均可,实生苗 3 年可以开花。

2.生产要点

春季浇足、浇透返青水,同时喷 1‰的敌百虫液,进行土壤消毒。生长期要及时浇水,保证土壤有充足的水分,孕蕾期间,施 1~2 次磷酸二氢钾或过磷酸钙液肥,可使花大色艳。若栽植于树下等有侧方遮阴的地方,可以推迟休眠期。7 月份至翌年 2 月份是休眠期,要注意雨季排水,以免植株地下部分腐烂。11 月份除浇防冻水外,还要在近根处施以油粕或堆肥。盆栽时一定要使用桶状深盆,盆底多垫一些碎瓦片以利排水。

欲使其春节开花,可于 7 月份花后地上部分枯萎时,将植株崛起,栽于盆中,放入冷室至12 月中旬,然后移入 12~13℃的温室内,经常保持湿润,春节即可开花。花后再放回冷室,待早春重新栽植露地。

(五)园林应用

植株丛生而开展,叶翠绿色,形似牡丹,但小而质细。花似小荷包,悬挂在花梗上优雅别致。是花境和丛植的好材料,片植则具自然之趣。也可盆栽供室内、廊下等陈放;还可剪取切花,切花时,可水养 3~5 d。

十一、紫菀(*Aster*)

菊科紫菀属。

(一)形态特征

茎直立,多分枝;叶窄小,互生,全缘或有不规则锯齿;头状花序,呈伞房状或圆锥状着生,稀单生;总苞数层,外层常较短。舌状花呈白、蓝、红、紫色;管状花黄色、间有变紫或粉红色者;花期夏秋。

(二)类型及品种

(1)紫菀(*A. tataricus*) 茎直立,粗壮,具粗毛。基部叶大,上部叶狭小,厚纸质,两面有粗短毛,叶缘有粗锯齿。头状花序排成复伞房状,总苞半球形。舌状花蓝或紫色;管状花黄色。原产中国、日本及西伯利亚地区。

(2)高山紫菀(*A. alpinus*) 植株低矮,全株被柔毛,呈灰白色。叶匙形。花浅蓝色或蓝紫色。园艺种类很多,适宜在岩石园应用。原产欧洲、亚洲、美洲西北部。中国中部山区和华北有分布。

(三)生态习性

喜阳光充足、通风良好的环境;耐寒;耐旱、耐瘠薄。对土壤要求不严,一般园土即可生长良好。

(四)生产技术

1.繁殖技术

分株或扦插繁殖为主,也可播种繁殖。分株法多在 3~5 月份进行,萌蘖多,分株易成活。也可在 7~8 月份或秋季进行。扦插于 5~6 月份进行,取幼枝作插穗,18℃条件下,2 周可以生根移栽。播种发芽温度 18~22℃,1 周可以发芽。

2.生产要点

苗高 6~8 cm 时移栽。定植株距 30~50 cm。适当摘心以促分枝。可调节扦插、摘心期调节花期。如荷兰菊要使其国庆节开花,7 月中旬到 8 月下旬扦插,9 月 10 日左右摘心,即花前 20 d 左右摘心,可布置"十一"花坛。3~6 月份是生长发育期,每月浇水 3~4 次,每次要浇足、浇透。冬初,要注意清理园地,及时浇足防冻水。每 3~4 年分株更新。栽培过程中注意防治紫菀白粉病,栽植勿过密,注意通风透光,发病初期喷洒 20% 三唑酮 1 500 倍液或 47% 加瑞农 700~800 倍液。发病严重时用 25% 敌力脱 4 000 倍液。

(五)园林应用

紫菀枝繁叶茂,开花整齐,是重要的园林秋季花卉。是"十一"花坛的好材料,高型类可布置在花坛的后部作背景。花朵清秀,花色淡雅,生长强健,是花境的常用花卉。美国紫菀叶、茎均有粗毛,在路旁丛植可以体现出野趣之美;也可盆栽观赏和作切花。

十二、射干(*Belamcannda chinensis*)

别名扁竹兰、蚂螂花,鸢尾科射干属。

(一)形态特征

株高 50~100 cm。具粗壮的根状茎。叶剑形,扁平而扇状互生,被白粉。二歧状伞房花序顶生;花橙色至橘黄色。花被 6 片,基部合生成短筒。外轮花瓣有深紫红色斑点;花谢后,花被片呈旋转状。蒴果椭圆形,具多数有光泽的黑色种子。

(二)类型及品种

同属常见栽培种:射干(*B. chinensis*)、矮射干(*B. flabellata*)。

(三)生态习性

原产中国、日本及朝鲜,全国各地均有栽培。性强健、耐寒性强、喜阳光充足、喜干燥。对土壤要求不严,以沙质壤土为好。自然界多野生于山坡、田边、疏林之下乃至石缝间。

(四)生产技术

1.繁殖技术

分株繁殖,也可播种繁殖。春天分株,每段根茎带少量根系及 1~2 个幼芽,待切口稍干后即可种植,约 10 d 出苗,苗高 3~4 cm 时,即可进入正常养护管理。播种繁殖也很适宜。春播或秋播,春播在 3 月份,秋播在 8 月份进行。播种后约 2 周才能发芽,幼苗达到 3~4 片真叶后再行定植,2 年可开花。

2.生产要点

栽培管理简便,3 月上旬浇返青水,用 1% 的敌百虫液给土壤进行消毒。3~6 月份,春季干旱,每月浇 3 次水,浇后立即中耕。春季萌动后及花期前后略施薄肥,以利开花。7~8 月份,注意排水,防止雨后倒伏现象,花后要及时采种。10 月份把地上部剪掉。11 月上旬,浇冻水。注意防治射干斑枯病和射干叶枯病。斑枯病于发病前期喷洒 75% 百菌清可湿性粉剂 800 倍液防治。叶枯病防治,注意进行土壤消毒,发病初期喷洒 25％瑞毒霉可湿性粉剂1 200倍液。

(五)园林应用

生长健壮,花姿轻盈,叶形优美,可作基础栽植,或在坡地、草坪上片植或丛植,或作小路镶边,是花境的优良材料。也是切花、切叶的好材料。根茎入药,具有清热解毒、消肿止痛功效。茎叶为造纸原料。

十三、耧斗菜(*Aquilegia*)

毛茛科耧斗菜属。

(一)形态特征(图6-11)

多年生草本,茎直立,多分枝。整个植株具细柔毛,2～3回三出复叶,具长柄,花顶生或腋生,花形独特,花梗细弱,一茎多花,花朵下垂,花萼 5 片形如花瓣,花瓣基部呈长距,直生或弯曲,从花萼间伸向后方。花通常紫色,有时蓝白色,花期5～6月份。

(二)类型及品种

目前栽培的多为园艺品种。常见的有耧斗菜(*A. vulgaris*)、长距耧斗菜(*A. Longissima*)。

(三)生态习性

图6-11　耧斗菜

原产欧洲。性强健,耐寒性强,华北及华东等地区均可露地越冬。不耐高温酷暑,若在林下半阴处生长良好,喜富含腐殖质、湿润和排水良好的沙壤土。在冬季最低气温不低于5℃的地方,四季常青。

(四)生产技术

1.繁殖方法

分株和播种繁殖。分株繁殖可在春、秋季萌芽前或落叶后进行,每株需带有新芽 3～5枚。也可用播种繁殖,春、秋季均能进行,播后要始终保持土壤湿润,1 个月左右可出苗。一般栽培种,其种子发芽温度适应性较强,20 d 后出芽;而加拿大耧斗菜发芽适温为 15～20℃,温度过高则不发芽。发芽前应注意保持土壤湿润。

2.生产要点

幼苗经一次移栽后,10 月份左右定植,株行距 30 cm×40 cm,栽植前整地施基肥。3月上旬浇返青水,并浇灌 1％敌百虫液进行土壤消毒。忌涝,在排水良好的土壤中生长良好。春天可在全光条件下生长开花,夏季最好遮阴,否则叶色不好,呈半休眠状态。每年追肥1～2 次。6～7月份种子成熟,注意及时采收。老株 3～4 年挖出分株一次,否则生长衰退。也可进行盆栽,但每年需翻盆换土一次。管理过程中注意预防耧斗菜花叶病,重视科学施肥,重施有机肥,增施磷钾肥,忌偏施氮肥,以改善植株营养条件,提高其抗病性。播种前要进行土壤消毒,及时铲除田间杂草,清除传染源,及时消灭蚜虫,消灭传毒媒介。

(五)园林应用

品种繁多,是重要的春季园林花卉。植株高矮适中,叶形美丽,花形奇特。是花境的好材料。丛植、片植在林缘和疏林下,可以形成美丽的自然景观,表现群体美。可用于岩石园,也是切花材料。

十四、剪秋罗(*Lychnis*)

石竹科剪秋罗属。

(一)形态特征(图 6-12)

茎直立,具棉毛或伏毛。叶无柄,抱茎,全缘,对生。花单生或成簇;花萼稍膨大,有 10 条脉,10 齿裂。花瓣 5,原种主要是红色。杂交种有白、粉色。具狭爪,全缘或缺刻,具副花冠(或称鳞片)。

图 6-12 剪秋罗

(二)类型及品种

常见的有大花剪秋罗(*L. fulgens*)、剪秋罗(*L. senno*)。

(三)生态习性

原产北温带至寒带。性强健,耐寒;喜凉爽而湿润气候,要求日光充足又稍耐阴;忌土壤湿涝积水,在富含腐殖质的石灰质或石砾的土壤中生长更好。

(四)生产技术

1.繁殖技术

播种或分株繁殖。春播或秋播都可,但以秋播为好,种子发芽适温为 $18\sim20{}^{\circ}\mathrm{C}$,$2\sim3$ 周发芽,次年可开花。春秋均可分株繁殖。分株时根系易断,为加速繁殖也可将断根收集起来进行根插。

2.生产要点

生长期待植株 $7\sim8$ 对叶时,留下 $3\sim4$ 节摘心。可促分枝。生长期应保持水分充足。早春或花前适当追肥,花叶更茂盛。可采用调节播种期来控制花期,一般情况下,秋播的 5 月份开花,春播的 6 月份开花。利用花后修剪,可使植株二次开花。$3\sim4$ 年分株更新。注意防治剪秋罗叶斑病和剪秋罗锈病。叶斑病可用波尔多液防治。锈病可用 50% 多菌灵可湿性粉剂 500 倍液或 25% 粉锈宁可湿性粉剂 2 000 倍液防治。

(五)园林应用

该类花卉花色鲜艳醒目,仪态出群,花序密集的种类可以用于花坛,也可在花境中独立欣赏。宜在石灰质沙壤土中生长,是岩石园的优良花卉。同时,它也是切花中的优良材料。

十五、银叶菊(*Senecio cineraria*)

别名白妙菊、雪叶菊、雪叶莲,菊科千里光属。

(一)形态特征

植株多分枝,高度一般在 50～80 cm。全株具白色绒毛,呈银灰色。叶质厚,羽状深裂。头状花序成紧密的伞房状,花黄色,花期夏秋。

(二)类型及品种

常见栽培的品种有:细裂银叶菊(*Silver dust*),叶质较薄,叶裂图案如雪花,极雅致美丽,观赏价值更高。

(三)生态习性

原产地中海沿岸。较耐寒,在长江流域能露地越冬。不耐酷暑,高温高湿时易死亡。喜凉爽湿润、阳光充足的气候和疏松肥沃的沙质壤土或富含有机质的黏质壤土。生长最适宜温度为 20～25℃,在 25℃时,萌枝力最强。

(四)生产技术

1.繁殖技术

以扦插繁殖为主,也可以分株、播种繁殖。取带顶芽的嫩茎作插穗,去除基部的两片叶子,插入珍珠岩与蛭石混合的扦插床中,20 d 左右形成良好根系。需注意的是,在高温高湿时扦插不易成活。通过比较发现,扦插苗长势不如播种苗。银叶菊常用种子繁殖。一般在8月底9月初播于露地苗床,种子发芽适温 15～20℃,半个月左右出芽整齐。

2.生产要点

苗期生长缓慢。待长有 4 片真叶时移植一次,翌年开春后再定植上盆。生长适温 15～25℃,栽培中有时需利用保护地。幼苗可摘心促分枝。银叶菊为喜肥型植物,上盆 1～2 周后,应施稀薄粪肥或用 0.1％的尿素和磷酸二氢钾喷洒叶面,以后每周需施一次肥。施肥要均衡,氮肥过多,叶片生长过大,白色毛会减少,影响美观。生长期间温度过高呈半休眠状,栽培环境力求通风凉爽,使其顺利越夏。秋季转凉后修剪,肥水管理,促其生长。气候适宜地可做多年生栽培。栽培中发现银叶菊无病虫害发生。

(五)园林应用

全株覆盖白毛,犹如被白雪。在欧美称其银叶植物。是观叶花卉中观赏价值很高的花卉,与其他色彩的纯色花卉配置栽植,效果极佳,是重要的花坛观叶植物。用不同时期的扦插苗,保证植株低矮,是花坛中难得的银色色彩。丛植及布置花境也很美观。

十六、桔梗(*Platycodon grandiflorum*(Jacq.)A. DC.)

别名僧冠帽、六角荷、梗草,桔梗科桔梗属。

(一)形态特征(图6-13)

多年生草本。具白色肉质根,胡萝卜状。茎丛生,上部有分枝,枝铺散,全株具乳汁,株高 30～100 cm。叶互生或 3 枚轮生,近无柄,卵状披针形,叶缘有锐锯齿,叶背具白粉。花单生,或数朵聚合呈总状花序,顶生。花冠钟形,蓝紫色,未开时抱合似僧冠,开花后花冠宽钟状,蓝紫色,有白花、大花、星状花、斑纹花、半重瓣花及植株高矮不同等品种;萼钟状,宿存;花期6～9月份。蒴果,内含多数种子。种子膜质状,扁平而光滑,千粒重1 g,寿命短。与风铃草的主要区别在于其蒴果的顶端瓣裂。

(二)生态习性

原产中国朝鲜和日本。我国各地均有栽培。多生长于山坡、草丛间或林边沟旁。耐寒性强,喜凉爽、湿润;宜排水良好富含腐殖质的沙质壤土。

(三)生产技术

1.繁殖技术

多用播种繁殖,也可分株扦插、繁殖。播种通常 3～4 月份直播,播前先浸种,种子在 20～30℃时经 5 d 均可萌发,但以 15～25℃为好,栽培地施用堆肥和草木灰作基肥,播种覆土宜薄,播后略加镇压,盖草防旱,发芽后注意保持土壤湿润,间苗 2 次,定苗株行距 20～30 cm。扦插、分株春秋均可进行。

2.生产要点

栽培容易。花期前后追肥 1～2 次,秋后欲保留老根应剪去干枯茎枝覆土越冬。挖根入药时宜深挖 50 cm,以保全根,挖取后切取根颈用于繁殖,下部去皮晾干入药。播种后 2～3 年后可收根。

图 6-13 桔梗

(四)园林应用

花期长,花色美丽。适宜花坛花境栽植或点缀岩石园,也可用于切花。根可入药,有祛痰、镇咳功效。

十七、蜀葵(*Althaea rosea*)

别名熟季花、一丈红、蜀季花、麻杆花、斗篷花,锦葵科蜀葵属。

(一)形态特征(图6-14)

多年生宿根草本.植株高达 1～3 m,直立,少分枝,全株有柔毛。叶大而粗糙,圆心脏形,5～7 浅裂,边缘具齿,叶柄长,托叶 2～3 枚,离生。花大,直径 8～12 cm,单生叶腋或聚成顶生总状花序。小苞片 6～8 枚,阔披针形,基部联合,附生于萼筒外面。萼片 5 枚,卵状披针形。花瓣短圆形或扇形,边缘波状而皱或齿状浅裂。原种花瓣 5 枚,变化多,有单瓣、半重瓣、重瓣之分。花色有红、粉、紫、白、黄、褐、墨紫等色。雄蕊多数,花丝联合成筒状,并包围花柱。花柱线形,并突出于雄蕊之上。花期 5～10 月份,果熟期 7～10 月份。分裂果,种子肾形,易于脱落,发芽力可保持 4 年。

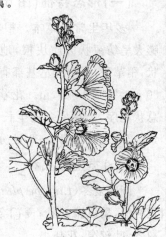

图 6-14 蜀葵

(二)生态习性

原产中国,分布我国各地。现世界广泛栽培。喜凉爽、向阳环境,耐寒,也耐半阴;喜深厚肥沃、排水良好的土壤。

(三)生产技术

1.繁殖技术

播种、分株或扦插繁殖。播种常于秋季进行。蜀葵幼苗易得猝倒病,应在床土上下功夫。选用腐叶土、大田土或进行土壤消毒,或播种时拌药土。用育苗盘播种,每平方米苗床播种量80~100 g。播种后将育苗盘置于电热温床上,控制温度在20℃,播后7 d出苗。

对优良品种可用扦插、分株繁殖。扦插宜选用基部萌蘖作插穗。插穗长7~8 cm,沙土作基质,扦插后遮阴至发根。分株在花后秋末、早春进行,将嫩枝带根分割栽植。对于特殊品种也可用嫁接繁殖,在春季将接穗接于健壮苗根颈处。

2.生产要点

幼苗经间苗、移植1次后,11月初定植园地,株距约50 cm。定植宜早,使植株在寒潮来临前已形成分枝,增强抗寒力,有利于翌年长成较大的株丛。移植时宜多带土和趁苗小时进行,以便提高成活率。耐粗放管理。幼苗期加强肥水管理,使植株健壮。开花期需适当浇水,可促使花开到茎端。花后回剪到距地面15 cm处,使重新抽芽,翌年开花更好。管理上注意防旱。

(四)园林应用

因品种多,花色艳丽,花期较长,植株高大,在园林中常作背景材料或成丛栽植,也常作建筑物旁、墙角、空隙地以及林缘的绿化材料。根可入药。

十八、麦冬(*liriope spicata*)

别名麦门冬、大麦冬、土麦冬,百合科麦冬属。

(一)形态特征(图6-15)

多年生常绿草本。根状茎短粗,须根发达,须根中部膨大呈纺锤状肉质块根,地下具匍匐茎。叶基生,窄条带状,稍革质,每个叶丛基部有2~3层褐色膜质鞘,叶长15~30 cm,宽0.4~1 cm。花葶自叶丛中抽出,顶生窄圆锥形总状花序,小花呈多轮生长,具短梗,花被6片,极微小,浅紫色至白色,花期8~9月份。浆果圆形,蓝黑色,有光泽。

图6-15 麦冬

(二)类型及品种

阔叶麦冬(*Liriope platyphylla*),地下不具匍匐茎,叶宽线形,稍成镰刀状;麦门冬(*L. graminifolia*),地下具匍匐茎,叶较窄,花甚小。

(三)生态习性

原产中国及日本。有一定耐寒性,喜阴湿,忌阳光直射。对土壤要求不严,在肥沃湿润土壤中生长良好。

(四)生产技术

1.繁殖技术

以分株为主。多在春季3～4月份进行。也可春播繁殖,播种后10 d左右即可出土。

2.生产要点

盆栽或地栽均较简单粗放,最好栽植在通风良好的半阴环境。栽植前施足基肥,生长期追肥2～3次,夏季保持土壤湿润,冬季减少浇水。常有叶斑病为害,可用50%多菌灵可湿性粉剂1 500倍液喷洒。

(五)园林应用

麦冬是良好的园林地被植物和花坛、花境等的镶边材料,也可盆栽观赏。全草可入药,主治心烦、咽干、肺结核等。

十九、荷兰菊(*Aster novi-belgii*)

别名柳叶菊、蓝菊、小蓝菊、老妈散等,菊科紫菀属。

(一)形态特征(图6-16)

株高60～100 cm,全株光滑无毛。茎直立,丛生,基部木质。叶长圆形或线状披针形,对生,叶基略抱茎,暗绿色。多数头状花序顶生而组成伞房状,花淡紫、紫色或紫红色,花径2.0～2.5 cm,自然花期8～10月份。

(二)生态习性

原产于北美,喜阳光充足及通风良好的环境,耐寒、耐旱、耐瘠薄,对土壤要求不严,但在湿润及肥沃壤土中开花繁茂。

(三)生产技术

1.繁殖技术

以扦插、分株繁殖为主,很少用播种法。

图6-16 荷兰菊

(1)扦插法 5月份至6月上旬,结合修剪,剪取嫩枝进行扦插。扦插基质为湿润的粗沙。插后注意浇水、遮阳。生根后及时撤掉遮阳物,进行正常管理。若为国庆节布置花坛,可于7月下旬至8月上旬扦插。

(2)分株法 早春幼芽出土2～3 cm时将老株挖出。用手小心地将每个幼芽分开,另行培养。荷兰菊的分蘖力强,分株繁殖比例可达1:(200～300)。

2.生产要点

早春及时浇返青水并施基肥。生长期间每2周追施1次肥水,入冬前浇冻水。每隔2～3年需进行1次分株,除去老根,更新复壮。

荷兰菊自然株型高大,栽培时可利用修剪调节花期及植株高度。如要求花多、花头紧密、国庆节开花,应修剪2～4次。5月初进行1次修剪,株高以15～20 cm为好。7月份再进行第2次修剪,注意使分枝均匀,株型匀称,美观,或修剪成球形、圆锥形等不同形状。9月初最后1次修剪,此次只摘心5～6 cm,以促其分枝、孕蕾,保证国庆节用花。要在"五一"节开花,可于上年9月份剪嫩枝扦插,或深秋挖老根上盆,冬季在低温温室培育。

（四）园林应用

荷兰菊花色淡雅，又为宿根，在我国东北地区能露地越冬。因此为庭院绿化极佳材料，可用于花坛、花境、丛植，也可盆栽，同时也是绿篱及切花的良好材料。将其枝叶捣碎，可敷治无名肿痛。

二十、紫松果菊（*Echinacea purpurea*）

别名紫锥菊、紫锥花，菊科紫松果菊属。

（一）形态特征

多年生宿根草本。株高 60～150 cm。全株具毛，茎直立；叶卵形或披针形，缘具疏浅锯齿，基生叶基部下延，柄长约 30 cm，茎生叶卵状披针形，叶柄基部略抱茎。头状花序单生于枝顶或数朵集生，花茎 8～10 cm，舌状花一轮，玫瑰红或紫红色，稍下垂，中心管状花具光泽，呈深褐色，盛开时橙黄色。花期 6～7 月份。

（二）生态习性

分布在北美，世界各地多有栽培，稍耐寒，喜生于温暖向阳处，喜肥沃、深厚、富含有机质的土壤。

（三）生产技术

1. 繁殖技术

繁殖方法有播种繁殖和分株繁殖。以播种繁殖为主。

（1）播种繁殖　播种可在春季 4 月下旬或秋季 9 月初进行，将露地苗床深翻整平后，浇透水，待水全部渗入地下后撒播种子，保持每粒种子占地面积 4 cm^2，控制温度在 22℃左右，2 周即可发芽。幼苗 2 片真叶时间苗移植。当苗高约 10 cm 时定植。定植株行距 40 cm×40 cm。

（2）分株繁殖　对于多年生母株，可在春秋两季繁殖。每株需 4～5 个顶芽从根茎处割离。

2. 生产要点

无论分株或播种的植株，定植时均要选择向阳环境，对土壤深翻后施以腐熟厩肥或加入一定量骨粉、芝麻渣等。定植植株根据需要确定株行距，并浇透水。生长期应增施肥水。临近花期可叶面喷施 2 次磷酸二氢钾液肥，则花色艳丽持久，株形丰满匀称。对于露地越冬植株，应在花后清除残花花枝与枯叶，浇足"封冻水"或将地下部分用堆肥覆盖或壅土覆盖。

欲使松果菊多开花，可采取分期播种和花后及时修剪两种方法。

（1）分期播种　如在今年秋季播种，翌年 4 月底或 5 月初就能开花，花期可达 2 个月；早春在温室内播种，7～8 月份可开花；5 月份播种，9 月份可开花；6 月份播种，10 月份可开花。

（2）修剪残花调节花期　如 6 月份花谢后修剪，同时给予良好的肥水条件，至 9～10 月份又可再次开花。

通过上述两种调控，可以有效地延长松果菊的花期，提高其观赏性。

（四）园林应用

紫松果菊是很好的花境、花坛材料，也可丛植于花园、篱边、山前或湖岸边。水养持久，是良好的切花材料。

计 划 单

学习领域	花卉生产技术		
学习情境 6	宿根花卉生产技术	学时	8
计划方式	小组讨论、成员之间团结合作共同制订计划		
序号	实施步骤	使用资源	
制订计划说明			
	班级		第 组	组长签字	
	教师签字		日期	
计划评价	评语:		

决 策 单

学习领域	花卉生产技术		
学习情境6	宿根花卉生产技术	学时	8

方案讨论							
方案对比	组号	任务耗时	任务耗材	实现功能	实施难度	安全可靠性	环保性	综合评价
	1							
	2							
	3							
	4							
	5							
	6							

方案评价	评语：

班级		组长签字		教师签字		日期	

材料工具单

学习领域		花卉生产技术					
学习情境3		宿根花卉生产技术			学时		8
项目	序号	名称	作用	数量	型号	使用前	使用后
所用仪器仪表	1	pH 试纸	检测培养土 pH 值	5包			
	2						
	3						
	4						
	5						
	6						
	7						
所用材料	1	园土	配制培养土	100 kg			
	2	草炭	配制培养土	100 kg			
	3	蛭石	配制培养土	50 kg			
	4	珍珠岩	配制培养土	50 kg			
	5	腐叶土	配制培养土	50 kg			
	6	复合肥	育苗、追肥	50 kg			
	7	花苗	栽植	若干			
所用工具	1	铁锹	培土	10 把			
	2	喷壶	浇水	5 个			
	3	筛子	培土	5 个			
	4	碎瓦片	垫盆	若干			
	5	花盆	栽植	100 个			
	6	枝剪	整枝、繁殖	10 个			
	7						
	8						
	9						
班级		第　组	组长签字		教师签字		

实 施 单

学习领域	花卉生产技术		
学习情境6	宿根花卉生产技术	学时	8
实施方式	学生独立完成、教师指导		

序号	实施步骤	使用资源
1	基本理论讲授	多媒体
2	常见宿根花卉种类和品种识别	花卉市场
3	常见宿根花卉形态器官观察	花卉市场
4	配制培养土	实训基地
5	扦插繁殖	实训基地
6	分株繁殖	实训基地
7	宿根花卉的养护管理	实训基地
8	宿根花卉参观	大轿车

实施说明：

利用多媒体资源,进行理论学习,掌握宿根花卉栽培基本理论知识水平;

利用花卉市场等地,通过品种识别,熟悉当前市场上常见宿根花卉品种;

进行扦插、分株繁殖,掌握宿根花卉繁殖技术;

进行盆花浇水、施肥等管理,掌握宿根花卉的日常管理技术;

通过宿根花卉参观,了解宿根花卉栽培现状及应用,提高学习积极性。

班级		第 组	组长签字	
教师签字			日期	

作 业 单

学习领域	花卉生产技术		
学习情境 6	宿根花卉生产技术	学时	8
作业方式	资料查询、现场操作		
1	宿根花卉的基本栽培管理技术的要点是什么？		
作业解答：			
2	简述菊花的繁殖技术。		
作业解答：			
3	简述标本菊的栽培管理技术。		
作业解答：			
4	为什么说"春分分芍药，到老不开花"？		
作业解答：			
5	简述悬崖菊的培育技术。		
作业解答：			

	班级		第 组	学号		姓名	
作业评价	教师签字		教师评分		日期		
	评语：						

检 查 单

学习领域		花卉生产技术		
学习情境6		宿根花卉生产技术	学时	8
序号	检查项目	检查标准	学生自检	教师检查
1	栽培方案的制订	准备充分,细致周到		
2	栽培实施情况	实施步骤合理,有利于提高评价质量		
3	操作的准确性	细心、耐心		
4	实施过程中操作的方法	符合操作技能要求		
5	实施前工具的准备	所需工具准备齐全,不影响实施进度		
6	成苗数及成苗率	依育苗类型确定		
7	教学过程中的课堂纪律	听课认真,遵守纪律,不迟到不早退		
8	实施过程中的工作态度	在工作过程中乐于参与		
9	上课出勤状况	出勤95%以上		
10	安全意识	无安全事故发生		
11	环保意识	及时清理现场,不污染周边环境		
12	合作精神	能够相互协作,相互帮助,不自以为是		
13	实施计划时的创新意识	确定实施方案时不随波逐流,有合理的独到见解		
14	实施结束后的任务完成情况	过程合理,鉴定准确,与组内成员合作融洽,语言表述清楚		
	班级		第 组	组长签字
	教师签字			日期
检查评价	评语:			

评 价 单

学习领域		花卉生产技术				
学习情境6		宿根花卉生产技术		学时		8
评价类别	项目	子项目	个人评价	组内互评	教师评价	
专业能力 (60%)	资讯 (10%)	搜集信息(5%)				
		引导问题回答(5%)				
	计划 (10%)	计划可执行度(3%)				
		程序的安排(4%)				
		方法的选择(3%)				
	实施 (20%)	工作步骤执行(10%)				
		安全保护(5%)				
		环境保护(5%)				
	检查(5%)	5S管理(5%)				
	过程 (5%)	使用工具规范性(2%)				
		操作过程规范性(2%)				
		工具管理(1%)				
	结果(5%)	成活率(5%)				
	作业(5%)	完成质量(5%)				
社会能力 (20%)	团结协作 (10%)	小组成员合作良好(5%)				
		对小组的贡献(5%)				
	敬业精神 (10%)	学习纪律性(5%)				
		爱岗敬业、吃苦耐劳精神(5%)				
方法能力 (20%)	计划能力 (10%)	考虑全面、细致有序(10%)				
	决策能力 (10%)	决策果断、选择合理(10%)				

评价评语	班级		姓名		学号		总评	
	教师签字		第 组	组长签字			日期	
	评语:							

教学反馈单

学习领域	花卉生产技术			
学习情境6	宿根花卉生产技术	学时		8
序号	调查内容	是	否	理由陈述
1	你是否明确本学习情境的目标？			
2	你是否完成了本学习情境的学习任务？			
3	你是否达到了本学习情境对学生的要求？			
4	资讯的问题，你都能回答吗？			
5	你知道宿根花卉的习性和特点吗？			
6	你是否能够说出几种常见的宿根花卉？			
7	你是否熟练掌握了栽培用工具的使用和维护？			
8	你是否可以针对花卉的不同种类、品种和目的正确选用适当的繁殖方法进行栽培生产？			
9	你对主要的花卉的栽培生产过程能够独立进行操作吗？			
10	你是否喜欢这种上课方式？			
11	通过几天来的工作和学习，你对自己的表现是否满意？			
12	你对本小组成员之间的合作是否满意？			
13	你认为本学习情境对你将来的学习和工作有帮助吗？			
14	你认为本学习情境还应学习哪些方面的内容？（请在下面回答）			
15	本学习情境学习后，你还有哪些问题不明白？哪些问题需要解决？（请在下面回答）			
你的意见对改进教学非常重要，请写出你的建议和意见：				
调查信息	被调查人签字		调查时间	

学习情境7 木本花卉生产技术

任 务 单

学习领域	花卉生产技术		
学习情境7	木本花卉生产技术	学时	8
任务布置			
学习目标	1.理解木本花卉的含义及类型。 2.熟悉常见木本花卉的形态特征及生态习性。 3.掌握常见木本花卉的繁殖技术。 4.掌握常见木本花卉的生产技术。 5.了解木本花卉的用途。		
任务描述	了解木本花卉的含义及类型,熟悉常见木本花卉的形态特征、生态习性,掌握常见木本花卉的生产技术,了解木本花卉的用途并能具体应用。具体任务要求如下: 1.利用多媒体或播放幻灯片,了解木本花卉的含义及类型,熟悉常见木本花卉的形态特征及生态习性,掌握常见木本花卉生产技术的理论知识。 2.利用校内外的资源,熟悉木本花卉的种类和品种,熟悉其形态特征,并能从形态上准确地识别常见木本花卉。 3.利用田间实训,掌握常见木本花卉的生产管理技术及整形修剪技术。 4.参观标准化常见生产示范园,熟悉木本花卉当前生产常见品种。 5.观看常见木本花卉生产栽培技术视频,了解其栽培概况及生产技术,提高学习兴趣。 6.能在生产中熟练的操作常见木本花卉的生产(如牡丹、桃花、樱花、紫薇、蜡梅的生产技术)。		
学时安排	资讯1学时 | 计划0.3学时 | 决策0.3学时 | 实施6学时 | 检查0.2学时 | 评价0.2学时		
参考资料	1.张树宝.花卉生产技术.第2版.重庆:重庆大学出版社,2008. 2.曹春英.花卉栽培.第2版.北京:中国农业出版社,2010. 3.宋满坡.园艺植物生产技术(校内教材).河南农业职业学院,2009.		
对学生的要求	1.了解常见木本花卉的生态习性。 2.设计牡丹花期调控的生产方案。 3.实习过程要爱护实验场的工具设备。 4.严格遵守纪律,不迟到,不早退,不旷课。 5.本情境工作任务完成后,需要提交学习体会报告。		

资 讯 单

学习领域	花卉生产技术		
学习情境 7	木本花卉生产技术	学时	8
咨询方式	在图书馆、专业杂志、互联网及信息单上查询;咨询任课教师		
咨询问题	1. 简述木本花卉的栽培现状、存在问题及发展前景。 2. 简述木本花卉的概念及类型。 3. 列举 50 种常见木本花卉,并说明它们的形态特征及生态习性。 4. 简述牡丹的分株、嫁接繁殖方法。 5. 简述牡丹的生产栽培要点。 6. 简述桃花的繁殖方法及整形修剪技术。 7. 简述樱花的繁殖方法及园林应用。 8. 简述紫薇的繁殖方法、生产栽培要点及整形修剪技术。 9. 简述木槿的繁殖方法及整形修剪技术。 10. 迎春与连翘在形态上有哪些区别? 11. 简述常见木本花卉在园林园艺方面的应用。		
资讯引导	1. 问题 1 可以通过图书馆、杂志、互联网查找资料查询。 2. 问题 2~11 可以在《花卉生产技术》(第 2 版)(张树宝)的第 5 章、《花卉栽培》(第 2 版)(曹春英)的第 7 章、《园艺植物生产》(校内教材)(宋满坡)的第四分册各论(下册)中查询。		

信 息 单

学习领域	花卉生产技术		
学习情境7	木本花卉生产技术	学时	8

信 息 内 容

一、牡丹(*Paeonia suffruticosa* Andr)

别名富贵花、洛阳花、花中之王、木芍药、谷雨花等。芍药科芍药属,为落叶灌木或亚灌木。

(一)形态特征(图7-1)

落叶灌木,株高1~3 m,肉质直根系,枝干丛生。茎枝粗壮且脆,表皮灰褐色,常开裂脱落。叶呈2回三出羽状复叶,小叶阔卵状或长卵形等。顶生小叶常先端3裂,基部全缘,基部小叶先端常2裂。叶面绿色或深绿色,叶背灰绿或有白粉。叶柄长7~20 cm。花单生于当年生枝顶部,大型两性花。花径10~30 cm,花萼5瓣。原种花瓣多5~11片,离生心皮5枚,多为紫红花色。现栽培品种花色极为丰富,有单瓣及重瓣等品种及多种花型。花色有白、黄、粉红、紫、墨紫、雪青及绿等,果为蓇葖果,种子大,圆形或长圆形,黑色。花期4~5月份。

图7-1　牡丹

(二)类型及品种

牡丹在我国栽培历史悠久,栽培品种繁多,有多种分类方法。按花色可分为白、粉、红、黄、紫、复色花系;按花期早晚可分为早、中、晚花3种,相差时间10~15 d;按花瓣的多少和层数分为单瓣类、重瓣类;按分枝习性可分为单枝型和丛枝型两类;按叶的类型分为大型圆叶类、大型长叶类、中型叶类、小型圆叶类、小型长叶类;按用途分为观赏种和药用种。较常见的名贵品种有姚黄、赵粉、魏紫、墨魁、豆绿、二乔、白玉、状元红、洛阳紫、迎日红、朝阳红、醉玉、仙女妆、天女散花等。

(三)生态习性

原产于我国西北部,喜凉恶热,喜燥怕湿,可耐低温,在年平均相对湿度45%左右的地区可正常生长。喜阳光,适合于露地栽培。栽培场地要求地下水位低、土层深厚、肥沃、排水良好的沙质壤土。怕水涝。土壤黏重,通气不良,易引起根系腐烂,造成整株死亡。

牡丹在长期特定条件下和系统发育过程中,形成了独特的生态习性和栽培要点,文献曾记载牡丹花的所恶和所好,如花之恶:狂风、暴雨、苦寒、赤日、蚯蚓、飞尘、浇湿粪、三月降霜雹。花之好:温风、细雨、暖日、清露、甘泉、沃壤、润三月。另外牡丹还有"春发枝、夏打盹、秋发根、冬休眠"的习性。

(四)生产技术

1.繁殖技术

牡丹常用分株和嫁接法繁殖,也可用播种、扦插和压条繁殖。

(1)分株繁殖　每年的9月下旬到10月份,选枝繁叶茂4~5年生的植株,挖出抖去附土,晾1~2 d,待根变软后,顺根系缝隙处分开,据株丛大小可分成数株,每株丛3~5个枝条,每枝条至少要有2~3条根系,伤口处涂以草木灰防腐,并剪去老根、死根、病根和枯枝,分株早于当年入冬前可长出新根,分株太晚,当年新根长不出来易造成冬季死亡。

(2)嫁接繁殖　生产中多采用根接法,选择2~3年生芍药根作砧木,在立秋前后先把芍药根挖掘出来,阴干2~3 d,稍微变软后取下带有须根的一段剪成长10~15 cm,随即采生长健壮、表皮光滑而又节间短的当年生牡丹枝条作接穗,剪成长5~10 cm一段,每段接穗上要有1~2个充实饱满的侧芽,并带有顶芽。用劈接法或切接法嫁接在芍药的根段上,接后用胶泥将接口包住即可。接好后立即栽植在苗床上,栽时将接口栽入土内6~10 cm,然后再轻轻培土,使之呈屋脊状。培土要高于接穗顶端10 cm以上,以便防寒越冬。寒冷地方要进行盖草防寒,来年春暖后除去覆盖物和培土,露出接穗让其萌芽生长。

2.生产要点

(1)庭院栽培技术

①场地选择　应选择地势高燥,排水良好,土层深厚,疏松肥沃的沙壤土,忌积水、忌重茬。然后选择茎粗壮、芽饱满、粗根多的植株;嫁接苗要愈合好,分株苗尽量保留根系;无病虫害,顶侧芽齐备。

②栽植　每年的9~10月份,地温尚高时栽植,可促发植株的新根,有利于越冬成活且不影响第二年开花。牡丹为长肉质根系,应挖直径为30~40 cm,深40~50 cm,坑距100 cm的定植坑,将表土和底土分开,在坑底填表土并混入充分腐熟的有机肥,堆成"土丘"状,将根系均匀分布在其上,然后覆土,并提苗轻踩,栽植不宜过深,以地面露出茎基部为宜,填平栽植坑浇透水,然后扶一次苗。

③浇水　地栽牡丹浇水不宜过多,怕积水,较耐旱,但在早春干旱时要注意适时浇水,夏季天热时要注意定期浇水,雨季少浇水并注意雨后排水,勿使受涝;秋季适当控制浇水。

④施肥　新栽的牡丹切忌施肥,半年后可施肥。牡丹喜肥,一年至少施用3次。"花肥"春天结合浇返青水施入,宜用速效肥;"芽肥"于花后追肥,补充开花的消耗和为花芽分化供应充足养分,除氮肥外可增加磷、钾肥;"冬肥"结合浇封冻水进行,利于植株安全越冬。

⑤中耕除草　从春天起按照"除小、除净"的原则及时松土除草,尤其7~8月份,天热雨多,杂草滋生迅速,更要勤除,除净。

⑥整形修剪　刚移栽的牡丹,第二年现蕾时,每株保留一朵花,其余花蕾摘除。花谢后如不需要结实,应及时去除残花,减少养分消耗。栽培2~3年后要进行定枝,生长势旺、发枝力强的品种,可留5~7枝;生长势弱、发枝力差的品种,只剪除细弱枝,保留强枝。观赏用植株,应尽量去掉基部的萌生枝,以尽快形成美观的株型;繁殖用的植株,则萌生枝可适当多留。

(2)盆栽技术　盆栽牡丹应选择适应性强、株型矮、花大的品种,选用嫁接苗或有3~5

个枝干的分株苗,花盆宜用直径 30 cm 以上的大盆,盆土要求疏松肥沃,秋季上盆,栽前剪去过长根,栽后浇透水。入冬后移入冷室,翌年春季移出室外,放背风向阳处养护。夏季放阴凉处,避免阳光直射。花前施一次肥,花后追施 2～3 次肥,分别在花谢后和夏季花芽分化期进行,修剪与地栽相同。

(3)促成栽培技术 每年 9～10 月份挖出放入潮湿、庇荫、通风的冷室贮存。可根据开花的时间上盆,一般在开花前 50～60 d 上盆,上盆后处于 10℃左右的环境,充分见光。10～15 d 移入 15～20℃环境,用 50 mg/L 的赤霉素点滴花芽,随着温度升至 25～28℃,花芽逐渐开苞露出花蕾,此时停止点滴赤霉素,适当浇水,每天向花枝上喷水一次,经过 50 d 左右即可开花,适合春节应用。

(五)园林应用

牡丹雍容华贵,国色天香,花大色艳,自古尊为"花王",称为"富贵花",象征着我国的繁荣昌盛,幸福吉祥,是我国传统名花之一。多植于公园、庭院、花坛、草地中心及建筑物旁,为专类花园和重点美化用,也可与假山、湖石等配置成景。亦可做盆花室内观赏或切花之用。牡丹除了花可观赏外,花瓣还可食用,牡丹的根皮叫"丹皮",可供药用。

二、桃花(*Prunus persica*)

别名花桃、碧桃、观赏桃。蔷薇科李属,为落叶小乔木。

(一)形态特征(图 7-2)

落叶小乔木,高 2～8 m,树冠开张。小枝褐色或绿色,光滑,芽并生,中间多为叶芽,两旁为花芽。叶椭圆状披针形,先端渐长尖,边缘有粗锯齿,花侧生,多单朵,先叶开放,通常粉红色单瓣。观赏桃花色彩变化多,且多重瓣。品种繁多。花期 3～4 月份,果 6～9 月份成熟。

(二)类型及品种

常见栽培品种有:碧桃(var.*duplex*),花粉红,重瓣;白花碧桃(F.*alba-plena*),花白色,重瓣;红花碧桃(f.*camelliaeflora*),花深红色,重瓣;撒金碧桃(var.*versicolor*),同一株上有红、白花朵及一个花朵有红、白相间的花瓣或条纹;紫叶桃(f.*atropurpurea*),叶紫红,花深红色;垂枝碧桃(var.*pendula*),枝下垂,花重瓣,有白、淡红、深红、洋红等色;寿星桃(var.*densa*),又名矮脚桃,树形矮小,花多重瓣,花白或红,宜盆栽。

图 7-2 桃花

(三)生态习性

原产我国西北、西南等地。现世界各国多栽培。喜光,耐旱,喜高温,较耐寒,但冬季温度在－25～－23℃以下时易受冻。怕水淹,要求肥沃、排水良好的沙壤土及通风良好的环境条件,若缺铁则易发生黄叶病。花期为 3 月中旬至 4 月中旬。

(四)生产技术

1.繁殖技术

以嫁接为主,也可压条。用毛桃、山桃为砧木,嫁接方法通常采用切接和芽接法。

2.生产要点

移植或定植可在落叶后至翌春叶芽萌动前进行,幼苗裸根或打泥浆,大苗及大树则应带土球。种植穴内应以有机肥作基肥,以满足其生长发育的需要。

桃花的修剪以自然开心形为主,要注意控制内部枝条,以改善通风透光条件,夏季对生长旺盛的枝条摘心,冬季对长枝适当缩剪,能促使多生花枝,并保持树冠整齐。通常每年冬季施基肥1次,花前及5~6月份分别施追肥1次,以利开花和花芽的形成。常见病虫害有桃蚜、桃粉蚜、桃浮尘子、梨小食心虫、桃缩叶病、桃褐腐病等。应注意防治。

(五)园林应用

桃花芳菲烂漫,妩媚动人。可植于路旁、园隅,或成丛成片植于山坡、溪畔,形成佳景。片植构成"桃花园"、"桃花山"等景观,花期芳菲烂漫,妩媚鲜丽,令人陶醉。桃、柳间种于湖滨、溪畔等临水地区,可形成桃红柳绿、柳暗花明的春日胜景。为了避免柳遮桃光,应适当加大株、行距,并应将桃花栽植在较高、干燥的场所。

三、樱花(*Prunus serrulata*)

别名山樱花、山樱桃、福岛樱。属于蔷薇科李属,为落叶乔木或小乔木。

(一)形态特征(图7-3)

树皮栗褐色,有绢丝状光泽。叶卵形至卵状椭圆形,边缘具芒状齿。花2~6朵簇生,呈伞房花序状,花白色或粉红色。核果球形。花期4~5月份。

(二)类型及品种

主要变种有:山樱花(var. *spontanca*),花单瓣,较小,白色或粉色,野生于长江流域;毛樱花(var. *pubescens*),叶、花梗及萼片有毛,其余同山樱花。具有观赏价值的有:重瓣白樱花(f. *albo-plena*),花白色,重瓣;重瓣红樱花(f. *rosea*),花粉红色,重瓣;玫瑰樱花(f. *superba*),花大,淡红色,重瓣;垂枝樱花(f. *pendula*),花条开展而下垂,花粉色,重瓣。此外,还有樱桃(*P. pseudocerasus*),花白色,果球形,熟时红色,可食。均为我国庭院中常见栽培的花木。

图7-3 樱花

(三)生态习性

主产我国长江流域,东北、华北均有分布。樱花喜光,较耐寒,喜肥沃湿润而排水良好的壤土,不耐盐碱土。忌积水。

(四)生产技术

1.繁殖技术

通常用嫁接法繁殖。以樱桃或山樱桃的实生苗为砧木,也可用桃、杏苗作砧木。于3月份切接,或8月份芽接,接活后培育3~4年即可栽种。也可用根部萌蘖分株繁殖,易成活。

2. 生产要点

樱花栽种时,宜多施腐熟堆肥为基肥。日常管理工作要注意浇水和除草松土。7 月份施硫酸铵为追肥,冬季多施基肥,以促进花枝发育。早春发芽前和花后,需剪去徒长枝、病弱枝、短截开花枝,以保持树冠圆满。常见害虫有红蜘蛛、介壳虫、卷叶蛾、蚜虫等,应及时防治。病害有叶穿孔病,可喷 500 倍液的代森锌防治。

(五)园林应用

樱花花繁色艳,甚为美观,宜植于庭院中、建筑物前,也可列植于路旁、墙边、池畔。栽植樱桃,花如彩霞,果似珊瑚,红艳喜人。

四、紫薇(*Lagerstroemia indica*)

别名百日红、满堂红、怕痒树。属于千屈菜科紫薇属,为落叶小乔木。

(一)形态特征(图 7-4)

树皮光滑,黄褐色,小枝略呈四棱形。单叶对生或上部互生,椭圆形或倒卵形,全缘。花为顶生圆锥花序,花冠紫红色或紫堇色,花瓣 6 片。花期长,6～9 月份陆续开花不绝。

(二)类型及品种

主要变种有:红薇(var. *rubra*),花红色;银薇(var. *alba*),花白色;翠薇(var. *amabilis*),花紫色带蓝。

(三)生态习性

原产华东、华中、华南、西南各地,园林中普遍栽培。喜光,喜温暖气候,不耐寒。适于肥沃、湿润而排水良好之地。有一定耐旱力。喜生于石灰性土壤。长时间渍水,生长不良。萌芽力强。

图 7-4 紫薇

(四)生产技术

1. 繁殖技术

常用播种或扦插法繁殖。

(1)播种繁殖 播种法 10～11 月份采收蒴果,暴晒果裂后,去皮净种,装袋贮存,于翌年早春播种,4 月份即可出苗。苗期要保持床土湿润,每隔 15 d 施 1 次薄肥,立秋后施 1 次过磷酸钙。苗木留床培育 2～3 年后,再行定植。

(2)扦插繁殖 扦插于春季萌芽前,选 1～2 年生健壮枝条,剪成 15～20 cm 长的插穗,插深 2/3。

插床以疏松而排水好的沙质壤土为佳。插后保持土壤湿度,一年生苗可高 50 cm 左右。梅雨季节可用当年生嫩枝扦插,插后要注意遮阳保湿。

2. 生产要点

紫薇大苗移栽需带土球,以清明时节栽植最好。栽后管理在生长期要经常保持土壤湿润,早春施基肥,5~6月份施追肥,以促进花芽增长,这是保证夏季多开花的关键。冬季要进行整枝修剪,使枝条均匀分布,冠形完整,可达到花繁叶茂的效果。主要虫害有蚜虫、介壳虫,可用40%氧化乐果1 500倍液喷杀。病害有烟煤病,要注意栽植不可过密,通风透光好,有利病虫害防治。

(五)园林应用

我国自古以来,常于庭院堂前对植两株。此外,在池畔水边、草坪角隅植之均佳。紫薇还宜制作盆景。

五、蜡梅(*Chimonanthus praecox*)

别名黄梅花、香梅、黄梅。属于蜡梅科蜡梅属,为落叶灌木花卉。

(一)形态特征(图7-5)

小枝四棱形,老枝近圆形。单叶对生,椭圆状卵形,表面粗糙。花单生叶腋,黄色,或略带紫色条纹,具浓香,有单瓣、重瓣之分,因品种而异。隆冬腊月开花,故又称"腊梅"。

(二)生态习性

原产我国中部各省,陕西秦岭、大巴山、湖北神农架等地发现有大面积野生蜡梅。现各地广泛栽培。蜡梅喜光而稍耐阴,较耐寒,冬季气温不低于−15℃地区,均能露地越冬。性耐旱,有"旱不死蜡梅"之说。怕风,忌水湿,喜肥沃疏松、排水良好的沙质壤土。土质黏重或盐碱土,均不适宜生长。萌生性强,耐修剪。寿命长,有植株愈老开花愈盛的特性。

图7-5 蜡梅

(三)生产技术

1.繁殖技术

可采用播种、嫁接、压条、分株等方法繁殖。以嫁接与分株较为常用。

2.生产要点

蜡梅的栽植,宜选向阳高燥之地或筑台植之,入土不宜偏深。冬季施1次基肥,腐熟饼肥或粪肥均可。5~6月份追施1~2次有机肥,促使蕾多花大。雨季要注意排水,过旱时要适当浇水。蜡梅的萌生性强,修枝和摘心工作很重要。修枝一般在花后进行,剪去纤弱枝、病枝及重叠枝,并将上年的伸长枝截短,以促使多萌新侧枝。摘心工作也是促使多分枝的一项措施,最好在春季新枝长出2~3对芽后就摘去顶梢,既保持良好树形,又利于花芽分化。如要培养较高大的蜡梅,就要注意不宜过早摘顶,到长到一定高度时再摘顶以促使分枝。蜡梅在盛花后,将凋谢的花朵及早摘去,以免养分消耗,这也是促使多开花的管理措施。

盆栽蜡梅要用疏松、肥沃、富含腐殖质的沙质壤土;平时盆土宜稍偏干一些,秋后施干饼肥作基肥,开花期不再施肥,冬季勿浇肥水,否则会缩短花期。每隔2~3年要换大1号盆,换盆时将根部土团去掉1/3旧土,剪去过长老根,培以新培养土,可促使新根生长,枝多花繁。

(四)园林应用

蜡梅是我国具有特色的冬季花木。通常配植于庭院中墙隅、窗前、路旁或建筑物入口处两侧,以及厅前亭周。也可以花池、花台的方式栽植。蜡梅与南天竹配置,可在隆冬时节呈现"黄花、红果、绿叶"交相辉映的景色。

六、木槿(*Hibiscus syriacus* L.)

别名朝开暮落花、篱障花。属于锦葵科木槿属。

(一)形态特征(图7-6)

落叶灌木或小乔木,高3~4 m,小枝幼时被绒毛,分枝多,树冠卵形。叶互生,卵形或菱状卵形,先端钝,常三裂。花单生叶腋,径5~8 cm,花色有紫、粉、红、白等,夏秋开花,每花开放约2 d,朝开暮落。蒴果矩圆形。

图7-6 木槿

(二)类型及品种

重瓣白木槿(var. *albo-plena*),花重瓣,白色;重瓣紫木槿(var. *amplissimus*),花重瓣,紫色。

(三)生态习性

原产我国,遍及黄河以南各省。朝鲜、印度、叙利亚也有分布。温带及亚热带树种,喜光,稍耐阴。耐水湿,也耐干旱。宜湿润肥沃土壤。抗寒性较强。耐修剪。

(四)生产技术

1.繁殖技术

通常扦插繁殖,极易成活,单瓣者也可播种繁殖,种子干藏后春播。栽培管理较粗放。

2.生产要点

用作绿篱的苗木,长至适当高度时需修剪,用于观花的宜养成乔木形树姿。移植在落叶期进行,通常带宿土。

木槿生长强健,病虫害少,偶有棉蚜发生,可喷40%乐果乳剂3 000倍液防治。

(五)园林应用

是夏秋季园林中优良的观花树种,宜丛植于阶前、墙下、水边、池畔,南方各省常用作花篱。

七、迎春(*Jasminum nudiflorum*)

别名迎春花、金腰带、金梅。属于木犀科茉莉花属。

(一)形态特征(图7-7)

落叶灌木,株高30~50 cm,枝细长直立或拱曲,丛生,幼枝绿色,四棱形。叶对生,小叶3枚,卵形至椭圆形。花单生,先叶开放,有清香,花冠黄色,高脚碟状,径2~2.5 cm。花期

2～4 月份。

(二)类型及品种

探春(*J. floridum*)缠绕状半常绿灌木,叶互生,单叶或复叶混生,小叶 3～5 片,聚伞花序顶生,5～6 月份开花,鲜黄色,稍畏寒。云南素馨(*J. mesnyi*),又称云南迎春,常绿灌木,花较大,花冠裂片较花冠筒长,常近于复瓣,生长比迎春花更旺盛,花期稍迟。3 月份始花,4 月份盛放。

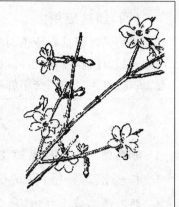

图 7-7　迎春

(三)生态习性

产于中国山东、陕西、甘肃、四川、云南、福建等省。各地广泛栽培。喜光、耐寒、耐旱、耐碱、怕涝。在向阳、肥沃、排水良好的地方生长繁茂。萌生力强,耐修剪。

(四)生产技术

1.繁殖技术

通常用扦插、压条及分株法繁殖。

2.生产要点

宜选择背风向阳、地势较高处,土壤肥厚、疏松、排水良好的中性土植之,生长最好。栽后冬季施基肥,并适当进行修剪,可促进初春开花,并延长花期。春夏之交,应予摘心处理,整理树形。偶有蚜虫可用 40% 氧化乐果 1 000 倍液防治。

(五)园林应用

迎春长条披垂,金花照眼,翠蔓临风,姿态风雅。可配植于屋前阶旁,也可在路边植为绿篱。水池边栽植亦颇为适宜。现代城市高架路两侧花池,建筑物阳台作悬垂式栽植更为适当,但管理上要确保水分供应。

八、连翘(*Forsythia suspense* Vahl)

别名黄寿丹、黄金条。属于木犀科连翘属。

(一)形态特征(图 7-8)

落叶灌木,高约 3 m,枝干丛生。叶对生,单叶或 3 小叶,卵形或卵状椭圆形,缘具齿。3～4 月份叶前开花,花冠黄色,1～3 朵生于叶腋,蒴果卵圆形,种子棕色,7～9 月份果熟。

(二)类型及品种

常见的有金钟连翘、卵叶连翘、秦岭连翘、垂枝连翘等。

(三)生态习性

产于中国北部和中部,朝鲜也有分布。喜光,耐寒,耐干旱瘠薄,怕涝,适生于深厚肥沃的钙质土壤。

图 7-8　连翘

(四)生产技术

1.繁殖技术

常用播种或扦插法繁殖。

春季播种,扦插容易成活,春季用一年生休眠枝或雨季选半木质化生长枝作插穗即可。

2.生产要点

定植后应选留 3～5 个骨干枝,使花枝在骨干枝上着生,每年花后进行修剪,疏除枯枝、老枝、弱枝,对健壮枝进行适度短截,促使萌生新的骨干枝和花枝。

常见病虫害有蚜虫、蓑蛾、刺蛾危害,应及时防治。

(五)园林应用

连翘为北方早春的主要观花灌木,黄花满枝,明亮艳丽。若与榆叶梅或紫荆共同组景,或以常绿树作背景,效果更佳。也适于角隅、路缘、山石旁孤植或丛植,还可用做花篱或在草坪成片栽植。果实为重要药材。

九、月季(*Rosa chinensis*)

别名月季花、长春花、月月红、四季蔷薇。属于蔷薇科蔷薇属,为落叶或半常绿灌木。

(一)形态特征(图 7-9)

高 0.3～4 m。茎部有弯曲尖刺,疏密不一,个别品种近无刺。奇数羽状复叶互生,小叶 3～9 片,多数品种椭圆形,倒卵形或阔披针形。有锯齿,托叶及叶柄合生。花多单生于枝顶。有的也多朵聚生呈伞房花序,多为重瓣,也有单瓣品种,瓣数 5～80 余片。果实近球形,成熟时橙红色。

(二)类型及品种

月季花品种繁多,全球现有 1 万种以上。按花色分,有白、黄、红、橙、复色等各种深浅不同的类型,个别品种有蓝色花和绿色花;按开花持续期分,有四季开花、两季开花和单季开花种;按植株形态分,有直立型、树桩型;藤本型和微型等。

图 7-9 月季

(二)生态习性

原产我国,现广泛栽培。喜光,对日照长短无严格要求,可不断开花,盛夏季节(33℃以上)暂停生长,开花少。适合温度 20～25℃。在长江流域能耐寒,喜壤土及轻黏土,在弱酸、弱碱及微含盐量的土壤中都能生长,要求排水良好,喜肥。

(三)生产技术

1.繁殖技术

以扦插、嫁接繁殖为主,也可压条、播种。

(1)扦插繁殖　扦插时期 3～11 月份,嫁接时期以 4～5 月份最好。生长期扦插应选用组织充实的枝条作插穗,带"踵"的短枝最好,尖端保留 1～2 对小叶。插壤以排水良好的黄砂、砻糠灰、蛭石均可。插后遮阳保湿,生根前浇水不宜过多,以免插条基部腐烂。

还可进行水插,春、秋季选用开花后的一年生壮枝,带叶两片插入深色玻璃瓶中,约 7 d 换水 1 次,提供光照条件,30 d 即可生根。

(2)嫁接繁殖　嫁接用"十姐妹"、"粉团蔷薇"的扦插苗,或多花蔷薇的实生苗为砧木进行切接、芽接。切接在早春叶芽刚萌动时进行。芽接时期为 5~10 月份。

(3)播种繁殖　播种多在培育新品种时采用。10~11 月份采收成熟的果实,用瓦盆进行湿沙贮藏,经 2~3 个月的充分后熟,取出果实内的种子,不使干燥,随即播于温室或温床。1~2 个月出苗,当年可以开花。

2.生产要点

施肥是栽培管理的重要环节。栽植前翻土整地,多施有机肥为基肥,以后每年冬季修剪后,应补充施肥。春季叶芽萌动展叶后,可施稀薄液肥,促使枝叶生长。生长期多施追肥,每月 2 次,以满足多次开花的需要,但至晚秋时应节制施肥,以免新梢过旺而遭冻害。

修剪的主要时期在冬季,剪枝强度视所需树形而定。低干的在离地 30~40 cm 处重剪,保留 3~5 个分枝,其余部分都剪除;高干的适当轻剪,树冠内部侧枝应疏剪,病、虫、枯枝一并剪除。花谢后应及时剪除花梗,以节约养料,促使再发新梢。

(四)园林应用

月季花期长,花色丰富,适宜在分车带等街头绿地栽种,藤本月季是垂直绿化的优良材料,并可作篱、花架、花门。此外,还可盆栽、作切花。

十、贴梗海棠(*Chaenomeles speciosa*)

别名贴脚海棠。属于蔷薇科木瓜属,为落叶灌木花卉。

(一)形态特征(图 7-10)

高达 2 m,枝开展,有刺,无毛。叶卵形至椭圆形,叶缘有尖锐锯齿,托叶大,花单生或几朵簇生于二年生枝条上,花猩红,或淡红间乳白色,单瓣或重瓣,径约 3~5 cm,花梗极短,梨果卵形至球形,长 5~10 cm,黄色或黄绿色,有香气。

(二)生态习性

原产我国中部,各地广泛栽培。喜光,有一定的耐寒能力,北京在小气候良好处可露地越冬。对土壤要求不严,但在深厚、肥沃的土壤中生长良好,畏涝。可耐轻度盐碱和干旱。花期 2~4 月份,10 月份果熟。

(三)生产技术

1.繁殖技术

以压条、扦插为主,也可分株。

(1)压条繁殖　3 月份或 9 月份采用环状剥皮法进行压条,月余即生根,秋季或翌春从

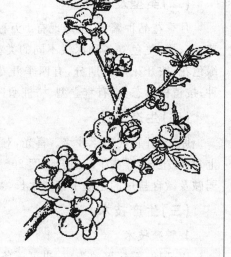

图 7-10　贴梗海棠

母体割离移栽。

(2)扦插繁殖 硬枝扦插可在早春叶芽萌动前剪取一年生的健壮枝条,按12~18 cm的长度剪穗,插入沙壤土中。嫩枝插则在生长期进行,注意遮阳保湿。

(3)分株繁殖 分株多在秋后或早春将母株掘起从自然缝隙处分割,每株带2~3个枝干栽种。

2.生产要点

贴梗海棠适应性强,管理粗放。花多着生于二年生的短枝上,可在花后剪除上年枝条的顶部,仅保留约30 cm,促进多发新梢,为翌年多开花创造条件。

(四)园林应用

株形较矮,花繁色艳,适宜在草坪、庭院或花坛内丛植或孤植。若配植于常绿树前更为鲜艳可爱。

十一、扶桑(*Hibiscus rosa-sinensis*)

别名朱槿、佛桑、桑槿、大红花。属于锦葵科木槿属,为常绿灌木花卉。

(一)形态特征(图7-11)

枝叶婆娑,分枝多,树冠近圆形。单叶互生,广卵形或狭卵形,边缘有锯齿及缺刻,基部近全缘。花大,单生于上部叶腋,有单瓣、重瓣之分。单瓣花漏斗状,鲜红色,雄蕊筒及柱头伸出花冠之外。重瓣花非漏斗状,呈红、黄、粉等色,雄蕊筒及柱头不突出花冠外。花期长,从6月至初冬陆续开花,夏秋尤甚。

图7-11 扶桑

(二)生态习性

扶桑为亚热带树种,主产我国南方云南、广东、福建、台湾等地。现各地广泛栽培。性喜温暖、湿润气候,不耐寒冷,要求日照充足。在平均气温10℃以上地区生长良好。喜光,不耐阴。适生于有机质丰富,pH 6.5~7的微酸性的土壤。发枝力强,耐修剪。

(三)生产技术

1.繁殖技术

以扦插繁殖为主,其他繁殖法皆少应用。

2.生产要点

扶桑在园林栽植要选阳光充足,土壤疏松肥沃、排水良好的地方。盆栽盆土用含有机质丰富的沙质壤土,掺拌10%腐熟的饼肥或粪干。刚栽植的苗木,土要压实,浇透水,先蔽荫3 d,再给予充分光照,有利成活。平时管理要注意浇水适度,过湿过干都影响开花。夏季高温时,要早晚浇水,并喷叶面水。每周施饼肥水1次。新株生长期要摘心1~2次,促发新梢,保证开花繁茂。扶桑花期长,夏、秋为盛花,秋凉后着花渐少。如需冬季或早春开花,可提前进入温室,放置向阳处,以达到催花目的。盆栽扶桑冬季移入温室,室温不低于5℃。早春结合换盆换上新的培养土,施腐熟鸡、鸭粪或饼肥为基肥。同时要修剪过密须根。地上部分要修剪整形,各侧枝从基部留2～3个芽,上部均剪去,让它再萌发饱满而匀称的新枝梢,生长旺盛,叶茂花繁。

(四)园林应用

扶桑花大色艳,花期甚长,所谓"佛桑鲜吐四时艳",是著名观赏花木。适于南方庭院、墙隅植之。园林中常作花丛、花篱栽植。盆栽是阳台、室内陈放常见花卉。

十二、夹竹桃(*Nerium indicum*)

别名柳叶桃、半年红、洋桃,夹竹桃科夹竹桃属。

(一)形态特征(图7-12)

常绿灌木或小乔木,株高5 m,具白色乳汁。三叉状分枝,分枝力强。叶披针形,厚革质,具短柄,3～4叶轮生,在枝条下部为对生,全缘,叶长15～25 cm,宽1.5～3 cm,先端锐尖。聚伞花序顶生;花芳香,花冠漏斗形,深红色或粉红色;花期6～10月份,果熟期12月份至翌年1月份。

(二)类型及品种

常见变种有:白花夹竹桃,花白色,单瓣;斑叶夹竹桃,叶面有斑纹,花红色,单瓣;淡黄夹竹桃,花淡黄色,单瓣;红花夹竹桃等。

(三)生态习性

原产伊朗、印度及尼泊尔,现广植于热带及亚热带地区,我国各地均有栽培。喜阳光充足,温暖

图7-12　夹竹桃

湿润的气候。适应性强,耐干旱瘠薄,也能适应较阴的环境。不耐寒,怕水涝,对土壤要求不严,但以排水良好、肥沃的中性土最佳。有抗烟尘及有害气体的能力,萌发力强,耐修剪。

(四)生产技术

1.繁殖技术

以扦插为主,也可压条和分株。扦插在4月份或9月份进行,插后灌足水,保持土壤湿润,15 d即可发根。还可把插条捆成束,将茎部10 cm以下浸入水中,每天换水,保持20～25℃,7～10 d可生根,尔后再移入苗床或盆中培养。新枝长至25 cm时移植,夹竹桃老茎基部的嫩枝长至5 cm时带踵取下来,保留生长点部分的小叶插入素沙中,阴棚下养护,成活率很高。压条一般选2年生而分枝较多的植株作压条母株,小满节气时压条。

2.生产要点

苗期可每月施1次氮肥,成年后,管理可粗放,露地栽植可少施肥,盆栽可于春季或开花前后各施1次肥。温室盆栽的每年可于4月底出房,10月底入房。夏季5～6 d,秋后8～10 d

灌水1次。水量适当,经常保持湿润即可。可按"三叉九顶"修剪整枝,即枝顶3个分枝,再使每枝分生3枝。一般在60 cm处剪顶,促发芽,剪口处长出许多小芽,留3个壮芽。

夹竹桃黑斑病防治方法:加强管理,增强植株通风透光性。多施磷、钾肥,增强树势;喷75％百菌清800倍液进行防治。

(五)园林应用

夹竹桃对有毒气体和粉尘具有很强的抵抗力,工矿区环保绿化可以利用,其花繁叶茂,姿态优美,是园林造景的重要花灌木,适作绿带、绿篱、树屏、拱道。茎叶可制杀虫剂,茎叶有毒,人畜误食可致命。夹竹桃为阿尔及利亚国花。

十三、梅花(*Prunus mume*)

别名干枝梅、红梅、春梅。蔷薇科李属,为多年生木本花卉。

(一)形态特征(图7-13)

落叶小乔木,高达10 m,常具枝刺,树冠近圆头形。树干褐紫色,有驳纹,小枝呈绿色,无毛。叶广卵形至卵形,长4～10 cm,先端长渐尖,边缘有细锐锯齿,叶柄长0.5～1.5 cm,托叶脱落性。花每节1～2朵,多无梗或短梗,花色为淡粉红或白色,花径2～3 cm,有芳香,花瓣5枚,雄蕊多数,子房密被柔毛。核果近球形,径2～3 cm,黄或绿色,密被短柔毛,味酸,核面具小凹点。

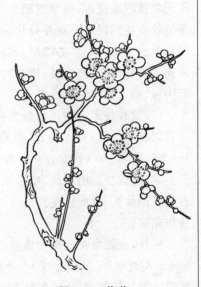

图7-13 梅花

(二)类型及品种

中国梅花现有300多个品种,按种型分为3个种系,即真梅系、杏梅系、樱李梅系。真梅系是由梅花的原种和变种演化而来,按枝条姿态分为直枝类、垂枝类、龙游类,此类是梅花的主体,品种多且富于变化。杏梅系的形态介于杏、梅之间,花似杏核表有小凹点,此系抗寒性强,适于梅花北移。樱李梅系是梅与红叶李杂交得来,花和叶同放,花大而密,观赏价值高。直枝梅有7个型,即江梅型、宫粉型、玉蝶型、朱砂型、绿萼型、洒金型、黄香型;垂枝梅有4个型,即单粉垂直型、残雪垂直型、白碧垂直型、骨红垂直型;龙游梅有一个型即玉蝶龙游型;杏梅系有单杏型、丰后型、送春型;樱李梅有一个型即美人梅型。

(三)生态习性

梅花原产于长江以南地区,性喜温暖、湿润的气候条件,喜阳光充足、通风良好的环境。一般不耐低温,只有杏梅系可耐－30～－20℃的低温。梅对温度比较敏感,一般当旬平均气温达到6～7℃时开花,喜空气湿度较大的环境,花期忌暴雨,忌积水,要求排水良好。对土壤要求不太严格,耐贫瘠,以黏壤土或壤土为宜。

(四)生产技术

1.繁殖技术

梅花可用嫁接、扦插、压条、播种等方法繁殖,但以嫁接为主。

(1)嫁接繁殖　砧木在南方多用梅或桃,北方常用杏、山杏或山桃。砧木选1～2年生的实生苗,嫁接时间和方法各地不同,春季多用切接、劈接、靠接、腹接,冬季常采用腹接,夏秋季常采用芽接。

(2)播种繁殖　播种繁殖常用于培养砧木和新品种的培育,约在6月份收成熟种子,将种子清洗晾干,实行秋播。如实行春播,就先将种子混沙层积,以待来春播种。

(3)扦插繁殖　梅花扦插宜在早春或晚秋进行,扦插时选一年生健壮枝条,取其中下部,剪成10～15 cm的插穗,刀口处可用1 000 mg/L的萘乙酸处理8～10 s,插入蛭石中插穗长度的1/2～2/3,上留一个芽节,长度不超过3 cm,浇透水,遮阳,并保持一定的温度和湿度,促进生根。

2.生产要点

(1)露地栽培技术　露地栽培场地应选择地势高燥、排水良好的地块,成活后一般天气不干旱就不用浇水,每年施肥3次,即初冬施基肥,含苞前施速效性催花肥,新梢停止生长后施速效性花肥以促进花芽分化,每次施肥都要浇透水。露地栽植梅花整形修剪以疏剪为主,可修剪成自然开心形的株型,截枝时以轻剪为宜,过重常导致徒长,从而影响全年开花。多在初冬疏剪枯枝、病虫枝、徒长枝,花后对全株适当整形。此外,生长期间应结合水肥管理进行中耕、除草及防治病虫害等其他工作。

(2)盆栽技术　梅花盆栽多在北方不能露地越冬的地区,南方也存在盆栽观赏形式。盆土要求疏松透气,排水良好,腐殖质丰富,一般可用腐叶土4份、堆肥土4份、沙土2份,每1～2年换盆一次,换盆宜在早春花后修建完毕进行。盆土不能长期过干或过湿,应掌握见干见湿、浇就浇透的原则,切忌积水。当新枝长到20～25 cm长时应适当扣水,使盆土偏干,抑制新梢伸长,以促进花芽形成。生长旺盛期每天浇水一次,秋后浇水量要逐渐减少,以利枝条充实。

另外,盆栽梅花的整形修剪也要及时,由于梅花的开花枝在一年生枝上,幼苗期在25～30 cm高处定干,留顶端3～5个枝条作主枝,当枝条长到20～25 cm时在摘心,以促进花芽形成。第二年开花后,留各枝基部2～3个芽短截,发芽后及时剪除过密枝、交叉枝、重叠枝,保留枝条长到25 cm时在进行摘心,促使花枝形成花芽。留剪口时,应注意剪口芽的方向,一般枝条下垂的品种应留内芽,枝条直立或斜生的品种应留外芽。

(五)园林应用

梅花除赏花观形外,还可提取香精,并可制成各种食品;干花、叶、根、核仁均可入药;果梅可加工成青梅、话梅、乌梅、梅干等;梅木坚韧而富有弹性,是雕刻的上等材料。

计 划 单

学习领域	花卉生产技术			
学习情境7	木本花卉生产技术		学时	8
计划方式	小组讨论、成员之间团结合作共同制订计划			
序号	实施步骤		使用资源	
制订计划说明				
	班级		第 组	组长签字	
	教师签字			日期	
计划评价	评语:			

决 策 单

学习领域	花卉生产技术		
学习情境 7	木本花卉生产技术	学时	8
方案讨论			

	组号	任务耗时	任务耗材	实现功能	实施难度	安全可靠性	环保性	综合评价
方案对比	1							
	2							
	3							
	4							
	5							
	6							

方案评价	评语：

班级		组长签字		教师签字		日期	

材料工具单

学习领域			花卉生产技术				
学习情境7			木本花卉生产技术		学时		8
项目	序号	名称	作用	数量	型号	使用前	使用后
所用材料	1	有机肥	基肥	300 kg			
	2	复合肥	基肥、追肥	100 kg			
	3	营养钵	育苗	500 个			
	4	花盆	上盆	5 000 个			
	5						
	6						
	7						
	8						
	9						
	10						
	11						
所用工具	1	铁锹	整地	30 把			
	2	喷雾器	田间管理	2 个			
	3	皮尺	做畦	5 个			
	4	绳子	做畦	200 m			
	5	水管	浇水	200 m			
	6	嫁接刀	嫁接	50 把			
	7	修剪刀	修剪	50 把			
	8	耙子	整地	30 把			
	9						
	10						
	11						
	12						
班级		第　组	组长签字			教师签字	

实 施 单

学习领域	花卉生产技术		
学习情境7	木本花卉生产技术	学时	8
实施方式	小组合作;动手实践		

序号	实施步骤	使用资源
1	基本理论讲授	多媒体课件
2	木本花卉的含义	多媒体课件
3	常见木本花卉的种类和品种	多媒体、花卉市场、生产基地、大轿车
4	常见木本花卉形态特征观察	花卉市场、生产基地、大轿车
5	常见木本花卉的繁殖技术和生产要点	多媒体、生产基地、大轿车
6	木本花卉的园林应用	植物园、公园、广场等、大轿车

实施说明:

利用多媒体资源,进行理论学习,掌握常见木本花卉生产技术的基本理论知识;

利用花卉市场、生产基地、植物园、公园、广场等地方进行木本花卉品种识别,熟悉当前生产上常见种类和品种;

利用标准示范园,通过田间生长期管理、冬季整形修剪,以及土肥水管理等环节,掌握常见木本花卉田间管理的各项技能,完成周年田间管理任务,掌握常见木本花卉生产技术。

通过花卉市场、生产基地、植物园参观,了解木本花卉栽培现状,提高学生学习的积极性。

班级		第 组	组长签字	
教师签字			日期	

作 业 单

学习领域	花卉生产技术		
学习情境7	木本花卉生产技术	学时	8
作业方式	资料查询、现场操作		
1	简述木本花卉的含义及分类。		
作业解答：			
2	列举50种常见木本花卉，并说明它们的形态特征及生态习性。		
作业解答：			
3	简述牡丹的繁殖方法及生产要点。		
作业解答：			
4	简述碧桃、紫薇、木槿的繁殖技术及整形修剪技术。		
作业解答：			
5	简述常见木本花卉的园林应用。		
作业解答：			
作业评价	班级　　　第　组　学号　　　姓名　　 教师签字　　　教师评分　　　日期 评语：		

检 查 单

学习领域		花卉生产技术		
学习情境7		木本花卉生产技术	学时	8
序号	检查项目	检查标准	学生自检	教师检查
1	基本理论知识	课堂提问,课后作业,理论考试		
2	木本花卉种类和品种	正确识别		
3	木本花卉形态特征观察	课外调查、课堂检查		
4	整地、施肥、种植	深翻土壤、施足基肥、合理定植		
5	木本花卉生长期管理	水肥管理		
6	木本花卉整形修剪技术	生长期修剪、休眠期修剪		
7				
8				
9				
10				
11				
12				
13				
14				

检查评价	班级		第 组	组长签字	
	教师签字			日期	
	评语:				

评 价 单

学习领域	花卉生产技术				
学习情境7	木本花卉生产技术			学时	8
评价类别	项目	子项目	个人评价	组内互评	教师评价
专业能力 (60%)	资讯 (10%)				
	计划 (10%)				
	实施 (15%)				
	检查 (10%)				
	过程 (5%)				
	结果 (10%)				
社会能力 (20%)	团结协作 (10%)				
	敬业精神 (10%)				
方法能力 (20%)	计划能力 (10%)				
	决策能力 (10%)				
	班级		姓名		学号		总评	
	教师签字		第 组	组长签字		日期	
评价评语	评语:				

教学反馈单

学习领域	花卉生产技术				
学习情境 7	木本花卉生产技术	学时		8	
序号	调查内容	是	否	理由陈述	
1	你是否明确本学习情境的目标？				
2	你是否完成了本学习情境的学习任务？				
3	你是否达到了本学习情境对学生的要求？				
4	资讯的问题，你都能回答吗？				
5	你知道木本花卉的含义和分类吗？				
6	你知道木本花卉有哪些常见的种类和品种吗？				
7	你熟悉常见木本花卉的形态特征和生态习性吗？				
8	你掌握常见木本花卉的繁殖方法了吗？				
9	你能举例说出 50 种常见的木本花卉吗？				
10	你能掌握牡丹的繁殖技术和生产要点吗？				
11	你能掌握桃花的繁殖技术和生产要点吗？				
12	你能掌握樱花的繁殖技术和生产要点吗？				
13	你掌握紫薇、木槿、腊梅的繁殖技术和生产要点了吗？				
14	你能说出迎春与连翘在形态上的区别吗？				
15	你能掌握迎春、连翘的繁殖技术和生产要点吗？				
16	你掌握常见木本花卉的应用了吗？				
17	通过几天来的工作和学习，你对自己的表现是否满意？				
18	你对本小组成员之间的合作是否满意？				
18	你认为本学习情境对你将来的学习和工作有帮助吗？				
19	你认为本学习情境还应学习哪些方面的内容？（请在下面回答）				
20	本学习情境学习后，你还有哪些问题不明白？哪些问题需要解决？（请在下面回答）				

你的意见对改进教学非常重要，请写出你的建议和意见：

调查信息		被调查人签字		调查时间	

学习情境8 球根花卉生产技术

任 务 单

学习领域	花卉生产技术		
学习情境8	球根花卉生产技术	学时	8
任务布置			
学习目标	1.了解球根花卉的含义、分类。 2.了解球根花卉的常见品种。 3.熟悉常见球根花卉的形态特征及生态习性。 4.掌握常见球根花卉的生产技术。 5.掌握常见球根花卉的用途。		
任务描述	了解球根花卉的分类及常见的品种类型,熟悉球根花卉的形态特征、生态习性,掌握常见球根花卉的生产技术,掌握常见球根花卉的用途并能在实践中合理应用。具体任务要求如下: 1.利用多媒体或播放幻灯片,了解球根花卉的种类和品种,熟悉球根花卉的形态特征、生态习性,掌握球根花卉栽培的基础理论知识。 2.进行田间实训,掌握整地、施肥、种植球根、生长期管理、球根的采收和贮存等技术环节,从而掌握常见球根花卉露地高效栽培技术。 3.观看球根花卉生产栽培视频,了解其栽培概况,熟悉当前生产常见品种。 4.能够进行常见球根花卉的繁育和栽培管理。		
学时安排	资讯1学时　计划0.3学时　决策0.3学时　实施6学时　检查0.2学时　评价0.2学时		
参考资料	1.张树宝.花卉生产技术(第2版).重庆:重庆大学出版社,2008. 2.曹春英.花卉栽培(第2版).北京:中国农业出版社,2010. 3.宋满坡.园艺植物生产技术(校内教材).河南农业职业学院,2009.		
对学生的要求	1.了解球根花卉的种类和品种。 2.熟悉常见球根花卉的形态特征及生态习性。 3.掌握球根花卉的整地→施肥→种植球根→生长期管理→采收→贮存管理技术。 4.能够进行常见球根花卉的繁育和栽培管理。 5.严格按照安全操作规程进行实践操作。 6.严格遵守纪律,不迟到,不早退,不旷课。 7.本情境工作任务完成后,需要提交学习体会报告。		

资 讯 单

学习领域	花卉生产技术		
学习情境 8	球根花卉生产技术	学时	8
咨询方式	在图书馆、专业杂志、互联网及信息单上查询;咨询任课教师		
咨询问题	1.球根花卉的栽培现状、存在问题及发展前景? 2.球根花卉的种类和品种有哪些? 3.目前生产上,球根花卉有哪些常见优良品种? 4.简述球根花卉的分类及栽培过程。 5.简述大丽花的繁殖技术和生产要点。 6.简述美人蕉的繁殖技术和生产要点。 7.简述郁金香的繁殖技术和生产要点。 8.简述风信子的繁殖技术和生产要点。 9.简述花毛茛的繁殖技术和生产要点。 10.简述球根花卉在园林、园艺方面的应用。		
资讯引导	1.问题 1 可以在图书馆、杂志、互联网查找资料查询。 2.问题 2～10 可以在《花卉生产技术》(第 2 版)(张树宝)的第五章、《花卉栽培》(第 2 版)(曹春英)的第七章、《园艺植物生产》(校内教材)(宋满坡)第四分册各论(下册)中查询。		

信 息 单

学习领域	花卉生产技术		
学习情境8	球根花卉生产技术	学时	8

信 息 内 容

一、大丽花(*Dahlia pinnata* Cav.)

别名大丽菊、大理花、天竺牡丹、西番莲、地瓜花。菊科大丽花属。多年生块根类花卉，春植球根。

(一)形态特征(图8-1)

地下部分具肥大纺锤形肉质块根，形似地瓜，故名地瓜花；茎中空，高50～100 cm；叶对生，1～3回羽状分裂，小叶卵形或椭圆形，正面深绿色，背面灰绿色，边缘具粗钝锯齿，总柄微带翅状；头状花序，具长梗，顶生或腋生。其大小、色彩、形状因品种而异，花序由外围舌状花与中部管状花组成，舌状花单性或中性，管状花两性；外围舌状花色丰富而艳丽，除蓝色外，有紫、红、黄、雪青、粉红、洒金、白、金黄等各色俱全，中心管状花，黄色；花期6～10月份；瘦果黑色，长椭圆形或倒卵形，扁平状。

图8-1　大丽花

(二)类型及品种

大丽花全世界有3万个品种，植株高矮、花朵、花型、花色变化多端。

1.按植株高度分类

高型：植株粗壮，高2 m左右，分枝较少。

中型：株高1.0～1.5 m，花型及品种最多。

矮型：株高0.6～0.9 m，菊型及半重瓣品种较多，花较少。

极矮型：株高20～40 cm，单瓣型较多，花色丰富。常用播种繁殖。

2.依花色分类

有白、粉、黄、橙、红、紫红、堇、紫及复色等。同属中还有小丽花，株型矮小，花色五彩缤纷，盛花期正值国庆节，最适合家庭盆栽。

目前世界上栽培的品种7 000多种，我国至少有500种以上。

(三)生态习性

原产墨西哥高原海拔1 500 m以上地带。喜凉爽气候，不耐严寒与酷暑，生长适温10～25℃。在夏季气候凉爽、昼夜温差大的地区，生长开花更好。忌积水又不耐干旱，喜排水及保水性能好、腐殖质较丰富的沙壤土。喜阳光，但阳光过强对开花不利，一般应早晨给予充足阳光，午后略加遮阴。大丽花为短日照春植球根花卉，春天萌芽生长，夏末秋初气候凉爽，日照渐短时进行花芽分化并开花。秋天经霜后，枝叶停止生长而枯萎，进入休眠。

大丽花从萌芽到开花需 120 d 以上，初夏(5～7 月份)和秋后(9～10 月份)两季开花，但以秋花较为繁茂。花期长，单花期 10～20 d，依品种和花期的温度而异。管状花授粉后约 1 个月种子成熟。

(四)生产技术

1.繁殖技术

通常以分根、扦插繁殖为主，也可用播种和块根嫁接。

(1)分根法　常用分割块根法。大丽花仅块根的根颈部有芽，故要求分割后的块根上必须带有芽的根颈。通常于每年 2～3 月间将贮藏的块根取出先行催芽，选带有发芽点的块根排列于温床内，然后壅土、浇水，白天室温保持 18～20℃，夜间 15～18℃，14 d 发芽，即可取出分割，每块根带 1～2 个芽，每墩块根可分割 5～6 株，在切口处涂抹草木灰以防腐烂，然后分栽。

(2)扦插法　大丽花的扦插在春、夏、秋三季均可进行。一般是春季当新芽长至 6～7 cm 时，留基部一对芽切取插穗扦插，保持室温 15～22℃，插后约 10 d 即可生根，当年秋季可以开花。如为了多获得幼苗，还可以继续截取新梢扦插，直到 6 月份，如管理得当，成活率可达 100%。夏季扦插因气温高，光照强，9～10 月份扦插因气温低，生根慢，成活率不如春季。

(3)块根嫁接　春季取无芽的块根作砧木，以大丽花的嫩梢作接穗，进行劈接。接后埋入土中，待愈合后抽枝发芽形成新植株。嫁接法由于用块根作砧木，养分足，苗壮，对开花有利，但不如扦插简便。

(4)播种繁殖　播种适宜于矮生花坛品种及培育新品种。春季将种子在露地或温床条播，也可在温室盆播，当盆播苗长至 4～5 cm 时，需分苗移栽到花盆或花槽中。播种可迅速获得大批实生苗，且生长势比扦插苗和分株苗生长健壮，但大丽花为多源杂种，遗传基因复杂，播后性状宜发生变异。

2.生产要点

地栽大丽花应选择背风向阳，排水良好的高燥地(高床)栽培。大丽花喜肥，宜于秋季深翻，施足基肥。春季晚霜后栽植，深度为根颈低于土面 5 cm 左右，株距视品种而异，一般 1 m 左右，矮小者 40～50 cm。苗高 15 cm 左右即可开始打顶摘心，使植株矮壮。生长期间应注意整枝修剪及摘蕾等工作。孕蕾时要抹去侧蕾使顶蕾健壮，要及时设立支柱，以防风刮断。花凋谢后及时剪去残花，减少养分消耗。生长期间，每 10 d 施追肥 1 次，夏季植株处于半休眠状态，要防暑、防晒、防涝，不需施肥。霜后剪去枯枝，留下 10～15 cm 的根颈，并掘起块根，晾 1～2 d，沙藏于 5℃左右的冷室越冬。

盆栽大丽花多选用扦插苗，以低矮中、小花品种为好。栽培中除按一般盆花养护外，应严格控制浇水，以防徒长与烂根。应掌握的原则是：不干不浇，间干间湿。幼苗到开花之前须换盆 3～4 次，不可等须根满盆再换盆，否则影响生长。最后定植，以高脚盆为宜。

地栽时可根据植株高矮、花期早晚、花型大小分别用于花坛、花境、花丛的栽植。

大丽花常见病虫害有枯萎病、花叶病、金龟子类等。枯萎病常因土壤过湿，排水不良或空气湿度过大引起。防治方法是栽植前对土壤消毒，以溴甲烷封闭式消毒为主，及时清除、销毁病残体，定期喷洒 64%杀毒矾可湿性粉剂 1 000 倍液、70%代森锰锌可湿性粉剂 400 倍液。大丽花花叶病是由蚜虫或其他害虫传播而由病毒引起。要及时用10％吡虫啉消灭蚜虫。发现病株应及时拔除销毁。金龟子类主要危害嫩芽、嫩叶及花朵,严重时可将上述器官全部吃光,可在清晨人工捕杀。

(五)园林应用

大丽花花大色艳以富丽华贵取胜,花色艳丽,花型多变,品种极为丰富,是重要的夏秋季园林花卉,尤其适用于花境或庭前丛植。矮生品种最适宜盆栽观赏或花坛使用,高型品种宜作切花。

大丽花产量较高。适应性强,适宜栽培地区广泛,抗逆性强,特别是抗寒性较强,抗病。适合露地栽培。

二、美人蕉(*Canna*)

别名红蕉、苞米花、宽心姜。美人蕉科美人蕉属。为多年生草本根茎类球根花卉,春植球根。

(一)形态特征(图8-2)

株高80～150 cm,具肉质根状茎,地上茎肉质,不分枝,叶片宽大,广椭圆形,绿色或红褐色,互生,全缘。总状花序,自茎顶抽出,每花序有花10余朵。两性,花萼3枚,苞片状;花瓣3片,绿色或红色,萼片状。雄蕊5枚瓣化,为主要观赏部分,其中3枚呈卵状披针形,一枚翻卷为唇瓣形,另一枚具单室的花药。雌蕊花柱扁平亦呈花瓣状。子房下位,3室。瓣化雄蕊的颜色有鲜红、橙黄或有橘黄色斑点等。蒴果,种子黑色,种皮坚硬。

图8-2 美人蕉

(二)类型及品种

美人蕉科仅有美人蕉属一属,约50种,目前园艺上栽培的美人蕉绝大多数为杂交种及混交群体。

(1)大花美人蕉(*C. generalis*) 别名法国美人蕉、红艳蕉。为法国美人蕉系统的总称,主要由美人蕉杂交改良而来。为目前广泛栽培种,也是最艳丽的一类。株高约1.5 m,一般茎叶均被白粉;叶大,阔椭圆形。瓣化瓣5枚,圆形,直立而不反卷,花较大,有深红、橙红、黄、乳白色等。

(2)蕉藕(*C. edulis*) 别名食用美人蕉、姜芋。植株粗壮高大,约2～3 m,茎紫红色;叶背及叶缘晕紫色;花期8～10月份,但在我国大部分地区不见开花。原产印度和南美洲。

(3)美人蕉(*C. indica*) 别名小花美人蕉、小芭蕉,株高1～1.3 m,茎叶绿而光滑。花小,着花少,红色。原产热带美洲。

(4)黄花美人蕉(*C. var. flaccida*) 别名柔瓣美人蕉。株高1.2～1.5 m,茎绿色;叶片长圆状披针形,花序单生而稀疏,着花少,苞片极小;花大而柔软。向下反曲,淡黄色。原产美国佛罗里达州至南卡罗来纳州。

（5）紫叶美人蕉（*C.warscewiezii*）　别名红叶美人蕉。株高 1～1.2 m,茎叶均紫褐色并具白粉;总苞褐色,花大,红色。原产哥斯达黎加和巴西。

（三）生态习性

原产热带美洲,我国各省普遍有栽培。生长健壮,性喜温暖向阳,不耐寒,早霜开始地上部即枯萎。畏强风。喜肥沃土壤,耐湿但忌积水。花期长,从 6 月份可延续到 11 月份。

（四）生产技术

1.繁殖技术

多用分株法繁殖。每年春季 3～4 月份将根茎挖起,每 2～3 芽分切 1 段种植。也可用种子繁殖。春季播种当年可开花。也可用种子繁殖。美人蕉种皮坚硬,播前应将种皮刻伤或开水浸泡,温度保持 25℃,2～3 周即可发芽,定植后当年可开花。

2.生产要点

美人蕉适应性强,管理粗放。每年 3～4 月份挖穴栽植,穴内可施腐熟基肥,开花前可根据长势施 2～3 次追肥,经常保持土壤湿润。花后要及时剪去花葶,以利于继续抽出花枝。长江以南,根茎可以露地越冬,霜后剪去地上部枯萎枝叶,在植株周围穴施基肥并壅土防寒。来年春清除覆土,以利新芽萌发。北方天气严寒,入冬前应将根状茎挖起,稍加晾晒,沙藏于冷室内或埋藏于高燥向阳不结冰之处,翌年春暖挖出分栽。

栽培时注意防治美人蕉花叶病,发现病株及时拔除并销毁;及时防治蚜虫,消灭传毒介体;定期采用 83 增抗剂,提高植物抗病毒能力。

（五）园林应用

美人蕉茎叶繁茂,花期长且花大色艳,是园林绿化的好材料。宜作花境背景或花坛中心栽植,也可丛植于草坪边缘或绿篱前,展现群体美。还可用于基础栽植,遮挡建筑死角。柔化刚硬的建筑线条。可成片作自然式栽植或作室内盆栽装饰。它还是净化空气的好材料,对有害气体如二氧化硫、氯气、氟等具有良好的抗性。其根茎和花均可入药,有清热利湿、安神降压的功效。

三、郁金香（*Tulipa gesmeeriana* L.）

别名洋荷花、草麝香。百合科郁金香属。为多年生鳞茎类球根花卉,秋植球根。

（一）形态特征（图 8-3）

多年生草本,株高 20～80 cm,整株被白粉。地下鳞茎扁圆锥形,2～5 枚肉质鳞片着生于鳞茎盘上,外被淡黄色至棕褐色皮膜。茎叶光滑灰绿色具白粉。叶着生基部,阔披针形或卵状披针形,3～5 枚,呈带状披针形至卵状披针形,全缘略呈波状,基生或部分茎生。花单生茎顶,花大、直立杯形。花色丰富,有红、橙、黄、紫红、白等色还有复色、条纹、饰边、斑点及重瓣品种等,花被片 6 枚离生,花白天开放,傍晚或阴雨天闭合。株高:20～40 cm。花期:3～5 月份,视品种而异,单花开 10～15 d。蒴果,种子多数扁平半圆形或三

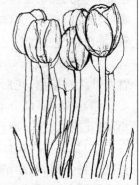

图 8-3　郁金香

角状卵形。

(二)类型及品种

郁金香属植物约 150 种,其栽培品种已达 10 000 多个。这些品种的亲缘关系极为复杂,是由许多原种经过多次杂交培育而成,也有通过芽变选育的,所以在花期、花型、花色及株型上变化很大。

(1)克氏郁金香(T. clusiana)　鳞茎外皮褐色革质,具有匍匐枝。叶 2～5 枚,灰绿色,无毛,狭线形;花茎高约 30 cm;花冠漏斗状,先端尖,有芳香,白色带柠檬黄晕,基部紫黑色;花期 4～5 月份。不结实,为异源多倍体。分布于葡萄牙经地中海至希腊、伊朗一带。

(2)福氏郁金香(T. fosteriana)　本种茎叶具二型性,高型种株高 20～25 cm,叶 3 片,少数 4 片,宽广平滑,缘具明显的紫红色线,直立性。矮型种高 15～18 cm,有白粉。两者花形相同。花冠杯状,径 15 cm,星形;花被片长而宽阔,端部圆形略尖,常有黑斑,斑纹有黄色边缘,凡具黑斑的植株,其花药、花丝均为黑色,花粉紫色。也有无黑斑者,其花药为黄色,花色鲜绯红色。本种原产中亚细亚,具美丽的花朵,为本属中花色最美的种类。对病毒抵抗力强,因此近年来常用作培育抗病品种的材料。但其鳞茎产生子球数量少,并且需培养 2～3 年才能开花。

(3)香郁金香(T. suaveolens)　株高 7～15 cm。叶 3～4 枚,多生茎的基部,最下部叶呈带状披针形。花冠钟状,长 3～7 cm;花被片长椭圆形,鲜红色,边缘黄色有芳香。本种原产南俄罗斯至伊拉克。

(三)生态习性

原产地中海沿岸及中亚细亚、土耳其等地,现世界各国广为栽培,以荷兰栽培茂盛。性喜冬季温暖、湿润,夏季凉爽,稍干燥的向阳或半阴的环境,喜通风良好的环境。生长适温 8～20℃,最适温度 15～18℃,花芽分化的适温为 17～25℃,最高不能超过 28℃。一般可耐 -30℃ 的低温,忌酷热,夏季休眠。需水较少,耐干旱,栽后浇足水,以喷水保持土壤湿度即可,水多鳞茎易烂。以肥沃、排水良好的沙壤土为好,怕积水。早春出芽后,应放置阳光下,以利于早开花。

(四)生产技术

1. 繁殖技术

(1)分球繁殖　最常用的繁殖材料是子鳞茎,栽植前深耕,做畦,栽种前几天,浇透水,同时施入底肥。秋季 9～10 月份分栽小球,母球为一年生,每年更新,即开花后干枯死亡,在旁边长出和它同样大小的新鳞茎 1～3 个,来年可开花。在新鳞茎的下面还能长出许多小鳞茎,秋季分离新球及子球栽种,子球需培养 3～4 年才能开花。新球与子球的膨大生长,常在开花后 1 个月的时间完成。在栽种小子球前,应施足基肥,应以有机肥料为主。下种之后,不要马上灌水,这样才能诱导鳞茎向深处扎根,有利于来年更好地生长发育。

(2)播种繁殖　郁金香用种子繁殖,要经过 5～6 年才能开花,种子繁殖多应用在培育新品种时,但有时为了解决种源不足问题,也采用种子繁殖,可以迅速扩大繁殖系数,缓解种球供不应求的矛盾。

种子成熟后,要经过 6～9℃ 低温贮藏,到 9 月份播种,播后 30～40 d 萌发。待种子全部发芽后,移植到温室内养护,同时加强肥水管理,到第二年6月份温度升高后叶片枯黄,地下部已形成鳞茎,及时挖出贮藏,到秋季再种植。由于种球很小,生长缓慢,长成开花球要好几年。

(3)组织培养　利用组织培养繁殖郁金香有许多优点,繁殖系数比鳞茎繁殖高30～50倍,且生长迅速,组培苗到开花需2年时间,比种子繁殖速度快,但有些品种用组织培养分化慢,不易成功,有待进一步研究。

2.生产要点

郁金香属秋植球根,可地栽和盆栽,华东及华北地区以9月下旬至10月上旬为宜,暖地可延至10月末至11月初。整地时施入充分腐熟的有机肥,筑畦或开沟栽植,覆土厚度为球径的3倍,株行距10 cm×20 cm,栽后浇水。定植后表面用草或遮阳网等覆盖,可防止土壤板结,生长期应保持土壤湿度均衡,尤其在初定植时、叶片与花茎快速生长期及子球生长期均需要充分灌溉。郁金香对钾、钙较为敏感,适当施用磷酸二氢钾或复合肥,以利地下更新鳞茎的膨大发育。来年早春化冻前及时将覆盖物除去同时灌水,生长期内追肥2～3次,花后应及时剪掉残花不使其结实,这样可保证地下鳞茎充分发育。入夏前茎叶开始变黄时及时挖出鳞茎,放在阴凉通风干燥的室内贮藏过夏休眠,贮藏期间鳞茎内进行花芽分化。

郁金香易感染病害,有郁金香碎色病、基腐病、郁金香火疫病等。主要以预防为主,避免连作;严格进行土壤及种球消毒;及时清理病株;定期喷浇杀菌剂;在挖取及栽植鳞茎时避免损伤;土壤勿过湿。蛴螬易危害鳞茎和根,施用基肥应充分腐熟,可用75％辛硫磷1 000倍液灌根,蚜虫用40％速果乳油2 000倍液或25％灭蚜灵乳油500倍液防治。

(五)园林应用

郁金香是世界著名花卉。刚劲挺拔的花茎从秀丽素雅的叶丛中伸出,顶托着一个酒杯似的花朵,花大而色繁,如成片栽植,花开时绚丽夺目,呈现一片春光明媚的景象。近年我国各大城市纷纷引种栽培。是春季园林中的重要球根花卉,宜作花境丛植及带状布置,也可作花坛群植,同二年生草花配置。高型品种是重要切花。中型品种常盆栽或促成栽培,供冬季、早春欣赏。

四、花毛茛(*Ranunculus asiaticus* L.)

别名芹菜花、波斯毛茛、陆地莲。毛茛科毛茛属,为多年生块根类花卉。

(一)形态特征(图8-4)

块根纺锤状,小型,多数聚生在根颈处。地上茎细而长,单生或少有分枝,具短刚毛,基生叶椭圆形,多为三出,有粗钝锯齿,具长柄。茎生叶羽状细裂,几无柄。花单生枝顶,花瓣平展,多为上下两层,每层8枚。花色丰富,有白、黄、橙、水红、大红、紫、褐等。

(二)类型及品种

园艺品种较多,花常高度瓣化为重瓣型,色彩极丰富,有黄、

图8-4　花毛茛

白、橙、水红、大红、紫以及栗色等。

(三)生态习性

花毛茛原产欧洲东南部和亚洲西南部。喜凉爽和半阴的环境。较耐寒,不耐酷暑,怕阳光暴晒,在我国大部分地区夏季进入休眠。要求含腐殖质丰富、排水良好的肥沃沙质土或轻黏土,pH 值以中性或微碱性为宜。花期 4~5 月份。

(四)生产技术

1.繁殖技术

繁殖方法以分株繁殖为主。多在秋季 9~10 月份栽植前,将母株顺其自然用手掰开、每部分带有一段根茎即可。

种子繁殖常在培育新品种时应用。在秋季盆播育苗,苗圃宜用条播。温度过高时发芽缓慢,10℃左右 20 d 可萌芽。若盆播育苗放入温室越冬生长,翌年 3 月下旬出室定植,入夏可开花。

2.生产要点

无论地栽或盆栽应选择无阳光直射,通风良好和半阴环境。秋季块根栽植前最好用福尔马林进行消毒。地栽株行距 20 cm×20 cm,覆土约 3 cm。初期浇水不宜过多,以免腐烂。早春萌芽前要注意浇水防干旱,开花前追施液肥 1~2 次。入夏后枝叶干枯将块根挖起,放室内阴凉处贮藏,立秋后再种植。管理过程中如浇水过多,土壤排水不良易发生白绢病和灰霉病。要及时摘除病叶,清除病株,保持通风透光,及时排灌,合理施用氮、磷、钾肥。白绢病可采用 70%代森锰锌或土菌清对土壤进行消毒。灰霉病可喷施 50%速克灵可湿性粉剂1 000 倍液或 50%多菌灵可湿性粉剂 1 000 倍液,连续用药 2~3 次。

(五)园林应用

花毛茛花大色艳,是园林蔽荫环境下优良的美化材料,多配植于林下树坛之中,建筑物的北侧,或丛植于草坪的一角。可盆栽布置室内,也可剪取切花瓶插水养。

五、风信子(*Hyacinthus orientalis* L.)

别名洋水仙、五色水仙,百合科风信子属,多年生球根花卉,秋植球根。

(一)形态特征(图 8-5)

鳞茎球形或扁球形,外被皮膜具光泽,颜色常与花色有关。呈紫蓝色、粉红或白色等。叶 4~6 枚,基生,肥厚,带状披针形,具浅纵沟。花葶高 15~45 cm,中空,顶端着生总状花序;小花 10~20 余朵密生上部,多横向生长,少有下垂。花冠漏斗状,基部花筒较长,裂片 5 枚。向外侧下方反卷。花期早春,花色有白、黄、红、蓝、雪青等。原种为浅紫色,具芳香。

(二)类型及品种

风信子栽培品种极多,具各种颜色及重瓣品种,亦有大花和小花品种,早花和晚花品种等。

（三）生态习性

原产南欧、地中海东部沿岸及小亚细亚一带。较耐寒，在我国长江流域冬季不需防寒保护。喜凉爽、空气湿润、阳光充足的环境。要求排水良好的沙质土，低湿黏重土壤生长极差。6月上旬地上部分枯黄进入休眠，在休眠期进行花芽分化，分化的温度是25℃左右，分化过程需1个月左右。在花芽伸长前需经过2个月的低温环境，气温不能超过13℃。

图8-5　风信子

（四）生产技术

1.繁殖技术

风信子以分球繁殖为主，夏季地上部枯死后，挖出鳞茎，将大球和子球分开，贮于通风的地方，大球秋植后第二年春季可开花，子球需培养3年后才开花。

为了扩大繁殖量，可在每年夏季休眠期间对大球采用阉割手术，刺激其长出更多的子球，操作方法是：于8月上、中旬将大球的底部茎盘先均匀地挖掉一部分，使茎盘处的伤口呈凹形，再自下向上纵横各切一刀，呈十字形切口，深度达鳞茎内的芽心为止。切口用0.1%的升汞涂抹，然后在烈日下将伤口暴晒1~2 h，平摊在室内，室温保持在21℃左右，使其产生愈伤组织，再将室温提高到30℃，保持85%的空气湿度，3个月左右即可长出许多小鳞茎。

播种繁殖多在培育新品种时使用，秋季将种子播于冷床中，培养土与沙混合或轻质壤土，种子播后覆土1 cm，翌年1月底至2月初萌芽，入夏前长成小鳞芽，4~5年可开花。

2.生产要点

风信子在每年9~10月间栽种，不宜种得太迟。否则发育不良，影响翌年开花。选择土层深厚，排水良好的沙质壤土，先挖20 cm深的穴，穴内施入腐熟的堆肥，堆肥上盖一层土再栽入球根，上面覆土，冬季寒冷的地区，地面还要覆草防冻，长江流域以南温暖地区可自然越冬。春天施追肥1~2次。花后须将花茎剪除，勿使结子，以利于养球。栽培后期应节制肥水，避免鳞茎腐烂。采收鳞茎应及时，采收过早鳞茎不充实，反之则鳞茎不能充分阴干而不耐贮藏。鳞茎不宜留在土中越夏，每年必须挖出贮藏，贮藏环境必须干燥凉爽，将鳞茎分层摊放以利通风。

风信子常见病害有黄腐病、软腐病、病毒病等。防治方法首先应选健壮的鳞茎，已发病地区避免连作，用福尔马林进行土壤消毒，生长期可喷洒72%农用链霉素可溶性粉剂1 000倍液。

（五）园林应用

为著名的秋植球根花卉，株丛低矮，花丛紧密而繁茂，最适合布置早春花坛、花境、林缘，也可盆栽、水养或作切花观赏。

六、葱兰（*Zephyranthes candida*）

别名葱莲、玉帘。属于石蒜科葱兰属，为多年生鳞茎类花卉。

(一)形态特征(图8-6)

地下具小而颈长的有皮鳞茎。株高 20 cm 左右。叶基生,扁线形,稍肉质,暗绿色。花葶中空,自叶丛中抽出,花单生,花被 6 片,白色外被紫红色晕。蒴果近球形。

(二)生态习性

原产墨西哥及南美各国,我国栽培广泛。性喜阳光,也能耐半阴。耐寒力强,长江流域以南均可露地越冬。要求排水良好、肥沃的沙壤土。开花期 7~9 月份。

(三)生产技术

1.繁殖技术

多不结实,鳞茎分生能力强,以春季分栽子球繁殖。

图8-6 葱兰

2.生产要点

生长健壮,管理粗放,其新鳞茎形成和叶丛生长,花芽分化渐次交替进行,故开花不断。生长旺季要每 10 d 追肥 1 次,常保持土壤湿润,否则叶尖易黄枯。

(四)园林应用

株丛低矮而紧密,花期较长,最适合作花坛边缘材料和林荫地的地被植物,也可盆栽和瓶插水养。

七、石蒜(*Lycoris radiata*)

别名蟑螂花、老雅蒜、地仙、龙爪花。属于石蒜科石蒜属,为多年生鳞茎类花卉。

(一)形态特征(图8-7)

地下鳞茎广椭圆形,外被紫红色膜质外皮,花后抽叶,叶 5~6 片丛生,呈窄条形,叶面深绿色,背面粉绿色,长 30~60 cm。花葶刚劲直立,先叶抽出,高约与叶相等,花 5~7 朵呈顶生伞形花序,花鲜红色,花被 6 片向两侧张开翻卷,每片呈倒披针形,基部花筒短,雌雄蕊均伸出花冠之外,子房下位,花后不易结实。

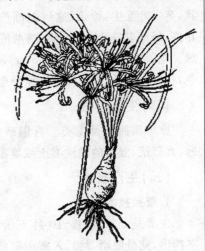

(二)品种类型

同属有十多种。该属大多为美丽的观赏花卉。常见栽培的还有:葱地笑(*L. aurea*),又名铁色箭,叶阔线形,粉绿色,花大,枯黄色,分布于我国中南部,生于阴湿环境,花期 9~10 月份;夏水仙(*L. squamigera*),又名鹿葱,叶阔线形,淡绿色,花淡紫红色,我国江、浙、皖等省及日本有分布,生于山地阴湿处,花期 8 月份。

图8-7 石蒜

(三)生态习性

原产我国和日本,在我国秦岭以南至长江流域和西南地区均有野生分布,耐寒力强,在我国大部分地区鳞茎均可露地自然越冬。早春萌发出土,夏季落叶休眠。8月份自鳞茎上抽出花葶,9月份开花。南方冬季呈常绿状态,北方冬季落叶,在自然界中多野生于山村阴湿处及溪旁石隙中,喜阴湿的环境,怕阳光直射,不耐旱,能耐盐碱。要求通气、排水良好的沙质土,石灰质壤土生长也良好。

(四)生产技术

1.繁殖技术

因不易结实,故多采用分球繁殖。入夏叶片枯黄后将地下鳞茎掘起,掰下小鳞茎分栽,鳞茎不宜每年采收,一般4～5年掘起分栽1次。

2.生产要点

石蒜是秋植球根类花卉。立秋后选疏林荫地成片栽植,株行距20 cm×30 cm。石蒜适应性强,管理粗放,一般田园上栽前不需施基肥。如土质较差,于栽植前可施有机肥1次。在养护期注意浇水,保持土壤湿润,但不能积水。休眠期如不分球,可留在土壤中自然越冬或越夏,停止灌水,以免鳞茎腐烂。花后及时剪掉残花,以保持株丛整齐。

(五)园林应用

多用于园林树坛、林间隙地和岩石园作地被花卉种植,也可作花境丛植或山石间自然散栽。因开花时无叶,可点缀于其他较耐阴的草本植物之间。还可以剪取切花供室内陈放。

八、晚香玉(*Polianthes tuberosa*)

别名夜来香、井下香、夜情香。石蒜科晚香玉属,为多年生鳞茎花卉。

(一)形态特征(图8-8)

地下具长圆形鳞茎状的块茎。基生叶簇生,呈长条带状,茎生叶互生,稀疏,愈到上部愈小,呈苞片状。顶生穗状花序,每序着花12～20朵,两两成对生长,自下而上陆续开放。花冠漏斗状,长为4～6 cm,具浓香。花被6片,乳白色,花被筒细长,略弯曲。蒴果卵形。

(二)生态习性

原产墨西哥及南美。喜温暖而阳光充足的环境,不耐寒,喜肥沃、湿润的黏质壤土或壤土。

图8-8 晚香玉

(三)生产技术

1.繁殖技术

主要是分球繁殖。10月下旬霜降来临前,将晚香玉球茎挖出,充分晾晒,然后入室干藏,翌春3～4月份将球茎取出,分大球和小球进行栽植。种植球根的深度应较其他球根为浅。球顶稍微露出土面为宜。植球后出苗较慢,需1个月左右,但苗期以后生长较快。据试验,晚香玉球茎长到直径 3~4 cm 始能见花,故大球当年开花而小球则当年不能开花。

2.生产要点

晚香玉在栽植初期因出苗缓慢故浇水不宜过多。以后随着植株长大,就应及时浇水。可 5~7 d 浇水 1 次。它喜大肥,栽植时应施足底肥。在花葶抽出后,可每隔 2 周追肥 1 次稀薄人粪尿液肥。冬季贮藏球茎时,要注意防止冻害和腐烂,室温应保持 6~8℃。

(四)园林应用

晚香玉花香浓郁,清雅宜人,可布置花坛、花境或作盆栽。

九、水仙(中国水仙)(*Narcissus tazetta* L.)

别名水仙花、金盏银台、天蒜、雅蒜。石蒜科水仙属。

(一)形态特征(图 8-9)

鳞茎卵圆形。叶丛生于鳞茎顶端,狭长,扁平,先端钝,全缘,粉绿色,花茎直立,不分枝,略高于叶片。伞形花序,有花 4~8 朵,花被 6 片,高脚碟状花冠,芳香,白色,副冠黄色,杯状。花期1~2 月份。

(二)类型及品种

中国水仙有近千年的栽培历史,品种主要有以下两个。

金盏银台:花被纯白色,平展开放,副花冠金黄色,浅杯状,花期 2~3 月份。产于浙江沿海岛屿和福建沿海。现福建漳州和上海崇明有大量栽培,远销国内外。

图 8-9 水仙

玉玲珑:花变态,重瓣,花瓣褶皱,无杯状副冠。花姿美丽,但香味稍逊于单瓣。产地同上。

水仙属植物有 40 个原生种,园林中常见栽培的同属种类有:

(1)喇叭水仙(*N. pseudo-narcissus*) 别名洋水仙、漏斗水仙。鳞茎球形,叶扁平线形,长 20~30 cm,宽 1.4~1.6 cm,灰绿色,光滑。花单生,大型,淡黄色,径约 5 cm;副冠约与花被片等长。花期 2~3 月份。本种有许多园艺品种,有宽叶和窄叶品种,有花被白色、副冠黄色或花被副冠全为黄色的。

(2)仙客来水仙(*N. cyclamineus*) 叶狭线性,背隆起呈龙骨状。植株矮小。花 2~3 朵聚生,形小而下垂或侧生;花黄色,花被片自基部极度向后卷曲。副花冠与花被片等长,鲜黄色,边缘具不规则锯齿。

(三)生态习性

水仙属植物主要原产北非、中欧及地中海沿岸,其中法国水仙分布最广,自地中海沿岸一直延伸至亚洲,有许多变种和亚种,中国水仙是法国水仙的主要变种之一,主要集中于中国东南沿海一带。水仙是秋植球根植物,秋冬为生长期,夏季为休眠期,鳞茎球在春天膨大,其内花芽分化在高温中(26℃以上)进行,温度高时可以长根,随温度下降才发叶,至 6~10℃

时抽花等。适于冬季温暖,夏季凉爽,在生长期有充足阳光的气候环境。但多数种类也耐寒,在我国华北地区不需保护即可露地越冬。对土壤要求不严,但以土层深厚肥沃、湿润而排水良好的黏质土壤最好。水仙耐湿,生长期需水量大,耐肥,需充足的畜禽厩肥作底肥。

(四)生产技术

1. 繁殖技术

以分球繁殖为主,将母株自然分生的小鳞茎分离下来作种球,另行栽植培养。为培育新品种可采用播种繁殖,种子成熟后于秋季播种,翌春出苗,待夏季叶片枯黄后挖出小球,秋季再栽植。另外也可用组织培养法获得大量种苗和无菌球。

2. 生产要点

生产栽培有旱地栽培法与灌水栽培法两种。

上海崇明采用旱地栽培法。选背风向阳的地方在立秋后施足基肥,深耕耙平后作出高垄,在垄上开沟种植。生长期追施1～2次液肥,养护管理粗放。夏季叶片枯黄后将球茎挖出,贮藏于通风阴凉处。

福建漳州采用灌水栽培法。9月下旬到10月上旬先在耕后的田面上做出高40 cm、宽120 cm的高畦。多施基肥,畦四周挖深30 cm的灌水沟。一年生小鳞茎可用撒播法,2～3年生鳞茎用开沟条植法。由于水仙的叶片是向两侧伸展的,注重排球时鳞茎上芽的扁平面与沟平行,采用的株距较小,约10～20 cm,行距较大,30～40 cm,以使有充足空间,沟深10 cm左右,顶部向上摆入沟内,覆土不要太深,栽后浇液肥,肥干后浸水灌溉,使水分自底部渗透畦面。隔1～2个月再于床面覆稻草,草的两端垂入水沟,保持床面经常湿润。一般1～2年生球10～15 d施肥一次,3年生球每周施追肥一次。

漳州水仙主要是培养大球,每球有4～7个花芽。为使球大花多,第三年栽培前数日要先行种球阉割。水仙的侧芽均在主芽的两侧,呈一直线排列。阉割时将球两侧割开,挖去侧芽,勿伤茎盘,保留主芽,使养分集中。再经一年的栽培,形成以主芽为中心的膨大鳞茎,和数个侧生的小鳞茎,构成笔架形姿态,花多,叶厚。

二、三年生鳞茎栽培后,当年冬季主芽常开花,可留下花基1/3处剪下作切花,避免鳞茎养分消耗,继续培养大球。

6月份以后,待地上部分枯萎后掘起。鳞茎掘起后去掉叶片和须根。在鳞茎盘处抹上护根泥,保护脚芽不脱落,晒到贮藏所需要的干燥程度后,即可贮藏。

10月份进入分级包装上市销售阶段,用竹篓包装,一篓装进20只球的,为20庄,另外还有30庄、40庄、50庄。

室内观赏栽培常用水养法,多于10月下旬选大而饱满的鳞茎,将水仙球的外皮和干枯的根去掉。先将鳞茎放入清水中浸泡一夜,洗去黏液,然后用小石子固定,水养于浅盆中,置于阳光充足,室温12～20℃条件下,4～5周即可开花。水养期间,每隔1～2 d换清水一次,换水冲洗时注意不要伤根。开花后最好放在室温10～12℃地方,花期可延长半个月,如果室温超过20℃,水仙花开放时间会缩短,而且叶片会徒长、倒伏。

水仙鳞茎球经雕刻等艺术加工,可产生各种生动的造型,提高观赏价值,并能使开花期提早。雕刻形式多样,基本分为笔架水仙及蟹爪水仙两种。笔架水仙即将球纵切,使鳞茎内排列的花芽利于抽生。而蟹爪水仙,则雕刻时刻伤叶或花梗的一侧,未受伤部位与受伤部位生长不平衡,即形成卷曲。不管是笔架水仙或蟹爪水仙刻伤后,均需浸水1~2 d。将其黏液浸泡干净,以免凝固在球体上,使球变黑、腐烂。然后进行水养。

水仙病虫害有大褐斑病、病毒病、基腐病、线虫病、刺足根螨、蓟马及灰条球根蝇等。大褐斑病:发生在叶片中部和边缘,病重时叶片像火烧似的,漳州花农称为"火团病"。用0.5%甲醛浸泡30 min或用65%代森锰锌300倍液浸泡15 min,可减初次侵染菌原。从水仙萌发到开花期末,用75%百菌清600倍液或50%克菌丹500倍液,每10 d用1次,交替使用。水仙茎线虫病,危害叶及鳞茎。要加强检疫,种球可用40%甲醛120倍液浸蘸。还可用热处理除线虫,45℃温水浸泡10~15 min,55~57℃温水处理3~5 min。

(五)园林应用

水仙是我国十大传统名花之一。有"凌波仙子"之称。植株低矮,花姿雅致,芳香,叶清秀,是早春重要的园林植物。散植于庭院一角,或布置于花台、草地,清雅宜人。水仙也可以水养,将其摆放在书房或几案上,严冬中散发淡淡清香,令人心旷神怡。水仙也可作切花供应。鳞茎可入药,捣烂敷治痈肿。其花可提取香精,为高级香精原料。漳州水仙球大花多,闻名世界;崇明水仙开花适时,可加工造型,销售均遍及全国,并行销国际市场。

十、白头翁(*Pulsatilla chinensis*)

别名老公花、毛姑多花,毛茛科白头翁属。

(一)形态特征(图 8-10)

多年生草本。株高20~40 cm,地下茎肥厚,根圆锥形,有纵纹。全株密被白色长柔毛。叶基生,三出复叶4~5片,具长柄,叶缘有锯齿。花单生,萼片花瓣状,6片成2轮,蓝紫色,外被白色柔毛,花期4~5月份。瘦果宿存,瘦果顶部有羽毛状宿存花柱,银丝状花柱在阳光下闪闪发光,十分美丽。

(二)类型及品种

常见的有朝鲜白头翁(*P. cernua*)、欧洲白头翁(*P. vulgaris*)。

(三)生态习性

原产中国,除华南外各地均有分布。性耐寒,喜凉爽气候,要求向阳、干燥的环境,喜肥沃及排水良好的沙质土壤,忌低洼、湿涝,不耐移植。

图 8-10 白头翁

(四)生产技术

1.繁殖技术

常用播种或分割块茎繁殖。播种繁殖,多采用直播,种子成熟后立即播种即可。分割块茎法,可在秋末掘起地下块茎,用湿沙堆积于室内,翌年3月上旬在冷床内栽植催芽,萌芽后将块茎用刀切开,每块要带有萌发的顶芽,栽于露地或盆内。

2.生产要点

幼苗期生长缓慢,需加强管理,及时浇水、除草、间苗和防治病虫害,实生苗2～3年开花。生长期主要是肥水管理。花后注意防虫,以免花梗早枯,影响种子发育、成熟。

十一、大岩桐(*Sinningia specosa*)

别名落雪泥,苦苣苔科苦苣苔属。花朵大而鲜艳,十分雍容华贵,花期又长,是一种观赏价值很高的室内盆栽花卉。

(一)形态特征(图8-11)

多年生球根花卉,块茎扁球形,地上茎极短,叶对生,肥厚而大,长椭圆形,密生绒毛。花顶生或腋生,花冠钟状,先端浑圆,色彩丰富,大而美丽。园艺品种很多,有青、紫、墨红、玫瑰红、洋红、大红、白、白边红心、白边蓝心等色。果、种子小而多。

图8-11 大岩桐

(二)生态习性

原产巴西。喜温暖、潮湿。好肥,要求疏松、肥沃而又保水良好的腐殖质土壤。忌阳光直射。适宜生长的温度18～20℃,生长期要求空气湿度大,冬季落叶休眠,块根在5℃左右可安全越冬。休眠期要保持干燥,如湿度过大、温度过低,块茎易腐烂。

(三)生产技术

1.繁殖技术

可用播种、扦插和球茎分割等方法繁殖。

(1)播种繁殖 春秋两季均可,用腐叶土,培养土和细沙的混合土壤装入播种浅盆,抹平压实,均匀撒上种子,盆底润水后盖上玻璃。室温保持18～22℃,10 d后出苗,幼苗长出3～4片真叶时移植于浅盆或木框,6～7片叶时移植于小盆。苗期避免阳光直射,适当遮阳,经常喷雾,保持较高的湿度。一般播后6个月开花。

(2)扦插繁殖 块茎上常萌发出嫩茎,剪取嫩茎,长2～3 cm,插于珍珠岩或细沙中,温度保持18～20℃,半个月后即生根。也可在花谢后,剪取健壮的叶片,留叶柄1 cm,剪平,叶片的1/3插于蛭石内,2/3留在地表面,适当遮阳,保持一定湿度,10 d后开始发根,长出小苗移于小盆。5～7月份扦插,翌年6～7月份开花。

(3)球茎分割繁殖 在春季换盆前,块茎发芽后,用芽接刀将块茎割成几块,每块都带芽眼,否则仅生根,不能形成生长枝。分割的切面用草木灰涂抹,以防止块茎腐烂。

2.生产要点

(1)定植 定植时,要施足底肥。栽种深度以植株茎部大叶平盆口为度。由于叶面绒毛密生,施肥时不可将肥液沾污叶面,每次施肥后,要喷清水1次,以保持叶面清洁。

(2)花前管理 经过休眠的块茎,依需要的开花期,随时取出栽植。在温室内从栽植到开花,一般需5～6个月。栽植前可先行催芽,将块茎密植于腐叶土或沙土中,维持温度约18℃

和较高的空气湿度并适当遮阴。1~2周后生根发芽,即可移入 10 cm 盆中,最后定植于 12~15 cm 盆中。栽时覆土以盖住块茎,经浇水后露出块茎顶部为度。温室维持温度 18~ 21℃和较高的空气湿度。温度和湿度不宜过高,此时应适度通风,否则植株易徒长。块茎新芽发生时,选留一个壮芽,其余新芽都可剥取扦插。每周追肥 1 次,注意肥水不可施在叶面上,因叶面密被绒毛,遇肥水常发生斑点或引起腐烂。施肥后可喷 1 次清水。

(3)花期管理 花盛开时停止追肥,花蕾抽出时温度不可过高,需适当通风,否则花梗细弱。春天于中午前后遮光,注意维持较高的空气湿度。花后光照可稍强些。

(4)休眠期管理 大岩桐花后 1 个月左右生长逐渐停止,浇水量宜相应减少,至茎叶全部枯萎,块茎进入休眠状态后停止浇水,将块茎从盆中取出(或在原盆中度过休眠期),埋藏于微有湿气的沙中,冬季贮藏温度 8~10℃,夏季则放于干燥通风的荫蔽处,严防潮湿引起块茎腐烂,并每月检查 1 次。

(四)园林应用

因其花朵大、花色浓艳多彩、花期长而深受人们喜爱。大岩桐为温室盆栽花卉,尤其能在室内花卉较少的夏季开花,更显可贵,为夏季室内装饰的重要盆栽花卉,可用来装饰窗台、几案、会议室等。

十二、韭兰(*Zephyranthes grandiflora*)

别名红花葱兰、韭菜兰、花韭、红菖蒲莲、红菖蒲、假番红花、赛番红花,为石蒜科葱兰属。

(一)形态特征(图 8-12)

韭兰株高约 15~30 cm,成株丛生状。叶片线形,极似韭菜。花茎自叶丛中抽出,花瓣多数为 6 枚,有时开出 8 枚。韭兰花形较大,呈粉红色,花瓣略弯垂;小韭兰呈浓桃红色,成株每个鳞茎都能开花,丛生的花团,在艳阳下大放异彩,千娇百媚,人见人爱。韭兰花期 4~9 月份;小韭兰花期夏季约 5~8 月份。适合庭园花坛缘栽或盆栽。

图 8-12　韭兰

(二)生态习性

原产热带美洲的墨西哥等地,在我国西南的川陕甘山区也有大量野生韭兰,现我国各地多有栽培。性喜温暖阳光,也耐半阴和低湿,耐寒力强,耐旱抗高温,要求排水良好、肥沃的沙壤土。

(三)生产技术

1.繁殖技术

可用分株法或鳞茎栽植,全年均能进行,但以春季最佳。只要将球根掘起,每处植 3~5 个球,浇水保持适当的湿度,喷施新高脂膜,提高成活率。掘取球根时,注意勿使球根受伤。若带有太多叶片及花茎,将上部剪除,保留完整的球根及 6~8 cm 的叶片种植即可。若球根已萌发花蕾,分枝后充分浇水,喷施花朵壮蒂灵,仍能开花。

2.生产要点

栽培土质以肥沃的砂质壤土为佳。花坛缘栽每 1 穴植 3~5 个球,穴距约 15 cm,盆栽每 17 cm 盆植 5～7 个球,栽植后注意灌水保持湿度。栽培地点要日照充足,荫蔽处不易分生子球,也不容易开花。肥料可使用有机肥料如油粕、堆肥或氮、磷、钾肥料,每 2～3 个月施用 1 次,按比例增加磷、钾肥,能促进球根肥大,开花良好。植株丛生而显拥挤时,必须强制分株。生性强健,耐旱抗高温,栽培容易,生育适温为 22～30℃。

(四)园林应用

红花葱兰叶丛碧绿,闪烁着粉红色的花朵,美丽幽雅。最适宜作花坛、花径、草地镶边栽植,或作盆栽供室内观赏,亦可作半阴处地被花卉。盆栽装饰阳台、窗台等处。或用于路边、墙边绿化。适合花坛、花境和绿草地的镶边。

计 划 单

学习领域	花卉生产技术		
学习情境 8	球根花卉生产技术	学时	8
计划方式	小组讨论、成员之间团结合作共同制订计划		
序号	实施步骤	使用资源	
制订计划说明			
	班级		第 组	组长签字	
	教师签字			日期	
计划评价	评语：			

决 策 单

学习领域		花卉生产技术			
学习情境8		球根花卉生产技术		学时	8
		方案讨论			

	组号	任务耗时	任务耗材	实现功能	实施难度	安全可靠性	环保性	综合评价
方案对比	1							
	2							
	3							
	4							
	5							
	6							

方案评价	评语:

班级		组长签字		教师签字		日期	

材料工具单

学习领域		花卉生产技术					
学习情境8		球根花卉生产技术				学时	8
项目	序号	名称	作用	数量	型号	使用前	使用后
所用材料	1	地膜	覆盖	2 kg			
	2	有机肥	基肥	300 kg			
	3	复合肥	基肥	50 kg			
	4	尿素	追肥	50 kg			
	5	花盆	上盆	1 000 个			
	6	营养钵	育苗	5 000 个			
	7						
	8						
	9						
	10						
	11						
所用工具	1	铁锹	整地	30 把			
	2	喷雾器	田间管理	2 个	背式		
	3	皮尺	做畦	5 个			
	4	绳子	做畦	200 m			
	5	水管	浇水	200 m			
	6						
	7						
	8						
	9						
	10						
	11						
	12						
班级		第 组	组长签字			教师签字	

实 施 单

学习领域	花卉生产技术		
学习情境8	球根花卉生产技术	学时	8
实施方式	小组合作；动手实践		
序号	实施步骤	使用资源	
1	基本理论讲授	多媒体	
2	球根花卉种类和品种识别	多媒体课件、花卉市场、生产基地、大轿车	
3	球根花卉形态特征观察	花卉市场、生产基地、大轿车	
4	整地、施肥、种植	科技园、大轿车	
5	球根花卉生长期管理	科技园、大轿车	
6	球根花卉球根的采收、贮存	科技园、大轿车	

实施说明：

利用多媒体资源，进行理论学习，掌握球根花卉栽培的基本理论知识。

利用花卉市场、球根花卉生产基地的参观学习，通过球根花卉种类和品种识别，熟悉当前生产上常见球根花卉的种类；了解球根花卉栽培现状，提高学生学习积极性。

利用标准示范园，通过田间球根花卉生长期的植株管理、土肥水管理等环节，掌握球根花卉田间管理的各项技能，完成周年田间管理任务，掌握常见球根花卉的生产技术。

班级		第 组	组长签字	
教师签字			日期	

作　业　单

学习领域	花卉生产技术		
学习情境 8	球根花卉生产技术	学时	8
作业方式	资料查询、现场操作		
1	简述球根花卉的含义及分类。		
作业解答：			
2	列举 10 种常见的球根花卉，并说明它们的主要形态特征及生态习性。		
作业解答：			
3	试述球根花卉的采收和贮藏技术。		
作业解答：			
4	举例说明 5 种常见球根花卉的生产技术。		
作业解答：			
5	试述球根花卉在园林、园艺中的具体应用。		
作业解答：			

	班级		第　组	学号		姓名	
	教师签字		教师评分		日期		
作业评价	评语：						

检 查 单

学习领域		花卉生产技术		
学习情境8		球根花卉生产技术	学时	8
序号	检查项目	检查标准	学生自检	教师检查
1	基本理论知识	课堂提问,课后作业,理论考试		
2	球根花卉种类和品种	正确识别		
3	形态特征观察	从形态上准确识别		
4	整地、施肥、种植	深翻土壤、施足基肥、合理定植		
5	球根花卉生长期管理	水肥管理		
6	球根花卉球根的采收、贮藏	采收的适宜时期、贮藏的环境条件		
7				
8				
9				
10				
11				
12				
13				
14				

检查评价	班级		第 组	组长签字	
	教师签字			日期	
	评语:				

评 价 单

学习领域		花卉生产技术			
学习情境8		球根花卉生产技术		学时	8
评价类别	项目	子项目	个人评价	组内互评	教师评价
专业能力 (60%)	资讯 (10%)				
	计划 (10%)				
	实施 (15%)				
	检查 (10%)				
	过程 (5%)				
	结果 (10%)				
社会能力 (20%)	团结协作 (10%)				
	敬业精神 (10%)				
方法能力 (20%)	计划能力 (10%)				
	决策能力 (10%)				
	班级		姓名		学号		总评	
	教师签字		第 组	组长签字		日期	
评价评语	评语:				

教学反馈单

学习领域	花卉生产技术			
学习情境 8	球根花卉生产技术	学时		8
序号	调查内容	是	否	理由陈述
1	你是否明确本学习情境的目标？			
2	你是否完成了本学习情境的学习任务？			
3	你是否达到了本学习情境对学生的要求？			
4	资讯的问题，你都能回答吗？			
5	你掌握球根花卉的含义及分类了吗？			
6	你知道球根花卉的采收及贮藏技术吗？			
7	你熟悉常见球根花卉的形态特征和生态习性吗？			
8	你能举例说出 10 种常见的球根花卉吗？			
9	你掌握球根花卉的栽培管理过程了吗？			
10	你能掌握大丽花的分根繁殖和扦插繁殖的方法吗？			
11	你能掌握美人蕉的繁殖技术和生产要点吗？			
12	你能掌握花毛茛的繁殖技术和生产要点吗？			
13	你能掌握郁金香的繁殖技术和生产要点吗？			
14	你能掌握风信子的繁殖技术和生产要点吗？			
15	你能掌握葱兰的繁殖方法和栽培要点吗？			
16	你掌握常见球根花卉的应用了吗？			
17	通过几天来的工作和学习，你对自己的表现是否满意？			
18	你对本小组成员之间的合作是否满意？			
18	你认为本学习情境对你将来的学习和工作有帮助吗？			
19	你认为本学习情境还应学习哪些方面的内容？（请在下面回答）			
20	本学习情境学习后，你还有哪些问题不明白？哪些问题需要解决？（请在下面回答）			

你的意见对改进教学非常重要，请写出你的建议和意见：

调查信息		被调查人签字		调查时间	

学习情境9 水生花卉生产技术

任 务 单

学习领域	花卉生产技术		
学习情境9	水生花卉生产技术	学时	4
任务布置			
学习目标	1.理解水生花卉的含义。 2.熟悉水生花卉的种类和品种。 3.掌握常见水生花卉的繁殖技术。 4.掌握常见水生花卉的栽培养护技术。 5.了解水生花卉的用途。		
任务描述	了解水生花卉的含义,熟悉水生花卉的种类和品种,掌握常见水生花卉的繁殖技术及栽培养护技术,并了解水生花卉在园林、园艺中的应用。具体任务要求如下: 1.利用多媒体或播放幻灯片,了解水生花卉的栽培概况、园林应用中常见的种类和品种,熟悉水生花卉的形态特征及生态习性,并掌握常见水生花卉的栽培理论知识。 2.利用校内外的资源,熟悉水生花卉的种类和品种及其形态特征,并能从形态上准确的识别常见的水生花卉。 3.尽可能利用实践训练,进一步巩固并熟练掌握常见水生花卉的栽培养护技术。 4.参观标准化常见生产示范园,熟悉当前生产中常见的水生花卉的品种。 5.观看水生花卉生产栽培视频,了解其栽培概况及生产技术,提高学习的积极性。 6.能进行常见水生花卉的生产技术。		

学时安排	资讯 0.2 学时	计划 0.2 学时	决策 0.2 学时	实施 3 学时	检查 0.2 学时	评价 0.2 学时
参考资料	1. 张树宝. 花卉生产技术(第 2 版). 重庆:重庆大学出版社,2008. 2. 曹春英. 花卉栽培(第 2 版). 北京:中国农业出版社,2010. 3. 宋满坡. 园艺植物生产技术(校内教材). 河南农业职业学院,2009.					
对学生的 要求	1. 了解常见水生花卉的生态习性。 2. 掌握荷花的生产栽培技术。 3. 实习过程要爱护实验场的工具设备。 4. 严格遵守纪律,不迟到,不早退,不旷课。 5. 本情境工作任务完成后,需要提交学习体会报告。					

资 讯 单

学习领域	花卉生产技术		
学习情境 9	水生花卉生产技术	学时	4
咨询方式	在图书馆、专业杂志、互联网及信息单上查询;咨询任课教师		
咨询问题	1. 水生花卉的栽培现状、存在问题及发展前景? 2. 水生花卉的含义及分类? 3. 水生花卉的繁殖方法? 4. 常见水生花卉的栽培养护技术? 5. 常见的水生花卉的种类和品种有哪些? 6. 荷花的繁殖技术和生产要点? 7. 睡莲的繁殖技术和生产要点? 8. 千屈菜的繁殖技术和生产要点? 9. 金鱼藻的繁殖技术和生产要点? 10. 水菖蒲的繁殖技术和生产要点?		
资讯引导	1. 问题 1 可以在图书馆、杂志、互联网查找资料查询。 2. 问题 2~10 可以在《花卉生产技术》(第 2 版)(张树宝)的第五章、《花卉栽培》(第 2 版)(曹春英)的第七章、《园艺植物生产》(校内教材)(宋满坡)第 4 分册各论(下册)中查询。		

信　息　单

学习领域	花卉生产技术		
学习情境 9	水生花卉生产技术	学时	4

信　息　内　容

一、荷花（*Nelumbo nucifera*）

别名莲花、水芙蓉、藕，睡莲科莲属。为多年生根茎类水生花卉。

荷花原产我国，栽培面积广泛，栽培历史悠久，是我国十大传统名花之一。荷花栽培历史悠久，早在 2 500 年前，吴王夫差就在太湖之滨的离宫为西施修筑玩花池。隋唐时期，长安慈恩寺附近修有芙蓉苑，出现了荷花专类园；盆栽荷花起源于东晋以前，宋时有在塘中"以瓦盆别种，分列水底"的水培法出现；明清时期，栽培品种更多，方式也多样化。历史上有关栽培技术、鉴赏方法等经验和著说也很多，新中国成立后，又引入美国黄莲，进行杂交，培育出了许多品种。荷花与佛教有着千丝万缕的联系，在民间荷花也有许多传说，文人墨客也留下了许多诗篇。荷花本性纯洁，气质高雅，"出淤泥而不染，迎骄阳而不惧"被誉为"君子花"。

（一）形态特征（图 9-1）

荷花为多年生宿根水生花卉。荷叶大型，全缘，呈盾状圆形，具 14～21 条辐射状叶脉，叶径可达 70 cm，全缘。叶面绿色粗糙有茸毛，表面被蜡质白粉，叶背淡绿色，光滑无毛，不湿水。叶脉隆起。叶柄侧生刚刺。最早从顶芽长出的叶，形小、柄细，浮于水面称钱叶，最早从藕节上长出的叶叫浮叶，也浮于水面。后来从藕节上长出的叶较大，叶柄也粗，立出水面，称为立叶。先出的叶小，后出的叶大，到一定时期又逐渐变小，新藕生出的叶称为后把叶，最后的叶称为终止叶。地下茎膨大横生于泥中，称藕。藕是荷花横生于淤泥中的肥大地下茎，

图 9-1　荷花

横断面有许多大小不一的孔道，这是荷花适应水中生活形成的气腔。在茎上还有许多细小的导管，导管壁上附有黏液状木质纤维素，具有弹性，当折断拉长时，会出现许多藕丝。种藕的顶芽称为"藕苦"，萌发后抽出白嫩细长的地下茎，称为"藕带"，地下茎有节和节间，节上环生不定根并抽生叶和花，同时萌发侧芽。藕带先端形成的新藕称为主藕，旺盛者有 4～7 节藕筒，筒长 10～25 cm，直径 6～12 cm，主藕上分出支藕称为子藕，子藕上再分出小藕称为孙藕，常仅一节。

花单生于花梗的顶端，花常晨开暮合，有单瓣和重瓣之分，花色各异，有粉红、白、淡绿、深红、红点、白底红边及间色等。花径大小因品种而异，在 10～30 cm 之间。花期 6～9 月份，单花期 3～4 d。花谢后膨大的花托称莲蓬，上有 3～30 个莲室，每个莲室形成一个小坚

果,俗称莲子。果熟期 9～10 月份,成熟时果皮青绿色,老熟时变为深蓝色,干时坚固。

(二)类型及品种

我国栽培荷花品种丰富,按用途分为子用莲、藕用莲和观赏莲三大类。观赏莲开花多,花色、花形丰富,群体花期长,观赏价值高。观赏莲中又分为单瓣莲、复瓣莲、重瓣莲和重台莲 4 个类型。其中观赏莲价值较高的是一梗两花的"并蒂莲",也有一梗能开四花的"四面莲",还有一年开花数次的"四季莲",又有花上有花的"红台莲"。常见观赏品种有西湖红莲、东湖红莲、苏州白莲、红千叶、大紫莲、小洒锦、千瓣莲、小桃红等。

(三)生态习性

荷花原产我国温带地区,具有喜水、喜温、喜光的习性。对温度要求较严格,水温冬天不能低于 5℃;一般 8～10℃开始萌芽,14℃时抽生地下茎,同时长出幼小的"钱叶",18～21℃开始抽生"立叶",在 23～30℃时加速生长,抽出立叶和花梗并开花。荷花生长期要求充足的阳光,喜肥,要求含有丰富腐殖质的肥沃壤土,以 pH 6.5～7.0 为好,土壤酸度过大或土壤过于疏松,均不利于生长发育。

荷花需要在 50～80 cm 深的流速小的浅水中生长,荷花最怕水淹没荷叶,因为荷叶表面有许多气孔,它与叶柄和地下根茎的气腔相通,并依靠气孔吸收氧气供整个植株体用。荷花怕狂风吹袭,叶柄折断后,水进入气腔会引起植株腐烂死亡。

(四)生产技术

1.繁殖技术

荷花可用播种繁殖和分株繁殖,园林应用中多采用分株繁殖,可当年开花。

(1)分株繁殖 分株繁殖选用主藕 2～3 节或用子藕作母本。分栽时选用的种藕必须具有完整无损的顶芽,否则不易成活,分栽时间以 4～5 月份,藕的顶芽开始萌发时最为适宜,过早易受冻害,过迟顶芽萌发,钱叶易折断,影响成活。分株时将具有完整的主藕或子藕留 2～3 节切断另行栽植即可。

(2)播种繁殖 播种繁殖需选用充分成熟的莲子,播种前必须先"破头",即用锉将莲子凹进去的一端锉伤一小口,露出种皮。将破头莲子投入温水中浸泡一昼夜,使种子充分吸胀后再播于泥水盆中,温度保持在 20℃左右,经 1 周便发芽,长出 2 片小叶时便可单株栽植。若池塘直播,也要先破头,然后撒播在水深 10～15 cm 的池塘泥中,1 周后萌发,1 个月后浮叶出水成苗。实生苗一般 2 年可开花。

2.生产要点

荷花栽培因品种特性和栽植场地环境,分为湖塘栽植、缸盆栽植和无土栽培等。

(1)湖塘栽植 栽植前应先放干塘水,施入厩肥、绿肥、饼肥作基肥,耙平翻细,再灌水,将种藕"藏头露尾"状平栽于淤泥浅层,行距 150 cm 左右,株距 80 cm 左右。栽后不立即灌水,待 3～5 d 后泥面出现龟裂时再灌少量水,生长早期水位不宜深,以 15 cm 左右为宜,以后逐渐加深,夏季生长旺盛期水位 50～60 cm,立秋后再适当降低水位,以利藕的生长,水位最深不过 100 cm。入冬前剪除枯叶把水位加深到 100 cm,北方地区应更深一些,防池泥冻结。池藕的管理粗放,常在藕叶封行前拔除杂草、摘除枯叶。若基肥充足可不施追肥。

(2)盆缸栽植 盆缸栽植宜选用适合盆栽的观赏品种。场地应地势平坦,背风向阳,栽植容器选用深 50 cm,内径 60 cm 左右的桶式花盆或花缸,缸盆中填入富含腐殖质的肥沃湖塘泥,泥量占缸盆深 1/3～1/2,加腐熟的豆饼肥、人粪尿或猪粪作基肥,与塘泥充分搅拌成稀泥状。一般每缸栽 1～2 支种藕。栽两支者顶芽要顺向,沿缸边栽下。刚栽时宜浅水,深 2 cm 以利提高土温,促进种藕萌发,浮叶长出后,随着浮叶的生长逐渐加水,最后可放水满盆面。夏季水分蒸发快每隔 2～3 d 加 1 次水,在清晨加水为好。出现立叶后可追施 1 次腐熟的饼肥水。平时注意清除烂叶污物。秋末降温后,剪除残枝,清除杂物,倒出大部分水,仅留 1 cm 深,将缸移入室内,也可挖出种藕放室内越冬,室温保持 3～5℃ 即可。

荷花常见的病虫害有蚜虫、袋蛾、刺蛾等,可用人工捕捉或喷洒 2 000 倍 50％氧化乐果或 1 000 倍 90％敌百虫防治。

(五)园林应用

荷花本性纯洁,花叶清丽,清香四溢,因其出污泥而不染,迎朝阳而不畏的高贵气节,深受文人墨客及大众的喜爱,被誉为"君子花"。可装点水面景观,也是插花的好材料。荷花全身皆宝,叶、梗、蒂、节、莲蓬、花蕊、花瓣均可入药。莲藕、莲子是营养丰富的食品。所以除观赏栽培外,常常进行大面积的生产栽培。

二、睡莲(*Nymphaea tetragona*)

别名子午莲。睡莲科,睡莲属,为多年生浮水花卉。

(一)形态特征(图 9-2)

根状茎横生于淤泥中,叶丛生,卵圆形,基部近戟形,全缘。叶正面浓绿有光泽,叶背面暗紫色。有长而柔软的叶柄,使叶浮于水面。花单朵顶生,浮于水面或略高于水面,有黄、白、粉红、红等色。果实含种子多数,种子外有冻状物包裹。

图 9-2 睡莲

(二)类型及品种

睡莲有耐寒种和不耐寒种两大类:不耐寒种分布热带地区,我国目前栽种的品种多数原产温带,属于耐寒品系,地下根茎冬季一般在池泥中越冬。热带产的不耐寒种,花大而美丽,近年有引种。常见栽培的睡莲种类有:

白睡莲(*N. albla*),花白色,花径 12～15 cm。花瓣 16～24 枚,成 2～3 轮排列,有香味,夏季开花,终日开放。原产欧洲,是目前栽培最广的种类。

黄睡莲(*N. mexicana*),花黄色,花径约 10 cm,午前至傍晚开放。原产墨西哥。

香睡莲(*N. odorata*),花白色,花径 3.6～12 cm,上午开放,午后关闭,极香。原产北美。此外还有变种,种间杂种和栽培品种甚多等。

(三)生态习性

广泛分布于亚洲、美洲及大洋洲。性喜强光、空气湿润和通风良好的环境。较耐寒,长江流域可在露地水池中越冬。花期 7～9 月份,每朵花可开 2～5 d,花后结实。果实成熟后在水中开裂,种子沉入水底。冬季茎叶枯萎,翌春重新萌发。对土壤要求不严,但需富含腐殖质的黏质土,pH 6～8。生长期间要求水的深度在 20～40 cm 之间,最深不得超过 80 cm。

(四)生产技术

1.繁殖技术

(1)分株繁殖　睡莲常采用分株法繁殖,通常在春季断霜后进行。于 2～4 月份将根状茎挖出,将带有饱满新芽的根茎切成 10～15 cm 左右的段,随即平栽在塘泥中。

(2)播种繁殖　睡莲果实在水中成熟,种子常沉入水中泥底,因此必须从泥底捞取种子(也可在花后用布袋套头以收集种子)。种子捞出后,仍须放水中贮存。一旦种子干燥,即失去萌芽能力,故种子捞出后应随即播种。一般在春季 3～4 月份播于浅水泥中,萌发后逐渐加深水位。

2. 生产要点

栽植深度要求芽与土面平齐。栽后稍晒太阳即可放浅水,待气温升高新芽萌动后,再逐渐加深水位。生长期水位不宜超过 40 cm,越冬时水位可深至 80 cm。睡莲不宜栽植在水流过急,水位过深的位置。必须是阳光充足、空气流通的环境,否则水面易生苔藻,致生长衰弱而不开花。

缸栽睡莲要先填大半缸塘泥,施入少量腐熟基肥拌匀,然后栽植。浅水池中的栽植方法有两种。一种是直接栽于池内淤泥中;另一种是先将睡莲栽植在缸里,再将缸置放池内。也可在水池中砌种植台或挖种植穴。

睡莲生长期间可追肥 1 次,方法是放干池水,将肥料和塘泥混合做成泥块,均匀投入池中。要保持水位 20～40 cm,经常要剪除残叶残花。经 3 年左右重新挖出分栽 1 次,否则根茎拥挤,叶片在水面重叠,则生长不良,影响开花。

(五）园林应用

睡莲花朵硕大,色泽美丽,浮于水面,着生于浓绿肥厚闪光的叶片丛中,清香宜人,数月不断,可装点水面景观。缸栽池栽点缀水面,还可与其他水生花卉,如鸢尾、伞草等相配合,组成高矮错落、体态多姿的水上景色。

三、王莲(*Victoria amazonica*)

别名亚马逊王莲。属于睡莲科王莲属,为多年生水生花卉。

(一)形态特征(图 9-3)

根状茎短而直立,有刺。根系很发达,但无主根。发芽后第 1～4 片叶小,为锥形,第 5 片叶后叶子逐渐由戟形至椭圆形到圆形,第 10 片叶后,叶缘向上反卷成箩筛状。成熟叶片巨大,直径可达 1.6～2.5 m,直立的边缘 4～6 cm,对着叶柄的两端有缺口。叶片浮力很大。花两性,花径 25～30 cm,有芳香,颜色由白变粉至深红。果大,球形,近浆果状。每果具黑色种子 300～400 粒。

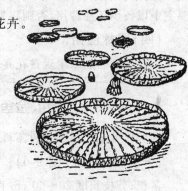

图 9-3　王莲

(二)生态习性

原产南美亚马逊河流域。性喜高温高湿、阳光充足的环境和肥沃的土壤。在气温 30～35℃,水温 25～30℃,空气相对湿度 80％左右时生长良好。秋季气温下降至 20℃时生长停止,冬季休眠。王莲花开夏秋,每朵花开 2 d,通常下午傍晚开放,第 2 天早晨逐渐关闭至下午傍晚重复开放,第 3 天早晨闭合流入水中。

(三)生产技术

1. 繁殖技术

王莲宿根需在高温温室越冬保存,要求条件较高。生产上多采用播种繁殖。方法是冬季或春季在温室中播种于装有肥沃河泥的浅盆中,连盆放在能加温的水池中,水温保持 30～35℃。播种盆土在水面下约 5～10 cm,不能过深。10～20 d 可以发芽。发芽后逐渐增加浸水深度。

2. 生产要点

王莲播种苗的根长约 3 cm 时即可上盆。盆土采用肥沃的河泥或沙质壤土。将根埋入土中,种子本身埋土 1/2,另 1/2 露出土面,注意不可将生长点埋入土中,否则容易烂坏。盆底先放一层沙,栽植之后土面上再放一层沙可使土壤不至冲入水中,保持盆水清洁。栽植之后将盆放入温水池中。上盆之后,王莲的叶和根均生长很快。在温室小水池中需经过 5～6 次换盆。每次换盆后调整其离水面深度,由 2～3 cm 至 15 cm。上盆、换盆动作要快,不能让幼苗出水太久。王莲幼苗需要充足光照,如光照不足则叶子容易腐烂。冬季阳光不足,必须在水池上安装人工照明,由傍晚开灯至晚上 10 时左右。一般用 100 W 灯泡,离水面约 1 m 高。

当气温稳定在 25℃左右后,植株具 3～4 片叶时,才可将王莲幼苗移至露地水池。1 株王莲需水池面积 30～40 m²,池深 80～100 cm。水池中需设立一个种植槽或种植台。

定植前先将水池洗刷消毒,然后将肥沃的河泥和有机肥填入种植台内,使之略低于台面,中央稍高,四周稍低,上面盖 1 层细沙。栽植王莲后水不宜太深,最初水面约在土面上 10 cm 即可。以后随着王莲的生长可逐渐加深水位。水池内可放养些观赏鱼类,以消灭水中微生物。

王莲开花后 2～2.5 个月种子在水中即可成熟。成熟时,果实开裂,一部分种子浮在水面,此时最易收集。落入水底的种子到晚秋清理水池时收集。种子洗净后,用瓶盛清水贮于温室中以备明年播种用,否则将失去发芽力。

(四)园林应用

王莲为著名的水生观赏花卉。叶片奇特壮观,浮力大。成熟叶片能负重 20～25 kg。

四、金鱼藻(*Ceratophyllum demersum*)

别名松针草。属于金鱼藻科金鱼藻属,为多年生水草。

(一)形态特征(图 9-4)

茎长;分枝长度 20～60 cm 直立舒展于水中。叶线形,轮生在小枝上呈松针状,全株绿色。单性花细小,雌雄同株。小坚果卵形。

(二)生态习性

我国南北各地以及欧、美及日本广有分布。性喜温暖,多生于淡水湖泊、池沼及流速很小的河湾水中。茎叶在水中是很好的氧气制造者。分离出来的茎叶可以短期漂浮在水中生活,但它的基部一定要在水下土壤或沙中才能正常生长。冬季植株下沉,翌春又能重新直立于水中。

(三)生产技术

1.繁殖技术

用营养体分割繁殖。切取带叶的小枝一段插入水下土壤中或投入水中即可。由于茎叶很易破碎所以要小心取放。

图9-4 金鱼藻

2.生产要点

金鱼藻扦插后极易成活,投入水中的分枝也常常能自然发根固着于水下的基质上,管理粗放,不必施肥,靠鱼的粪便及其他水中污物为养料即可。冬季寒冷地区可将植株移入室内水盆中,春暖后再移出室外。

(四)园林应用

饲养金鱼的水草,置于鱼缸或水池中以供观赏,还是金鱼产卵的附着物。能增加水中的氧含量,有净水作用。

五、石菖蒲(*Acorus gramineus*)

别名山菖蒲、药菖蒲。属于天南星科菖蒲属,为多年生常绿水生花卉。

(一)形态特征(图9-5)

地下茎发达,横生于水中的泥土中,其节部可产生不定芽而长成新的株丛。株高40 cm左右,叶基生,呈狭条状披针形,宽约0.7 cm,先端尖,具平行脉,基部相互抱合。花葶叶状,自叶丛中央抽生而出,比叶片短,顶生圆柱状肉穗花序,花极小,黄绿色,全株具清香,以观叶为主。春季开花。

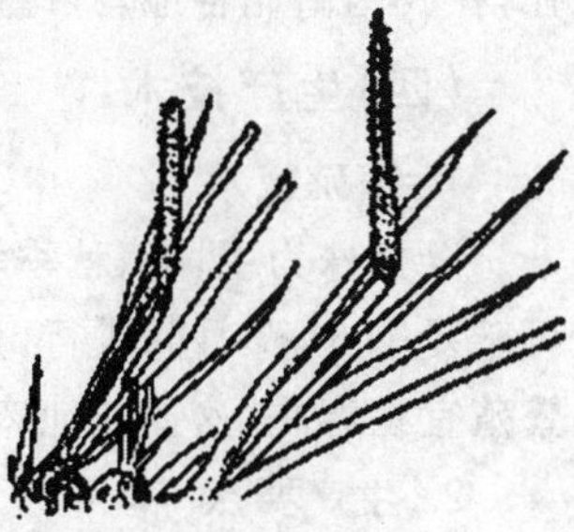

(二)生态习性

原产于我国长江以南各省。不耐寒,在江南四季常绿。喜阴湿,怕阳光暴晒,耐践踏,植株倒伏后恢复生长的能力强。耐瘠薄,能在山涧浅水和溪流的石缝中生长。

图9-5 石菖蒲

(三)生产技术

1.繁殖技术

采用分株繁殖。在南方多于秋季分割根蘖苗栽植,自身繁衍的速度也很快,北方多在早春分盆栽植。

2. 生产要点

可地栽在园林中阴湿的地段,要始终保持土壤中的含水量达到饱和,如能栽在浅水中则生长更为良好。盆栽时使用中型无排水底孔花盆,用沙泥栽种,土面应有积水。冬季移入低温温室越冬,也可常年在居室内陈设,或放在遮阳棚内养护,每年结合分株翻盆换土 1 次,不必追肥。可作阴湿地的地被植物使用。

六、千屈菜(*Lythrum salicaria*)

别名水枝柳、水柳、对叶莲,千屈菜科千屈菜属。

(一)形态特征(图 9-6)

千屈菜为多年生挺水植物,株高 1 m 左右。地下根茎粗硬,地上茎直立,四棱形,多分枝。单叶对生或轮生,披针形,基部广心形,全缘。穗状花序顶生;小花多数密集,紫红色,花瓣6 片。花期 7~9 月份。蒴果卵形包于宿存萼内。

(二)类型及品种

千屈菜有 3 个主要变种:紫花千屈菜(var. *atropurpureum* Hort.),花穗大,花深紫色;大花千屈菜(var. *roseum superbum* Hort),花穗大,花暗紫红色;毛叶千屈菜(var. *tomentosum* DC.),全株有白毛。

图 9-6　千屈菜

(三)生态习性

原产于欧、亚两洲的温带,广布全球,我国南北各省均有野生。性喜强光、潮湿以及通风良好的环境。尤喜水湿,通常在浅水中生长最好,也可露地旱栽,但要求土壤湿润。耐寒性强,在我国南北各地均可露地越冬。对土壤要求不严。

(四)生产技术

1. 繁殖技术

以分株为主,春、秋季均可分栽。将母株丛挖起,切分数芽为一丛,另行栽植即可。扦插可于夏季 6~7 月间进行,选充实健壮枝条,嫩枝扦插,及时遮阴,1 个月左右可生根。播种繁殖宜在春季,盆播或地床条播,经常保持土壤湿润,在 15~20℃下,经 10 d 左右即可出苗。

2. 生产要点

盆栽时,应选用肥沃壤土并施足基肥。在花穗抽出前经常保持盆土湿润而不积水为宜,花将开放前可逐渐使盆面积水,并保持水深 5~10 cm,这样可使花穗多而长,开花繁茂。生长期间应将盆放置阳光充足、通风良好处,冬天将枯枝剪除,放入冷室或放背风向阳处越冬。若在露地栽培或水池、水边栽植,养护管理简便,仅需冬天剪除枯枝,任其自然过冬。

(五)园林应用

千屈菜株丛整齐清秀,花色淡雅,花期长,最宜水边丛植或水池栽植,也可作花境背景材料和盆栽观赏等。

七、萍蓬草(*Nupahar pumilum*)

别名萍蓬莲、黄金莲、水粟,睡莲科萍蓬草属。

(一)形态特征(图 9-7)

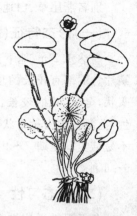

多年生浮水植物。根茎肥大,呈块状,横卧泥中。叶伸出或浮出水面,广卵形,长 8~17 cm,宽 5~12 cm,先端圆钝,基部开裂,裂深约为全叶的 1/3;表面亮绿色,背面紫红色,密被柔毛。花单生叶腋,伸出水面;金黄色,花径约 2~3 cm。花期 5~7 月份。

(二)生态习性

原产北半球寒带。我国东北、华北、华南均有分布。喜土壤深厚,耐寒,华北地区能露地水下越冬;喜阳光充足,又耐热;喜生于清水池沼、湖泊及河流等浅水处。

图 9-7 萍蓬草

(三)生产技术

通常用种子或分株繁殖,方法同一般水生植物。养护管理粗放简便。

(四)园林应用

可供水面绿化,也行盆栽。其种子、根茎均可食用和入药。

八、雨久花(*Monochoria korsakowii*)

雨久花科雨久花属,为多年生沼泽生草本花卉。

(一)形态特征(图 9-8)

具短而匍匐的根茎,地上茎直立,高 30~80 cm。叶卵状心形,有长柄,基部有鞘。花茎自基部抽出,总状花序。花被 6 片,蓝紫色。花药 6,其中 1 个较大为浅蓝色,其余为黄色。蒴果卵圆形。

(二)生态习性

我国南北各省及东亚均有分布。性强健,耐寒,多生于沼泽地,水沟及池塘的边缘。

(三)生产技术

1. 繁殖技术

播种、分根皆可,极易成活。

图 9-8 雨久花

2. 生产要点

栽植于水边,盆栽亦可,不需特殊管理。用于布置临水池塘、小水池。

九、慈姑（*Sagittaria*）

别名燕尾草、白地栗、芽菇等。为天南星科慈姑属，多年生挺水植物。

（一）形态特征（图9-9）

高达1.2 m，地下具根茎，先端形成球茎，球茎表面附薄膜质鳞片。端部有较长的顶芽。叶片着生基部，出水成剑形，叶片箭头状，全缘，叶柄较长，中空。沉水叶多呈线状，花茎直立，多单生，上部着生出轮生状圆锥花序，小花单性同株或杂性株，白色，不易结实。花期7～9月份。慈姑属植物现有25种，我国约有5～6种。

图9-9 慈姑

（二）生态习性

有很强的适应性，在陆地上各种水面的浅水区均能生长，但要求光照充足，气候温和、较背风的环境下生长，要求土壤肥沃，但土层不太深的黏土上生长。风、雨易造成叶茎折断，球茎生长受阻。

（三）生产技术

1. 繁殖技术

选用宝应刮老乌、苏州黄等慈姑品种。选择背风向阳、靠近水源的肥沃壤土地作育苗地。结合整地施河底淤泥作基肥。于3月上中旬将选好的慈姑粗壮顶芽，按行株距5 cm×5 cm栽入育苗地，栽植深度为顶芽长的一半，每亩大田需备慈姑顶芽20 kg左右。栽后及时搭架、覆膜。植株萌芽期保持浅水层。2～3叶期追施1～2次稀粪水。后期注意通风炼苗。

2. 生产要点

（1）移栽　可利用肥沃低洼田作慈姑栽植大田。移栽前每亩大田施优质厩肥2 500 kg或绿肥3 000 kg，加氨化磷肥35～40 kg，耕翻入土，整平后上浅水。4月上中旬从育苗地起苗，并将苗的外围叶片摘去，留叶柄20 cm长，然后按行距1 m，株距16～20 cm将慈姑苗栽入大田，栽植深度10 cm，每亩栽3 300～4 000株。栽后灌一层薄水，以后浅水勤灌。

（2）田间管理　植株移栽7～10 d活棵后追肥1次，每亩施尿素10 kg或人粪尿1 000 kg。7月上中旬再追肥1次，每亩施草木灰70～75 kg或碳酸氢铵100 kg促球茎膨大。植株生长前期要适当搁田，搁田程度以田不陷脚为宜。及时除草和剥除植株上的老黄叶及部分侧芽，增强田间通透性。

十、凤眼莲（*Eichhornia crassipes*）

别名水葫芦、凤眼蓝、水葫芦苗、水浮莲。为雨久花科凤眼莲属，多年生宿根草本浮水植物。

(一)形态特征(图 9-10)

凤眼莲因每叶有泡囊承担叶花的重量悬浮于水面生长,其须根发达,靠根毛吸收养分,主根(肉根)分蘖下一代。叶单生,叶片基本为荷叶状,叶顶端微凹,圆形略扁;秆(茎)灰色,泡囊稍带点红色,嫩根为白色,老根偏黑色;花为浅蓝色,呈多棱喇叭,花瓣上生有黄色斑点,看上去像凤眼,也像孔雀羽翎尾端的花点,非常耀眼、靓丽。多年浮水草本。须根发达且悬垂水中。单叶丛生于短缩茎的基部,每株 6~12 叶片,叶卵圆形,叶面光滑;叶柄中下部有膨胀如葫芦状的气囊基部具削状苞片。花茎单生,穗状花序,又 6~12 花朵,花被 6 裂,紫蓝色,上又 1 枚裂片较大,中央有鲜黄色的斑点。花两性,雄蕊 6 枚,雌蕊 1 枚,花柱细长,子房上位。

图 9-10　凤眼莲

(二)生态习性

凤眼莲喜欢在向阳、平静的水面,或潮湿肥沃的边坡生长。在日照时间长、温度高的条件下生长较快,受冰冻到叶茎枯黄。喜高温湿润的气候。一般 25~35℃为生长发育的最适温度。39℃以上则抑制生长。7~10℃处于休眠状态;10℃以上开始萌芽,但深秋季节遇到霜冻后,很快枯萎。耐碱性,pH 9 时仍生长正常。抗病力亦强。极耐肥,好群生。但在多风浪的水面上,则生长不良。花期长,自夏至秋开花不绝。

(三)生产技术

1. 繁殖技术

繁殖方法分株或播种繁殖,以分株繁殖为主。

(1)分株繁殖　在春季进行,将横生的匍匐茎割成几段或带根切离几个腋芽,投入水中即可自然成活。此种繁殖极易进行,繁殖系数也较高。

(2)播种繁殖　凤眼莲种子发芽力较差,需要经过特殊处理后进行繁殖,一般不常用。

2. 生产要点

批量栽培可利用房前屋后潮湿的零散地或空闲的沼泽地,在六七月份间,将健壮的、株高偏低的种苗进行移栽,要预留出 50% 的空地以利栽后分蘖繁殖。移栽后适当管理,保持土层湿润,加强光照,确保通风。如果想花期延长,可进行塑料棚保温,中午通风 1~2 h。在花芽形成后可移栽到小盆。用偏酸性土或营养液培养。摘除老叶,留 4~5 片嫩叶及花穗,既能延长花期,又可移至案头等地观赏。

(四)园林应用

因为凤眼莲具有较强的水质净化作用,故此可以植于水质较差的河流及水池中作净化材料。也可作水族箱或室内水池的装饰材料。

凤眼莲可栽植于浅水池或进行盆栽、缸养,观花观叶总相宜。同时还具有净化水质的功能。茎叶可作饲料。

十一、水葱(*Scirpus tabernaemontani* Gmel.)

别名莞、苻蓠、莞蒲、葱蒲、莞草、蒲苹、水丈葱、冲天草等。莎草科藨草属,多年生宿根挺水草本植物。

(一)形态特征(图9-11)

匍匐根状茎粗壮,具许多须根。秆高大,圆柱状,高1~2 m,平滑,基部具3~4个叶鞘,鞘长可达38 cm,管状,膜质,最上面一个叶鞘具叶片。叶片线形,长1.5~11 cm。苞片1枚,为秆的延长,直立,钻状,常短于花序,极少数稍长于花序;长侧枝聚伞花序简单或复出,假侧生,具4~13或更多条辐射枝;辐射枝长可达5 cm,一面凸,一面凹,边缘有锯齿;小穗单生或2~3个簇生于辐射枝顶端,卵形或长圆形,顶端急尖或钝圆,长5~10 mm,宽2~3.5 mm,具多数花;鳞片椭圆形或宽卵形,顶端稍凹,具短尖,膜质,长约3 mm,棕色或紫褐色,有时基部色淡,背面有铁锈色突起小点,脉1条,边缘具缘毛;下位刚毛6条,等长于小坚果,红棕色,有倒刺;雄蕊3,花药线形,药隔突出;花柱中等长,柱头2,宽3,长于花柱。小坚果倒卵形或椭圆形,双凸状,少有三棱形,长约2 mm。花果期6~9月份。

图9-11　水葱

(二)生态习性

产于我国东北各省、内蒙古、山西、陕西、甘肃、新疆、河北、江苏、贵州、四川、云南;也分布于朝鲜、日本、大洋洲、南北美洲。最佳生长温度15~30℃,10℃以下停止生长。能耐低温,北方大部分地区可露地越冬。常生长在湖边、水边、浅水塘、沼泽地或湿地草丛中。

(三)生产技术

1. 繁殖技术

常用分株和播种繁殖。

(1)播种繁殖　常于3~4月份在室内播种。将培养土上盆整平压实,其上撒播种子,筛上一层细土覆盖种子,将盆浅沉水中,使盆土经常保持湿透。室温控制在20~25℃,20 d左右既可发芽生根。对播种用的基质进行消毒,最好的方法就是把它放到锅里炒热,什么病虫都能烫死。用温热水(温度和洗脸水差不多)把种子浸泡12~24 h,直到种子吸水并膨胀起来。对于很常见的容易发芽的种子,这项工作可以不做。对于用手或其他工具难以夹起来的细小的种子,可以把牙签的一端用水沾湿,把种子一粒一粒地粘放在基质的表面上,覆盖基质1 cm厚,然后把播种的花盆放入水中,水的深度为花盆高度的1/2~2/3,让水慢慢地浸上来。对于能用手或其他工具夹起来的种粒较大的种子,直接把种子放到基质中,按3 cm×3 cm的间距点播。播后覆盖基质,覆盖厚度为种粒的2~3倍。播后可用喷雾器、细孔花洒把播种基质淋湿,以后当盆土略干时再淋水,仍要注意浇水的力度不能太大,以免把种子冲起来;播种后的管理:在秋季播种后,遇到寒潮低温时,可以用塑料薄膜把花盆包起来,以利保温保湿;幼苗出土后,要及时把薄膜揭开,并在每天上午的9时30分之前,或者在下午的3时30分之后让幼苗接受太阳的光照,否则幼苗会生长得非常柔弱;大多数的种子出齐后,需要适当地间苗:把有病的、生长不健康的幼苗拔掉,使留下的幼苗相互之间有一定的空间;当大部分的幼苗长出了3片或3片以上的叶子后就可以移栽上盆了。

(2)分株繁殖　早春天气渐暖时,把越冬苗从地下挖起,抖掉部分泥土,用枝剪或铁锹将地下茎分成若干丛,每丛带5~8个茎秆。栽到无泄水孔的花盆内,并保持盆土一定的湿度或浅水,10~20 d即可发芽。如作露地栽培,每丛保持8~12个芽为宜。露地栽培时,于水景区选择合适位置,挖穴丛植,株行距25 cm×36 cm,如肥料充足当年即可旺盛生长,连接成片。盆栽可用于庭院摆放,选择直径30~40 cm的无泄水孔的花盆,栽后将盆土压实,灌满水。沉水盆栽即把盆浸入水中,茎秆露出水面,生长旺期水位高出盆面10~15 cm。水葱喜肥,如底肥不足,可在生长期追肥1~2次,主要以氮肥为主配合磷、钾肥施用。沉水盆栽水葱的栽培水位在不同时期要有所变化,初期水面高出盆面5~7 cm,最好用经日晒的水浇灌,以提高水温,利于发芽生长;生长旺季,水面高出盆面10~15 cm。要及时清除盆内杂草和水面青苔,可选择有风的天气,当青苔或浮萍被风吹到水池一角时,集中打捞清除。立冬前剪除地上部分枯茎,将盆放置到地窖中越冬,并保持盆土湿润。

2. 生产要点

(1)播种与育苗　水葱忌连作。前作收获后,将场地深翻晒白,施足基肥后将畦面细碎整平,一般用撒播形式进行播种。每亩苗地约需种子3~5 kg,育成的苗可栽种5~10亩。水葱种子发芽温度18℃左右最快,播后5~6 d出苗。子叶伸直以前,不要浇水,以免引起表土板结。清明后,幼苗开始生长,要加强肥水管理,促进生长,苗期50~100 d。

(2)定植与株行距　4~5月份可移苗定植,为便于管理,最好分级栽植。株行距20 cm×20 cm,每穴3~4株,分蘖力强的品种株行距20 cm×25 cm,每穴2~3株。定植时用尖圆柱形木棒插孔,栽植深度以露心为宜。

(3)合理间作与田间管理　定植后,宜随即播上菜心或白菜等进行间作,这样既节省苗地和增加产量,又可减轻暴雨的冲击,防止肥土流失,在高温期间起到保湿降温作用,促进作物相互间在不良环境中正常生长。间种后植株生长旺盛,此时应保证肥水充足。追肥原则是5~7d 1次,以粪水和尿素、硫酸铵等速效肥为主。间作菜收获后,立即培上堆肥或腐熟垃圾肥,防止葱根裸露,保证有质量较好的葱白。水葱的病害有紫斑病及葱锈病。虫害有葱蓟马。病害在正常生长情况下很少发生,主要为害是葱蓟马,一般在防治间种菜心或白菜病虫害过程中,葱的病虫害亦被解决。

(4)采收与留种　水葱的采收,多采用分批上市,供应期6~10月份,软尾水葱可早些。亩产一般在1 250~1 500 kg。留种10~11月份留种的植株,种子成熟不一致,要先熟先收,分批收种,晒干脱粒贮藏。

(四)园林应用

水葱株形奇趣,株丛挺立,富有特别的韵味,可于水边池旁布置,甚为美观。对污水中有机物、氨氮、磷酸盐及重金属有较高的除去率。

计 划 单

学习领域	花卉生产技术		
学习情境 9	水生花卉生产技术	学时	4
计划方式	小组讨论、成员之间团结合作共同制订计划		
序号	实施步骤		使用资源
制订计划说明			
	班级		第　组	组长签字	
	教师签字			日期	
计划评价	评语：				

决 策 单

学习领域	花卉生产技术		
学习情境9	水生花卉生产技术	学时	4
方案讨论			

	组号	任务耗时	任务耗材	实现功能	实施难度	安全可靠性	环保性	综合评价
方案对比	1							
	2							
	3							
	4							
	5							
	6							

方案评价	评语：

班级		组长签字		教师签字		日期	

材料工具单

学习领域		花卉生产技术					
学习情境 9		水生花卉生产技术				学时	4
项目	序号	名称	作用	数量	型号	使用前	使用后
所用材料	1	有机肥	基肥	100 kg			
	2	复合肥	基肥、追肥	50 kg			
	3	水盆	移栽	1 000 个			
	4						
	5						
	6						
	7						
	8						
	9						
	10						
	11						
所用工具	1	铁锹	整地	30 把			
	2	喷雾器	田间管理	2 个	背式		
	3	皮尺	测量	3 个			
	4	绳子	整地	200 m			
	5	粗水管	浇水	200 m			
	6						
	7						
	8						
	9						
	10						
	11						
	12						
班级		第 组	组长签字			教师签字	

实 施 单

学习领域	花卉生产技术		
学习情境 9	水生花卉生产技术	学时	4
实施方式	小组合作;动手实践		
序号	实施步骤	使用资源	
1	基本理论讲授	多媒体	
2	水生花卉种类和品种识别	多媒体课件、生产基地、大轿车	
3	水生花卉形态器官观察	多媒体课件、生产基地、大轿车	
4	水生花卉的繁殖	多媒体课件、生产基地、大轿车	
5	水生花卉的栽培养护技术	多媒体课件、生产基地、大轿车	
6	水生花卉的应用	多媒体课件、公园、广场、绿博园、大轿车	

实施说明:

利用多媒体资源,进行理论学习,掌握常见水生花卉栽培的基本理论知识。

利用水生花卉生产基地,以及公园、广场、绿博园等栽植地的参观学习,通过对水生花卉种类和品种的识别,熟悉当前生产上常见水生花卉的种类,了解水生花卉栽培现状,提高学生学习的兴趣。

利用标准示范园,通过花卉生长期的植株管理、土肥水管理等环节,掌握水生花卉田间管理的各项技能,完成周年田间管理任务,掌握其栽培技术。

班级		第 组	组长签字	
教师签字			日期	

作 业 单

学习领域	花卉生产技术		
学习情境 9	水生花卉生产技术	学时	4
作业方式	资料查询、现场操作		
1	简述水生花卉的含义及分类。		
作业解答：			
2	简述水生花卉的繁殖方法。		
作业解答：			
3	简述水生花卉的栽培养护技术。		
作业解答：			
4	常见的水生花卉的种类和品种有哪些？		
作业解答：			
5	简述水生花卉的具体应用。		
作业解答：			

	班级		第 组	学号		姓名	
作业评价	教师签字		教师评分			日期	
	评语：						

检 查 单

学习领域	花卉生产技术			
学习情境9	水生花卉生产技术		学时	4
序号	检查项目	检查标准	学生自检	教师检查
1	基本理论知识	课堂提问,课后作业,理论考试		
2	水生花卉的含义及分类	课堂提问,课后作业,理论考试		
3	水生花卉的繁殖方法	课堂提问,课后作业,理论考试		
4	水生花卉的栽培养护技术	课堂提问,课后作业,理论考试		
5	水生花卉的种类和品种	查阅资料,实际调查,实习报告		
6	水生花卉的应用	实际调查,实习报告		

	班级		第 组	组长签字	
	教师签字			日期	
检查评价	评语:				

235

评 价 单

学习领域		花卉生产技术			
学习情境9		水生花卉生产技术		学时	4
评价类别	项目	子项目	个人评价	组内互评	教师评价
专业能力 (60%)	资讯 (10%)				
	计划 (10%)				
	实施 (15%)				
	检查 (10%)				
	过程 (5%)				
	结果 (10%)				
社会能力 (20%)	团结协作 (10%)				
	敬业精神 (10%)				
方法能力 (20%)	计划能力 (10%)				
	决策能力 (10%)				
评价评语	班级		姓名		学号		总评	
	教师签字		第 组	组长签字		日期	
	评语：					

教学反馈单

学习领域	花卉生产技术			
学习情境9	水生花卉生产技术	学时		4
序号	调查内容	是	否	理由陈述
1	你是否明确本学习情境的目标？			
2	你是否完成了本学习情境的学习任务？			
3	你是否达到了本学习情境对学生的要求？			
4	资讯的问题，你都能回答吗？			
5	你了解水生花卉的含义及分类吗？			
6	你知道水生花卉有哪些常见的品种吗？			
7	你熟悉常见水生花卉的形态特征和生态习性吗？			
8	你掌握水生花卉的繁殖方法和栽培养护技术了吗？			
9	你能举例说出10种常见的水生花卉吗？			
10	你掌握常见水生花卉的应用了吗？			
11	你能掌握荷花的繁殖技术和生产要点吗？			
12	你能掌握睡莲的繁殖技术和生产要点吗？			
13	你能掌握王莲的繁殖技术和生产要点吗？			
14	你能掌握金鱼藻、石菖蒲的繁殖技术和生产要点吗？			
15	你能掌握千屈菜、萍蓬草的繁殖技术和生产要点吗？			
16	通过几天来的工作和学习，你对自己的表现是否满意？			
17	你对本小组成员之间的合作是否满意？			
18	你认为本学习情境对你将来的学习和工作有帮助吗？			
19	你认为本学习情境还应学习哪些方面的内容？（请在下面回答）			
20	本学习情境学习后，你还有哪些问题不明白？哪些问题需要解决？（请在下面回答）			
你的意见对改进教学非常重要，请写出你的建议和意见：				
调查信息		被调查人签字		调查时间

学习情境 10　温室花卉生产技术

任务单

学习领域	花卉生产技术		
学习情境 10	温室花卉生产技术	学时	14
任务布置			
学习目标	1.了解温室花卉的含义及发展现状。 2.能够识别常见的温室花卉。 3.掌握培养土配制的方法。 4.理解上盆、换盆、翻盆与转盆的概念,掌握其技能。 5.通过学习了解常见温室花卉的形态特征,进而掌握其生态习性和生产要点。		
任务描述	了解我国温室花卉概况,熟悉常见温室花卉,了解其品种,掌握常见温室花卉生态习性、繁殖方法和生产要点。具体任务要求如下: 1.利用多媒体或播放幻灯片,了解温室花卉栽培现状,识别常见温室花卉的种类。 2.进行实训操作,掌握温室花卉的培养土配制,上盆、换盆、翻盆与转盆等技术环节,从而掌握温室花卉栽培的基础知识。 3.参观花卉市场等地,熟悉当前生产中常见的温室花卉品种。 4.掌握君子兰、蝴蝶兰等温室花卉的生态习性。 5.能够掌握仙客来、山茶等温室花卉的繁殖方法。 6.熟练掌握四季海棠、绿萝等常见温室花卉的日常养护方法。		

学时安排	资讯1学时	计划1学时	决策1学时	实施9学时	检查1学时	评价1学时
参考资料	1.张树宝.花卉栽培技术.重庆:重庆大学出版社,2008. 2.曹春英.花卉栽培.北京:中国农业出版社,2010. 3.谢国文.园林花卉学.北京:中国农业科学技术出版社,2005. 4.杨红丽.园艺植物生产技术(第三分册).河南农业职业学院. 期刊:《中国花卉盆景》《中国花卉园艺》. 网站:http://www.flowercn.net/花卉中国					
对学生的要求	1.了解我国温室花卉的栽培概况。 2.能够识别常见温室花卉,掌握其生物学特性。 3.掌握仙客来、山茶等温室花卉的繁殖方法。 4.掌握四季海棠、绿萝等常见温室花卉的日常养护方法。 5.严格按照安全操作规程进行实践操作。 6.严格遵守纪律,不迟到,不早退,不旷课。 7.本情境工作任务完成后,需要提交学习体会报告。					

资 讯 单

学习领域	花卉生产技术		
学习情境 10	温室花卉生产技术	学时	14
咨询方式	在资料角、图书馆、专业杂志、互联网及信息单上查询;咨询任课教师		
咨询问题	1. 我国温室花卉栽培的现状如何? 2. 目前市场上,常见的温室花卉有哪些? 3. 培养土如何配制? 4. 如何上盆? 5. 如何换盆? 6. 如何翻盆? 7. 如何转盆? 8. 温室花卉的浇水原则是什么? 9. 君子兰的生产要点是什么? 10. 仙客来如何繁殖? 11. 蝴蝶兰如何养护? 12. 山茶如何繁殖? 13. 苏铁如何繁殖? 14. 四季海棠如何养护? 15. 绿萝如何养护? 16. 佛手有哪些园林应用? 17. 蟹爪兰怎样栽培? 18. 温室花卉如何施肥? 19. 温室花卉如何整形与修剪? 20. 温室花卉如何进行室内绿化装饰?		
资讯引导	1. 问题 1～8 可以在《花卉栽培技术》(张树宝)中查询。 2. 问题 9～17 可以在《花卉栽培》(曹春英)和《园林花卉学》(谢国文)中查询。 3. 问题 18～20 可以在《园艺植物生产技术(第三分册)》(杨红丽)中查询。		

信 息 单

学习领域	花卉生产技术		
学习情境 10	温室花卉生产技术	学时	14

信 息 内 容

一、温室花卉概述

温室花卉是指原产于热带、亚热带地区,不耐寒,在温带、寒带冬季需在温室中越冬的花卉,多为盆栽花卉。我国的盆栽花卉生产历史悠久,但 20 世纪 80 年代前,以传统栽培方法为主,规模小、种类少,栽培技术落后,常以自产自用为主,上市量不大。20 世纪 80 年代后,盆花生产逐步走上规模化生产,并广泛应用于展览和景观布置。20 世纪 90 年代后期,由于国外先进栽培技术、先进设施与优良品种的引进,盆栽花卉的数量、品种和栽培技术等方面有了较大的发展,盆栽花卉生产开始步入规模化和商品化时期。近几年我国盆花发展迅猛,如广东形成了我国盆栽观叶植物生产、销售和流通的中心,其产量约占全国观叶植物总产量的 70%。上海、北京等地成为盆栽花卉的生产销售中心。一批盆栽花卉的龙头企业逐步形成。如上海交大农业科技有限公司主要以生产流行的 F_1 代盆栽花卉为主,上海盆花市场的 30% 盆花由该公司提供。天津园林科研所的仙客来、广州先锋园艺公司的一品红、江苏宜兴杜鹃花试验场的杜鹃花、昆明蝴蝶兰等全国闻名,部分已供应国际市场。盆栽花卉已成为国际花卉贸易的重要内容。

(一)培养土的配制

基质是花卉赖以生存的基础物质,最常见的基质是土壤,温室花卉因多为盆栽,其根系被局限在有限的容器内不能充分地伸展,这样势必会影响到地上部分枝叶的生长,因此营养物质丰富、物理性能良好的土壤,才能满足其生长发育的要求,所以必须用经过特制的培养土来栽培。

适宜栽培花卉的土壤应具备下列条件:

(1)应有良好的团粒结构,疏松而肥沃。

(2)排水与保水性能良好。

(3)含有丰富的腐殖质。

(4)土壤酸碱度适合。

(5)不含任何杂菌。

培养土的最大特点是富含腐殖质,由于大量腐殖质的存在,土壤松软,空气流通,排水良好,能长久保持土壤的湿润状态,不易干燥,丰富的营养可充分供给花卉的需要,以促进盆花的生长发育。

1. 培养土的配制

花卉种类繁多,对培养土的要求各异,配制花卉的培养土,需根据花卉的生态习性、培养土材料的性质和当地的土质条件等因素灵活掌握。配制成的培养土只要有较好的持水、排水、保肥能力和良好的通气性以及适宜的酸碱度,就能为花卉的生长、发育提供一个良好的物质基础。

(1)普通培养土　普通培养土是花卉盆栽必备的土,常用于多种花卉栽培。一般盆栽花卉的常规培养土有以下3类。

疏松培养土:腐叶土6份、园土2份、河沙2份,混合配制。

中性培养土:腐叶土4份、园土4份、河沙2份,混合配制。

黏性培养土:腐叶土2份、园土6份、河沙2份,混合配制。

一、二年生花卉的播种及幼苗移栽,宜选用疏松培养土,以后可逐渐增加园土的含量,定植时多选用中性培养土。总之,花卉种类不同及不同发育阶段都要选配不同的培养土。

(2)各类花卉培养土配制

①扦插成活苗(原来扦插在沙中)上盆用土　河沙2份、壤土1份、腐叶土1份(喜酸植物可用泥炭)。

②移植小苗和已上盆扦插苗用土　河沙1份、壤土1份、腐叶土1份。

③一般盆花用土　河沙1份、壤土2份、腐叶土1份、干燥厩肥0.5份,每4 kg上述混合土加入适量骨粉。

④较喜肥的盆花用土　河沙2份、壤土2份、腐叶土2份、半份干燥肥和适量骨粉。

⑤一般木本花卉上盆用土　河沙2份、壤土2份、泥炭2份、腐叶土1份、0.5份干燥肥。

⑥一般仙人掌科和多肉植物用土　河沙2份、壤土2份、陶粒1份、腐叶土0.5份、适量骨粉和石灰石。

2. 培养土的消毒

使用培养土之前应先对其进行消毒、杀菌处理。常用的方法有:

(1)日光消毒　将配制好的培养土摊在清洁的水泥地面上,经过十余天的高温和烈日直射,利用紫外线杀菌、高温杀虫,从而达到消灭病虫的目的。这种消毒方法不严格,但有益的微生物和共生菌仍留在土壤中。

(2)加热消毒　盆土的加热消毒有蒸汽、炒土、高压加热等方法。只要加热80℃,连续30 min,就能杀死虫卵和杂草种子。如加热温度过高或时间过长,容易杀灭有益微生物,影响它的分解能力。

(3)药物消毒　药物消毒主要用40%福尔马林溶液,0.5%高锰酸钾溶液。在每立方米栽培用土中,均匀喷洒40%的福尔马林400～500 mL,然后把土堆积,上盖塑料薄膜。经过48 h后,福尔马林化为气体,除去薄膜,等气体挥发后再装土上盆。

3. 培养土的贮藏

培养土制备一次后剩余的需要贮藏以备及时应用。贮藏宜在室内设土壤仓库,不宜露天堆放,否则养分淋失和结构破坏,失去优良性质。贮藏前可稍干燥,防止变质,若露天堆放应注意防雨淋、日晒。

(二)上盆、换盆、翻盆与转盆

1. 上盆

在盆花栽培中,将花苗从苗床或育苗器皿中取出移入花盆中的过程称上盆。

上盆前要选花盆,首先根据植株的大小或根系的多少来选用大小适当的花盆。应掌握小苗用小盆,大苗用大盆的原则。小苗栽大盆既浪费土又造成"老小苗";其次要根据花卉种类选用合适的花盆,根系深的花卉要用深筒花盆,不耐水湿的花卉用大水孔的花盆。

花盆选好后,对新盆要"退火",新使用的瓦盆先浸水,让盆壁充分吸水后再上盆栽苗,防止盆壁强烈吸水而损伤花卉根系;对旧盆要洗净,经过长期使用的旧花盆,盆底和盆壁都沾满了泥土、肥液甚至青苔,透水和透气性能极差,应清洗干净晒干后再用。

花卉上盆的操作过程:选择适宜的花盆,盆底平垫瓦片,或用塑料窗纱1～2层盖住排水孔;然后把较粗的培养土放在底层,并放入马蹄片或粪干等迟效肥料,再用细培养土盖住肥料;并将花苗放在盆中央使苗株直立,四周加土将根部全部埋入,轻提植株使根系舒展,用手轻压根部盆土,使土粒与根系密切接触;再加培养土至离盆口3 cm处留出浇水空间。

新上盆的盆花盆土很松,要用喷壶洒水或浸盆法供水。花卉上盆后的第1次浇水称作"定根水",要浇足浇透,以利于花卉成活。刚上盆的盆花应摆放在蔽阴处缓苗,然后逐步给予光照,待枝叶挺立舒展恢复生机,再进行正常的养护管理。

2. 换盆与翻盆

花苗在花盆中生长了一段时间以后,植株长大,需将花苗脱出换入较大的花盆中,这个过程称换盆。花苗植株虽未长大,但因盆土板结、养分不足等原因,需将花苗脱出修整根系,重换培养土,增施基肥,再栽回原盆,这个过程称翻盆。

各类花卉盆栽过程均应换盆或翻盆。一、二年生草花生长迅速,一般到开花前要换盆1～2次,换盆次数较多,能使植株强健,生长充实,植株高度较低,株形紧凑,但会使花期推迟;宿根、球根花卉成苗后1年换盆1次;木本花卉小苗每年换盆1次,大苗2～3年换盆或翻盆1次。

换盆或翻盆的时间多在春季进行。多年生花卉和木本花卉也可在秋冬停止生长时进行;观叶植物宜在空气湿度较大的春夏间进行;观花花卉除花期不宜换盆外,其他时间均可进行。

一、二年生花卉换盆主要是换大盆,对原有的土球可不做处理,并防止破裂、损伤嫩根,在新盆盆底填入少量培养土后,即可从原盆中脱出放入,并在土球四周填入新培养土,用手稍加按压即可。

多年生宿根花卉,主要是更新根系和换新土,还可结合换盆进行分株,因此,把原盆植株土球脱出后,将四周的老土刮去一层,并剪除外围的衰老根、腐朽根和卷曲根,以便添加新土,促进新根生长。

木本花卉应根据不同花木的生长特点换盆。

有的花卉换盆后会明显影响其生长,只可将盆土表层掘出一部分,补入新的培养土,也能起到更换盆土的作用。

换盆后须保持土壤湿润,第一次充分灌水,以使根系与土壤密接,以后灌水不宜过多,保持湿润为宜,待新根生出后再逐渐恢复正常浇水。另外,由于修掉了外围根系,造成很多伤口,有些不耐水湿的花卉在上新盆时,用含水量60%的土壤换盆,换盆后不马上浇水,进行喷水,待缓苗后再浇透水。

3. 转盆

在光线强弱不均的花场或日光温室中盆栽花卉时,因花苗向光性的作用而偏方向生长,以至生长不良或降低观赏效果。所以在这些场所盆栽花卉应经常转动花盆的方位,这个过程称转盆。转盆可使植株生长均匀、株冠圆整。此外,经常转盆还可防止根系从盆孔中伸出长入土中。在旺盛生长季节,每周应转盆一次。

二、常见温室花卉

(一)君子兰(*Clivia miniata* **Regel**)

别名剑叶石蒜、君子兰、达木兰。石蒜科君子兰属。

1. 形态特征(图 10-1)

君子兰是多年生常绿草本,基部具叶基形成的假鳞茎,根肉质。叶二列叠生,宽带状,端圆钝,边全缘,剑形,叶色浓绿,革质而有光泽。花茎自叶丛中抽出,扁平,肉质,实心,长30~50 cm。伞形花序顶生,有花 10~40 朵,花被 6 片,组成漏斗形,基部合生,花橙黄、橙红、深红等色。浆果,未成熟时绿色,成熟时紫红色,种子大,白色,有光泽,不规则形。花期12 月份至翌年 5 月份,果熟期 7~10 月份。

图 10-1　君子兰

2. 类型及品种

君子兰的园艺栽培,到目前为止有 170 多年历史。1823 年英国人在南非发现了垂笑君子兰,1864 年发现了大花君子兰,19 世纪 20 年代传入欧洲,1840 年传入中国青岛,1932 年君子兰由日本传入中国长春。目前在国内栽培的主要是大花君子兰,经多年选育已推出许多品种,中国君子兰在世界君子兰中占有重要地位。

常见栽培品种有:

(1)"黄技师"　叶片宽,短尖,淡绿色,有光泽,脉纹呈"田"字形隆起;花红色,开花整齐;果实为球形。

(2)"大胜利"　为早期君子兰佳品。叶片中宽,短尖,深绿色,叶面光泽;花大鲜红,开花整齐;果实球形。在它基础上又育出"二胜利"等。

(3)"大老陈"　叶片较宽,渐尖,深绿色;花深红色,果实球形。

(4)"染厂"　叶片较宽,叶薄而弓,花鲜红;果实卵圆形。

(5)"和尚"　为早期名品之一。叶片宽,急尖,光泽度较差,脉纹较明显,深绿色;花紫红色,果实为长圆形。以它为母本,又选育出"抱头和尚"、"小和尚"、"光头和尚"、"铁北和尚"、"和尚短叶"、"花脸和尚"等品种。

(6)"油匠"　为早期优良品种之一。叶片宽,渐尖,叶绿有光泽;叶长斜立,脉纹凸起;花大橙红色;果实圆球形。以它为母本,还育出"小油匠"等品种。

(7)"短叶"　叶片中宽,急尖,深绿色,花橙红色;果实圆球形。叶片短。

此外,还有"春城短叶"、"小白菜"、"西瓜皮"、"金丝兰"、"圆头"、"青岛大叶"、"圆头短叶"等品种。

日本栽培变种"黄花君子兰",株形端庄,紧凑,叶片对称,整齐,叶鞘元宝形,叶片长28~38 cm,宽10~15 cm,长宽比为2:1,叶端卵圆,底叶微下垂,叶片开张度大,叶色深绿或墨绿。花序细、短、直立,花橙黄色或鲜黄色,耐热、抗寒性强。

同属其他栽培种:

垂笑君子兰(*C. nobilis*):叶片狭剑形,叶色较浅,叶尖钝圆,花茎稍短于叶片。花朵开放时下垂,橘红色,夏季开花,果实成熟时直立。

细叶君子兰(*C. gardeni*):叶窄、下垂或弓形,深绿色,花10~14朵组成伞形花序,花橘红色,冬季开花。

3. 生态习性

原产于南非。性喜温暖而半阴的环境,忌炎热,不耐寒。生长适温为15~25℃,低于5℃生长停止,高于30℃叶片薄而细长,开花时间短,色淡。生长过程中怕强光直射,夏季需置阴棚下栽培,秋、冬、春季需充分光照。栽培过程中要保持环境湿润,空气相对湿度70%~80%,土壤含水量20%~30%,切忌积水,以防烂根,尤其是冬季温室更应注意。要求土壤深厚肥沃、疏松、排水良好、富含腐殖质的微酸性沙壤土。此外,君子兰怕冷风、干旱风的侵袭或烟火熏烤等,应注意及时排除或防御这些不良因素,否则会引起君子兰叶片变黄,并易发生病害。

4. 生产技术

(1)繁殖方法 君子兰可采用分株、播种繁殖,以播种为主。

①分株繁殖 分株于每年4~6月份进行,分切叶腋抽出的吸芽栽培。因母株根系发达,分割时宜全盆倒出,慢慢剥离盆土,不要弄断根系。切割吸芽,最好带2~3条根。切后在母株及小芽的伤口处涂杀菌剂。幼芽上盆后,控制浇水,置荫蔽处,半个月后正常管理。无根吸芽,按扦插法也可成活,但发根缓慢。分株苗3年开始开花,能保持母株优良性状。

②播种繁殖 播种繁殖在种子成熟采收后即进行,因君子兰种子不能久藏。种子采收后,洗去外种皮,阴干。播种温度在20℃左右,经40~60 d幼苗出土。盆播种子盆土要疏松,富含有机质,播后用玻璃或塑料薄膜覆盖。实生苗4~5年开花。

(2)生产要点

①培养土 君子兰栽培的培养土适宜用保水性能好、保温性能好、肥性好、富含腐殖质、pH在6.5~7.0之间的微酸性土。一年生培养土用马粪、腐叶土、河沙按照5:4:1的比例混合;3年生苗用腐叶土、泥炭、河沙按4:5:1的比例混合。培养土配制好后应进行消毒。

②水分 水分是君子兰生长发育的重要条件。君子兰用水以清洁的雨水、雪水、无污染的河水、塘水为好,井水、自来水对水质、水温处理后,方可使用。君子兰根肉质,能贮藏水分,具有一定的耐旱性。空气相对湿度70%~80%,土壤含水量20%~30%为宜。因而应"见干见湿,不干不浇,干则浇透,透而不漏"。春、秋两季是君子兰的旺盛生长期,需水量大,浇水时间以上午8~10时为宜,视盆土干湿情况可2~3 d浇一次。夏季气温高,君子兰处于半休眠状态,生长缓慢,浇水时间以早、晚为宜,除向盆土浇水外,还应向周围地面洒水,以保持空气湿度。冬季当温度降至10℃以下,便进入休眠期,吸水能力减弱,可减少浇水,浇水适宜在晴天的中午进行。

③温度 最适生长温度为15～25℃,低于10℃,生长缓慢,0℃以下植株会冻死。温度高于30℃,则会出现叶片徒长的不正常现象。因而春秋两季旺盛生长季节,白天保持温度在15～20℃,夜间在10～12℃,越冬温度在5℃以上,在抽箭期间,温度应保持18℃左右,否则易夹箭。夏季要做好三方面工作:一是防止烂根,因温度高,光照强,生长弱,肥水管理不当易烂根,应遮阴降温,少施肥,盆土中应加入半量河沙,防止烂根。二是防止叶片徒长,降温,降低空气湿度,减肥是防止徒长的措施,同时,将君子兰放在通风阴凉处,控制浇水也有作用。三是夏季不换盆不分芽。如此可安全度夏。

④光照 君子兰稍耐阴,不宜强光直射,夏季要放在阴凉处,秋、冬、春季需充分光照。同时为使君子兰"侧视一条线,正视如面扇",叶面整齐美观,须注意光照方向。使光照方向与叶方向平行,同时每隔7～10 d旋转花盆180°,就可保持叶形美观。如叶子七扭八歪,可采取光照整形和机械整形。机械整形可用竹篾条、厚纸板辅助整形。

⑤肥料 君子兰喜肥,但不耐肥,要施腐熟的有机肥或肥水,要做到"薄肥勤施"。盆栽君子兰基肥可用豆饼、麻渣和动物蹄角,3月份结合换盆施足基肥;在室外生长期间也应多施追肥,化肥一般作追肥使用,用磷酸二氢钾或尿素作根外追肥效果好,使用浓度0.1%～0.5%,生长季节每15 d左右一次。

⑥病虫害防治 常见病害有软腐病,防治方法:在养护过程中,工具和基质要严格消毒;发病初期用0.5%波尔多液喷洒或用400～600 µg/L青霉素、链霉素灌根。严重时将腐烂部分全部切除,将剩余部分浸泡在高锰酸钾溶液中1 h,后用清水洗净,重新栽。另外还有炭疽病、叶斑病、白绢病等病害注意防治。虫害主要有介壳虫类,防治方法:可用人工防治,用竹签、小木棍、小软刷等,轻轻将虫体和煤烟物刷除,然后用清水洗净。在若虫期喷蚧螨灵乳剂40～100倍液,要喷施均匀。

5. 园林应用

大花君子兰是万花丛中的奇葩,株形端庄优美,叶片苍翠挺拔,花大色艳,果实红亮。四季观叶,三季看果,一季赏花,叶花果皆美,"不与百花争炎夏,隆冬时节始开花",颇有"君子"风度,是布置会场、厅堂、美化家庭环境的名贵花卉。

(二)蝴蝶兰(*Phalaenopsis*)

别名蝶兰,兰科蝴蝶兰属。

1. 形态特征(图10-2)

蝴蝶兰为附生热带兰,茎短而肥厚,没有假鳞茎,顶部为生长点,每年生长时期从顶部长出新叶片,下部老叶片变枯黄脱落,叶片肥厚多肉,白色粗大的气生根则盘旋或悬垂于基部之下。长长的花梗从叶腋间抽出,自下而上,依次绽放一朵又一朵像蝴蝶似的花。每花均有5萼,中间嵌镶唇瓣,花色鲜艳夺目,既有纯白、鹅黄、绯红,也有淡黄、橙赤和蔚蓝。有不少品种兼备双色或三色,有的犹如喷了均匀的彩点,每枝开花七八朵,多则十几朵,可连续观赏60～70 d。

图10-2 蝴蝶兰

2. 类型及品种

常见的栽培品种有五大系列:

(1)粉红花系　该系深受人们喜爱,栽培容易,又分3类:①小型红花原种,花小而芳香,鲜艳红色,有蜡质光泽。②大花类,花径10 cm左右,粉红色,唇瓣为深红色,花形整齐,十分美观。③深紫红大花系,花深红色,萼片及花瓣边缘有粉红色,唇瓣为深紫红色。

(2)白花系　花萼及两枚侧瓣为洁白色,无斑或条纹,唇瓣白色,上有黄色或红褐色斑点或条纹,有的品种唇瓣红色。

(3)黄花系　花瓣和萼片底色为黄色,上有红褐色或红色斑或条纹。

(4)点花系　花瓣与萼片有大小、疏密不等的红色或紫色斑点,唇瓣为鲜红色,花大型或中型。

(5)条花系　萼片和侧瓣底色为白、黄、红色,上布满枝丫状和珊瑚状的红色脉纹,十分美丽。

3. 生态习性

原产亚洲热带地区,我国也有分布,以台湾居多。喜温暖多湿的环境。白天温度保持在27℃左右,夜间保持在18℃为宜,蝴蝶兰的花芽分化要求短暂的10℃左右的低温,因此,可利用此特性控制它的花芽分化。

蝴蝶兰要求较高的空气湿度,以白天能保持在80%左右为好。并且它没有假鳞茎贮藏水分和养分,因此在生长季节应多浇水,在炎热的夏季里,更要每天喷雾2～3次,以保持高湿度。在高温闷热的情况下,应加强空气流通,大的栽培场可安装大型电风扇,使其流通空气,蝴蝶兰栽培忌阳光直射,春、夏、秋三季应给予良好的遮阳,以防叶片灼伤。栽培蝴蝶兰的盆土应通气良好,排水良好,国内常用蛇木屑、水苔、木炭、碎砖块等。

4. 生产技术

(1)繁殖方法　繁殖有无菌播种、组织培养和分株等方法。大多采用组织培养法繁殖。采用叶片和茎尖为外植体,经试管育成幼苗移栽,经过2年便可开花。家庭多用分株法,春季从成熟的大株上挖取带有2～3条根的小苗,另行栽植。

(2)生产要点　蝴蝶兰是一种高温温室花卉,对环境要求比较严格,不适宜的环境条件会直接影响蝴蝶兰的花期甚至全株死亡。因此,大规模栽培蝴蝶兰的设施应具有良好的调节温度、湿度、光照的功能。

蝴蝶兰为典型的热带附生兰,栽培时根部要求通气良好,盆栽时宜采用水苔、浮石、泥炭苔、椰子纤维、杪椤屑、木炭碎屑等。或直接把幼苗固定在杪椤板上,让它自行附着生长。上盆种植时,盆底要用较粗大的基质铺垫,用量可达基质总量的50%左右。保证盆底不会积水。

栽培中要求比较高的温度,白天以25～28℃,夜间18～20℃为适。蝴蝶兰对低温十分敏感,长时间处于15℃以下,根部停止吸收水分而造成生理性缺水而死亡。在中国的大部分地方,冬天的温度都在0℃或以下,本来是不适合蝴蝶兰生长的,应用人工加温的方法提高温室温度保证花卉的生长。

蝴蝶兰栽培忌阳光直射,春、夏、秋三季应给予良好的遮阳,以防叶片灼伤。当然,光线太弱、植株生长纤弱也易得病。开花植株适宜的光照强度为2 000～3 000 lx,幼苗可在1 000 lx左右,春季阴雨天过多,晚上要用日光灯适当加光,以利日后开花。

蝴蝶兰根部忌积水,喜通风干燥,如果盆内积水过多,易引起根系腐烂。盆栽基质不同,浇水间隔日数也不大相同,应尽量看到盆内的栽培基质已变干,盆面呈白色时再浇水。要求空气湿度保持50%～80%,一般可通过每日数次向地面、台架、墙壁等处喷水,或向植物叶面少量喷水来增加局部环境湿度。也可增设喷雾设备,定时喷雾,提高空气湿度。

蝴蝶兰生长迅速,需肥量比一般兰花稍多,但掌握的原则仍是少施肥,施淡肥,最常用的方法是液体肥料结合浇水施用。

危害蝴蝶兰的病虫害主要有软腐病、褐斑病、炭疽病和灰斑病等。软腐病和褐斑病的防治可用75%百菌清600～800倍液。炭疽病的防治采用70%的甲基托布津800倍液或50%多菌灵800倍液喷洒。灰斑病出现在花期,主要以预防为主,在花期不要将肥水直接喷在花瓣上能很好地预防此病的发生。虫害有蜗牛和一些夜间活动的咬食叶片的金龟子、蛾类和蝶类幼虫,只要定期喷施杀虫剂便可防治。

5. 园林应用

蝴蝶兰花形丰富、优美,色泽鲜艳,有"洋兰皇后"之称。花期长,生长势强,是目前花卉市场主要的切花种类和盆花种类。特别适用于家庭、办公室和宾馆摆放,也是名贵花束中的用花种类。

(三)仙客来(*Cyclamen persicum* Mill)

别名兔子花、萝卜海棠、一品冠,报春花科仙客来属。

1. 形态特征(图10-3)

多年生草本,具球形或扁球形块茎,肉质,外被木栓质,球底生出许多纤细根。叶着生在块茎顶端的中心部,心状卵圆形,叶缘具牙状齿,叶表面深绿色,多数有灰白色或浅绿色斑块,背面紫红色。叶柄红褐色,肉质,细长。花单生,由块茎顶端抽出,花瓣蕾期先端下垂,开花时向上翻卷扭曲,状如兔耳。萼片5裂,花瓣5枚,基部联合成筒状,花色有白、粉红、红、紫红、橙红、洋红等色。花期12月份至翌年5月份,但以2～3月份开花最盛。蒴果球形,果熟期4～6月份。

图10-3 仙客来

2. 类型及品种

园艺品种依据花型可分为:

(1)大花型 是园艺品种的代表性花型。花大,花瓣平展,全缘;开花时花瓣反卷,有单瓣、复瓣、重瓣、银叶、镶边和芳香等品种。

(2)平瓣型 花瓣平展,边缘具细缺刻和波皱,比大花型花瓣窄,花蕾尖形,叶缘锯齿明显。

(3)洛可可型 花瓣边缘波皱有细缺刻,不像大花型那样反卷开花,而呈下垂半开状态。

(4)皱边型 花大,花瓣边缘有细缺刻和波皱,开花时花瓣反卷。

(5)重瓣型 花瓣10枚以上,不反卷,瓣稍短,雄蕊常退化。

3. 生态习性

原产于南欧及地中海一带,为世界著名花卉,各地都有栽培。仙客来喜温暖,不耐寒,生长适温15～20℃。10℃以下,生长弱,花色暗淡易凋谢;气温达到30℃以上,植株进入休眠。在我国夏季炎热地区仙客来处于休眠或半休眠状态,气温超过35℃,植株易受害而导致腐烂死亡。喜阳光充足和湿润的环境,主要生长季节是秋、冬和春季。喜排水良好,富含腐殖质的酸性沙质土壤,pH 5.0～6.5,但在石灰质土壤上也能正常生长。中性日照植物,花芽分化主要受温度的影响,其适温为15～18℃。

4. 生产技术

(1)繁殖方法 通常采用播种、分割块茎、组织培养等方法进行繁殖。

①播种繁殖 一般在9～10月份进行,从播种到开花约需12～15个月。仙客来种子较大,发芽迟缓不齐,易受病毒感染。因此,在播种前要对种子进行浸种处理,方法是:将种子用0.1％升汞浸泡1～2 min后,用水冲洗干净,然后用10％的磷酸钠溶液浸泡10～20 min,冲洗干净,最后浸泡在30～40℃的温水中处理48 h,冲净后即可播种。播种用土可用壤土、腐叶土、河沙等量配制,或草炭土和蛭石等量配制,点播,覆土0.5～1.0 cm,用盆浸法浇透水,上盖玻璃,温度保持18～20℃,30～40 d发芽,发芽后置于向阳通风处。

②分割块茎法繁殖 常用于结实不良的仙客来品种,在8月下旬块茎即将萌动时,将其自顶部纵切分成几块,每块带一个芽眼。切口应涂抹草木灰。稍微晾晒后即可分栽于花盆内,不久可展叶开花。

(2)生产要点 栽培时土壤宜疏松,可用腐叶土(泥炭土)、壤土、粗沙加入适量骨粉、豆饼等配制。培养土最好经消毒。

仙客来的栽培管理大致可分为5个阶段:

①苗期 播种的仙客来,播种苗长出1片真叶时,要进行分苗,盆土以腐叶土5份、壤土3份、河沙2份的比例配制,栽培深度应使小块茎顶部与土面相平,栽后浇透水,置于温度13℃左右的环境中,适当遮阳。缓苗后逐渐给以光照,加强通风,适当浇水,勿使盆土干燥,同时适量进行施肥,以氮肥为主,施肥时切忌肥水沾污叶片,否则易引起叶片腐烂,施肥后要及时洒水清洁叶面。

当小苗长至5片真叶时进行上盆定植,盆土用腐叶土、壤土、河沙按5:3:2配制而成,可加入厩肥或骨粉作基肥。上盆时球茎应露出土面1/3左右,以免妨碍花茎、幼芽长出,并注意勿伤根系。覆土压实后浇透水。

②夏季保苗阶段 第一年的小球6～8月份生长停滞,处于半休眠状态。因夏季气温高,可把盆花移到室外阴凉、通风的地方,注意防雨。若仍留在室内,也要进行遮阴,并摆放在通风的地方。这个时期要适当浇水,停止施肥。北方因空气干燥,可适当喷水。

③第一年开花阶段 入秋后换盆,并逐步增加浇水量、施薄肥。10月份应移入室内,放在阳光充足处,并适当增施磷、钾肥,以利开花。11月份花蕾出现后,应停止施肥,给予充足的光照,保持盆土湿润。一般11月份开花,翌年4月中下旬结果。留种母株春季应放在通风、光照充足处,水分、湿度不宜过大,可将花盆架高,以免果实着地、腐烂。

④夏季球根休眠阶段 5月份后,叶片逐渐发黄,应逐渐停止浇水,2年以上的老球,夏季抵抗力弱,入夏即落叶休眠,应放在通风、遮阴、凉爽处,少浇水,停止施肥,使球根安全越夏。

⑤第二年开花阶段 入秋后再换盆,在温室内养护至12月份又可开花。4～5年以上的老球花虽多,但质量差且不好养护,一般均应淘汰。

仙客来属于日中性植物,影响花芽分化的主要环境因子是温度,其适温是15～18℃,小苗期温度可以高些,控制在20～25℃,因此可以通过调节播种期及利用控制环境因子或使用化学药剂,打破或延迟休眠期来控制花期。

仙客来主要病害有灰霉病、炭疽病、细菌性软腐病等。灰霉病在发病初期可用1∶1∶200的波尔多液防治。炭疽病可用50%多菌灵或托布津500倍液防治。细菌性软腐病发病初期用4 000倍农用链霉素防治。此外注意防治根结线虫病和病毒病,仙客来主要虫害有蚜虫和螨类。用50%辟蚜雾2 000倍防治蚜虫,15%氯螨净2 000倍防治螨类。

5. 园林应用

仙客来花型奇特,株形优美,花色艳丽,花期长,花期又正值春节前后,可盆栽,用以节日布置或作家庭点缀装饰,也可作切花。

(四)四季海棠(*Begonia semperforens*)

别名秋海棠、瓜子海棠,秋海棠科秋海棠属,多年生草本花卉。

1. 形态特征(图10-4)

植株茎光滑,肉质多汁,株高15~40 cm,茎叶绿色或淡红色。叶互生,斜形,边缘有小锯齿,亮绿色。叶面光亮,全身透明,花有红、粉红、白等色。须根纤维状。花数朵聚生,多腋生,有重瓣种,雌雄异花,蒴果,种子极细小,褐色,每果2万粒左右。

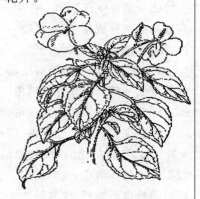

图10-4 四季海棠

2. 生态习性

原产巴西,性喜温暖、湿润、不耐寒,不耐强光暴晒,在温暖地区多自然生长在林下沟边、溪边或阴湿的岩石上,夏季休眠,宜置于冷凉处。温室栽培全年除炎夏、寒冬期无花或少花外,其他时间均开花,以春季最旺。

3. 生产技术

(1)繁殖方法 常用播种法繁殖,也可用扦插、分株法繁殖。播种繁殖在春秋两季均可进行,因种子特别细小,且寿命较短,隔年种子发芽率较低,因此用当年采收的新鲜种子播种最好。播后保持室温20~22℃,同时保持盆土湿润,1周后发芽,出现2枚真叶时需及时间苗,4枚真叶时移入小盆。扦插繁殖则以春、秋两季进行为最好,插后保持湿润,并注意遮阴,2周后生根。分株繁殖多在春季换盆时进行。

(2)生产要点 幼苗长到5~6片真叶时进行摘心,此时要控制水分,防止徒长。生长期需水量较多,经常进行喷雾,保持较高的空气湿度,平时盆土不宜过湿,更不能积水。幼苗期每2周施稀释腐熟饼肥一次,初花出现时则减少施肥,增施一次骨粉。有枯枝黄叶及时修去,4月下旬可移放于阴棚下,注意勿使其过湿。花后应打顶摘心,以压低株高,并促进分株,此时应控制浇水,待重新发出新株后,适当进行数次追肥,2年后需进行重新更新。四季秋海棠夏季怕强光暴晒和雨淋,冬季喜阳光充足,如果植株生长柔弱细长,叶色花色浅淡发白,说明光线不足;若光线过强,叶片往往卷缩并出现焦斑。植株生长矮小,叶片发红是缺肥的症状,可视情况分别加以处理。

夏季通风不良易患白粉病,可用15%三唑酮可湿性粉剂1 000~1 500倍液防治。生长期常发生卷叶蛾幼虫为害叶和花,影响开花,可用40%乐斯本1 500倍液防治。

4. 园林应用

姿态优美,叶色娇嫩光亮,花朵成簇,四季开放,且稍带清香,为室内外装饰的主要盆花之一,或埋盆作为花坛布置。

(五)何氏凤仙(*Impatiens wauerana*)

凤仙花科凤仙花属多年生草本花卉。

1. 形态特征(图 10-5)

株高 30～60 cm,多分枝,植株透明多汁。叶互生,叶柄较长,叶片卵形,花冠平展,多腋生,有粉红、红、红白相间、橙红等色,蒴果椭圆形。

2. 生态习性

原产非洲热带,性喜温暖,夏季喜凉爽通风的环境,喜半阴,不耐寒,适宜生长的温度为 13～16℃,喜排水良好的腐殖质土。5～9月份开花。种子寿命长,2～3 年不降低发芽力。

图 10-5 何氏凤仙

3. 生产技术

(1)繁殖方法 多用扦插繁殖或播种繁殖,全年均可扦插。取 8～10 cm 长带顶端的枝条,插于沙床,或进行水插,3 周左右即可生根。播种繁殖,多于 4～5 月份进行,在室内进行盆播,保持室温 20℃,1 周左右即可发芽,苗高 3 cm 左右时可上盆。

(2)生产要点 生长期间注意施肥,每周 1 次,开花期每 2 周 1 次,施肥过多容易引起徒长,过度荫蔽也易徒长。要进行适当的摘心,以促使其多抽枝多开花。冬季浇水不宜过多。约 11 月份进温室,室温不低于 10℃,叶面适当喷水,以保持叶片翠绿。夏季注意通风,给予适当的阳光照射,保持排水良好,切不可积水,盆栽一般 2～3 年后应更新植株。

4. 园林应用

用作温室盆栽,作为室内盆花布置,或悬挂布置,温暖地区或温暖季节可作露地花坛、路边、庭院等布置。

(六)大岩桐(*Sinningia speciosa* Benth. Et Hook)

别名落雪泥,苦苣苔科大岩桐属。

1. 形态特征(图 10-6)

多年生草本。地下部分具有块茎,初为圆形,后为扁圆形,中部下凹。地上茎极短,全株密被白色绒毛,株高 15～25 cm。叶对生,卵圆形或长椭圆形,肥厚而大,有锯齿,叶背稍带红色。花顶生或腋生,花冠钟状,5～6 浅裂,有粉红、红、紫蓝、白、复色等色,花期 4～11 月份,夏季盛花。蒴果,花后 1 个月种子成熟,种子极细,褐色。

图 10-6 大岩桐

2. 类型及品种

常见栽培的主要类型:厚叶型、大花型、重瓣型、多花型。

3. 生态习性

原产巴西,世界各地温室栽培。喜温暖、潮湿,忌阳光直射,生长适温 18～32℃。在生长期,要求高温、湿润及半荫的环境。有一定的抗炎热能力,但夏季宜保持凉爽,23℃左右有利开花,冬季休眠期保持干燥,温度控制在 8～10℃。不喜大水,避免雨水侵入。喜疏松、肥沃的微酸性土壤,冬季落叶休眠,块茎在 5℃左右的温度中,可以安全过冬。

4. 生产技术

(1)繁殖方法　大岩桐可用播种、扦插和分球茎等方法来进行繁殖。

①扦插法　可用芽插和叶插。块茎栽植后常发生数枚新芽,当芽长 4 cm 左右时,选留 1～2 个芽生长开花,其余的可取之扦插,保持 21～25℃温度及较高的空气湿度和半阴的条件,半个月可生根。叶插在温室中全年都可进行,但以 5～6 月份及 8～9 月份扦插最好。选生长充实的叶片,带叶柄切下,斜插入干净的基质中,基质可用河沙、蛭石或珍珠岩等。10 d 后开始生根。为了提高叶片的利用率增加繁殖系数,可把叶片沿主脉和侧脉切割成许多小块,逐一插入基质中,这样一片叶可分插 50 株左右,大大提高繁殖率。

②分球法　选生长 2～3 年的植株,在新芽生出时进行。用利刀将块茎分割成数块,每块都带芽眼,切口涂抹草木灰后栽植。初栽时不可施肥,也不可浇水过多,以免切口腐烂。

③播种法　温室中周年均可进行,以 10～12 月份播种最佳。从播种到开花需 5～8 个月。播前用温水将种子浸泡 24 h,以促其提早发芽。在 18.5℃的温度条件下约 10 d 出苗,出苗后让其逐渐见阳光,当幼苗长出 2 枚真叶时及时分苗。待幼苗 5～6 枚真叶时,移植到 7 cm 口径盆中。最后定植于 14～16 cm 口径的盆中。定植时给予充足基肥,每次移植后 1 周开始追施稀薄液肥,每周 1 次即可。

(2)生产要点

温度:大岩桐生长适温:1～10 月份为 18～32℃,10 月份至翌年 1 月份为 10～12℃。冬季休眠期盆土宜保持稍干燥,若温度低于 8℃,空气湿度又大,会引起块茎腐烂。

湿度:大岩桐喜湿润环境,生长期要维持较高的空气湿度,浇水应根据花盆干湿程度每天浇 1～2 次水。

光照:大岩桐喜半阴环境,故生长期要注意避免强烈的日光照射。

施肥:大岩桐喜肥,从叶片伸展后到开花前每隔 10～15 d 应施稀薄的饼肥水一次。当花芽形成时,需增施一次骨粉或过磷酸钙。花期要注意避免雨淋。开花后若培养土肥沃加上管理得当,它不久又会抽出第二批花蕾。从 5～9 月份可开花不断。

栽培应注意以下问题:

大岩桐叶面上生有许多绒毛,因此,注意肥水不可施在叶面上,以免引起叶片腐烂。

大岩桐不耐寒,在冬季植株的叶片会逐渐枯死而进入休眠期。此时,可把地下的块茎挖出贮藏于阴凉干燥的沙中越冬,温度不低于 8℃,待到翌年春暖时再用新土栽植。

生长过程中要注意防治腐烂病和疫病,腐烂病主要以预防为主,栽植前用甲醛对土壤进行消毒,浇水时避免把水浇到植株上。疫病防治,浇水避免顶浇,盆土不能过湿,发病初期喷施 72.2％普力克水剂 600 倍液。

5. 园林应用

大岩桐植物小巧玲珑,花大色艳,花期夏季,堪称夏季室内佳品。

(七)八仙花(*Hydrangea macrophyla*)

别名绣球、阴绣球、草绣球、紫阳花。属于虎耳草科绣球花属,为常绿多年生木本花卉。

1. 形态特征（图 10-7）

株高 1～4 m，小枝粗壮，有明显的皮孔与叶迹。

叶对生，大而稍厚。椭圆形至阔卵形，边缘有锯齿，叶柄粗壮。由许多不孕花组成顶生伞房花序，呈球形，直径可达20 cm，不孕花有 4 枚花瓣状的萼片，初开放时白色，渐转蓝色或水红色，色彩多变。

图 10-7　八仙花

2. 生态习性

原产中国南方，系暖温带花卉，喜温暖阴湿，耐寒力弱，在富含腐殖质、湿润、排水良好、通气性强的壤土中生长良好，且花期较长。花色的变化与土壤酸碱度有关，植于酸性土中花为蓝色，碱性土中为红色。地上部分经霜枯萎，翌年春再由根茎萌发新梢。在寒冷地区难以露地越冬，可盆栽于冬季置放在冷室内，6～7 月份开花，可延续到下霜。

3. 生产技术

（1）繁殖方法　扦插、分株、压条繁殖均可。扦插时期除严冬外，其余季节皆可进行，成活率高。分株压条宜在叶芽萌动前进行。

（2）生产要点　花后追肥并及时剪除花枝，促进新枝生长。新枝长 8～10 cm 时，可进行截梢，使芽充实。冬季应剪去未木质化的枝条。盆栽置于冷室前要摘除叶片，以免烂叶，还应注意节水，因其肉质根易烂根。

4. 园林应用

八仙花花大色艳，且较为耐阴，宜配置于疏林下及行道树旁，列植为花篱、花境或丛植于庭园一角。也可作切花及插花的材料。

（八）鹤望兰（*Strelitzia reginae*）

别名极乐鸟花。属旅人蕉科鹤望兰属，为多年生草本花卉。

1. 形态特征（图 10-8）

植株高可达 1 m。肉质根粗壮。茎不明显。叶大且长柄，似芭蕉，但叶色深，质地较硬，对生两侧排列。花顶生或叶腋抽生，花梗长而粗壮，花序水平伸出，小花向上生长，每序小花 9 朵左右，花型奇特，外瓣为橙黄色，内瓣为蓝色。

目前栽培的观赏种还有：尼克拉鹤望兰，植株高大，茎高可达 7 m，叶大柄长，基部心形，5 月份开花，白色和蓝色，原产非洲南部；大鹤望兰，茎高 10 m，叶生茎顶，总苞深紫色，内外花被均为白色，春季开花。

图 10-8　鹤望兰

2. 生态习性

原产南非。性喜温暖湿润，喜阳光充足，适于在富含有机质的壤土中栽培。不耐寒，生长适温为 18～24℃，冬季要求不低于 5℃，夏季宜在遮阳棚下生长。花期春夏或夏秋，出现花芽到形成花蕾需 30～35 d，单朵小花可开 13～15 d，整个花序可开花 21～25 d，整个植株花期长达 2 个月左右。

3. 生产技术

(1)繁殖方法　常用分株及播种繁殖。是典型的鸟媒植物。播种繁殖,必须经人工辅助授粉,才可结实;约 80～100 d 种子成熟。种子采收后立即播种,播于沙床,发芽温度为 25～30℃,播后 15～20 d 可发芽,半年后形成小苗,播种苗需 5 年具 9～10 片叶时才能开花。分根繁殖多于早春翻盆时进行,将植株退盆后,抖去泥土,用利刀从根茎中空缝隙开刀,每丛分株叶片不得少于 7～8 片,伤口涂以草木灰或硫磺粉,以防其腐烂,然后进行栽植。栽后浇足水,置于荫蔽处,适当养护,当年秋冬即能开花。

(2)生产要点　盆栽用土需用肥沃、疏松的土壤,一般用腐殖质土,加少量的沙土,上盆时盆底部要放 1 层瓦片以利于排水,栽植不宜过深。夏季生长期及秋冬期都需充足的水分,花期及花后要减少水分。生长期每 15 d 施肥 1 次,花蕾孕育期及盛花期需增施磷肥。花谢后若不留种子需立即剪去花梗,以免消耗养分。成株每两年需翻盆一次,空气不流通,易发生介壳虫,可人工刷涂或喷洒 1∶1 000 乐果乳剂。

4. 园林应用

可用作大型盆花,适宜于会场、会客室、办公室等布置用,也可用于插花。

(九)天竺葵(*Pelargonium hortorum*)

别名入腊红、石腊红、洋绣球,牻牛儿苗科天竺葵属。

1. 形态特征(图 10-9)

多年生草本花卉,全株有特殊气味。基部茎稍木质,茎肥厚略带肉质多汁,整个植株密生绒毛。单叶对生或近对生,叶心脏形,边缘为钝锯齿,或浅裂,叶绿色。伞形花序,腋生或顶生,花序柄较长,花蕾下垂。花色有红、白、橙黄等色,还有双色。外面瓣大,内面瓣小。全年开花,盛花期 4～5 月份。

图 10-9　天竺葵

2. 类型及品种

园林中常用种类:马蹄纹天竺葵(*P. zonale*)、大花天竺葵(*P. domesticum*)、香叶天竺葵(*P. graveolens*)、豆蔻香天竺葵(*P. odoratissimum*)。

3. 生态习性

原产于南非。性喜冷凉气候,能耐 0℃ 低温,忌炎热,夏季为半休眠状态。喜阳光充足的环境。要求土壤肥沃、疏松、排水良好,怕积水。冬季需保持室温为 10℃ 左右。

4. 生产技术

(1)繁殖方法　以扦插繁殖为主,除夏季外其余时间均可以进行,插穗最好选用带有顶梢的枝条,切口宜稍干燥后再插,插好后应置于半阴处,并使室温保持在 13～18℃,2 周左右便可生根。播种温度 13℃,7～10 d 发芽,半年到 1 年可开花。

(2)生产要点　扦插苗生根后及早炼苗,炼苗 7～10 d 后转入盆栽。上盆时施足基肥,生长期施 2～3 次追肥。在栽培时应适当进行摘心,以促使多产生侧枝,以利于开花。整个生长期浇水不能过多。花后一般进行短截修剪,目的是使植株生长短壮,圆满而美观,剪后 1 周内不浇水,不施肥,以使剪口干缩避免水湿而腐烂。此外,天竺葵喜阳光,放置地要阳光通透,注意调整盆间距,及时剥除变黄老叶及少量遮光的大叶。一般盆栽经 3~4 年后老株就需进行更新。在栽培过程中利用矮壮素和赤霉素处理,可使植株低矮,株形圆整,提早开花。

潮湿低温、通风透光不良,易发灰霉病。注意排湿,通风透光,发病前喷洒克菌丹 800~1 000 倍液预防。

5. 园林应用

天竺葵株丛紧密,花极繁密,花团锦簇,花期长,是重要的盆栽观赏植物。有些种类常在春、夏季作花坛布置。香叶天竺葵可提取香精,供化妆品、香皂工业用,常作为经济作物大片栽植。

(十)朱顶红(*Hippeastrum vittatum* Herb.)

别名百枝莲、孤挺花、花胄兰、对红,石蒜科朱顶红属。

1. 形态特征(图 10-10)

地下鳞茎球形。叶着生于鳞茎顶部,4~8 枚呈二列迭生,带状。花、叶同发,或叶发后数日即抽花葶。花葶粗壮,直立,中空,高出叶丛。近伞形花序,每个花序着花 4~6 朵,花大,漏斗状,花径 10~13 cm,红色或具白色条纹,或白色具红色、紫色条纹。花期 4~6 月份。果实球形,种子扁平。

2. 类型及品种

朱顶红属植物园艺品种很多,可分为两大类。一类为大花圆瓣类,花大型,花瓣先端圆钝,有许多色彩鲜明的品种,多用于盆栽观赏;另一类为尖瓣类,花瓣先端尖,性强健,适于促成栽培,多用于切花生产。

常见种类:孤挺花(*H. paniceum*)、王百枝莲(*H. reginea*)、网纹百枝莲(*H. reticulatum*)。

图 10-10 朱顶红

3. 生态习性

原产秘鲁,世界各地广泛栽培,我国南北各省均有栽培。春植球根,喜温暖,生长适温18~25℃,冬季休眠期要求冷凉干燥,适合 5~10℃的温度。喜阳光,但光线不宜过强。喜湿润,但畏涝。喜肥,要求富含有机质的沙质壤土。

4. 生产技术

(1)繁殖方法

①播种 朱顶红花期在 2~5 月份,花后 30~40 d 种子成熟。采种后要立即播于浅盆中,覆土厚度 0.2 cm,上盖玻璃置于半阴处,经 10~15 d 可出苗。幼苗长出 2 片真叶时分栽,以后逐渐换大盆,2~3 年后可开花。

②分球 花谢后结合换盆,将母株鳞茎四周产生的小鳞茎切下另栽即可。

(2)生产要点 朱顶红在长江流域以南可露地越冬,华北地区仅作温室栽培。3~4 月份将越冬休眠的种球进行栽种,一般从种植至开花约需 6~8 周。培养土可用等量的腐叶土、壤土、堆肥土配制。朱顶红栽植时顶端要露出 1/4~1/3。浇一次透水,放在温暖、阳光充足之处,少浇水,仅保持盆土湿润即可。

发芽长出叶片后,逐渐见阳光,当叶长 5～6 cm 时开始追肥,每隔 10～15 d 追施 1 次蹄角片液肥,花箭形成时,施 2 次 1‰磷酸二氢钾,谢花后每 20 d 施饼肥水 1 次,促使鳞茎肥大。朱顶红浇水要适当,一般以保持盆土湿润为宜,随着叶片的增加可增加浇水量,花期水分要充足,花后水分要控制,以盆土稍干为好。

10 月下旬入室越冬,将盆置干燥蔽荫处,室温保持 5～10℃,可挖出鳞茎贮藏,也可直接保留在盆内,少浇水,保持球根不枯萎即可。露地栽培的略加覆土就可安全越冬,通常隔2～3 年挖球重栽一次;盆中越冬的,春暖后应换盆或换土。

朱顶红常见病害有红斑病、病毒病等。红斑病喷洒 75％百菌清 700 倍液防治。病毒病防治要严格挑选无毒种球,防治传毒蚜虫,手和工具注意消毒。

5. 园林应用

朱顶红花大、色艳,栽培容易,常作盆栽观赏或作切花,也可露地布置花坛。

(十一)火鹤花(*Anthurium scherzerianum*)

别名花烛花、安祖花、红苞芋,属于天南星科花烛属,为常绿多年生草本花卉。

1. 形态特征(图 10-11)

植株高 30～50 cm。叶互生,长心形或椭圆形,长 20～30 cm,宽 8～12 cm,革质,腹面深绿色,有光泽,背面浅绿色,全缘。幼叶浅绿色或紫红色。叶柄细长,叶枕膨大。花单生于叶腋间,花葶高于叶面,长 20～50 cm,质硬。佛焰苞长心形或长卵形,长 5～15 cm,宽 4～12 cm,肉质,表面光滑或皱褶,富有金属光泽,花色有红色、深红色,粉红色、绿色等。肉穗花序长 4～7 cm,红色、黄色或绿色。花期 10 月份至翌年 6 月份。

图 10-11 火鹤花

2. 生态习性

火鹤花原产于哥斯达黎加和南美洲的热带雨林中,性喜温暖、湿润、半阴的气候条件,喜富含腐殖质、疏松肥沃的微酸性土壤。耐荫蔽,忌高温和阳光直射,忌干燥,忌瘠薄,畏寒冷,生长适温 23～28℃。

3. 生产技术

(1)繁殖方法 采用播种、分株、组织培养法繁殖。生产上主要采用组培苗,种植 6～12 个月可开花,第 3 年进入盛花期,栽培管理得好,可每年连续开花,繁殖可采用截顶促发腋芽的分株方法。

(2)生产要点 火鹤花栽培要求技术性强,栽培场所需要宽敞、通风,要有遮阳和喷灌设施,栽培基质可用椰壳块、牛粪、树皮、甘蔗渣、火砖粒、稻草等。盆距 20 cm×40 cm,空气湿度保持 60％～80％,定期追施豆饼肥和根外追肥(微量元素),以及喷施波尔多液、石硫合剂,预防病害发生。

4. 园林应用

火鹤花单花期长达 40～60 d,为世界著名的高档盆花之一。栽培上有大叶种和小叶种之分,家庭盆栽观赏主要用于小叶种。

(十二)山茶花(*Camelia japonica* L.)

别名茶花、山茶、耐冬,山茶科山茶属。

1. 形态特征(图10-12)

山茶为常绿灌木或小乔木,枝条黄褐色,小枝呈绿色或绿紫色至紫褐色。叶片革质,互生,卵形至倒卵形,先端渐尖或急尖,基部楔形至近半圆形,边缘有锯齿,叶片正面为深绿色,多数有光泽,背面较淡,叶片光滑无毛,叶柄粗短,有柔毛或无毛。花两性,常单生或2~3朵着生于枝梢顶端或叶腋间。花梗极短或不明显,苞片9~13片,覆瓦状排列,被茸毛。花单瓣或重瓣,花色有红、白、粉、玫瑰红及杂有斑纹等不同花色,花期2~4月份。

图10-12 山茶花

2. 类型及品种

山茶按花瓣形状、数量、排列方式分为:

(1)单瓣类 花瓣一层,仅5~6片,抗性强,多地栽。主要品种有铁壳红、锦袍、馨口、金心系列。

(2)文瓣类 花瓣平展,排列整齐有序,又分:

①半文瓣 大花瓣2~5轮,中心有细瓣卷曲或平伸、瓣尖有雄蕊夹杂,常见品种有六角宝塔、粉荷花、桃红牡丹。

②全文瓣 花蕊完全退化,从外轮大瓣起,花瓣逐渐变小,雄蕊全无,主要品种有白十八、白宝塔、东方亮、玛瑙、粉霞、大朱砂。

(3)武瓣类 花重瓣,花瓣不规则有扭曲起伏等变化,排列不整齐,雄蕊混生于卷曲花瓣间,又可分托桂型、皇冠型、绣球型。主要品种有石榴红、金盆荔枝、大红宝珠、鹤顶红、白芙蓉、大红球。

3. 生态习性

原产于中国东部、西南部,为温带树种,现全国各地广泛栽培。山茶性喜温暖湿润的环境条件,生长适温为18~25℃。忌烈日,喜半阴。要求蔽荫度为50%左右,若遭烈日直射,嫩叶易灼伤,造成生长衰弱。在短日照条件下,枝茎处于休眠状态,花芽分化需每天日照13.5~16.0 h,过少则不形成花芽,然而,花蕾的开放则要求短日照条件,即使温度适宜,长日照也会使花蕾大量脱落。山茶喜空气湿度大,忌干燥,要求土壤水分充足和良好的排水条件。喜深厚肥沃、微酸性的沙壤土。pH 5.0~6.5为宜。

4. 生产技术

(1)繁殖方法 山茶花可用扦插、嫁接、压条等方法繁殖。

①扦插 扦插在春末夏初和夏末秋初进行。选树冠外部生长充实、叶芽饱满、无病虫害的当年生半木质化的枝条作插穗,长5~10 cm,先端留2~4片叶,剪取时基部带踵易生根。扦插基质用素沙、珍珠岩、松针、蛭石等较好。插入基质中3 cm左右,浅插生根快,过深生根慢。插后要及时用细孔喷壶喷透水,插床上应遮阳,叶面每天要喷3~4次水,1个月后逐步见光。

②嫁接 优良品种发根较困难,因此多采用嫁接法繁殖,时间在4~9月间,春末效果好,嫁接采用靠接和切接法,砧木多用单瓣品种或油茶苗,也可高接换头或1株多头。

对于一些优良品种也可采用高空压条法繁殖,在4～6月间进行,选母株上健壮外围枝,由顶端往下约30 cm处,环剥1～2 cm宽,再用1 000 mg/L吲哚乙酸溶液涂在环剥伤口处,然后用湿润的基质包住伤口,用塑料条绑扎牢固,再包塑料袋。在20～30℃条件下,2个月可生根,切离母株成苗。

(2)生产要点 山茶花盆栽用盆最好选用透气、透水性强的泥瓦盆,南方多使用山泥作培养土。没有山泥的地方可选用腐叶土4份,堆肥土3份和沙土3份配制成培养土,小苗1～2年换盆1次,5年生以上大苗2～3年换盆1次。换盆宜在开花后进行,在盆底垫蹄片或油渣少许。每年出室后应放在荫蔽处,防止强光直射,秋末多见光,以利植株形成花蕾。

山茶浇水最好用雨水或雪水,如用自来水需放在缸内存放2～3 d方可使用。山茶根细弱,浇水过多易烂根,过少则落叶落蕾,日常多向叶面喷水,土壤保持半湿。

山茶施肥以有机肥为主,辅以化肥。在花谢后及时施氮肥1～2次,每10 d 1次,以促发新枝生长。5月份后,施氮、磷结合的肥料1～2次,每半个月1次,以促进花芽分化。夏季生长基本停止,不施肥或少施肥。秋季追施磷、钾肥。施肥以稀薄液肥与矾肥水相间施用,使土壤保持酸性,并能使肥效提高。

山茶忌烈日,喜半阴,因而炎热夏季,应给予遮阴、喷水、通风等,若温度超过35℃,则易出现日灼,叶片枯萎,翻卷,生长不良。

在温度5～10℃时就应移入室内。当花蕾长到黄豆粒大小时进行疏蕾,每枝头留一个蕾,其余摘去,花谢后及时摘除残花,以免消耗养分。注意整形修剪。

山茶主要病害有炭疽病、灰斑病等。炭疽病在高温高湿,多雨季节发病严重,在新梢萌发后喷洒1%波尔多液预防,发病初期喷50%甲基托布津500～800倍液防治。灰斑病可参照炭疽病的防治方法。山茶主要虫害有茶毛虫、介壳虫、蚜虫、红蜘蛛等。及时喷杀虫剂灭杀。

5. 园林应用

山茶是中国著名的传统名花之一。树姿优美,四季常绿,花色娇艳,花期较长,象征吉祥福瑞。山茶具有很高的观赏价值,特别是盛开之时,给人以生机盎然的春意。花的色、姿、韵,怡情悦意,美不胜收。广泛应用于公园、庭院、街头、广场、绿地。又可盆栽,美化居室、客厅、阳台。另外,它对二氧化硫、硫化氢、氯气、氟化氢等有较强的抗性,适用于在工厂区及其附近绿化,能起到保护环境、净化空气的作用。

(十三)杜鹃花(*Rhododendroon simsii* Planch.)

别名映山红、照山红、野山红,杜鹃花科杜鹃花属。

1. 形态特征(图10-13)

枝多而纤细;单叶,互生;春季叶纸质,夏季叶革质,卵形或椭圆形,先端钝尖,基部楔形,全缘,叶面暗绿。疏生白色糙毛,叶背淡绿,密被棕色糙毛;叶柄短;花两性,2～6朵簇生于枝顶,花冠漏斗状,蔷薇色、鲜红色或深红色;萼片小,有毛;花期4～5月份。

2. 类型及品种

杜鹃花属植物有900多种,我国就占600种之多,除新疆、宁

图10-13 杜鹃花

夏外,南北各地均有分布,尤其以云南、西藏、四川种类最多,为杜鹃花属的世界分布中心。是我国传统名贵花卉,栽培历史悠久。中国杜鹃花在民间有许多传

说故事,在花卉中被誉为"花中西施"。18~19世纪欧美等国大量地从我国云南、四川等地采集种子,猎取标本,进行分类、培育。他们用中国杜鹃与其他地方产的杜鹃进行杂交选育出了一批新品种,其中以比利时根特市的园艺学者育出的大花型,并适合冬季催花的品种最受欢迎,被称为比利时杜鹃,亦称西鹃。

杜鹃花根据亲本来源、形态特征、特性可分为分东鹃、夏鹃和毛鹃、西鹃。

(1)东鹃 自然花期4~5月份。引种日本。叶小而薄,色淡绿,枝条纤细,多横枝。花小型,花径2~4 cm,喇叭状,单瓣或重瓣。东鹃代表种有新天地、碧止、雪月、日之出等。

(2)夏鹃 原产印度和日本,日本称皋月杜鹃。先发枝叶后开花,是开花最晚的种类。自然花期在6月前后。叶小而薄,分枝细密,冠形丰满。花中至大型,直径在6 cm以上,单瓣或重瓣。夏鹃代表种有长华、陈家银红、五宝绿珠、大红袍等。

(3)毛鹃 又称毛叶杜鹃,本种包括锦绣杜鹃、毛叶杜鹃及其变种。自然花期4~5月份。树体高大,可达2 m以上,发枝粗长,叶长椭圆形,多毛。花单瓣或重瓣,单色,少有复色。毛鹃代表种有玉蝴蝶、琉球红、紫蝴蝶、玉玲等。

(4)西鹃 最早在荷兰、比利时育成,系皋月杜鹃、映山红及白毛杜鹃等反复杂交选育而成。自然花期2~5月份。有的品种夏秋季也开花。树体低矮,高0.5~1 m左右,发枝粗短,枝叶稠密,叶片毛少。花型花色多变,多数重瓣,少有半重瓣。西鹃代表种有锦袍、五宝珠、晚霞、粉天惠、王冠、四海波、富贵姬、天女舞等。

3. 生态习性

杜鹃花原产中国,性喜凉爽气候,忌高温炎热;喜半阴,忌烈日暴晒,在烈日下嫩叶易灼伤枯死;最适生长温度15~25℃,若温度超过30℃或低于5℃则生长不良。喜湿润气候,忌干燥多风;要求富含腐殖质、疏松、湿润及pH 5.5~6.5的酸性土。忌低洼积水。

4. 生产技术

(1)繁殖方法 杜鹃花繁殖可用播种、扦插、嫁接、压条等方法。

①播种法 生产上很少采用种子繁殖,只有在以下几种情况下使用:一是培育砧木用;二是杂交育种获得新品种时用;三是遇到优良的野生种需要引种时用。保持温度15~20℃,约20 d即可出苗。

②扦插繁殖 杜鹃花扦插适宜季节为春秋两季,选用当年生绿枝或结合修剪硬枝插,春季更易生根。插穗应生长健壮,无病虫害,半木质化或木质化当年新梢,长5~10 cm,摘去下部叶片,留4~5片上部叶片。选用蛭石、细沙或松针叶为基质,深度为插穗长的1/3~1/2。在半阴环境,喷雾保湿培养1个月可生根。

③嫁接繁殖 一般采用嫩枝顶端劈接,时间在5~6月份。砧木多用毛白杜鹃或其变种,如毛叶青莲、玉蝴蝶、紫蝴蝶等。选二年生独干植株作砧木。接穗要求品质纯,径粗与砧木相近或略小,枝条健壮,无病虫害,长度在3~4 cm之间,留上部2~3片叶,将基部削成长0.5~1.0 cm平滑楔形。将砧木当年新梢3~4 cm处剪断,摘除叶片,纵切1 cm左右,插入接穗,对准形成层。绑扎紧密后,套塑料袋保湿,2个月后去袋。

④压条繁殖 一般用高压法,在春末夏初进行。3个月生根,成活率较高。

(2)生产要点 杜鹃花是典型酸性土花卉,对土壤酸碱度要求严格。适宜的土壤pH 5~6,pH超过8,则叶片黄化,生长不良而逐渐死亡。培养土可选用落叶松针叶,或林下腐叶土、泥炭土、黑山泥等栽培，再加入人工配制肥料和调酸药剂效果最好。上盆在春季出室和秋季入室时进行，上盆后要留"沿口"。浇透水，扶正苗，放阴处缓苗 1 周。每隔 3～4 年换盆一次，杜鹃花须根细弱，要注意保护，换盆时只去掉部分枯根，切不可弄散土坨。

杜鹃花对水分特别敏感，栽培管理上应注意浇水问题。生长季节浇水不及时，根端失水萎缩，随之叶片下垂或卷曲，嫩叶从尖端起变成焦黄色，最后全株枯黄。浇水太勤太多则易烂根，轻者叶片变黄，早落，生长停止，严重时会引起死亡。浇水要根据植株大小、盆土干湿和天气情况而定，水质要清洁卫生，水质要酸性。夏日白天要向叶面喷水，午间向地面喷水降温，浇水不能过多，以增加空气湿度为准。

施肥也是栽培杜鹃花的重要环节。基肥用长效肥料如蹄甲片、骨粉、饼肥等有机肥料，在上盆或换盆时埋入盆土中下层。追肥应用速效肥，应薄肥勤施，开花前每 10 d 追施一次磷肥，连续进行 2～3 次；露色至开花应停止施肥；开花以后，应立即补施氮肥；7～8 月份停滞生长不宜施肥；秋凉季节一般 7～10 d 追施一次磷肥，直至冬季使花蕾充实。可定期浇施"矾肥水"。

杜鹃在春、秋、冬三季要充足光照，夏季强光高温时，要遮阳，保持透光率 40%～60% 左右。在秋冬季应适当增加光照，只在中午遮阳，以利于形成花芽。

杜鹃花具有很强的萌芽力，栽培中应注意修剪，以保持株型完美。常用的方法有摘心、剥蕾、抹芽、疏枝、短截等，上盆后苗高 15 cm 时进行摘心，促进侧枝形成和生长，并及时抹除多余枝条，内膛的弱枝、枯老枝、过多的花蕾要随时剪除。杜鹃修剪量每次不能过大，以疏剪为主。

杜鹃常见病害有褐斑病、叶肿病等。发病初期喷洒 70% 甲基托布津 1 000 倍液，连喷 2～3 次，可有效防治褐斑病。叶肿病可在发芽前喷施石硫合剂，展叶后喷 2% 波尔多液 2～3 次防治。常见虫害有红蜘蛛、军配虫等。红蜘蛛在夏季高温干燥时盛行，为害严重，可用杀螨醇 1 000 倍液防治。军配虫可在 5 月份第一代若虫期用 50% 杀螟松 1 000 倍液防治。

5. 园林应用

杜鹃花为我国传统名花，它的种类、花型、花色的多样性被人们称为"花中西施"。在园林中宜丛植于林下、溪旁、池畔等地。也可用于布置庭院或与园林建筑相配置。也是布置会场、厅堂的理想盆花。

（十四）一品红（*Euphorbia pulcherrima* Willd.）

别名象牙红、圣诞树、猩猩木、老来娇，大戟科大戟属。

1. 形态特征（图 10-14）

茎光滑，淡黄绿色，含乳汁。单叶，互生，卵状椭圆形乃至披针形，全缘或具波状齿，有时具浅裂；顶生杯状花序，下具 12～15 枚披针形苞片，开花时红色，是主要观赏部位。花小，无花被，鹅黄色。着生于总苞内，花期恰逢圣诞节前后，所以又称圣诞树。

2. 类型及品种

目前栽培的主要园艺变种有：一品白（var. *alba*），开花时总苞片乳白色。一品粉（var. *rosea*），开花时总苞片粉红色。重瓣一品红（var. *plenissima*），顶部总苞下叶片和瓣化的花序形成多层瓣化

图 10-14　一品红

瓣,红色。

3. 生态习性

原产墨西哥及中美洲,我国南北均有栽培,在我国云南、广东、广西等地可露地栽培,北方多为盆栽观赏。喜温暖、湿润气候及阳光充足,光照不足可造成徒长、落叶。忌干旱,怕积水,对水分要求严格,土壤湿度过大会引起根部发病,进而导致落叶;土壤湿度不足,植株生长不良,并会导致落叶。耐寒性弱,冬季温度不得低于 15℃。为典型的短日照花卉,在日照 10 h 左右,温度高于 18℃ 的条件下开花。要求肥沃湿润而排水良好的微酸性土壤。

4. 生产技术

(1)繁殖方法　多用扦插繁殖,嫩枝及硬枝扦插均可,但以嫩枝扦插生根快,成活率高。扦插时期以 5～6 月份最好,越晚插则植株越矮小,花叶也渐小,老化也早。扦插时选取健壮枝条,剪成 10～15 cm 作插穗,切口立即蘸以草木灰,以防白色乳液堵塞导管而影响成活。稍干后再插于基质中,扦插基质用细沙土或蛭石,扦插深度 4～5 cm,温度保持 20℃ 左右,保持空气湿润。20 d 左右即可生根,2～3 个月后新梢长到 10～12 cm 时即可分栽上盆,当年冬天开花。

(2)生产要点　扦插成活后,应及时上盆。盆土以泥炭为主,加上蛭石或陶粒或沙混合而成,基质一定要严格消毒,并将 pH 调到 5.5～6.5。一品红对水分十分敏感,怕涝,一定要在盆底加上一层碎瓦片。

一品红怕旱又怕涝,浇水时要注意。生长初期气温不高,植株不大,浇水要少些;夏季气温高。枝叶生长旺盛,需水量多,浇水一定要充分,并向植株四周洒水,以增加空气湿度。但栽培中要适当控制水分,以免水分多引起徒长,破坏株形。一品红整个生长期都要给予充足的肥水,每周追施 1 次液体肥料,8 月份以后直至开花,每隔 7～10 d,施一次氮磷结合的叶肥,接近开花时,增施磷肥,使苞片更大,更艳。

一品红必须放在阳光充足处,光照不足,容易徒长。盆间不能太拥挤,以利通风,避免徒长,盆位置定下后,切勿移动否则会造成黄叶。

一品红不耐寒,北方地区每年 10 月上旬要移入温室内栽培,冬季室温保持 20℃,夜间温度不低于 15℃。吐蕾开花期若低于 15℃,则花、叶发育不良。进入开花期要注意通风,保持温暖和充足的光照,开花后减少浇水,进行修剪,促使其休眠。

对于普通的一品红品种为使其矮化,常采取以下措施:①修剪,通过修剪截顶控制高度,促进分枝。第一次在 6 月下旬新梢长到 20 cm 时,保留 1～2 节重剪,第二次在立秋前后再保留 1～2 节,并剥芽一次,保留 5～7 个高度一致的枝条。②生长抑制剂,每半个月用 5 000 mg/L 多效唑,2 500 mg/L 矮壮素灌根。③作弯造型。新梢每生长 15～20 cm 就要作弯 1 次。作弯通常在午后枝条水分较少时进行。先捏扭一下枝条,使之稍稍变软后再弯。作弯时要注意枝条分布均匀,保持同样的高度和作弯方向。最后一次整枝应在开花前 20 d 左右,使枝条在开花前长出 15 cm 左右。若作弯过早,枝条生长过长,容易摇摆,株态不美;过晚则枝条抽生太短,观赏价值不高。

一品红为短日照花卉,利用短日照处理可使提前开花。一般给 8～9 h 光照,经 45～60 d 左右便可开花。

一品红病害有褐斑病、溃疡病等。褐斑病可用 1∶1∶100 倍波尔多液或 50% 多菌灵 500

倍液防治。溃疡病防治,插条用 68％硫酸链霉素 1 000 倍液浸泡 30 min,预防插条带菌;发病后,喷施 68％或 72％农用硫酸链霉素水溶性粉剂 2 000 倍液。一品红虫害有水木坚蚧,冬季或早春喷施石硫合剂,防治越冬若虫,5～6 月份喷施 50％速扑杀 1 500 倍液。

5. 园林应用

一品红株形端正,叶色浓绿,花色艳丽,开花时覆盖全株,色彩浓烈,花期长达 2 个月,有极强的装饰效果,是西方圣诞节的传统盆花。一品红成为必不可少的节日用花,象征着普天同庆。在中国大部分地区作盆花观赏或用于室外花坛布置,是"十一"常用花坛花卉。也可用作切花。

(十五)米兰(*Aglaia odorata* Lour.)

别名米仔兰、树兰、鱼子兰、碎米兰,楝科米仔兰属。

1. 形态特征(图 10-15)

高可达 4～5 m,多分枝。奇数羽状复叶,互生,小叶 3～5 枚,具短柄,倒卵形,深绿色具光泽,全缘。圆锥花序腋生,花小而繁密,黄色,花瓣 5 枚,花萼 5 裂,极香。花期从夏至秋。

2. 生态习性

原产我国南部各省区及亚洲东南部。性喜温暖、湿润、阳光充足的环境,不耐寒,生长适温 20～35 ℃,12 ℃以下停止生长。除华南、西南外,均需在温室盆栽。怕干旱,土质要求肥沃、疏松、微酸性。

图 10-15　米兰

3. 生产技术

(1)繁殖方法　主要采用高枝压条法和扦插法。

①高枝压条法　多在春季 4～5 月份,选 1～2 年生枝条环剥后,用湿润的基质包住伤口,用塑料条绑扎牢固。1 个月后压条部分叶片泛黄色,表示伤口开始愈合,再过 1 周就能生根。生根后即可断离母株上盆。

②扦插法　扦插生根比较困难,在 6～8 月间采当年生绿枝为插条,长约 10 cm,插前使用 50 mg/L 的萘乙酸或吲哚乙酸溶液浸泡 15 min,可提高成活率。插后保持较高的空气湿度和一定的温度,45 d 后可生根。

(2)生产要点　米兰喜酸性,因此必须配置酸性基质。常用泥炭 7 份、河沙 3 份,每盆拌入 1％硫酸亚铁和 0.8％硫磺,生育期每隔 3～5 d 浇稀矾肥水。盆栽米兰每 1～2 年需翻盆一次,新上盆的花苗不必施肥,生长旺盛的盆株可每月施饼肥水 3～4 次。

米兰极喜阳光,室内若没有强光,入室后 3 d 叶子就会变黄脱落。花谚说"米兰越晒花越香"。但夏季需防烈日暴晒。盆栽米兰秋季于霜前入中温温室养护越冬,温室保持 12～15 ℃,低于 5 ℃易受冻害,要注意通风,停止施肥,节制浇水,至翌年春季气温稳定在 12 ℃以上再出室。要经常保持盆土湿润,但过湿易烂根。夏季可经常向叶面喷水或向空间喷雾增加空气湿度。为促使盆栽植株生长得更丰满,可对中央部位枝条进行修剪摘心,促进侧枝的萌芽、新梢开花。

米兰的主要病害有炭疽病。发病时可用 75％百菌清 800 倍液喷洒 2～3 次防治。主要虫害是白轮盾蚧。在4～5月份或8～9月份喷40%速扑杀乳油1 500倍液和蚧死净乳油2 000倍液防治。

4. 园林应用

米兰茎壮枝密,翠叶茂生,四季常青,花香馥郁,沁人心脾,为优良的香花植物,常盆栽以供观赏,在暖地的庭园中可露地栽植。花可以提炼香精,也是重要的熏茶原料,枝、叶可入药。

（十六）茉莉（*Jasminum sambac*（L.）Ait.）

别名抹丽、茶叶花,木犀科茉莉花属。

1. 形态特征（图10-16）

常绿灌木。小枝细长有棱,上被短柔毛,略呈藤本状。单叶对生,椭圆形至广卵形,叶全缘。聚伞花序顶生或腋生,每序着花3～9朵,花冠白色,有单、重瓣之分,单瓣者香味极浓,重瓣者香味较淡。花期5～11月份,其中以7～8月份为最盛。

图10-16 茉莉

2. 类型及品种

茉莉的栽培品种有3种:

(1)金花茉莉 枝条蔓生,花单瓣,花数多,花蕾较尖,香气较重瓣茉莉花浓烈。

(2)广东茉莉花 枝条直立,坚实粗壮,花头大,花瓣二层或多层,香味淡。

(3)千重茉莉花 枝条比广东茉莉柔软,新生枝似藤本状,最外两层花瓣完整,花心的花瓣碎裂,香气较浓。

3. 生态习性

原产我国西部和印度,现我国南北各地普遍栽培。性喜阳光充足和炎热潮湿的气候,生长适温为25～35℃,不耐寒,冬季气温低于3℃时,枝叶易遭受冻害,如持续时间长,就会死亡。畏旱又不耐湿涝,如土壤积水常引起烂根。要求肥沃、富含腐殖质和排水良好的沙质壤土,耐肥力强,土壤的pH 5.5～6.5为宜。

4. 生产技术

(1)繁殖方法 茉莉可用扦插、分株及压条法繁殖。

①扦插繁殖 一般多用扦插繁殖。扦插以6～8月份为宜,在温室内周年可插。选择当年生且发育充实、粗壮的枝条作插穗,插后注意遮阴并保湿,在30℃的气温约1个月即可生根。

②分株繁殖 茉莉的分蘖力强,多年生老株还可进行分株繁殖,春季结合换盆、翻盆,适当剪短枝条,利于恢复,并尽量保护好土团。

③压条繁殖 选较长的枝条,在夏季进行,1个月生根,2个月后可与母枝割离,另行栽植。

(2)生产要点 茉莉性喜肥沃疏松、排水良好的微酸性土壤。一般用田园土4份,堆肥土4份,河沙或谷糠灰2份,外加充分腐熟的干枯饼末,鸡鸭粪等适量。为保持盆土呈微酸性,可每10 d左右浇一次0.2%硫酸亚铁水溶液。2～3年换一次盆。换盆时一般不去根,换上新的营养土,并在盆底放一些骨粉及马蹄片作基肥,换盆后浇透水。

茉莉花喜阳光怕阴暗。俗话说"晒不死的茉莉,阴不死的珠兰"。茉莉养护一定放在阳光充足之处。

根据茉莉性喜湿润又怕积水,喜透气的特点,应掌握这样的浇水原则,春季4~5月份,茉莉正抽枝展叶,气温不高,耗水量不大,可2~3 d浇一次。中午前后浇,要见干见湿,浇必浇透;5~6月份是春花期,浇水比前期略多一些;6~8月份为伏天,气温最高,也是茉莉开花盛期,日照强需水多,可早晚各浇一次,天旱时,还应用水喷洒叶片和盆周围的地面。9~10月份可1~2 d一次;冬季必须严格控制水量,不然盆土湿度过大而温度过低,对茉莉越冬不利。就生长期浇水总原则来说,应不干不浇,待盆土干成灰白色时便予浇透。

茉莉喜肥,有"清兰草,浊茉莉"之说。特别是花期长需肥较多。施肥可用矾肥水,刚出室后施肥,肥液应淡,每周施1次,肥水之比1∶5。孕蕾和花后施肥,肥水各半为宜。盛花期高温时应每4 d施肥1次,由于肥水充足,可使花开大而多。至霜降前应少施或停施,以提高枝条成熟度而利越冬。施肥时间可灵活掌握,一般在傍晚为好,施前先用小铲锄松盆土,而后再施。注意不要在盆土过干或过湿时施用,盆土似干非干时施肥效果最好。

花谚说"茉莉不修剪,枝弱花少很明显;修枝要狠,开花才稳。"茉莉一般于每年出室前结合换盆时进行修剪。具体办法:待盆土干爽以后,除了每个枝条上各保留4对老叶外,其余叶片都剪去,但应注意不要损伤叶腋内的幼芽,茉莉一年中一般生长五批枝条,第一批粗壮有力,第二批次之,第三批又次,第四、第五批就十分细弱了。对细弱枝应剪去,因为它们不能孕育大量花蕾,而且浪费营养,影响透光。

入冬前不要浇大水,使植株寒冬到来之前得以耐旱锻炼。同时停止施氮肥,令植株组织充实,含水量降低。北方地区每年10月上旬就要搬入室内,放在阳光充足的地方。室温应保持在5℃以上。在整个冬季都不要浇水过多。

茉莉花的病虫害主要有褐斑病、白绢病、介壳虫、朱砂叶螨。褐斑病发病期为5~10月份,主要危害嫩枝叶,导致枝条枯死。感染此病的枝条上呈现黑褐色斑点。可用800倍多菌灵,托布津喷洒枝叶。白绢病防治,在植株茎基部及基部周围土壤上浇灌50%多菌灵可湿性粉剂。介壳虫可人工刮除或用20%灭扫利2 000倍液进行防治。朱砂叶螨可喷施5%霸螨灵或10%浏阳霉素防治,喷药时应对叶背面喷,并注意喷洒植株的中下部的内膛枝叶。

5. 园林应用

茉莉花色洁白,香气袭人,多开于夏季,深受人们喜爱。南方可露地栽培于庭院中、花坛内。长江流域多盆栽,开花时可放置阳台或室内窗台点缀。其花朵也常作切花,可串编成型作佩饰。它还是制茶和提取香精的原料。

(十七)栀子花(*Gardenia jasminoides* Dllis.)

别名黄栀子、山栀子,茜草科栀子属。

1. 形态特征(图10-17)

枝丛生,干灰色,小枝绿色有毛。叶对生或3叶轮生,有短柄,革质,倒卵形或矩圆状倒卵形,全缘,顶端渐尖而稍钝,色翠绿,表面光亮。花大,白色,有芳香,单生于枝顶或叶腋,花冠高脚碟状。花期6~8月份。

2. 类型及品种

园林中常用种类：大花栀子(f. *grandiflora*)、水栀子(var. *radicana*)。

3. 生态习性

原产我国长江流域以南各省区，北方也有盆栽。喜温暖，阳性，但又要求避免强烈阳光直晒。在蔽荫条件下叶色浓绿，但开花较差。喜空气湿度高，通风良好的环境，喜疏松肥沃且排水良好的酸性土。

4. 生产技术

图 10-17　栀子花

(1)繁殖方法　以扦插、压条繁殖为主。在 4～5 月份选取半木质化枝条，插于沙床中，经常保持湿润，极易生根成活。另外也可用水插法，插条长 15～20 cm，上部留 2～3 片叶，插在盛有清水的容器中，经常换水以免伤口腐烂，3 周后即可生根。压条繁殖，在 4 月上旬选取 2～3 年生强壮枝条压于土中，30 d 左右生根，到 6 月中下旬可与母株分离。北方压条可在 6 月初进行。

(2)生产要点　4 月下旬出室，夏季应放在阴棚下养护，并注意喷水、浇水。雨后及时倒掉盆中积水，若强光直射，高温加上浇水过多，可造成下部叶黄化，甚至死亡；栀子喜肥，但以薄肥为宜。小苗移栽后，每月可追肥 1 次；每年 5～7 月份修剪，剪去顶梢，促使分枝，以形成完整的树冠。成年树摘除残花，有利于继续旺盛开花，延长花期。叶黄时及时追施矾肥水。

栀子病害主要是黑星病、黄化病等。黑星病在多雨条件或贮运途中湿气滞留，发病严重，可用 50% 多菌灵 500 倍液喷洒防治，并注意贮运途中通风换气。黄化病是一种生理病害，在碱性土栽培时普遍发生。因此在栽培栀子花时要选用酸性土，栽培过程中注意施有机肥和矾肥水，用硫酸亚铁 50～100 倍液喷洒叶面。

5. 园林应用

栀子花叶色亮绿，四季常青，花色洁白，香气浓郁，与茉莉、白兰同为香花三姊妹。是很好的香化、绿化、美化树种，可成片丛植或配置于林缘、庭前、路旁，也可作盆花或切花观赏。有一定的抗有毒气体的能力。

(十八)叶子花(*Bougainvillea spectabilis*)

别名毛宝巾、三角梅、九重葛。属于紫茉莉科宝巾属，为木质藤本花卉。

1. 形态特征(图 10-18)

枝叶密生茸毛，刺腋生。单叶，互生，卵形或卵圆形，全缘。花顶生，常 3 朵簇生在纸质的苞片内。苞片椭圆形，形状似叶，有红、淡紫、橙黄等色，俗称为"花"，为主要观赏部分。花梗与苞片中脉合生，花被管状密生柔毛，淡绿色。瘦果具五棱。

图 10-18　叶子花

2. 生态习性

原产巴西，南方栽培较多。性喜温暖、湿润气候，不耐寒。喜光照充足。喜肥，喜水，不耐旱。对土壤要求不严,生长强健,属短日照植物,在长日照条件下不能进行花芽分化。花期 11 月份至翌年 6 月初。

3. 生产技术

(1)繁殖方法　以扦插繁殖为主,夏季扦插成活率高。选一年生半木质化的枝条为插穗,嫩枝扦插。插后经常喷水保湿,25℃时 20 d 即可生根。再经 40 d 分苗后上盆,第 2 年开花。在华南地区当年即可开花。

(2)生产要点　叶子花适合在中性培养土中生长,可用腐叶土或泥炭土加入 1/3 细沙及少量麻酱渣混合作基质,1～2 年要翻盆换土一次。翻盆时宜施用骨粉等含磷、钙的有机质作基肥。

叶子花属强阳性花卉,一年四季都要给予充足的光照,若放在蔽荫地方,新枝生长弱,叶片暗淡易落,不易开花。生长期要有充足的肥水,平时要保持盆土湿润,干旱影响生长并造成落花,雨天要防盆中积水。在生长期每半月施液肥一次,花期适当增施磷钾肥。叶子花萌芽力强,成枝率高,注意整形修剪,花期过后应对过密枝、内膛枝、徒长枝进行疏剪,改善通风透光条件。对水平枝要轻剪长放,促使发生新枝,多形成花芽。盆栽大株叶子花常绑扎成拍子形、圆球形等,以提高观赏性,也可春季通过修剪,使其分枝多,成圆头形。地栽的还可设支架,使其攀援而上。盆栽叶子花在秋季温度下降后,移入高温温室中养护,可一直开花不断。冬季如温度在 10℃左右则进行休眠,如得到充分休眠,春夏开花更为繁茂。北方如欲使其在国庆节开花,需提前 50 d 进行短日照处理。管理过程中注意防治叶子花叶斑病,发病前期喷洒 75％百菌清可湿性粉剂 500 倍液,连续喷 3～4 次,发病期喷洒 45％特克多悬浮剂 1 500 倍液防治。

4. 园林应用

叶子花苞片大而美丽,盛花时节艳丽无比。在我国南方,可置于庭院,是十分理想的垂直绿化材料。在长江流域以北,是重要的盆花,作室内大、中型盆栽观花植物。据国外介绍,现已培育出灌木状的矮生新种。采用花期控制的措施,可使叶子花在"五一"、"十一"开花,是节日布置的重要花卉。

(十九)含笑(*Michelia figo*)

别名含笑梅、香蕉花、山节子,木兰科含笑属。

1. 形态特征(图 10-19)

常绿灌木或小乔木,高 2～5 m。嫩枝密生褐色绒毛。叶互生,椭圆形或倒卵状椭圆形,革质。花单生于叶腋,花小,直立,乳黄色,花开而不全放,故名"含笑"。花瓣肉质,香气浓郁,有香蕉型香气。花期 4～6 月份。

2. 类型及品种

云南含笑:花单生于叶腋,白色,花期 1～4 月份。深山含笑:花单生于枝梢叶腋间,花大白色,花径可达 10～12 cm,花期 5～6 月份。野含笑:常绿乔木,高达 15 m,花淡黄色。紫花含笑:花深紫色。

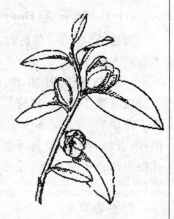

图 10-19　含笑

3. 生态习性

原产广东、福建,为亚热带树种。喜温暖湿润气候,不耐寒,长江以南地区能露地越冬;喜半阴环境,不耐干旱和烈日暴晒,否则叶片易发黄;喜肥怕水涝;适生于肥沃、疏松、排水良好的酸性壤土上。

4. 生产技术

(1)繁殖方法 以扦插为主,也可嫁接、播种和压条繁殖。

扦插于6月份花谢后进行。取当年8～10 cm长的一段新梢作插穗,保留2～3片叶。下剪口用500 mg/L萘乙酸速蘸。插于沙质壤土或泥炭土中。扦插后将土压实,并充分浇水,在苗床上需搭阴棚,以遮阴保湿。3～4周可以生根。嫁接可以用木笔、黄兰作砧木,于3月上中旬进行腹接或枝接。5月下旬发芽后需遮阴。也可于5月上旬进行高枝压条,约7月上中旬发根,9月中旬前可将其剪离母体进行栽植。播种需在11月份将种子进行沙藏,翌年春天种子裂口后进行盆播。

(2)生产要点 含笑移栽宜在3月中旬至4月中旬进行,最好带土球。选地以土质疏松、腐殖质丰富、排水良好的沙质壤土为佳。

含笑为肉质根,忌水涝和施浓肥,水多和肥浓易烂根。春季北方干旱多风,每天早晚应向花盆周围地面洒水,保持空气湿度,每隔1～2 d浇水一次。夏季气温高,浇水要充足,阴雨天倾去盆内积水,以防烂根。冬季要节制浇水,保持盆土稍有湿润为宜,含笑现蕾时应适当多浇水,花蕾形成后浇水宜少,水多会引起落蕾,花期可减少浇水量,保持盆土湿润。含笑一定要浇矾肥水,不能用自来水浇。施肥以腐熟稀释的豆饼水为好。

10月上旬入温室,放在阳光充足处,保持室温5～10℃。春季萌芽前可适当疏枝,修整树形,既有利于通风透光,又可促使花繁叶茂。

含笑病害主要有叶枯病,早春盆花出室后,每隔半个月喷洒一次石硫合剂,发病初期喷洒70%甲基托布津可湿性粉剂1 000倍液防治。含笑虫害主要有介壳虫,可人工刮除或用20%灭扫利2 000倍液进行防治。

5. 园林应用

含笑枝叶秀丽,四季葱茏,苞润如玉,香幽若兰,花不全开,有含羞之态,别具风姿,清雅宜人。宜培植于庭院、建筑物周围和树丛林缘。既可对植,也可丛植、片植。是很好的香化、绿化、美化树种。另外也是家庭养花之佳品,一盆置案,满室芳香。含笑对氯气有一定的抗性,适于厂矿绿化。

(二十)白兰花(*Michelia alba*)

别名芭兰、缅桂,木兰科含笑属。

1. 形态特征(图10-20)

常绿乔木,干皮灰色,分枝较少。新枝及芽有浅白色绢毛,一年生枝无毛;单叶互生,叶薄革质、较大,卵状长椭圆形,先端渐尖,基部楔形,全缘。叶柄长1.5～3 cm,托叶痕仅达叶柄中部以下;花单生于叶腋,具浓香,花瓣白色,狭长,长3～4 cm,萼片和花瓣共12片。花期4月下旬至9月下旬。

2. 类型及品种

同属花木除含笑外,还有黄兰,黄兰外形与白兰相近,花橙黄色,香气甜润比白兰更浓,花期稍迟,6月份开始开花,黄兰叶柄上的托叶痕常超过叶柄长度的1/2以上。

3. 生态习性

原产喜马拉雅山南麓及马来半岛。性喜温暖湿润,不耐寒冷和干旱,在长江以北很难露地过冬。喜阳光充足,不耐阴,如在室内种养1~2周,叶片会变黄。白兰花根肉质愈合能力差,对水分非常敏感,不耐干又不耐湿。喜富含腐殖质、排水良好、微酸性的沙质土壤。

4. 生产技术

(1)繁殖方法 多采用高枝压条法和嫁接法繁殖,扦插不易生根。

图10-20 白兰花

①嫁接法 多以紫玉兰、黄兰为砧木。在夏季生长期间进行靠接,接后60~70 d愈合。

②高枝压条法 一般在6月份进行。选二年生发育充实的枝条作压条,60 d左右可生根。

(2)生产要点 盆栽的白兰花要求盆土的通透性良好,因此盆底排水孔要大,盆内要作排水层。使用酸性腐殖质培养土上盆,底部加腐熟饼肥或碎骨头等作基肥。每隔1~2年换盆一次,换盆时不要修根,应保持原来的须根,缓苗后放在阳台或庭院背风向阳处。

白兰花特别喜肥,肥料充足才能花多香浓。自4月中旬起,每周施20%人粪尿或矾肥水一次,进入开花前,可追施以磷为主的氮磷钾复合肥,到9月份后停止追肥。

白兰花对水分非常敏感,浇水应掌握盆土不宜过湿,尤其是生长势较弱的植株应节制浇水,使它处于较干燥的状态,经常喷水以增加空气湿度。

10月上、中旬移入温室,冬季室温不应低于12℃。在室内停止施肥,控制浇水,并置于阳光充足处,注意通风。春季气温转暖稳定后再出室。

白兰不可乱剪枝,特别是梅雨期,因为白兰木质部疏松柔软呈棉絮,剪后易吸水感染细菌而腐烂,剪口慢慢发皱干瘪,所以最好以摘嫩头来代替。如果非剪不可,要斜剪,剪口修整光滑,并用塑料纸将剪口扎紧,也可用火烧焦。

白兰常见病害有炭疽病。发病初期可用70%炭疽福美500倍液,每隔10~15 d喷一次,连喷3~4次。常见虫害有考氏白盾蚧,在若虫初孵时向枝叶喷洒10%吡虫啉可湿性粉剂2 000倍液或花保乳剂100倍液。

5. 园林应用

白兰花叶润滑柔软,青翠碧绿,花洁白如玉,芳香似兰,很好的香花植物,在温暖地区可露地栽植作庭荫树及行道树。北方宜作盆栽观赏。其花朵芳香常切作佩花,并可熏制花茶。

(二十一)瑞香(*Daphne odora*)

别名千里香、瑞兰、睡香,属于瑞香科瑞香属,为常绿小灌木花卉。

1. 形态特征(图10-21)

株高1.5~2 m。单叶互生,长椭圆形,全缘,无毛,质稍厚,表面深绿,叶柄粗短,长5~8 cm。花被筒状,先端4裂,外面无毛,径1.5 cm,白色或淡紫色,芳香,密生成簇,为顶生有梗之头状花序。核果肉质圆球形,红色。

2. 类型及品种

瑞香有栽培变种:毛瑞香(var. *atrocaulis*),花白色,花瓣外侧具绢状毛;蔷薇瑞香(var. *rosacea*),花淡红色;金边瑞香(var. *mar-ginata*),叶缘金黄色,花淡紫,花瓣先端5裂,白色,基部紫红,浓香,为瑞香中的珍品。尤以江西大余的金边瑞香最为闻名。

3. 生态习性

原产我国长江流域及以南各省。喜阴,忌强光直晒,怕寒及高温、高湿,尤其是金边瑞香,烈日后潮湿易引起萎蔫,甚至死亡。花期2~4月份。

图10-21 瑞香

4. 生产技术

(1)繁殖方法 扦插繁殖为主,也可压条繁殖。早春叶芽萌动前,选用一年生壮枝,按10~12 cm的长度剪截插穗,顶梢保留一对叶片。入土深约1/2,21 d后即生根,7~8月份进行嫩枝扦插,注意遮阳保温。压条在3~4月份进行。

(2)生产要点 盆栽宜用疏松、肥沃、酸性培养土,注意排水、通气,置遮阳棚养护。冬季移入温室,室温不得低于5℃。萌芽力强,耐修剪,宜造型,春季对过密枝条要进行疏剪。地栽时宜半阴,表土深厚,排水良好处栽种。忌积水。最好与落叶乔灌木间种,在夏季可提供林荫的环境,冬季又能增加光照。栽种穴内用堆肥作基肥,切忌用人粪尿,6~7月份追肥水2次,入冬后再施有机肥。根软且有香味,蚯蚓翻土易影响生长,应注意防止。

5. 园林用途

瑞香枝干丛生,株型优美,四季常绿,早春开花,香味浓郁,有较高的观赏价值;宜在林下、路缘、建筑物及假山的背阴处丛植。盆栽或制作盆景,颇有市场。

(二十二)榕树(*Ficus microcarpa*)

别名细叶榕、榕树,桑科榕属。

1. 形态特征(图10-22)

常绿大乔木,高20~30 m,胸径可达2 m,有气生根,多细弱悬垂或入土生根。树冠庞大呈伞状,枝叶稠密。单叶互生,革质,倒卵形至椭圆形,全缘或浅波状。花序托单生或成对腋生。隐花果近球形,初时乳白色,熟时黄色或淡红色、紫色。

2. 类型及品种

(1)高山榕(*F. altissima*) 常绿乔木。叶卵形至椭圆形,长8~21 cm,厚革质,表面光滑,幼芽嫩绿色,果实椭圆形。

(2)大叶榕(*F. viren*) 落叶乔木,叶薄革质,长椭圆形,长8~22 cm,顶端渐尖,果生于叶腋,球形。

图10-22 榕树

(3)人参榕(*F. microcarpa* cv. Ginseng) 根部肥大,形似人参,是小品榕树盆景之良材。原产中国台湾。

(4)厚叶榕(*F. microcarpa* var. *carssifolia*) 又称金钱榕。耐阴、耐旱,适合盆栽或庭

院美化。

(5)垂叶榕(*F. benjamina*)　别名柳叶榕、垂榕。枝叶弯垂,叶缘浅波状,先端尖,叶较软,质薄。华南地区修剪圆柱造型,常用此品种。原产中国南部、印度。

(6)金公主垂榕(*F. benjamina* cv. "Golden princess")　别名金边垂叶榕。叶缘黄白色,有微波状,生长较慢,可修剪造型,不耐寒。

(7)斑叶垂榕(*F. benjamina* cv. "Variegata")　别名花叶垂榕。叶缘叶面有不规则的黄色或白色斑纹,生长较慢,不耐寒。

3. 生态习性

原产热带或亚热带地区,我国南部各省区及印度、马来西亚、缅甸、越南等有分布。性喜温暖多湿,阳光充足、深厚肥沃排水良好的微酸性土壤。对煤烟、氟化氢等毒气有一定抵抗力。生长适温 22~30℃。生长快,寿命长。

4. 生产技术

(1)繁殖方法　用扦插、嫁接、播种、压条繁殖均可。

①硬枝扦插　切取具有饱满腋芽的粗壮枝作插穗,长度为 15~20 cm 作枝条或柱状扦插均可,长短、大小按需选定,可在 3~5 月份施行。软枝扦插:切取半木质化的顶苗作插穗,长 10~15 cm,剪去半截叶片,待切口干燥后才扦插于苗床,蔽荫保湿,宜 5~10 月份施行。

②嫁接　常用在生长较慢的彩叶或珍稀品种繁殖上。用普通榕树品种作砧木,茎粗 1~2 cm 以上,茎高 80~100 cm,实施截顶芽接或切接均可,选在 4~8 月份进行。

③播种　8~10 月份,将成熟种子先泡水 1 昼夜,捞起用双层纱布包扎沉入水中搓洗,清除浆果黏液和杂质,然后将种子晾干,混合细土撒播入苗床,蔽荫,经常喷水保持湿润,1~2 个月发芽,苗高 3~5 cm,可移植。

④压条　春夏季进行。

(2)生产要点　培养土用疏松肥沃排水良好的微酸性土壤,置阳光充足处养护。生长期要求一定的光照,但忌强光直射。生长期要经常注意修剪造型促发新枝,生长期每月追肥 1~2 次。普通品种越冬保温 5℃以上,彩叶及厚叶、柳叶品种越冬保温 10℃以上。另有介壳虫危害,可用 40%氧化乐果乳油 1 000 倍液喷杀或用刷子刷掉。生长过程中常发生黑霉病和叶斑病,发病初期每半个月用波尔多液喷洒防治。

5. 园林应用

榕树生长迅速,幼树可作制作盆景,修剪造型。北方地区常成株栽植,布置在大型建筑物的门厅两侧与节日广场;在南方城市作庭院绿化和行道树或绿篱使用。

(二十三)龟背竹(*Monstera deliciosa* Liebm.)

别名蓬莱蕉、电线兰、龟背芋,天南星科龟背竹属。

1. 形态特征(图 10-23)

大型常绿多年生草本攀援植物,茎伸长后呈蔓性,能附生他物成长。茎粗壮,具节,茎节上具气生根;叶厚革质,互生,暗绿色,幼叶心脏形,无孔;长大后成矩圆形或椭圆形,羽状深裂,叶脉间形成椭圆孔洞,形似龟背。叶柄长 50~70 cm,深绿色;花梗自枝端抽出顶生肉穗花序,佛焰苞厚革质,白色。花淡黄色,花期 7~9 月份;浆果紧贴连成松球状。

2. 类型及品种

同属常见栽培品种有：迷你龟背竹（*M. epipremnoides*），别名多孔蓬莱蕉、小叶龟背竹、窗孔龟背竹。叶与茎均细，叶片宽椭圆形，淡绿色，侧脉间有多数椭圆形的孔洞。斑叶龟背竹（*M. adansonii* cv. Variegata），龟背竹的变种，叶片带有黄、白色不规则的斑纹，极美丽。

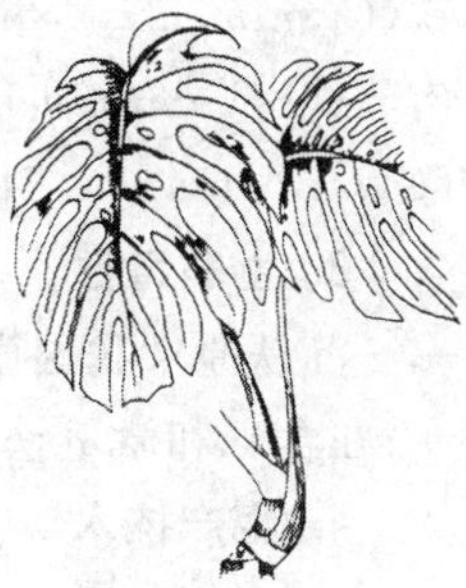

3. 生态习性

原产墨西哥热带雨林，性喜温暖和潮湿的气候，耐阴，忌阳光直射。稍耐寒，生长适温为 20～25℃，5℃以下休眠，停止生长。

图 10-23　龟背竹

4. 生产技术

（1）繁殖方法　繁殖以扦插为主。每年 4～8 月份剪取侧枝带叶茎顶或茎段 2～3 节扦插或带有气生根的枝条可直接种植于盆中，经常保湿保温，易生根成活或可将老株茎干切断，每 2 节为一个插穗，扦入沙床中，置半阴处，保持湿润，4～6 周可长出新根，10 周后新芽产生，稍长大便可移植。盆栽时，选用大花盆，需立支柱于盆中，让植株攀附向上伸展。也可用播种和压条繁殖。龟背竹在我国南方可开花，人工授粉可结子，种子极少；在生长季节也可用压条繁殖。

（2）生产要点　用疏松透气肥沃的壤土栽植。在室外潮湿较阴处栽植或盆栽可长年置室内明亮散射光处培养。龟背竹叶片大，夏天水分蒸腾快，叶面要经常洒水，保持空气湿度和盆土湿润，但不要积水。冬季可减少水分。龟背竹根系发达，吸收营养快，培养土应加入一些骨粉和饼肥作基肥，每半个月到 1 个月施一次以氮肥为主的复合肥作追肥，再用 0.1％尿素和 0.2％磷酸二氢钾水溶液喷洒叶面，以保持植株生长更旺盛，叶色深绿而光泽。每年在春季和夏初，进行换土换盆，剪去过多的老根。龟背竹栽培较易，但过于荫蔽和湿度过大容易引起斑叶病或褐斑病，灰斑病和茎枯病危害，可用 65％代森锌菌灵可湿性粉剂 600 倍液喷洒防治。生长期如通风不好，茎叶易遭介壳虫危害，可用刷子刷去后用 40％氧化乐果乳油 1 000 倍液喷洒。

5. 园林应用

龟背竹是一种久负盛名，适应性较强的室内大型装饰植物，可用以布置厅堂或庭院荫蔽处栽植。在南方可散植于池边、溪边和石隙中或攀附墙壁篱垣上。

（二十四）苏铁（*Cycas revoluta* Thumb.）

别名铁树、凤尾蕉、福建苏铁，苏铁科苏铁属。

1. 形态特征（图 10-24）

常绿棕榈状植物，茎干圆柱形，由宿存的叶柄基部包围。大型羽状复叶簇生于茎顶；小叶线形，初生时内卷，成长后挺拔刚硬，先端尖，深绿色，有光泽，基部少数小叶成刺状。花顶生，雌雄异株，雄花尖圆柱状，雌花头状半球形。种子球形略扁，红色。花期 7～8 月份，结种期 10 月份。

图 10-24　苏铁

2. 类型及品种

同属常见栽培的种类有：华南苏铁（*C. rumphii*），云南苏铁(*C. siamensis*)，墨西哥苏铁(*Ceratozamia mexicana*)，南美苏铁(*Zamia furfuracea*)，海南苏铁(*C. hainanensis*)，叉叶苏铁(*C. micholitzii*)，篦齿苏铁(*C. pectinnata*)，台湾苏铁(*C. taiwaniana*)，四川苏铁(*C. szechuanensis*)。

3. 生态习性

苏铁原产我国南部。全国各地均有栽培。性喜光照充足、温暖湿润环境，耐半阴，稍耐寒；在含砾和微量铁质的土壤中生长良好，生长适温 20～30℃。

4. 生产技术

(1)繁殖方法　繁殖方法有播种、分蘖和切茎繁殖。

春季播于露地苗床或花盆里，覆土 2～3 cm，经常喷水保湿，在 30～33℃高温下 2～3 周可发芽，长出 2 片真叶时即可移植。也可分割蘖苗或侧向幼枝，有根的即分栽；无根的先扦插于沙池催根，经 1～2 个月，即形成新株。采下的种子用 40℃温水浸泡 24 h 后，搓去外种皮，阴干后沙藏。沙藏温度宜控制在 1～5℃之间，来年 4 月上旬苗圃畦播，高畦育苗. 种子上覆土 1～2 cm，浇水保湿。由于种子发芽缓慢，又无规律，播种后 4～6 个月开始陆续成苗，一般在苗圃内需生长 1～2 年根系旺盛后，才适合移植。

(2)生产要点　华南温暖地区可露地栽于庭园中，南北各地均多盆栽苏铁，栽时盆底要多垫瓦片，以利排水，并培以肥沃壤土，压实植之。春、夏生长旺盛时，需多浇水；夏季高温期还需早晚喷叶面水，以保持叶片翠绿新鲜。每月可施腐熟饼肥水一次。入秋后应控制浇水。日常管理要掌握适量浇水，若发现倾倒现象，应于根部开排水沟，并暂时停止浇水，因水分过多，易发生根腐病。苏铁生长缓慢，每年仅长一轮叶丛，新叶展开生长时，下部老叶应适当加以剪除，以保持其整洁古雅姿态。

每隔 2～3 年换土转盆一次。室内通风不好，叶片易遭介壳虫危害，用 40%氧化乐果乳油 1 000 倍液喷杀。

5. 园林应用

盆栽观赏摆设于大建筑物之入口和厅堂，也可制成盆景摆设于走廊、客厅等。华南地区露地栽植可作花坛中心，切叶供插花使用。

(二十五)绿萝(*Scindapsus aureus*)

别名黄金葛、飞来凤，天南星科绿萝属。

1. 形态特征(图 10-25)

多年生常绿蔓性草本。茎叶肉质，攀援附生于他物上。茎上具有节，节上有气根。叶广椭圆形，蜡质，浓绿，有光泽，亮绿色，镶嵌着金黄色不规则的斑点或条纹。幼叶较小，成熟叶逐渐变大，越往上生长的茎叶逐节变大，向下悬垂的茎叶则逐节变小。肉穗花序生于顶端的叶腋间。

2. 类型及品种

常见栽培种有：白金绿萝(*Scindapsus aureus* cv. Marble)、三色绿萝(*Scindapsus aureus* cv. Tricolor)、花叶绿萝(*Scindapsus aureus* cv. Wilcoxii)。

图 10-25　绿萝

3. 生长习性

原产马来半岛、印尼所罗门群岛。喜高温多湿和半阴的环境,散光照射,彩斑明艳。强光暴晒,叶尾易枯焦。生长适温 20～28℃。

4. 生产技术

(1)繁殖方法　主要用扦插法繁殖。剪取 15 cm 长的茎,只留上部 1 片叶子,直接插入一般培养土中,入土深度为全长的 1/3,每盆 2～3 株,保持土壤和空气湿度,遮阳,在 25℃ 条件下,3 周即可生根发芽,长成新株。大量繁殖,可用插床扦插,极易成活,待长出一片小叶后分栽上盆。另外,剪取较长枝条,插在水瓶中,适时更换新水,便可保持枝条鲜绿,数月不凋,取出时,枝条下部已经生根,盆栽便成新株。也可用压条繁殖。

(2)生产要点　绿萝生长较快,栽培管理粗放。在栽培管理的过程中,夏季应多向植株喷水,每 10 d 进行 1 次根外追肥,保持叶片青翠。盆栽苗当苗长出栽培柱 30 cm 时应剪除;当脚叶脱落达 30％～50％ 时,应废弃重栽。冬季可放在室内直射阳光下,控水,只要保持温度在 10℃ 以上,就可正常生长。生长期主要有线虫引起的叶斑病,用 70％ 代森锌菌灵可湿性粉剂 500 倍液喷洒防治。叶螨可用三氯杀螨醇 2 000 倍液喷洒。

5. 园林应用

绿萝喜阴,叶色四季青翠,有的品种有花纹,是极好室内观叶植物。中大型植株可用来布置客厅、会议室、办公室等地,华南地区可在室外荫蔽处地栽,附植于大树、墙壁棚架、篱垣旁,让其攀附向上伸展。

(二十六)花叶竹芋(*Maranta bicolorker*)

别名孔雀竹芋、二色竹芋。属于竹芋科竹芋属,为多年生常绿草本花卉。

1. 形态特征(图 10-26)

常绿宿根草本。有块状根茎,叶基生或茎生,叶柄基部鞘状。根出叶,叶鞘抱茎,叶椭圆形、卵形或披针形,全缘或波状缘。叶面具有不同的斑块镶嵌,变化多样,花自叶丛抽出;穗状或圆锥花序。花小不明显,以观叶为主。叶形叶色如图案般美妙,适合盆栽或园景荫蔽地美化,是很好的室内观叶植物。

图 10-26　花叶竹芋

2. 生态习性

原产美洲热带。性喜半阴和高温多湿的环境。3～9 份为生长期,生长适温 15～25℃,越冬温度 10～15℃,不可低于 7℃。冬宜阳光充足。

3. 生产技术

(1)繁殖方法　主要采用分株法繁殖。多在春季 4～5 月份结合换盆进行,可 2～3 芽分为 1 株。盆土以腐叶土或园土、泥炭和河沙的混合土壤为宜。

(2)生产要点　生长期每月追肥 1～2 次,夏季高温期宜少施并适当拉长追肥的间隙。生长期除正常浇水外,应经常喷水,以增加空气湿度。冬季盆土宜适当干燥,过湿则基部叶片易变黄而枯焦。生长期若通风不好,易遭介壳虫或红蜘蛛为害,可用 40％ 氧化乐果乳油 1 000 倍液喷杀或要用刷子刷掉介壳虫。常见有叶斑病危害,可用 65％ 代森锌菌灵可湿性粉剂 500 倍液喷洒防治。

4. 园林应用

花叶竹芋为重要的小型观叶植物,在北方长年室内种植,南方可露地栽培。其叶形优美,叶色多变,周年可供观赏,是室内布置与会场布置的理想材料。

(二十七)五彩凤梨(*Neoregelia carloinae*)

别名艳凤梨、羞凤梨。属于凤梨科彩叶凤梨属,为多年生常绿草本花卉。

1. 形态特征(图 10-27)

植株高 25~30 cm,茎短。叶呈莲座状互生,长带状,长 20~30 cm,宽 3.5~4.5 cm,顶端圆钝,叶革质,有光泽,橄榄绿色,叶中央具黄白色条纹,叶缘具细锯齿。成苗临近开花时心叶变成猩红色,甚美丽。穗状花序,顶生,与叶筒持平,花小,蓝紫色。

2. 生态习性

五彩凤梨原产于巴西。其性喜温暖、半荫蔽的气候环境,在疏松、肥沃、富含腐殖质的土壤中生长最好。花后老植株萌蘖芽后死亡。五彩凤梨耐荫蔽和干旱,怕涝,不耐高温,生长适温为 18~25℃。

图 10-27　五彩凤梨

3. 生产技术

(1)繁殖方法　五彩凤梨采用分株和组织培养繁殖。分株繁殖数量少,时间长。生产上采用组织培养育苗,可满足市场的需求。

(2)生产要点　五彩凤梨夏季应在半荫蔽条件下养护,防雨水过多,防止因高温、高湿而诱发的心腐病,尤其是幼苗。入秋后,成年植株花芽开始分化,心叶变艳,亦是蘖芽萌发之时,此时应适当增加光照,控制浇水量,增施磷、钾肥,以增强幼苗的生活力,提高幼苗的移植成活率。

4. 园林应用

五彩凤梨叶色艳丽,观赏期长,耐阴,抗尘,是室内盆栽观叶佳卉,成片布展,效果极佳;也可作切花配叶。

(二十八)变叶木(*Codiaeum variegatum* var. *pictum*)

别名洒金榕、彩叶木、金叶木。属于大戟科变叶木属,常绿亚灌木或小乔木花卉。

1. 形态特征(图 10-28)

茎干上叶痕明显。叶形多变,有条状倒披针形、条形、螺旋形扭曲叶及中断叶,叶片全缘或分裂,叶质厚或具斑点。总状花序腋生,花小单性,雌雄同株,蒴果球形。

2. 生态习性

原产南洋群岛及大洋洲。性喜高温、湿润及阳光充足。要求夏季 30℃ 以上,冬季白天 25℃ 左右,晚间不低于 15℃。气温 10℃ 以下可产生落叶现象。

3. 生产技术

(1)繁殖方法　多用于扦插繁殖和高压繁殖,大叶系多用

图 10-28　变叶木

高压,小叶系多用扦插,生根适温为24℃。变叶木汁液有毒,在操作时应注意不能让汁液溅到眼中或口中,手上沾染应立即清洗。

(2)生产要点　培养土以腐叶土、园土、沙土各1份混合而成,供幼苗移栽和成苗换盆用。平时浇水以保持盆土湿润为度,夏季晴天要多浇水,每天还需向叶面喷水2～3次,增加空气湿度,保持叶面清洁鲜艳。长期配合浇水追施复合液肥,每2周一次,尽量少施氮肥,以免叶色变绿减少色彩斑点。春、秋、冬三季变叶木均要充分见光,夏季酷日照射下需遮50％的阳光,以免曝晒。光线愈充足,叶色愈美丽。冬季进入温室养护。

4. 园林应用

变叶木叶形奇特多变,宜盆栽观赏,南方可作为庭园布置用,常作绿篱。中型盆栽,陈设于厅堂、会议厅、宾馆酒楼,平添一份豪华气派;小型盆栽也可置于卧室、书房的案头、茶几上,具有异域风情。

(二十九)印度橡皮树(*Ficus elastica*)

别名印度榕树、橡胶树。属于桑科榕属,为常绿小乔木花卉。

1. 形态特征(图10-29)

树皮平滑,树冠卵形,叶互生,宽大具长柄,厚革质,椭圆形或长椭圆形,全缘,表面亮绿色。幼芽红色,具苞片。夏日由枝梢叶腋开花。隐花果长椭圆形,无果梗,熟时黄色。其观赏变种有:黄边橡皮树,叶片有金黄色边缘,入秋更为明显;白叶黄边橡皮树,叶乳白色,而边缘为黄色,叶面有黄白色斑纹。

图10-29　印度橡皮树

2. 生态习性

印度橡皮树为热带树种。原产印度,性喜暖湿,不耐寒。喜光,亦能耐阴。要求肥沃土壤,喜湿润,亦稍耐干燥。生长适温为20～25℃。

3. 生产技术

(1)繁殖方法　以扦插为主,在3～10月份进行,选植株上部和中部的健壮枝条作插穗,长20～30 cm,留茎上叶片2枚,上部两叶须合拢起来,用细绳捆在一起。切口待流胶凝结或用硫磺粉吸干,再插入以沙质土为介质的插床上,蔽荫保湿约30 d出根,即可移栽;也可压条繁殖。

(2)生产要点　盆栽对土壤要求不严,但以肥沃疏松、排水性好的土壤最佳,春、夏、秋三季生长旺盛,每1～2个月需施肥1次。秋后要逐渐减少施肥和浇水,促使枝条生长充实。每年秋季修剪整枝1次,这对盆栽尤为重要,可促使来年多发新枝,达到枝叶饱满的观赏效果。注意截顶促枝,修剪造型越冬保温10℃以上。橡皮树抗旱性较强,北方寒冷地区则宜盆栽,其生育适温为22～32℃;温度低于10℃时,应移入室内越冬;若长期处于低温和盆土潮湿处易造成根部腐烂死亡。常见黑霉病、叶斑病和炭疽病危害,可用65％代森锌菌灵可湿性粉剂500倍液喷洒防治。虫害有介壳虫和蓟马危害。

4. 园林应用

印度橡皮树叶大光亮,四季葱绿,为常见的观叶树种。盆栽可陈列于客厅、卧室中。在温暖地区可露地栽培作行道树或风景树。

(三十)朱蕉(*Cordyline fruticosa*)

别名红叶铁树、铁树。属于百合科朱蕉属,为常绿亚灌木花卉。

1. 形态特征(图10-30)

株高可达3 m,茎直立,单干少分枝,茎干上叶痕密集。叶聚生顶端,紫红色或绿色带红色条纹,革质阔披针形,中筋硬而明显,叶柄长10~15 cm,叶片长30~40 cm。花为圆锥花序,着生于顶部叶腋,淡红色,果实为浆果。

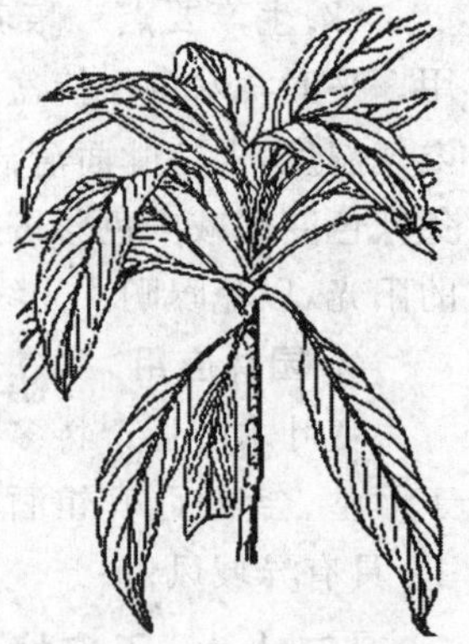

2. 生态习性

原产澳大利亚及我国热带地区。喜高温及阴湿的环境,喜排水良好的沙质壤土,不耐碱性土壤,不耐寒。

3. 生产技术

(1)繁殖方法 以扦插、分根、播种法繁殖。扦插繁殖适宜早春,取成熟枝去除叶片,剪成5~10 cm的茎段,平插在砂床中,最好能保持25~30℃和较湿润的空气环境,1个月左右可生根。剪去顶芽的老枝基部萌生分蘖,1年后可分株。在产地可收到种子,进行播种繁殖。

(2)生产要点 盆栽用疏松和微酸性沙质壤土,忌用碱性土壤,一般采用腐叶土或泥炭土配制。放置在温暖、潮湿、阳光稍充足的环境中栽培,但夏季勿使强烈日光直晒。冬季注意保温,温度不得低于10℃。每年3~4月份可换土或换盆。夏季植株生长旺季要经常淋水,每月施1~2次追肥。易发生炭疽病和叶斑病危害,可用10%抗菌剂401醋酸溶液1 000倍液喷洒。也有介壳虫危害,用40%氧化乐果乳油1 000倍液喷杀。

4. 园林应用

朱蕉叶丛生,叶色美丽,能耐阴,适合于室内、厅、堂的布置栽培。

图 10-30 朱蕉

(三十一)金橘(*Fortunella orassifolia*)

别名金柑、罗浮,芸香科柑橘属。

1. 形态特征(图10-31)

常绿小灌木,多分枝、无枝刺。叶革质,长圆状披针形,表面深绿光亮,背面散生腺点,叶柄具狭翅。花1~3朵着生于叶腋,白色,芳香。果实长圆形或圆形,长圆形的称金橘,味酸;圆形的称金弹,味甜,熟时金黄色,有香气。

2. 类型及品种

我国特产供观赏的品种有:四季橘,能四季开花结果,果倒卵形不可食;金柑(金弹),叶缘向外翻卷,果小倒卵形,可生食;圆金橘,矮小灌木,果圆形,皮厚可食;长叶金橘,叶子特长,果圆形,皮薄;金豆(山橘),矮小灌木,果实圆形,小如黄豆,不可食。

3. 生态习性

图 10-31 金橘

原产我国广东、浙江等省。喜阳光充足、温暖、湿润、通风良好的环境。在强光、高温、干燥等因素的作用下生长不良。宜生长于疏松、肥沃的酸性沙质壤土。金橘喜湿润,但不耐积水。最适生长温度15～25℃,冬季低于0℃易受伤害,高于10℃不能正常休眠。每年6～8月份开花,12月份果熟。

4. 生产技术

(1)繁殖方法　采用嫁接法繁殖。以一、二年生实生苗为砧木,以隔年的春梢或夏梢为接穗。每年春季3～4月份用切接法进行枝接,芽接在6～9月份进行。

(2)生产要点　金橘盆栽宜选用疏松而肥沃的沙质壤土或腐叶土。每年在早春发芽前进行换盆、上盆,2～3年换一次盆。栽后浇透水,放在通风背阴处;经常向叶面喷水,防止植株体内水分蒸发。缓苗1周后,逐渐恢复正常。

生长期盆土应经常保持湿润,忌长时间的过干过湿,否则易引起落花落果。特别是6月上旬,金橘第一次开花时,很容易落花。在夏季雨水过多时,应防止盆内积水,及时扣水。冬季浇水,不干不浇,浇必浇透。

盆栽金橘只要做好4月份重施催芽肥,6～7月份花谢结幼果时期注意养分补充,8～9月份再追施P、K肥,就能结出好果实。

金橘每年春、秋两季抽出枝条,在5～6月间,由当年生的春梢萌发结果枝,并在结果枝叶腋开花结果。6～7月份开花最盛,果实12月份成熟。所以每年在春季萌芽前进行一次重剪,剪去过密枝、重叠枝及病弱枝,保留下的健壮枝条只留下部的3～4个芽,其余部分全部剪去,每盆留3～4枝。这样就可萌发出许多健壮、生长充实的春梢,当新梢长到15～20 cm长时,及时摘心,限制枝叶徒长,有利于养分积累,促使枝条饱满。在6月份开花后,适当疏花。

秋季8月份当秋梢长出时要及时剪去,这样不仅能提高坐果率,而且果实大小均匀,成熟整齐。在北方一般不进行重剪,每年只修剪干枯枝、病虫枝、交叉枝,注意保持树冠圆满。

冬季移入室内向阳处,室温保持在0℃以上,不宜过高。控制浇水,清明节后移出室外。

主要病害有树脂病、炭疽病等,用50%的甲基托布津或50%的多菌灵600倍液喷洒。

主要虫害:对天牛幼虫危害的枝干用敌敌畏50倍液注射虫孔,或用毒泥塞孔进行防治。对红蜘蛛、潜叶蛾、蚜虫、介壳虫等,常用药剂有50%三氯杀螨醇2 500倍液或用敌百虫800倍液或50%杀螟松1 000倍液喷洒。

5. 园林应用

金橘四季常青,枝叶茂密,冠姿秀雅,花朵皎洁雪白,娇小玲珑,芳香远溢,果实熟时金黄色,垂挂枝梢,味甜色丽,为我国特有的冬季观果盆景珍品。可丛植于庭院,盆栽可陈列于室内观赏。

(三十二)佛手(*Citrus medica*)

别名佛手柑,芸香科柑橘属。

1. 形态特征(图10-32)

常绿小灌木,枝条灰绿色,幼枝绿色,具刺。单叶互生,革质,叶片椭圆形或倒卵状矩圆形,先端钝,边缘有波状锯齿,叶表面深黄绿色,背面浅绿色。总状花序,白色,单生或簇生于叶腋,极芳香。果实奇特似手,握指合拳的为"拳佛手",而伸指展开的为"开佛手"。初夏开花,11～12月份果实成熟,鲜黄而有光泽,有浓香。

2. 类型及品种

目前常见的有白花佛手和紫花佛手两种。

3. 生态习性

原产我国、印度及地中海沿岸。佛手喜温暖、湿润、光照充足、通风良好的环境。不耐寒冷,低于3℃易受冻害。适生于疏松、肥沃、富含腐殖质的酸性土壤。萌蘖力强。

图 10-32 佛手

4. 生产技术

(1)繁殖方法 可用扦插、嫁接和压条法进行繁殖。

①扦插 南方可在梅雨季节进行,也可在春季新芽未萌发前进行。选取1~2年生生长健壮的枝条,剪成20 cm长左右,留4~5个芽。扦插床用通气透水性良好的沙土或蛭石,插深6~8 cm,上端留2个芽,插后浇透水,注意遮阳,保持湿润,20~30 d即可生根。

②嫁接 每年3~4月份用2~3年生的枸橘或柚子为砧木,选健壮一年生佛手嫩枝做接穗进行切接。也可用芽接或靠接法繁殖。嫁接成活的苗,根系发达,生长旺盛,抗寒能力较强,结果早。

③压条 每年5~6月份进行,在每株上选择1~2年生枝条,进行环剥,然后用苔藓、泥炭包扎保湿,40 d即可生根。也可于8月份选择带果实的枝条压条,10月份分离母株上盆,果实继续生长,当年即可装饰房间或出售。

(2)生产要点 佛手栽植应选择疏松,肥沃,排水良好、富含有机质的酸性沙质壤土。喜肥,若施肥不足或不及时,易发生落花、落果现象。但施肥不宜太浓。生长季节每20 d追施一次有机腐熟液肥,以矾肥水为好。为保证土壤酸性,要定期浇灌硫酸亚铁500倍液。

浇水应根据佛手的生长习性进行,生长旺盛期应多浇水,在夏季高温时,要早晚各浇水一次,还要向叶面上喷水,以增加空气湿度。入秋后,气温下降,浇水量应减少,冬季休眠期,保持土壤湿润即可。开花、结果初期,为防止落花、落果,应控制浇水量,不可太多。雨季少浇水并及时排涝,春夏应适当遮阴,避免暴晒。

要提高佛手坐果率,应及时整形修剪,修剪宜在休眠期进行。一般保持3~5个主枝构成树形骨架。温室内生长的春梢,于3月中旬剪去,夏季长出的徒长枝,可剪去2/5,使其抽生结果枝。立秋后抽生的秋梢,多为来年的花枝,适当保留,以利于第二年结果。佛手一年可多次开花结果,3~5月份开的花,多为单性花,应全部疏去,6月份前后开的夏花,花大、坐果率高,可疏去部分细小花,保留一定数量的果实。在结果期,抹去枝干上的新芽,当果实长到葡萄大小时,可疏去一部分果实,以利于保留下的果实得到充足的养分。

在霜降前将佛手移入温室内越冬。保持室温在10~16℃,低于3℃易受冻害,置于光照充足的地方进行养护,同时保持盆土湿润,切忌过干或过湿。

在生长期中,佛手常发生红蜘蛛、介壳虫、蚜虫和煤烟病,应及时防治。红蜘蛛、蚜虫可喷50%的敌敌畏800~1 000倍液。介壳虫可喷20%的灭扫利乳油5 000倍溶液。煤烟病主要发生在夏季,可喷水将叶面洗净,并注意通风透光,保持环境清洁卫生,也可用200倍波尔多液喷洒。

5. 园林应用

佛手果形奇特,颜色金黄,香气浓郁,是一种名贵的常绿观果花卉。南方可配植于庭院中,北方盆栽是点缀室内环境的珍品。叶、花、果可泡茶、泡酒,具有舒筋活血的功能,果实具有较高的药用价值。

(三十三)石榴(*Punica granatum*)

别名安石榴、苦榴。属于石榴科石榴属,为落叶灌木或小乔木花卉。

1. 形态特征(图10-33)

华南地区呈半常绿状。幼枝常呈四棱形,枝顶端多为棘刺状。单叶对生,长椭圆形或披针形,全缘,表面有光泽,新叶呈红色。花1至数朵着生当年新梢顶端或叶腋,花有单瓣、重瓣之分,花色多为红色,也有白、黄、粉红等色。花期5月份,开花时间较长。其中四季石榴在生长期间常开花不断。果实为多子浆果,球形,红黄色,顶端有宿萼。

2. 类型及品种

石榴经数千年的栽培驯化,发展成为果石榴和花石榴两大类,果石榴以食果为主,并有观赏价值,我国有近70个品种;花多单瓣、花石榴观花兼观果,又分为一般种和矮生种两类。常见栽培的变种有:

图10-33　石榴

(1)月季石榴(var. *nana*)　植株矮小,叶线状披针形。5~9月份开花1次,红色半重瓣,花果较小,其重瓣者称重瓣月季石榴。

(2)重瓣红榴(var. *pleniflora*)　亦称千瓣大红榴或重瓣红石榴。花大重瓣,大红色,花果都很艳丽夺目,为观赏主要品种。

(3)白花石榴(var. *albescens*)　亦称银榴,5~6月份开花1次,白色。其花重瓣者称重瓣白榴或千瓣白榴。花大,5~9月份开花3~4次。

(4)黄花石榴(var. *flavescens*)　又称黄白榴,花色微黄而带白色,其重瓣者称千瓣黄榴。

(5)玛瑙石榴(var. *legrellei*)　又称千瓣彩色榴,花重瓣,有红色和黄白色条纹。

3. 生态习性

原产伊朗、阿富汗等中亚地区。喜光,喜暖亦耐寒。石榴在华中、华北能露地越冬。适宜略带黏性、富含石灰质的土壤。耐干旱、瘠薄,忌水涝。萌蘖性强。

4. 生产技术

(1)繁殖方法　石榴繁殖以扦插、分株、压条为主,嫁接、直播也可。

(2)生产要点　庭院栽植应选光照充足、排水良好的场地。栽植时施入腐熟的粪肥或饼肥,使之花茂果硕。花期要适当疏花,摘去不完全花(筒状花),而保留完全花(钟状花),并要疏去晚开的花,这样可增加挂果量。石榴萌蘖性强,要勤除根蘖。冬春之际剪去枯枝、病弱枝、过密枝及徒长枝,进行以疏为主的整形修剪,改善通风透光条件,以利生长发育,促其多开花结果。

盆栽石榴的管理：为保持花繁果丰，应注意盆土干后，枝叶稍呈萎蔫时再浇水，浇则浇透。应注意勤施追肥，放置于光照充足处。生长期应适当摘心，抑制营养生长，促使花芽形成。春季修剪应注意保留健壮的结果枝，短截不充实的弱枝、病枝及徒长枝。

5. 园林应用

石榴是花、果兼美的树种，可配植于庭院墙边、屋前，也可在花坛中孤植，在草坪空地丛植。当仲夏之际繁花似火，中秋时节硕果累累，倍觉宜人。盆栽花石榴或果石榴，可装饰阳台、居室。

(三十四)冬珊瑚(*Solanum psedo-capsicum*)

别名珊瑚豆、寿星果、万寿果、吉庆果。属于茄科茄属，为常绿小灌木花卉。

1. 形态特征(图10-34)

高达60～120 cm。叶互生，狭椭圆形或倒披针形，边缘呈波状。花小，白色，单生或数朵簇生叶腋。浆果球形，熟时橙红色或黄色，如樱桃状，久挂枝头不落。

2. 生态习性

原产欧、亚热带，我国安徽、江西、广东、广西、云南、四川等有野生分布。北方多盆栽观赏。喜温暖、湿润，喜光，亦较耐阴。适生于肥沃、疏松、排水良好的微酸性或中性土壤。萌生力强。

图10-34　冬珊瑚

3. 生产技术

(1)繁殖方法　通常采用播种或扦插法繁殖。播种于3～4月间进行，苗床土以疏松的沙质壤土为好。播后覆以细土，以不见种子为度，经常保持床土湿润，约1个月后即可出苗。当幼苗出现3～4片真叶时移植1次，6～8片真叶时即可定植。扦插春、秋季均可进行，剪取健壮嫩枝扦插，易于成活。

(2)生产要点　定植后的苗木要注意浇水和施肥，夏季生长旺盛季节每15 d左右可施1次腐熟的稀薄肥液，促进生长。当苗高15 cm时打顶，分枝后再摘心1～2次，使其多分枝，树形匀称美观。苗木定形后可上盆栽植，盆土宜用肥沃、疏松、排水良好的田园土，掺拌适量沙土，盆底放适量有机肥。上盆初期放置半阴处，以后宜放在阳光充足、空气流通处。浇水见干就浇，雨季要防止积水烂根。生长期可结合浇水追施腐熟饼肥水，则花繁果茂。当开花结果时，可补施磷、钾肥。冬季移入室内，室温不低于5℃。

4. 园林应用

冬珊瑚殷红圆形果实，长挂枝头，经冬不落，十分美观。夏秋可露地栽培，点缀庭院；冬季上盆入室，陈设案头，满室春意，令人喜悦。果、叶有毒，注意勿食用。

(三十五)南天竹(*Nandina domestica*)

别名天竹、天竺、南天。属于小檗科南天竹属，为常绿小灌木花卉。

1. 形态特征(图10-35)

株高1 m左右。枝干丛生。叶互生，1～3回羽状复叶，具长柄，小叶革质，椭圆状披针形。大形圆锥花序，顶生，花小呈白色。浆果球形，熟时鲜红色。花期5～7月份，果熟期9～

10月份。南天竹枝干丛生,直立挺拔,复叶平展,形态如竹。树姿潇洒,为观叶、观果佳品。

图 10-35 南天竹

2. 分类及品种

常见的变种有红果天竹(var. *prophyrocarpa*),果实成熟紫红如珊瑚。玉果天竹(var. *leucocarpa*),叶翠绿色,果实熟时呈黄白色而有光泽,观赏极佳。

3. 生态习性

原产我国及日本。我国长江流域各省均有分布,山地多野生,现栽培甚为广泛。喜半阴,最好选上午见光、下午遮阳之处栽植。喜温暖湿润气候,较耐寒。适生于肥沃、疏松、排水良好的沙质壤土或石灰质土上,在阳光强烈、通风不好、土壤瘠薄干燥处生长不良。

4. 生产技术

(1)繁殖方法 一般采用播种、分株、扦插等法繁殖。播种繁殖:在秋季果熟时,随采随播,冬季覆草防寒,翌年4月份清明前后发芽。也可将种子沙藏在通风干燥处,翌年春播。夏季要搭棚遮阳。幼苗期应注意经常浇水,保持床土湿润。分株法:宜在芽萌动前或秋季10~11月份进行为好,将全株掘起后切分成数丛,在根部浸沾泥浆后再行栽植,培育2~3年后即可开花结实。扦插法宜在春季3月份剪取一年生枝顶的枝条,长15 cm左右,插入苗床内,插深约占条长的1/2。插后浇透水,并搭棚遮阳。5月份以后如天气干燥,需每天喷水几次,成活率可达80%左右。在梅雨季可进行嫩枝扦插,注意遮阳、浇水,易生根成活。

(2)生产要点 南天竹的栽植春秋两季均可。大苗移植需带土球,最好选通风良好的半阴环境。种植时先施堆肥、河泥或腐熟厩肥为基肥,有利于根、茎、叶的发育。栽后的管理工作要注意保持土壤湿润,不宜太干。每1~2个月施1次腐熟饼肥水,冬季施以干塘泥为基肥。开花期在梅雨季节,往往因授粉不良而影响结果,可在植株周围30~40 cm处用铲切断部分根系,能导致结果良好。花期不要浇水过多,以免引起落花。落花后需剪去干花序,以保持植株整洁。盆栽南天竹以多干丛生为好,一般保留3~5根主干,其余剪去。剪枝宜在春季进行,过高主干可截短,控制高生长;摘心宜在夏季进行,通过修剪整形,使南天竹生长健壮,萌生较多新梢,达到叶密、花繁、果盛的观赏效果。

5. 园林应用

南天竹枝叶扶疏,入冬尤为青翠,子结枝梢,红果累累,经久不落,是冬季观叶、观果佳品。可盆栽置于阳台或室内观赏。在古典园林中,常植于山石旁。春节期间人们常以南天竹、蜡梅、苏铁相配瓶插,供室内装饰玩赏,红果、黄花、绿叶相映成趣。

(三十六)火棘(*Pyracantha fortuneana*)

别名小红果、火把果、救军粮。属于蔷薇科火棘属。为常绿小灌木花卉。

1. 形态特征(图 10-36)

枝条披散下垂,短枝梢具枝刺。单叶互生,长椭圆形或倒卵状长圆形,先端钝圆,表面亮绿色。花白色,复伞房花序,小而密。梨果扁圆形,熟时鲜红色,缀满枝头,十分悦目。花期

5月份,果熟期9月份,经久不落。

2. 类型与品种

狭叶火棘(*P. ang-ustifolia*),叶窄长,全缘,呈倒卵状披针形,果橙黄色;细齿火棘(*P. crenulata*),叶长椭圆形或倒针形,边缘锯齿,果小,橙红色。均为优良观果树种。

3. 生态习性

原产华中、华东、西南地区及陕西、甘肃、河南等省,喜光,喜温暖、湿润气候。适生于肥沃、疏松、排水良好的壤土上,忌干旱瘠薄。

图 10-36 火棘

4. 生产技术

(1)繁殖方法 萌芽力强,耐修剪。一般采用播种、扦插法繁殖。播种于果熟后采收,随采随播,亦可将种子阴干贮藏至翌年春季再播。扦插可于春季2~3月份选用健壮的1~2年生枝条,剪成10~15 cm长的插穗,随剪随插;或在梅雨季节进行嫩枝扦插,易于成活。

(2)生产要点 火棘移植以春季进行为好。由于须根不多,需带土球栽植。火棘是喜阳树种,要求植株全年都要放在全日照环境下养护,特别是秋季要求光照充足,使植株健壮并形成花芽。火棘耐旱不耐湿,浇水应以"不干不浇,浇则浇透"的原则进行,盆土不能太潮湿。

由于火棘开花多,挂果时间长,且挂果较多,营养消耗快,从春季萌芽时开始,每隔15~30 d要施肥一次。秋季果实逐渐成熟,需肥量加大,所以秋季施肥量度要适当加大,每隔10~20 d施一次,肥以富含磷、钾的有机肥为主,少施无机肥。

火棘生长快,要经常进行修剪和摘芽。秋季修剪时,剪去徒长枝、细弱枝和过密枝,留下能开花结果的枝头,并确保挂果枝能享受充足的光照。结果后再长出的新枝可随时剪除,保持植株的冠幅不变,且结出的果实都在冠幅的外层,果熟后,观赏效果更佳。

为防止冻害,冬季可将火棘移到背风向阳处或移到室内越冬。越冬期间要经常检查盆土,如盆土过分干旱,要浇1次透水防冻。1~2年换盆一次,以春季进行最好,需带土球栽植。盆土选用疏松、肥沃的腐叶土或园土。

5. 园林应用

火棘枝叶繁茂,春季白花朵朵,入秋红果累累,经久不落,是观花观果的优良盆栽植物。老桩古雅多姿,制作盆景最佳。

(三十七)枸骨(*Ilex cornuta*)

别名猫儿刺、鸟不宿。属于冬青科冬青属,为常绿小乔木花卉。

1. 形态特征(图 10-37)

树皮灰青色,平滑不开裂,枝广展密生,树冠呈圆形或倒卵形。叶互生,革质坚硬,椭圆状矩圆形,先端有3枚坚硬刺齿,基部平截,两侧各有1~2个同样刺齿,表面深绿色,有光泽。伞形花序,花为黄绿色,着生于二年生小枝叶腋内。核果球形,熟时鲜红色,经久不凋,颇为美观。

2. 生态习性

原产长江流域及江苏、浙江、安徽、江西、湖南、湖北、河南等地。喜光照,也较耐阴,喜温暖、湿润气候,宜肥沃而排水良好的微酸性或中性土壤。生长缓慢,萌发力强,耐修剪。

3. 生产技术

(1)繁殖方法 以播种或扦插法繁殖。可掘根际萌蘖苗栽植。扦插在梅雨季节采取当年生嫩枝扦插,成活率较高。播种法多在10月间采种,去除果皮,用低温湿砂层积贮藏,到翌年春季播种。出苗前经常喷水保持床土湿润,并搭棚遮阳。苗木培育2～3年后,即可出圃栽植。

(2)生产要点 苗木移植要带土球。定植后,要适当浇水,除草松土,追施磷、钾肥,以促进生长。盆栽枸骨宜选用富含有机质、疏松、肥沃、排水良好的酸性土壤,一般在春季2～3月份萌动前上盆,栽后浇透水,放在半阴处缓苗2～3周。生长期间保持土壤湿润而不积水,并经常向叶面喷水。夏季高温时应加强通风,稍作遮阴,防止烈日暴晒。枸骨耐修剪,剪去干枯枝、病虫枝、过密枝及徒长枝。冬季移至阳光充足的低温温室内,保持盆土稍干,0℃以上可安全越冬。每年春季换盆一次,盆土以腐叶土、园土和沙土各一份。在城市栽植,常因木虱为害而导致煤烟病,使叶变黑,且多介壳虫为害,影响结实。介壳虫可用40%乐果、50%杀螟松或80%敌敌畏1 000倍液喷杀之;早春用50%乐果乳剂2 000倍,可喷杀越冬木虱。

图10-37 枸骨

4. 园林应用

枸骨叶形奇特,红果经久不凋,艳丽可爱。盆栽观赏,别有风趣。地栽宜孤植于花坛,对植于门庭,丛植于草坪、路边,亦可篱植作境界保护之用。其老桩可制作盆景。

(三十八)蟹爪兰(*Zygocactus truncactus*)

别名螃蟹兰、圣诞仙人花,仙人掌科蟹爪兰属。

1. 形态特征(图10-38)

多年生常绿草本花卉。茎多分枝,常成簇而悬垂;茎节扁平,幼时紫红色,以后逐渐转为绿色或带紫晕;边缘有2～4个突起的齿,无刺,老时变粗为木质。花着生于茎节先端,花略两侧对称,花瓣张开翻卷,多淡紫色,有的品种还有粉红、深红、黄、白等色。花期在12月份至翌年3月份。

2. 生态习性

原产巴西热带雨林中,为附生类型。喜温暖、湿润及半阴的环境。喜排水、透气性能良好、富含腐殖质的微酸性沙质壤土。不耐寒,越冬温度不低于10℃。

图10-38 蟹爪兰

3. 生产技术

(1)繁殖方法 常用扦插和嫁接法繁殖。扦插繁殖在温室一年四季都可进行,但以春、秋两季为最好。剪取成熟的茎节2～3节,阴干1～2 d,待切口稍干后插于沙床,保持湿润环境即可。

嫁接在春、秋两季的晴天进行。常用三棱箭、仙人掌作砧木。取生长充实的蟹爪兰2～3节作接穗,进行髓心嫁接。1个砧木可接多枝接穗,成活后"锦上添花"。

(2)生产要点　要注意肥水管理,浇水要视具体情况,全年大部分时间要保持土壤湿润,盆土不可过干、过湿,否则会造成花芽脱落。生长期每隔10～15 d施1次腐熟、稀释的人畜粪尿或豆饼液肥。要特别注意施花前肥,但不施浓肥。为保持盆土排水良好,每年可在花后进行翻盆。翻盆时施足基肥。夏季要遮阴、避雨,通风良好。蟹爪兰茎节柔软下垂,盆栽时应设立支架并造型,使茎节分布均匀,提高观赏价值。

蟹爪兰是短日照花卉,光照少于10～12 h,花蕾才能出现。要使提前开花,可采用短日照处理。自7月底8月初起,每天下午4时到次日上午8时,用黑色塑料薄膜罩住,"十一"前后花蕾就可逐渐开放。为了促进花芽的形成,处理期间逐渐减少浇水,停止施肥。

4. 园林应用

蟹爪兰枝繁花丽,是冬春优良盆栽观赏花卉。

(三十九)仙人掌(*Opuntia* spp.)

别名仙巴掌。属于仙人掌科仙人掌属,为多年生常绿多肉浆植物。

1. 形态特征(图 10-39)

茎直立,扁平多枝,形状因种而异,扁平枝密生刺窝,刺的颜色、长短、形状数量、排列方式因种而异,花色鲜艳,颜色因种而异。果实为肉质浆果。

2. 生态习性

原产美洲,少数产于亚洲,现世界各地都广为栽培,喜温暖和阳光充足的环境,不耐寒,冬季需保持干燥,忌水涝,要求排水良好的沙质土壤,花期为4～6月份。

3. 生产技术

(1)繁殖方法　常用扦插繁殖,一年四季均可进行,以春夏最好。也可用嫁接、播种法繁殖。

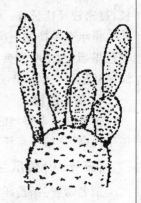

图 10-39　仙人掌

(2)生产要点　培养土可用园土、腐叶土、粗沙按1：1：1的比例配制,并适当掺入石灰少许,也可用腐叶土和粗砂比例1：1掺合作培养土。植株上盆后置于阳光充足处,尤其是冬季需充足光照。仙人掌较耐干旱,4～10月份在仙人掌生长期要保证水分供给。通常是气温越高,需水量越多,并掌握"一次浇透,干透浇透"的原则。11月份至翌年3月份,植株处于半休眠状态,应节制浇水,保持土壤不过分干燥即可,温度越低越应保持盆土干燥,通常是每1～2周浇水1次。生长季适当施肥可加速生长。

4. 园林应用

仙人掌姿态独特,花色鲜艳,常作盆栽观赏。在南方,多浆花卉常建专类观赏区,各种仙人掌是重要组成部分之一。多刺的种类常用作樊篱。

(四十)芦荟(*Aloe vera* var. *chinensis*)

别名草芦荟、油葱、龙角。属于百合科芦荟属,为多年生肉质草本花卉,是盆栽肉质观叶植物。

1. 形态特征（图 10-40）

叶条状披针形，基出而簇生，叶缘疏生软刺，盆栽植株常呈莲座状。花淡黄色或有红色斑点，总状花序，夏秋开花。

2. 生态习性

原产非洲，我国云南南部也有野生。喜光，也耐半阴，喜温暖，不耐寒，喜排水良好、肥沃的沙质壤土。

3. 生产技术

图 10-40　芦荟

（1）繁殖方法　可用分株和扦插法繁殖。分株在春季 3～4 月份，在温室中结合换盆将幼株分栽即可。扦插在 3～4 月份，剪取插条长 10～15 cm，去除基部 2 侧叶，放在阴凉通风处晾 1 d，然后插入盛有素沙土的浅盆内，深 4～6 cm，置半阴处，保持盆土湿润，经 20～30 d 生根。

（2）生产要点　芦荟上盆时，宜用腐叶土与沙质壤土混合而成的培养土，垫蹄角片作底肥，在生长期内可每隔 20 d 追施 1 次豆饼液肥或麻渣液肥。喜充足阳光，但夏季应置阴棚下养护，宜通风良好，并每天浇 1 次水；春、秋两季每 1～2 d 浇水 1 次；冬季不干不浇水。10 月中旬入室越冬，室温保持 10～15℃，翌年 5 月初出室。

4. 园林应用

芦荟姿态独特，叶色美丽，可供观赏，尤宜用于室内装饰。

计 划 单

学习领域	花卉生产技术		
学习情境 10	温室花卉生产技术	学时	14
计划方式	小组讨论、成员之间团结合作共同制订计划		
序号	实施步骤		使用资源

制订计划说明	
计划评价	班级		第　组	组长签字	
	教师签字			日期	
	评语：

决 策 单

学习领域	花卉生产技术		
学习情境 10	温室花卉生产技术	**学时**	14
方案讨论			

	组号	任务耗时	任务耗材	实现功能	实施难度	安全可靠性	环保性	综合评价
方案对比	1							
	2							
	3							
	4							
	5							
	6							

	评语:
方案评价	

班级		组长签字		教师签字		日期	

材料工具单

学习领域		花卉生产技术					
学习情境 10		温室花卉生产技术				学时	14
项目	序号	名称	作用	数量	型号	使用前	使用后
所用仪器仪表	1	pH 试纸	检测培养土 pH 值	5 包			
	2						
	3						
	4						
	5						
	6						
	7						
用仪器仪表	1	园土	配制培养土	100 kg			
	2	草炭	配制培养土	100 kg			
	3	蛭石	配制培养土	50 kg			
	4	珍珠岩	配制培养土	50 kg			
	5	腐叶土	配制培养土	50 kg			
	6	复合肥	育苗、追肥	50 kg			
	7	花苗	栽植	若干			
所用工具	1	铁锹	培土	10 把			
	2	喷壶	浇水	5 个			
	3	筛子	培土	5 个			
	4	碎瓦片	垫盆	若干			
	5	花盆	栽植	若干			
	6	枝剪	整枝、繁殖	10 个			
	7						
	8						
	9						
班级		第 组	组长签字		教师签字		

实 施 单

学习领域	花卉生产技术		
学习情境 10	温室花卉生产技术	学时	14
实施方式	小组合作;动手实践		

序号	实施步骤	使用资源
1	基本理论讲授	多媒体
2	常见温室花卉种类和品种识别	花卉市场、大轿车
3	常见温室花卉的形态器官观察	花卉市场、大轿车
4	配制培养土	实训基地、大轿车
5	上盆	实训基地、大轿车
6	换盆	实训基地、大轿车
7	扦插繁殖	实训基地、大轿车
8	分株繁殖	实训基地、大轿车
9	盆花的养护管理	实训基地、大轿车
10	温室花卉参观	大轿车
		第　　组

实施说明:

　　利用多媒体资源,进行理论学习,掌握温室花卉栽培的基本理论知识。

　　利用花卉市场等地,通过品种识别,熟练识别市场上常见温室花卉品种。

　　利用实训基地,通过配制培养土、上盆、换盆等环节,掌握温室花卉日常管理的各项基本技能。

　　进行扦插、分株繁殖,掌握温室花卉常用的繁殖技术。

　　进行浇水、施肥等管理,掌握温室花卉的日常养护技术。

　　通过温室花卉参观,了解温室花卉栽培现状及园林应用,提高学习积极性。

班级		第　　组	组长签字	
教师签字			日期	

作 业 单

学习领域	花卉生产技术		
学习情境 10	温室花卉生产技术	学时	14
作业方式	资料查询、现场操作		
1	常见的温室花卉主要有哪些？		
作业解答：			
2	培养土有什么特点？如何配制？		
作业解答：			
3	如何进行上盆、换盆？		
作业解答：			
4	温室花卉常用的繁殖方法有什么？		
作业解答：			
5	君子兰、蝴蝶兰的生产要点是什么？		
作业解答：			

	班级		第 组	学号		姓名	
	教师签字		教师评分			日期	
作业评价	评语：						

检 查 单

学习领域		花卉生产技术		
学习情境 10		温室花卉生产技术	学时	14
序号	检查项目	检查标准	学生自检	教师检查
1	基本理论知识	课堂提问,课后作业,理论考试		
2	常见温室花卉种类和品种	正确识别		
3	形态器官观察	正确识别植物学特性		
4	培养土配制	方法正确,土质适合		
5	上盆	方法正确,成活率高		
6	繁殖	方法正确,操作熟练,成活率高		
7	常见温室花卉的日常养护	方法正确,操作熟练		
8				
9				
10				
11				
12				
13				
14				

检查评价	班级		第 组	组长签字	
	教师签字			日期	
	评语:				

评　价　单

学习领域		花卉生产技术			
学习情境 10		温室花卉生产技术		学时	14
评价类别	项目	子项目	个人评价	组内互评	教师评价
专业能力（60%）	资讯（10%）	搜集信息（5%）			
		引导问题回答（5%）			
	计划（10%）	计划可执行度（3%）			
		程序的安排（4%）			
		方法的选择（3%）			
	实施（20%）	工作步骤执行（10%）			
		安全保护（5%）			
		环境保护（5%）			
	检查（5%）	5S 管理（5%）			
	过程（5%）	使用工具规范性（2%）			
		操作过程规范性（2%）			
		工具管理（1%）			
	结果（5%）	成活率（5%）			
	作业（5%）	完成质量（5%）			
社会能力（20%）	团结协作（10%）	小组成员合作良好（5%）			
		对小组的贡献（5%）			
	敬业精神（10%）	学习纪律性（5%）			
		爱岗敬业、吃苦耐劳精神（5%）			
方法能力（20%）	计划能力（10%）	考虑全面、细致有序（10%）			
	决策能力（10%）	决策果断、选择合理（10%）			

班级		姓名		学号		总评	
教师签字		第　组	组长签字			日期	

评价评语	评语：

教学反馈单

学习领域	花卉生产技术			
学习情境 10	温室花卉生产技术	学时		14
序号	调查内容	是	否	理由陈述
1	你是否明确本学习情境的目标？			
2	你是否完成了本学习情境的学习任务？			
3	你是否达到了本学习情境对学生的要求？			
4	资讯的问题,你都能回答吗？			
5	你知道常见温室花卉有哪些吗？			
6	你熟悉常见温室花卉的形态特征吗？			
7	你能识别常见温室花卉吗？			
8	你会配制培养土吗？			
9	你会上盆吗？			
10	你会换盆吗？			
11	你会翻盆吗？			
12	你会转盆吗？			
13	你掌握仙客来、山茶的繁殖方法吗？			
14	你掌握四季海棠、绿萝等常见温室花卉的日常养护吗？			
15	你知道绿萝、橡皮树的园林应用吗？			
16	通过几天来的工作和学习,你对自己的表现是否满意？			
17	你对本小组成员之间的合作是否满意？			
18	你认为本学习情境对你将来的学习和工作有帮助吗？			
19	你认为本学习情境还应学习哪些方面的内容？（请在下面回答）			
20	本学习情境学习后,你还有哪些问题不明白？哪些问题需要解决？（请在下面回答）			

你的意见对改进教学非常重要,请写出你的建议和意见：

调查信息		被调查人签字		调查时间	

学习情境 11 切花生产技术

任　务　单

学习领域	花卉生产技术		
学习情境 11	切花生产技术	学时	10
任务布置			
学习目标	1.了解切花生产概况。 2.熟悉常见切花的种类。 3.熟悉常见切花生物学特性。 4.掌握各种因素与切花品质的关系。 5.掌握常见鲜切花栽培管理技术。 6.掌握鲜切花的采收技术。 7.掌握鲜切花的分级标准。 8.掌握鲜切花的保鲜和贮运技术。		
任务描述	理解切花生产的一些基本概念,包括切花的含义及应用、切花的寿命与品质、切花的采收、分级、保鲜和贮运技术等。具体任务要求如下: 1.利用多媒体或播放幻灯片,了解鲜切花栽培特点。 2.利用花卉市场和幻灯,熟悉切花种类和品种。 3.重点掌握菊花、香石竹、唐菖蒲、月季和新兴切花百合、非洲菊、霞草、红掌等生产栽培技术。 4.利用鲜切花生产实习基地,掌握切花土肥水管理、花期调控、病虫害防治和优质高效栽培技术。 5.参观花卉市场,熟悉切花当前生产常见品种。 6.能进行切花优质高效生产。		
学时安排	资讯 0.5 学时　计划 1 学时　决策 0.5 学时　实施 7 学时　检查 0.5 学时　评价 0.5 学时		
参考资料	1.曹春英.花卉栽培(第 2 版).北京:中国农业出版社,2009. 2.张树宝.花卉生产技术(第 2 版).重庆:重庆大学出版社,2006.		
对学生的要求	1.了解我国切花栽培概况。 2.熟悉常见鲜切花种类和品种、生物学特性。 3.掌握常见鲜切花土肥水管理、采收、分级、保鲜和贮运。 4.能进行常见鲜切花优质高效生产。 5.严格遵守纪律,不迟到,不早退,不旷课。 6.本情境工作任务完成后,需要提交学习体会报告。		

资 讯 单

学习领域	花卉生产技术		
学习情境 11	切花生产技术	学时	10
咨询方式	在资料角、图书馆、专业杂志、互联网及信息单上查询；咨询任课教师		
咨询问题	1.我国切花栽培现状、存在问题及发展前景？ 2.切花有哪些主要种类,各有何特点？ 3.切花与切花生产的含义？ 4.切花各品种生长有何规律？在生长上有何指导意义？ 5.切花有何特性,在生产上有何指导意义？ 6.切花有哪些应用类型,各有何特点？ 7.哪些因素影响切花品质？在生产上有何指导意义？ 8.切花栽培对环境条件有哪些要求？ 9.切花菊栽培类型有哪些？ 10.简述切花菊栽培要点？ 11.如何通过定植与摘心技术控制香石竹的采收期？ 12.比较香石竹不同摘心方式对切花产量、品质及花期有何影响？ 13.香石竹栽培中如何控制栽培环境？ 14.如何提高唐菖蒲的开花质量？ 15.简述月季栽培要点？ 16.通过生产实践,你认为扶郎花优质高产生产的关键技术有哪些？ 17.怎样进行百合花的环境调控才能生产出优质百合花？ 18.香石竹栽培中会出现哪两种问题？ 19.香石竹在栽培中如何防裂萼？ 20.香石竹栽培中如何防花头弯曲？		
资讯引导	1.问题 1～10 在《花卉栽培(第 2 版)》(曹春英)中查询。 2.问题 11～20 在《花卉生产技术(第 2 版)》张树宝中查询。		

信 息 单

学习领域	切花生产技术		
学习情境 11	切花生产技术	学时	10

信 息 内 容

一、切花生产概况

(一)切花的含义

切花又称鲜切花。是指从活体植株上切取的,具有观赏价值,用于花卉装饰的茎、叶、花、果等植物材料。鲜切花包括切花、切叶、切枝。经保护地栽培或露地栽培,运用现代化栽培技术,达到规模生产,并能周年生产供应鲜花的栽培方式,称切花生产。

切花生产具以下四个特点:一是单位面积产量高、效益高;二是生产周期短,易于周年生产供应;三是贮存包装运输简便,易于国际间的贸易交流;四是可采用大规模工厂化生产。

(二)切花的应用

切花主要用于插花。插花作品讲求造型优美、色彩协调、气韵动人。所用的素材是有生命力和富于变化的植物材料,因而具有浓厚的自然气息和强烈的艺术感染力。在装饰上具有随意性,可适应各种室内环境,满足各类布置的需要。

(三)各种因素与切花品质的关系

切花的茎虽然被切断,但切花是有生命的。它的茎、叶、花等各器官仍进行着呼吸和蒸腾等各种生理活动。依收获后处理方法的不同,切花的寿命有很大的变化。但是,寿命的长短从表面上判断是很难的。所以要重视切花的品质评价,特别是长距离运输,如何维持鲜切花的寿命是非常重要的问题。切花品质劣化的原因主要有以下三个方面。

(1)吸水不良 是切口的导管进入气泡或者导管有异物不畅通所致,后者从切口流出的乳汁或者吸水时进入细菌等都会导致导管不畅通。另外高温引起叶面失水多于吸水量时,会出现于吸水不良时相同的症状。

(2)有机物的消耗 切花体内的有机物用于呼吸作用,并随温度的增高消耗的有机物增多,由此,落花、落蕾、叶片的黄化等品质劣化的症状就会很快的显现出来。

(3)乙烯的产生 乙烯能促进花瓣的萎蔫、褪色(香石竹等),花和花蕾快速凋落(香豌豆等),是影响切花品质劣化的重要原因之一。

切花采收后,正确处理切口使切花吸水顺畅,栽培中采用良种和良法促进有机物的积累,采后减少有机物的消耗,抑制乙烯的生成,提高切花品质。

(四)切花栽培的方式

(1)土壤栽培 土壤栽培有露地栽培和保护地栽培两种。露地栽培季节性强、管理粗放,切花质量难保证;保护地栽培可调节环境,产量高、品质好,能周年生产,是鲜切花生产的主要方式。

（2）无土栽培 一是岩棉栽培，二是无土混合基质栽培。常用的混合基质原料有：泥炭、蛭石、珍珠岩、沙子、锯末、水苔、陶粒等。

二、主要切花栽培技术

（一）菊花（Dendranthema × grandiflorum）

菊花为菊科宿根花卉，是我国传统名花之一，因其花色丰富、清丽高雅而深受世界各国的喜爱。在国际市场上，切花菊的销售量占切花总量的 30％左右，它与香石竹、切花月季、唐菖蒲合称四大鲜切花，菊花名列榜首。

1．形态特征（图 11-1）

多年生草本花卉，株高 60～150 cm，茎直立多分枝，小枝绿色或带灰褐，被灰色柔毛。单叶互生，有柄，边缘有缺刻状锯齿，托叶有或无，叶表有腺毛，分泌一种菊叶香气，叶形变化较大，常为识别品种依据之一。头状花序单生或数个聚生茎顶，花序直径 2～30 cm，花序边缘为舌状花，俗称"花瓣"，多为不孕花，中心为筒状花，俗称"花心"。花色丰富，有黄、白、红、紫、灰、绿等色，浓淡皆备。

2．品种选择

切花菊一般选择平瓣内曲，花型丰满的莲座型和半莲座型的品种。要求瓣质厚硬，茎秆粗壮挺拔，节间均匀，叶片肉厚平展，鲜绿有光泽，并适合长途运输和贮存。吸水后能挺拔复壮。我国作为切花菊栽培的大多数品种都是从日本和欧美引进的，如"秀芳系列"、"精元系列"等。

图 11-1 菊花

3．栽培类型

（1）电照栽培 主要用于短日照秋菊的抑制栽培，通过电照抑制茎顶端花芽分化，延迟开花，以达到花期控制的目的。电照处理一般可以在初夜或深夜进行，深夜间歇性电照效果好，8～9月份每夜电照 2 h，10月上旬以后每夜电照 3～4 h。电照停光前 1 周至停光后 3 周这段时期内，须保持夜温 15～17℃以上，才能保持花芽分化正常进行。

菊花电照装置一般采用白炽灯、荧光灯等。近几年试用高压汞灯、高压钠灯等节能灯用于菊花电照栽培，取得了较好的效果。在电照装置配置过程中，必须保持菊花生长点处达到 50 lx 以上的照度，才可有效抑制花芽分化。

（2）遮光栽培 主要用于短日照秋菊的促成栽培，一般用黑膜或银灰色遮光膜遮盖来延长黑暗的时间，促进花芽分化，提早开花，以调节花卉市场。

遮光栽培应保持茎顶端照度 5 lx 以下时，才可有效促进花芽分化。遮光栽培中，遮光的时间取决于花期控制目标及遮光时植株的高度。一般典型秋菊遮光时间可在开花目标期前 60 d，株高 35～45 cm 时处理为宜，每日保持短日照 10 h 以下，一般傍晚 5 时开始遮光，凌晨 7 时左右揭幕。遮光栽培常用于夏秋菊出花。

（3）两度切栽培 两度切栽培为秋菊年末采花后，选择基部优良的吸芽 2～3 支，整理后再次栽培开花的一种形式。两度切栽培的品种应选择早春开花性较好的品种,如黄秀芳、白秀芳等。一般在第一次采花后,从近地表部选择吸芽 2～3 个进行培养,其余全部剥除,并保持 10℃ 左右的温度和 14.5 h 以上的日长(每晚电照 3～4 h)。低于 10℃ 应进行加温处理,花芽分化前 1 周及分化后 3 周保持 16℃ 以上的夜温,如目标花期在 5 月份之前,则无需进行遮光处理;5 月份以后出花的,应在 3 月下旬进行遮光处理,方法同遮光栽培。

4. 生产技术

(1)繁殖技术

①母株培养　脱毒组培苗,培育足够的插穗。

秋冬季将脱毒组培苗定植于圃地,合理水肥管理,当顶芽长至 15 cm 时,进行一次摘心。20 d 后进行第 2 次摘心或第 3 次摘心,培育母株萌发较多根蘖芽和顶芽,以获取足够的插穗。

②采芽扦插　嫩枝扦插,繁殖生产苗。

选健壮、品系纯的母株采芽,每株采穗 3～4 次,取顶芽长 5～8 cm,保留上部 2～3 片叶,20 枝 1 束,将下切口速蘸 100～200 mg/L 萘乙酸或 50 mg/L 生根粉 2 号。用细沙或蛭石作插床,保温、保湿,10 d 左右可生根,20 d 后可移植成苗。

(2)生产要点

①定植期　根据不同系统和栽培的类型(多本或独本)、摘心的次数及供花时间,选择适宜的定植期。一般秋菊摘心栽培的定植期控制在目标花期前 15 周左右。另外,定植期选择还需要考虑花芽分化期的温度条件是否适宜。

②定植密度　一般多本栽培的每平方米栽植 20 株左右,每株留 3～4 个分枝;独本的每平方米栽培 60 株左右。采用宽窄行,每畦种 3～4 行,株距 8～10 cm。

③定植方法　将专门制作的菊花网铺设在已整好的种植床上,根据已设计好的密度在网格孔中定植。以后随着植株的生长,逐渐将网格上移。在 60 cm 高度时将网格固定,保持植株直立生长。定植后要立即浇定根水。夏季炎热时定植,要适当遮阴,成活后再揭除。

④肥水管理　菊花喜肥沃土壤。秋菊每 100 m^2 施有效成分氮 2.0～2.5 kg,磷 1.5～1.8 kg,钾 1.8～2.0 kg。施肥分基肥和追肥。一般秋菊及电照菊基肥量为全年标准施肥量的 1/3～2/3,夏菊为 70%,促成栽培为 60%。夏菊集中在 3～4 月份 1～2 次追肥;秋菊摘心后 2 周及花芽分化时分 2 次施入;1～3 月份出花的补光菊,在摘蕾期再补施 1 次。一般现蕾前以氮肥为主,适当增施磷、钾肥。植株转向生殖生长时,可暂停施肥,待现蕾后,可重施追肥。追肥宜薄肥勤施。菊花忌水涝,喜湿润。必须经常保持土壤一定持水量,土壤干燥、易造成菊花根系损伤。

⑤整枝、抹芽、摘蕾　多本栽培的切花菊摘心后萌发多个分枝,留 3～4 个,其余的全部除去。以后分枝上的叶腋再萌发后的芽及独本菊的腋芽都要及时抹去,以减少养分消耗。现蕾后,对独本栽培的,要将侧蕾剥除,仅保留植株顶端主蕾;而多头菊及小菊一般不摘蕾或少量摘蕾。菊花摘蕾时,用工量集中,需短时间内完成,不可拖延,否则影响切花质量。

⑥立柱、张网　切花菊茎高,生长期长,易产生倒状现象,在生长期确保茎秆挺直,生长均匀,必须立柱架网。每当菊花苗生长到 30 cm 高时架第 1 网,网眼为 10 cm×10 cm,每网眼中 1 枝;以后随植株每生长 30 cm 时,架第 2 层网;出现花蕾时架第 3 层网。

5. 采收

剪取花的时期,应根据气温、贮藏时间、运输地点等综合考虑,一般在花开5～8成情况下剪取。剪花应在离地面约10 cm处切断,采收后去除下部1/4～1/3部分的叶片,按标准分级。当多头型主枝上的花盛开,侧枝上有2～3朵透色时采收。同级花枝每10或20枝绑成一束,为保护花头,用薄膜或特制的尼龙网包扎花头。

(二)香石竹(*Dianthus caryophyllus* L.)

香石竹又名康乃馨,石竹科石竹属宿根花卉,原产南欧,为世界著名切花,现广为栽培。

1. 形态特征(图11-2)

香石竹株高50～100 cm,多分枝,茎秆硬而脆,节膨大;叶对生,呈披针形,花顶生,聚散状花序,花萼分裂。

2. 生态习性

香石竹多为四季性开花,长日照促进生育和开花,短日照条件下侧枝生长多,日照不足影响生育和开花。适宜的生长温度为昼温21℃,夜温12℃。夏季温度超过30℃以上时明显生育不良,冬季5℃以下生育迟缓。香石竹喜肥,通气和排水性好,腐殖质丰富的黏壤土,忌连作。土壤pH 6.0～6.5。

3. 生产技术

(1)繁殖方法 香石竹可用扦插、播种、组织培养等方法繁殖。生产上用苗多以扦插为主。扦插法繁香石竹要建立优良的母本采穗圃。采穗圃应设防虫网,防止害虫侵入感染病毒,导致

图11-2 香石竹

种性退化。扦插最好采用母本茎中的二、三节生出的侧芽作插穗。当侧枝长到6对叶时,即可采下3～4对叶;经整理后,保留的"三叶一心"即三对叶一个中心,基部浸生根剂处理。在温度20℃左右,15～20 d左右能生根起苗。

(2)生产要点 香石竹种苗冷藏可促进生长,提高花茎和切花质量,冷藏的温度为0～1.5℃。

①栽培类型 香石竹的作型有春作型、冬作型和秋作型。春作型4～5月份定植,10月份以后的秋冬花型,是目前栽培面积最广的作型;冬作型主要是12月份定植,明年6～7月份出花;秋作型9月份定植,3～4月份出花。除此之外,还有多年作型,即一次定植,连续2～3年收获。

②定植 香石竹喜肥,不耐水湿,忌连作。连作时,应对土壤进行消毒,定植前最好测一下EC值和pH值。深翻土壤,施足基肥,基肥以腐熟的有机肥为好。香石竹定植后到开花所需时间,会因光强、温度与光周期长短而变化,最短100～110 d,最长约150 d。根据市场供花需求,可以适当调节定植的时间。考虑到气候、市场等因素,上海地区一般大多采用4～5月份定植模式。香石竹定植床一般宽90～120 cm种6行,密度15 cm×18 cm,定植深度以浅栽为好,即栽植后原有插条生根介质稍露出土表为宜。

③摘心及花期控制 香石竹定植后经1周即可正常生长,2～3周可作第一次摘心,促侧芽生长,第一次摘心后保留3～4个侧芽,以后根据需要可再摘心1～2次。生产中常采用以下3种摘心方式,不同摘心方式对切花产量、品质及花期等有不同的影响。

a. 单摘心(1 次摘心)　仅摘去原栽植株的茎顶尖,可使 4～5 个营养枝延长生长、开花,从种植到开花的时间最短。

b. 半单摘心(1.5 次摘心)　即原主茎单摘心后,侧枝延伸足够长时,每株上有一半侧枝再摘心,即后期每株上有 2～3 个侧枝摘心,这种方式使第一次收花数减少,但产花量稳定,避免出现采花的高峰与低潮问题。

c. 双摘心(2 次摘心)　即主茎摘心后,当侧枝生长到足够长时,对全部侧枝(3～4 个)再摘心。双摘心造成同一时间内形成较多数量的花枝(6～8)个,初次收花数量集中,易使下次花的花茎变弱,在实践中应少采用。

香石竹可通过摘心控制花期,一般 4～6 月份最后一次摘心,可在 80～90 d 后为盛花期;7 月中下旬最后一次摘心,可在 110～120 d 后形成盛花期;8 月中旬最后一次摘心,可在 120～150 d 形成盛花期。为保证 12 月份至翌年 1 月份为盛花期,最后一次摘心时间为 8 月初。

为了达到周年均衡供花,除了控制定植时期外,还须配合摘心处理,调节香石竹开花高峰。以上海为例,具体做法是:

第一种,2 月初定植,进行 1 次摘心。6 月底始花,第一次开花高峰在 7 月份,第二批在元旦、春节上市,翌年的 5～6 月份第三批花上市,可延至 7 月初。

第二种,3 月初定植,选用夏季型品种,不进行摘心。6 月中旬开花,一般 1 个月内采花结束,第二批花在国庆节期间上市,第三批花在翌年 3～4 月份收获。

第三种,4～5 月份定植,这是目前采用最多的定植时间,一般进行 1 次半摘心。7 月份始花,为一级枝开的花,8～9 月份为二级分枝形成的花,如此循环,注意冬季管理,就能保持一定的产花量。如进行 2 次摘心,则第一批花集中在 10～11 月份上市,并可延续到元旦,到翌年 4～5 月份又有一个产花高峰,此时花质量好,花期可以延续到 5 月份的第二个星期日,即"母亲节"前后。

第四种,6 月上旬定植,主要满足春节供花。种植后进行 2 次摘心,以保证产花量。入冬后,注意加强温度管理,元旦期间,即可有大量鲜花上市,一直延续到春节。第二批又可在"母亲节"期间形成产花高峰。

第五种,9 月上旬定植,选择"夏季型"品种,进行 1 次摘心,翌年 4～5 月份为产花高峰,可供"母亲节"用花。由于品种具有耐高温性状,在 7～8 月份仍有优质花供应上市。

④张网　香石竹在生长过程中需张网 3～4 层。当苗高距畦面 15 cm 时,张第一层网。以后随着茎的生长而张第二、第三层网。网层之间每隔 25 cm 左右。张网的要求:拉正、拉直、拉平,以免生育的后半期整个植株的重量都落在下部的茎上,引发病虫害发生。

⑤肥水管理　小苗定植后即浇透水。定植初期,多行间浇水,以保持根际土壤干燥。生长旺盛期,可适当增加浇水量。

香石竹施肥苗期要掌握薄肥勤施。从幼苗定植到切花收获的整个生育期,都要有充足肥料的供应。基肥要充足,追肥要淡而勤施。可施稀薄的有机液肥。生长旺盛期,结合供水进行追肥,在生长中后期逐渐减少氮肥用量,适当增加磷、钾肥用量。花蕾形成后,可每隔一星期喷一次磷酸二氢钾,以提高茎秆硬度。

⑥抹芽和摘蕾　香石竹摘心后,除保留作为花枝的目标分枝外,其余的应全部抹去。植株拔节后在茎秆的中下方发生侧枝,也应及时抹去。除多头型香石竹外,主蕾以外的花蕾应

及时剥除,以保证足够的养分供主蕾发育。

⑦环境控制

a.温湿度管理　香石竹喜湿润,但不耐涝,生长过程中应避雨栽培。10月中旬以后应覆盖薄膜,进行保温,白天应充分换气和通风,冬季温度寒冷地区可通过棚内设置2～3层膜进行保温,必要时进行加温,但应注意充分通风,以防止病害发生。温度调控应由栽培者掌握。科学地控制日夜温度变换模式,见表11-1。湿度在夏秋冬春随光照强弱而调整。光强时,湿度可略高。

表 11-1　日夜温度变换模式　　　　　　　　　　　　　　℃

	春	夏	秋	冬
白天	19	22	19	16
夜间	13	10～16	13	10～11

b.光强管理　香石竹对光的要求是已知植物中最高的一种。强光适合香石竹健壮生长。过度遮阴,光强仅2 000～4 000 lx则引起生长缓慢、茎秆软弱等现象。

c.光照长度管理　白天加长光照到16 h,或晚上10时到凌晨2时用电照光来间断黑夜,或全夜用低光强度光照,都会对香石竹产生较好的效果。随着光照时间与强度的增加,光合作用加强,有利于加速营养生长,促进花芽分化,提早开花期,提高产花量。

⑧病虫害防治　香石竹在高温高湿条件下易发病,一旦发病后较难控制,所以在整个生育过程中必须十分注意防病工作,一般每隔7～10 d防病1次,并经常注意棚室的通气管理。

香石竹栽培中常见的病害有:茎腐病、锈病、细菌性斑点病、萎凋病、白绢病、立枯病、病毒病及一些生理性的病害等。

香石竹常发生的虫害有蚜虫、白粉虱、蓟马、红蜘蛛等,可用氧化乐果、扑虱灵、克螨特、双甲脒等交替喷杀。虫害主要有蚜虫、青虫、螟虫、叶螨等,发生后用不同的杀虫剂交替防治。

4. 采收

香石竹花苞裂开,花瓣伸长1～2 cm时,为采收最佳时期。蕾期采收的香石竹需放在催花液中处理。每20枝或30枝成一束,去除基部10～15 cm残叶后水养出售。

(三)唐菖蒲(*Gladiolus hybridus* Hort.)

别名菖兰、剑兰、十样棉,鸢尾科唐菖蒲属球根植物。唐菖蒲是世界著名的四大切花之一,花色繁多,花型多姿,是花篮、花束、插花的良好材料。

1. 形态特征(图 11-3)

球茎扁圆形,有褐色皮膜;基生叶剑形,互生。花葶自叶丛中抽出,穗状花序顶生,花色丰富。

2. 生态习性

唐菖蒲属于喜光性的长日照植物,生育适温为20～25℃,球茎在4～5℃时萌动。日平均气温在27℃以上,生长不良。不耐涝,适宜的土壤pH为6～7。唐菖蒲极不耐盐,*EC*值不宜高于2 mS/cm;对氯元素较敏感,用自来水浇灌时应特别注意。切花生产上根据开花习性分为春花种和夏花种,夏花种根据生育期不同,分为早花种(50~70 d 开花)、中花种(70~90 d 开花)、晚花种(90~120 d 开花)唐菖蒲在长出 3 叶时,基部开始花芽分化;4 叶时花茎膨大至明显可见;6~7 叶时开花,新球在母球上方形成,母球则逐渐枯死;花后 1 个月,新球成熟可采收贮藏。

图 11-3 唐菖蒲

3. 生产技术

(1)繁殖方法 以分球繁殖为主,将子球(直径小于 1 cm)、小球(直径 2.5 cm 以下)作材料。3 月初冬播,繁殖期间及时除草,每 2 周施一次肥。经 2~3 年栽培后,球茎膨大成为开花的商品球(直径 4 cm 以上)。

(2)生产要点

①种植前准备 选择四周空旷,无障碍物造成荫蔽,无空气污染,地势高燥的土地种植。土壤用福尔马林消毒,球茎用托布津或高锰酸钾浸泡消毒。

②定植 唐菖蒲常规栽培的时间,要根据地域、品种、供花时间等因素而确定。花期要避开高温季节。地下水位高的地方,宜采用垄栽或高畦栽种。畦宽 1.0~1.2 m、高 15~20 cm,唐菖蒲的种植密度视球茎大小而定。球茎越大,种植密度宜稀些;小球可适当密植。一般种植密度为 50~80 个/m² 球茎,可参考表 11-2。

表 11-2 唐菖蒲球茎大小与栽培密度的关系

球茎大小(周长)/cm	每平方米栽植数/个
6~8	60~80
8~10	50~70
10~12	50~70
12~14	30~60
14 以上	30~60

种植深度根据球茎大小、季节及土壤性质作适当调整。覆土标准为球茎高的 1~2 倍。球茎越大,种植应越深;土质黏重,种植要浅些,沙质土则深些;冬春季宜浅种,夏秋季宜深种。

③施肥 唐菖蒲球茎在生长前 12 周,本身可提供足够的养分使植株生长得很好,而且新种植球茎的根对盐分很敏感。除非土壤特别贫瘠,一般不需额外施基肥。但在生长期间,为保证唐菖蒲的生长发育,应注意按时追肥。追肥分三次:第一次在 2 片叶时施,以促进茎叶生长;第二次在 3~4 片叶时施,促进茎生长、孕蕾;第三次开花后施,以促进新球发育。唐菖蒲不耐盐,施肥要适量。含氟的磷酸盐不宜使用。

④浇水 若土壤干燥,在种植唐菖蒲球茎前几天应先灌水,使土壤湿润而又便于栽种操作。球茎栽植于水分适中的土壤环境中,12~14 d 内可以少灌水或不灌水,可使土壤的物理结构保持良好,又能使球茎顺利生根。

栽植后就要使球茎迅速生根。唐菖蒲根系对土壤通气孔隙的要求在 5%~10% 之间,为使根迅速生长,土壤持水量应控制在 25％左右。若栽植后土壤干燥,要进行灌溉。若有覆盖物,可避免土壤水分蒸发。生长期适时浇水,经常保持土壤湿润,避免土壤干湿度变化过大,否则易引起叶尖枯干现象。在植株 3～4 叶时,应控制浇水,以利花芽分化。

⑤除草培土　经常除草、减少病虫害来源。一般在长到 3 叶时适当培土,以防止倒伏并兼有除草功能,还可促进球茎发育。

⑥防治生理病害　栽培唐菖蒲要注意预防两种生理病害:

● 叶尖干枯病　症状主要是自第三片叶以后,由于植株生长迅速,感受空气氟化物的污染,加上天气骤变、缺水、偏施氮肥影响叶尖细胞的抵抗力,使叶尖干枯。防治应选择远离工业区、砖厂的场地进行栽培,同时,要合理施用肥水,防止过干过湿变化太大。

● 盲花　盲花是指花穗孕育好以后抽不出来的现象。是唐菖蒲切花促成或抑制栽培中常发生的生理病害,使开花率降低。产生原因是由于花芽发育期间遇低温、短日照或光照不足引起的。防治要选用在低温、短日、弱光条件下都能开花的品种,采用体积较大的种球,避免栽植过密,限制一球一芽,抽穗前适当提高温度和光照,有必要可以进行加光。

4. 采收

花茎伸长出来,小花 1～2 朵着色即可剪花。唐菖蒲切花贮藏时要注意直立向上,以免花茎弯曲。因为唐菖蒲的向光性较强,若长时间平放,花穗顶端会向上弯曲。

(四)切花月季(*Rosa hybrida* Hort.)

蔷薇科蔷薇属灌木花卉,切花月季是由蔷薇属的原生种经无数次的杂交选育而成,一般称"现代月季"。月季在切花行业上占有极其重要的位置。

1. 形态特征(图 11-4)

月季株高 20～200 cm 以上,茎有刺或少刺,无刺。叶互生,奇数复叶,小叶 3～5 枚。花单生,花瓣多数,花色丰富。

2. 生态习性

月季喜阳光充足、温暖、空气流通良好的环境,要求疏松、肥沃、排水良好的沙质壤土,土壤酸碱度 pH 6～7 为宜。条件适宜,一年四季均可开花。生育适温白天 20～25℃,夜间 13～15℃。夏季高温不利生长,30℃以上的高温加上多湿易发生病害。冬季5℃以下能继续生长,但影响开花。最适宜的空气相对湿度为75％～80％,过于干燥,植株易休眠、落叶、不开花。

图 11-4　月季

3. 栽培品种

作为温室生产的切花月季品种,从品种特性角度衡量,应具备以下基本标准:①一般应为高心卷边或翘角。②重瓣性强,花瓣层数多且排列紧凑。③花瓣质地厚实且质感好,外层花瓣整齐,无碎裂现象。④花色鲜艳、纯正、明亮。⑤花枝和花梗挺拔,支撑力强,具有一定长度。⑥花朵开放过程较慢,耐插性好。

目前我国生产的切花月季主要品种有:

红色系品种,萨曼莎(Samantha)、红衣主教(Kardinal)、红成功(Red Success)。

粉色系品种,外交家(Diplomat)、索尼亚(Sonia)、贝拉(Blami)、火鹤(Flamingo)。

黄色系品种,阿斯梅尔金(Aalsmeer Gold)、金徽章(Gold Emblem)、金奖章(Gold Medal)、黄金时代(Gold Times)。

白色系品种,白成功(White Success)、雅典娜(Athena)、婚礼白(Bridal White)。

4. 生产技术

(1)繁殖方法　用得较多的是嫁接育苗和扦插育苗。嫁接苗生长势好,切花质量和产量高;扦插苗前期生长慢,产量低,而后期生长稳,产量高,多用于无土栽培。

①嫁接育苗　芽接或枝接,砧木可采用十姊妹,野蔷薇(粉团)的实生苗或扦插苗,芽接适宜在15~25℃的生长季节内进行。枝接适宜在每年的生长开始之前或即将休眠前不久进行。

②扦插育苗　整个发育期内均可进行,一般在4~10月份较适宜。选开花1周左右的半成熟健壮枝条,注意不可选没开花的"盲枝"。将枝条剪成具有2~3个芽的小段,扦插时保留1片复叶,以减少水分蒸发,插条基部蘸一些生长调节物质,如IBA或NAA,以促进生根。插条间距3~5 cm,插入基质2.5~3.0 cm,插后喷透水。采用全光照喷雾育苗,可提高育苗成活率。

(2)生产要点

①定植及壮苗养护　月季种植地应选择耕作层深厚,土壤肥沃的园地。定植前应深翻土壤至40~50 cm,并施入充分腐熟的有机肥。耕翻后作定植床,南方多雨潮湿宜作高床,北方干旱宜作低床。月季定植的最佳时间是5~6月份,当年可产花。栽植密度为9~10株/m²,定植后3~4个月内为营养体养护阶段,在此时期内,随时将花蕾摘除。当植株基部开始抽出竖直向上的粗壮枝条时,即可留作开花母枝,其粗度应大于0.6 cm。

②作型　月季一次定植,连续收获4~5年,其作型有周年切花型、冬季切花型和夏秋切花型等。

③肥水管理　月季是喜肥植物。定植时施足基肥外,还可以结合每年冬剪在行间挖条沟施有机肥。有机肥可选用腐熟的鸡粪、牛粪等。追肥在生长季节内进行,每隔2~3周结合浇水追施一次薄肥。切花月季对磷肥需求量较高,氮、磷、钾比例为1∶3∶1为好,同时需要注意钙、镁及微量元素的配合施用。定植初期应使土壤间干间湿,肥料以氮肥为主,促成新根。在培养开花母枝阶段应加大水肥的供应,使植株枝叶充分生长,为开花打好物质基础。进入孕蕾开花期,水肥需要量增大,通常2~3 d浇一次水,施肥次数和每次施肥量均应增加。

④植株管理　植株管理主要有摘心、摘蕾、抹芽和修剪等。从定植到开花,绿枝小苗至少要进行3~4次摘心修剪。为培育更新枝,从主干基部抽出的粗壮枝条顶端长出的花蕾及嫁接成活的苗新梢长出的花蕾,一般都应及时摘除,使枝干发育充实。盛夏形成的花蕾无商品价值,也要及时摘除。

修剪是月季栽培中一项十分重要的措施,也是月季栽培中经常进行的操作。日常的修剪主要工作有:剪除生长弱的枝条;剪除植株的内交叉枝、重叠枝、枯枝及病枝、病叶等,以改善光照条件;根据生长需要,抹去影响整体生长的腋芽;及时摘除侧蕾;夏季采取折枝方法越夏,冬季可采取强修剪;每次采花应在花枝基部以上第3~4个芽点处剪断,注意尽量保留方向朝外的芽。

根据月季对温度敏感的特点,修剪的时期主要是冬、秋两季。夏季多不修剪,只摘蕾、折枝。冬季待月季进入休眠后、发芽之前进行,冬剪的目的主要是整修树型,控制高度。秋剪是在月季生长季节进行,主要目的是促进枝条发育,更新老枝条,控制开花期,决定出花量。月季的花期控制主要采用修剪的方法来达到。在日温25~28℃的条件,剪枝后40~45 d可以第二次采花。修剪时保留2~3片绿叶,萌芽后每枝留1~2个健壮萌芽生长,其余抹去。

⑤温湿度管理　切花月季大多采用温室栽培和大棚栽培。夏季温度超过30℃以上,不利于月季生长,可通过设遮阳网,充分打开窗户或拆除薄膜来降温;同时通过减少浇水来迫使月季处于休眠状态。入秋后,温度逐渐下降,月季生长又处于高峰期,应注意通风透气,晚间注意保温。冬季产花,要求晚上最低温度不低于10℃。此外,冬季一般棚室内温度高,空气不流通,易引发月季病害大发生,需要选择晴朗的中午开窗,降低空气湿度。

⑥病虫害防治　在切花月季的温室生产中因地区不同,使用药剂各有其特殊性,生产者应在实际工作中适当调整农药的使用制度。

a. 病害

● 月季白粉病　是普遍发生的病害,为害叶片、叶柄、花蕾及嫩梢等部位。露地栽培因地区气候环境而异,温室栽培可周年发生。室温在2~5℃以上,白粉病便可发生为害,气温高、湿度大、闷热时发病较重。品种间抗病性有明显的差异。

防治方法:温室栽培中注意通风,控制湿度,降低发病条件。发现病叶病芽及早摘除,销毁。发芽前喷波尔多液或石硫合剂,生产期喷百菌清、粉锈宁等防治。硫磺熏蒸是至今为止防治月季白粉病的最有效措施。

● 月季灰霉病　芽为褐色和腐烂状,花受害变褐、皱缩,未摘除的老花更经常受害。尤其在潮湿环境中和雨季更严重。

防治方法:及早摘除老花并销毁。喷百菌清、代森锰等防治。

● 月季锈病　冬季高湿度条件下发病严重。茎、叶上发生小橙红色斑点,不久表皮破裂,形成粉状病斑。喷代森锌、粉锈宁等防治。

● 月季黑斑病　为害严重。叶上出现紫黑色圆形病斑或放射状斑,病斑上出现黑色小粒体,造成中下部叶全部脱落。

防治方法:及早清除病叶并销毁。适当降低相对湿度。喷代森锰或代森锌均可。

● 月季冠瘿病　为土壤杆菌传染。使植株生长不良,发病部位在根部或根颈附近。

防治方法:切除根瘤。定植前根系用链霉素(500万 IU)液浸泡2 h。土壤消毒。

● 月季病毒病　常见有花叶与线条病毒,叶片出现黄色斑块,有时呈环状或浅褐色或浅绿色环纹。

防治方法:淘汰病株并销毁。苗木在38℃条件下维持4周,可消除植物体内病毒。

● 线虫病　主要为根结线虫病,根部出现大小不一的瘤状根结,内有白色圆形粒状物;受害株叶发黄变小;缺乏生机。

防治方法:主要是土壤消毒处理;其他用杀线虫药剂,如杀线硝乳剂(30%二溴氯丙烷加30%硝基氯烷)、铁灭克等。

b. 主要虫害　主要虫害有蚜虫、蓟马、卷叶虫、金龟子、介壳虫等,要定期喷施杀虫药剂,如50%杀螟硫磷1 000倍液防治。

c.生理失调引起的病害

● 牛头蕾病 因花瓣发育不正常,花瓣变短,数量增多,形成超大花蕾头。形成原因不明,但往往在长势极健壮的枝条上出现。

● 落叶病 月季植株生长速率的剧烈变化,都会引起不同程度的脱叶,特别是在极健壮枝条打尖后。使用农药不当,5~7 d内也会引起落叶;因二氧化硫、氨的刺激引起落叶是很常见的现象。

5. 采收

春秋两季以花瓣露色为宜,冬季以花瓣伸长,开放 1/3 为宜,花枝剪下后,立即插入盛有水的桶内,水中可放 0.08% 的杀菌剂,然后运到装花间进行分级包装,每 10 枝或 20 枝成一束。为保护花头,现多用特制的尼龙网套扎花头以保护。

(五)百合花(*Lilium sp.*)

百合科百合属鳞茎类球根花卉。百合品种繁多,商品价值高,除可作切花外,还可作布置花坛、花境。由于它的花大美观,花期长,若加以温度控制,周年均可开花;加上栽培容易,生长周期短,经济效益高,深受花卉生产者欢迎。目前,百合切花在中国市场属于高档切花,平均价格远高于常规切花,如月季等,仅次于红掌、鹤望兰等。切花百合在欧美已流行多年。近年来,百合生产在我国逐渐增加,主要在上海、北京、深圳等大城市,销量呈上升趋势。

1. 形态特征(图 11-5)

地下鳞茎,阔卵状球形或扁圆形,外无皮膜,由肥厚的鳞片抱合而成。地上茎直立,叶多互生或轮生,外形具平行叶脉。花着生茎顶端,根据种类、品种不同,花形、花色差异较大。用切花栽培的百合,大致可分为亚洲百合杂种、东方百合杂种及麝香百合杂种,各品系生长周期不尽相同。

2. 生态习性

百合绝大多数喜冷凉湿润气候,耐寒性较强,耐热性较差。要求肥沃、腐殖质丰富、排水良好的微酸性土壤(pH 6.5 左右)及半阴环境。忌连作,不耐盐,EC 值不超过 1.5 mS/cm。

图 11-5 百合花

3. 生产技术

(1)繁殖技术 主要用分球和鳞片扦插繁殖。

①分球 将小球春播于苗床,经 1~2 年培养,达到一定大小,即可作为种球种植。

②鳞片扦插 取成熟健壮的老鳞茎,阴干后剥下鳞片,斜插于湿润基质中,温度 20~25℃为宜,经 2~4 个月生根发芽,并在鳞片茎部长出数个小鳞茎,自鳞片扦插、生根、发芽到植株开花,一般需 2~3 年。

(2)生产要点

①作型 百合的作型有促成栽培、抑制栽培、普通栽培等。

②种球的收获和低温处理 种球应于 6 月至 7 月上旬适时收获,将有病虫害和受损的鳞茎剔除。并将鳞茎用甲氧乙氯汞 800~1 000 倍液浸泡 30 min 进行消毒,消毒后将鳞茎捞起,用清水洗净,晾干后进行冷藏。一般在 7~13℃的条件下冷藏 45~55 d。如要 10 月份

供花,6月下旬就开始处理,在7～8℃条件下冷藏6～7周。

③催芽 如果种植前球根已正常萌发,即无需催芽。如果种植前尚未发芽,需在8～23℃条件下进行催芽。方法是先铺3 cm左右厚的沙或锯末,将鳞茎置于基质上,再盖上2～3 cm的沙或锯末,浇水保温,4～5 d即可发芽。

④栽培场地的准备 华南温暖地区可露地栽培。华中、华东、华北等地有盆植、箱植和床植。盆植、箱植能移动,可以集约地使用温室,而且水分容易调节,生育开花也很整齐,但盆、箱植用多。床植有地床植和台床植两种。地床植根群深,调节水分困难,且茎叶长的过大,降低切花的商品价值。台床植容易调节水分,但也要多花设备费用。

⑤土壤和基肥 无论哪种方式栽培,选取土壤和施足基肥都是重要的。土壤选排水、保水良好的黏质土壤最好,其次是轻黏土、轻沙土和黄土也可以。基肥用腐熟堆肥、饼肥、骨粉、草木灰等,以后追肥可用化肥。注意氮、磷、钾适量搭配,每100 m² 施0.4～0.8 kg左右。土壤的pH 6.5左右最好。

⑥定植栽培方法 定植的时间,可根据供花时间推算而定。定植时鳞茎的芽长到2～3 cm高为宜,栽植覆土以芽尖刚露出地面为好。栽植时要注意不能伤根和鳞茎。定植规格,盆植用中、大型盆,每盆栽2～3球,箱式栽植12～20球。定植后盆或箱尽可能置于凉爽处管理,床植也要遮光。定植后要充分浇水。高温时期要覆盖稻草防止干燥,同时注意通风,使幼苗生长健壮。

⑦温度 麝香百合生长期间的温度,一般维持白天25～28℃,夜间16～18℃,最低不能低于10℃。

⑧日照 除11月份至翌年2月份外,均需遮阳网或苇帘遮阴,使光照减弱25%～30%,强光照与短日照都会使植株矮小,明显地降低切花质量。日照不足又会使开花数量减少,"盲花"增多。

⑨浇水及施肥 麝香百合栽植后过于干燥,会影响茎和花的生长;水分过多,茎叶又会徒长;干湿相差太大,会使"盲花"增多。因此,通过浇水掌握土壤合适的干湿度很重要。浇水应在晴天上午进行。栽培麝香百合,除施足基肥外,5～7 d需施一次稀薄液肥,补充植株营养,减少"盲花"的出现。

4. 采收

百合当第一朵花着色后,即可剪花。采收太早,花朵无法充分开放;过晚,运输时易损伤花瓣。

(六)红掌(*Anthurium andreanum* Linden)

又名大叶花烛,安祖花、烛台花。天南星科花烛属多年生常绿草本植物,是名贵的切花。

1. 形态特征

红掌根略肉质,节间短,近无茎。叶自根茎抽出,具长柄,有光泽,叶形呈长卵圆形,有光泽。花葶自叶腋抽出,佛焰苞直立展开,蜡质。卵圆形或心形,肉穗花序,圆柱状,花两性。佛焰苞的色彩有鲜红、粉红、白、绿等。浆果。

2. 生态习性

红掌原产南美洲热带雨林,喜温热潮湿而又排水畅通的环境。夏季生长的适温25～28℃,冬季越冬温度不可低于18℃,不耐寒。土壤要求排水良好。全年宜在半阴环境下栽

307

培,冬季需充足阳光。

3. 生产技术

(1)繁殖方法　可用种子繁殖和分株、扦插、组培等。

①种子繁殖　要使红掌结种,必须进行人工辅助授粉,种子成熟后随采随播。通常用水苔作播种基质,点播,1 cm间距,播后盖上薄膜保湿,相对湿度控制在80%以上,温度30℃,大约3周发芽。出苗后,3~4年开花。

②分株繁殖　4~5月间,将成龄植株旁有生气根的子株带3~4片叶剪下,单独分栽。1年后即可产花。

③扦插繁殖　将较老的枝条剪下,每1~2节为一插穗。去除叶片,插入地温25~35℃的基质中,几周后即可长出新芽和根,成为独立植株。

④组织培养法　目前,国内外都采用组织培养技术来批量繁殖种苗,取叶片或叶柄作外植体,经消毒后,接种在诱导培养基上(1/2 MS+BA 1 mg/L),约1个月后出现愈伤组织,再移入分化培养基(MS+BA 1 mg/L),和生根培养基(1/2 MS+NAA 0.1 mg/L)。形成完整植株,当小苗长到2 cm时,便可出瓶移栽。

(2)生产要点

①栽培床和基质准备　红掌根系生长需要有通气性良好的栽培基质、通气孔隙在30%以上。通常用泥炭、草炭土、珍珠岩或陶粒等按一定比例混合。栽培床要求深35 cm。床底下铺10 cm厚的碎石,上面再铺25 cm厚的人工栽培基质。有条件者,最好采用滴灌法供水,滴灌可降低病害的发生,又可保持叶片和花的干净。栽培基质约6年应更换一次。

②定植　定植时苗距按40 cm×50 cm株行距。

③温度管理　红掌的生长适温为日温25~28℃,夜温20℃,能忍耐40℃的高温,高出35℃植株生长发育迟缓,忍耐低温为15℃,18℃以下时生长停止。一般温度控制,冬季夜温维持在19℃,夏季遮阳网下温度最好不超过35℃,温度高时,应加强通风,温度低于15℃时,要保温加温、注意防寒。

④光照　栽培红掌所需的光照以15 000~20 000 lx为宜,一般需遮光栽培。夏季温度高,光强过高,遮光率达75%~80%;冬季气温低,光强度弱,遮光率应控制在60%~65%。阴天时,应将遮阳网卷起,增加光照。

⑤肥水管理　生长期间,红掌理想的相对湿度在80%~85%,冬季低一些,由于栽培基质的透水性较高,追肥以液肥为主,可通过滴灌管浇灌专用红掌营养液,也可每月追施稀薄有机液肥,有些品种对钙、镁的需求量大些,具体的施肥可由叶片营养分析来确定,一般来说,叶片中氮的含量占叶片干重的2%,磷的含量占干重的0.16%为宜。

⑥病虫害防治　炭疽病、疫病是红掌常见的病害。高温高湿是发生病害的主要原因,其防治方法有:一是加强栽培管理,浇水要适当,注意通风透光,发现病叶及时摘除烧毁;二是药剂防治,选用适宜的药剂,定期喷施。红掌常见的虫害有红蜘蛛、蓟马等。

4. 采收

当佛焰苞花苞充分展开,肉穗花序1/3变色时,为最佳的花枝采收时期。采收过早,花梗仍柔软,过迟,花色易褪,影响瓶插寿命。花枝采后,应立即插入盛有清水的桶中,水中放入杀菌剂。

(七)霞草(*Gypsophila elegans* Bieb.)

又名丝石竹、满天星。石竹科丝石竹属的多年生宿根草花。切花生产上常作一年生栽培。满天星花枝纤细,繁茂,犹如繁星点点,配以其他色彩鲜艳的切花,可增添朦胧的美感。是世界上用量最大的配花材料,深受人们喜爱。

1. 形态特征

霞草株高80~120 cm,根粗大,肉质、直根性。叶呈披针形,对生,无叶柄,冬季短日照时呈莲座状,抽薹后形成圆锥聚伞花序,花小,花径0.5~1 cm,多为白色,少为桃红色。

2. 生态习性

霞草喜光照充足、干燥、凉爽的环境。为长日照植物。其花芽分化需13 h以上的日照条件。耐寒性较强,能抵御−3℃的低温,也耐热。但高温高湿容易受害。适宜的生长温度为15~25℃,10℃以下或30℃以上,满天星易呈莲座状,2~5℃低温经6~8周可打破休眠,喜含石灰质、疏松透气、中性或微碱性的土壤。

3. 生产技术

(1)繁殖方法 主要有扦插法和组织培养法两种。

①扦插育苗 一般春、秋两季在母株花茎未伸长时,取展开4~5对叶的侧芽作插穗,除去最下位一节叶片,基部浸在500 mg/L萘乙酸水溶液中2~3 s,在以珍珠岩或砻糠灰为介质的苗床上进行扦插。扦插株行距为3 cm×3 cm。插后1周喷雾保湿,20℃温度条件下,3周左右生根。

②组织培养 取嫩茎顶段做外植体,分化培养基为MS+6 BA 0.5 mg/L+NAA 0.1 mg/L,3周后转入生根培养基1/2 MS+NAA 0.05 mg/L。培养的光照条件为:光强3 000~3 500 lx,每天光照14~16 h;培养温度为20~22℃,当根长至1 cm时即可出瓶栽植。

(2)生产要点

①土壤准备 霞草根肉质,极怕涝,宜选择地势高、土质疏松、排水良好的地方种植。满天星是一种需肥较多的植物,定植前施入腐熟的有机肥并进行深翻。基肥用量为每100 m²施堆肥300 kg,适量添加少量磷、钾肥,如草木灰、过磷酸钙等。

②作型 霞草自然花期在初夏,上海地区为6月上旬。生产上根据市场需求进行调节,大多以下半年10月份至翌年5月份为主要花期,主要作型是6~7月份定植,10~11月份开始出花,翌年6月份换茬的一年作型(表11-3)。

表11-3 满天星切花周年生产安排(上海地区)

花期	定植期	措施
4月中下旬至7月初	9月底到12月份或3~4月份	冬季无需加光,保温5月中旬摘心、整枝
国庆前后至12月份	3~5月份	不摘心,6月份高温期回剪
元旦前后至4月初	6月底至7月中旬	8月下旬重剪、补光

③定植 作高畦,畦面高出地面30 cm。株距30~40 cm,每畦种2行。定植深度,为3~5 cm。夏季晴天定植需盖遮阳网,并浇透水。满天星不耐涝,夏季需避雨定植。

④摘心、抹芽 霞草定植1个月后叶片长到7～8对时可摘心。摘心后2周会长出许多侧枝,当侧枝叶片伸展时,留3～5个侧枝,其余抹去,以保证切花品质。

⑤张网 为保证花直立向上生长,当株高15 cm时需张网,网格为20 cm×20 cm,张网高度为40～50 cm,只需一层即可,以后不需要将网格逐渐上移。

⑥肥水管理 霞草施肥以基肥为主,基肥在定植时施下。生长过程中追肥3～4次。一般定植成活后施薄肥一次,以氮肥为主;9月份天气转凉以后,植株发育加快,再追肥一次,以氮肥为主,抽花茎后,可再次追肥,此次以鳞、钾肥为主,以提高切花质量和产量。

浇水以滴灌为佳,不宜用浸灌或漫灌方式浇水,以防积水,积水易引起根腐病。花芽分化时期应减少供水,以利茎枝坚实。

⑦补光 霞草为长日照植物,日照不足影响开花,冬季产花需要借助电灯补光来满足其长日照条件,以诱导花芽分化。具体做法是:在距植株顶部60～80 cm高处,挂100 W的白炽灯,约每100 m² 一盏,自深夜2时起照明2～4 h。补光开始时间以目标花期为依据,一般秋季补光后2个月进入开花期,冬季补光2.5～3个月后开花。

⑧温度 霞草营养生长阶段的温度宜保持在15～25℃,抽花茎以后应保持在10℃以上,冬季做好加温及保温工作。花芽分化阶段夜温不宜高于22℃,否则易导致花畸形。

⑨病虫害防治 霞草在生育期间若不遇死苗,则病害较少。死苗的主要原因是立枯病、疫病及青枯病,病原为镰刀菌引起。防治方法为:土壤消毒;避雨栽培;生育后期严格控水。

虫害主要有螨类、蚜虫、菜蛾、小地老虎等,在发生初期用杀虫剂和杀螨剂进行防治。

4. 采收

花枝上花朵有50%左右的花已开放时为采收适期,采后应立即插入水中,让其充分吸水,再行包装。一般10枝为一束,亦有以重量为单位扎成一束,套袋后水养。装箱后须在5℃下预冷再运输,也可在霞草20%开花时剪下,用催花液进行催花。最简单的催花液为:25 mg/L硝酸银＋50 g/L蔗糖,处理6 h,室内温度保持15℃以上。

(八)非洲菊(*Gerbera jamesonii* Bolus.)

非洲菊又名扶郎菊,菊科大丁草属宿根花卉,原产南非,是世界上排名前几位的重要鲜切花。

1. 形态特征

茎短缩,叶呈莲座状基生,叶形长椭圆形,叶缘有浅裂,花茎从叶腋中抽出,单生。头状花序,花色丰富。

2. 生态习性

非洲菊喜阳光充足、空气流通的温暖气候,生育适温为20～25℃,10℃以上可继续生长。0℃以下或35℃以上高温生长不良,四季有花。以春、秋季为盛花期。土壤要求富含腐殖质、排水良好、pH 6～6.5的疏松土壤。在盐碱化严重的土壤中难以生长。

3. 生产技术

(1)繁殖方法 目前生产上多采用组织培养育苗,也可通过扦插、分株、播种等方法繁殖。

①组织培养 以花托为外植体。分化培养基为:MS＋BA 10 mg/L＋IAA 0.5 mg/L;生根培养基为:1/2 MS＋IBA 1 mg/L。培养光照条件16 h,温度为25℃。

②扦插繁殖 将大株挖起,除去所有叶片,保留根颈部,栽于箱内,保持 22~24℃。空气相对湿度 70%~80% 条件下,待萌发新芽后,将枝条根茎剥下扦插于基质中,25℃、80%~90% 相对湿度下,3 周后即可生根。

③分株繁殖 4~5 月份将大株分割,新株需带有部分芽及根,另行栽植。

(2)生产要点

①定植 定植期根据气候和茬口而定,通常除夏季高温季节外,其他季节均可定植。春季定植秋季开花的作型是经常采用的一种。定植前先进行深翻,并施入大量腐熟有机肥,充分耕翻后作畦,一般畦宽 80 cm,畦高 30~40 cm,每畦 2 行种植,株距 30 cm 左右。土传性病害及螨类对非洲菊影响极大,所以应对土壤进行消毒灭菌和灭卵。非洲菊须根发达,宜浅栽,栽植过深,影响成活,而且生长发育不良。浅栽要求根颈露出地面土面 1~1.5 cm。

②肥水管理 非洲菊为喜肥植物,定植时需施足基肥,每 100 m² 施有效成分氮 1.5 kg,磷 2.5 kg,钾 1.5 kg。只要温度适宜,一年四季均可开花,因而需在整个生育期不断进行追肥,一般每 10~15 d 施一次,以氮、鳞、钾复合肥为主。生长期应充分供水,浇水时要注意叶丛中心不能积水。

③剥叶与疏蕾 剥叶的目的是:一可减少老叶对养分的消耗;二可增加通风透光,减少病虫害发生;三可抑制过旺的营养生长,促使多发新芽。一般定植后 6 个月开始剥叶,一年生植株保持 15~20 枚为宜,2~3 年植株 20~25 枚;同时过多的花蕾也适当疏除,以提高其品质。

④病虫害防治 非洲菊发生最严重的是叶螨,防治方法是:做好土壤消毒,及时摘除老叶,在发生期每隔 7~10 d 喷施农药。

4. 采收

待非洲菊舌状花瓣完全展开后采收。采后,花朵上可套上保护花环,10 枝一束,立即放入水中吸水,以免花茎弯曲。花茎一旦弯曲不易恢复,这是在采收时应特别注意的。

(九)金鱼草(*Antirrhinum majus* L.)

金鱼草又名金鱼花、龙口花。玄参科金鱼草属,为一年生切花栽培。在国际花卉市场上属后起之秀,由于生长期短,花色丰富,花期易于控制,产量高,成为深受欢迎的小切花。

1. 形态特征

植株茎直立,株高 30~90 cm,有腺毛。叶披针形或矩圆针形,全缘,光滑,长约 2~7 cm,宽 0.5 cm。下部叶对生,上部互生。总状花序顶生,长达 25 cm 以上,花冠筒状唇形,外被绒毛,花色有白、黄、红、紫或复色等;蒴果卵形,孔裂,种子细小。

2. 生态习性

原产地中海沿岸及北非,性喜冷凉,不耐炎热,喜阳光,耐半阴。生长适温白天为 18~20℃,夜间为 10℃ 左右。适宜在疏松、肥沃、排水良好的土壤上生长,pH 5.5~7.5。

3. 生产技术

(1)繁殖方法 切花品种都为 F_1 代种子,每克约有 6 400 粒种子,育苗土要求疏松无病菌,采用泥炭和蛭石为佳,发芽适温为 21~25℃,1 周内发芽,播前应浸种催芽,消毒处理。具好光性,光照催芽有利于萌发,拌土或沙播种,根据采花期确定播期,播后 90~120 d 开花,因品种而异,出现 2 对真叶后可移栽或上钵培养壮苗。

(2)生产要点

①整地作畦　在保护地条件下栽培,应在整地时施入腐熟有机肥 3 kg/m²,并对土壤进行消毒处理,作畦高 15～20 cm,宽 80 cm,过道 50 cm,定植时要求苗高一致,无病虫害,根系完整。在 3～6 对真叶时定植较合适,如果采用单干生长,株行距为 10 cm×15 cm;如采用多干生长,株行距为 15 cm×15 cm。栽植时浇透底水,栽后 1 周内,及时扶正、浇水,并对部分缺苗处补苗。

②肥水管理　幼苗期需注意浇水,间干间湿为度,当花穗形成时,要充分浇水,不能出现干燥;在阴凉条件下,要防止过度浇水。

③调节温度　生长发育时,要求光照充足,冬季生产应加补人工光照,花芽分化阶段适温为 10～15℃,如出现 0℃低温会造成盲花现象。营养生长阶段温度太低,不利于形成健壮花穗,影响开花品质。

④张网　金鱼草栽培要设尼龙网扶持茎枝。用 15 cm×15 cm 网眼较合适,随生长高度逐渐向上提网,部分品种尤其密度大时应设两层网。采用多干栽培应摘心 2 次,形成 4 枝花穗,第 1 次摘心在植株形成 1 对分枝时,形成 2 对分枝时再分别摘心,使之形成 4 个花枝。在花枝形成阶段,追施磷酸二铵和磷酸二氢钾复合肥,50 g/m²,也可喷施 0.2%磷酸二氢钾,每周施 1 次。同时注意防治蚜虫及锈病。

4. 采收

最适期是花穗底下的 3 朵花开放时,剪的茎秆要尽量长一些,在早晨和傍晚时采收易保鲜。采收下来后按花色,品种及枝长分级包装,10～20 枝 1 束,装箱上市,由于金鱼草有向光性,采收后仍应直立放置,吸足水分,防止单侧光长期照射。

(十)麦秆菊(*Helichrysum bracteatum* Andr.)

菊科蜡菊属,为一年生草本花卉。是一种新兴切花,近几年很受欢迎。它不仅是一种鲜切花,还能自然干燥作干切花,花色新鲜不褪色,是干切花插花的最佳材料。

1. 形态特征

株高 40～100 cm,分枝直立或斜伸,近光滑。叶片长披针形至线形,长 5～10 cm,全缘,粗糙,微具毛,主脉明显。头状花序直径约 5 cm,单生于枝端。总苞苞片含硅酸,呈干膜质状,有光泽,似花瓣,外片短,覆瓦状排列;中片披针形;内片长,宽披针形,基部厚,顶端渐尖。瘦果,光滑,冠有近羽状糙毛。花期 7～9 月份,品种多。

2. 生态习性

原产于澳大利亚,喜温暖和阳光充足的环境。不耐寒,最忌酷热与高温高湿。阳光不足及酷暑时,生长不良或停止生长,影响开花。喜湿润、肥沃而排水良好的黏质壤土,但亦耐贫瘠与干燥环境。

3. 生产技术

(1)繁殖方法　种子千粒重 0.8～0.9 g,发芽适温为 20℃,有光条件下 5 d 内发芽。南方采用秋播,春夏开花;北方地区采用春播,夏秋开花。采用室内育苗,不要播苗太密,有 3 片真叶时移苗,也可直播栽培。

(2)生产要点

①整地作畦　选择阳光充足、通风及排水良好的地块作栽培场地。土壤施入少许基肥,

肥料不用过多,以磷、钾肥为主,采用平畦或垄作,株行距20 cm×40 cm。苗期加强水肥管理,使植株旺盛生长,分枝多。在花期减少浇水量,防雨淋,及时排水,中耕松土。

②摘心 在营养生长阶段,为了促进多开花,采用摘心促分枝。可摘2次,使每枝形成6个以上花枝,但不要太多,否则花小色淡。

4. 采收

多作干花用,应该在蜡质花瓣有30%～40%外展时连同花梗剪下,去除下部叶片后,扎成束倒挂在干燥、阴凉、通风的地方,阴干备用。要经常检查,防虫,防雨淋。

(十一)主要切枝花卉栽培技术

银芽柳(*Salix leucopithecia*)

又名银柳、棉花柳等。杨柳科柳属落叶灌木。主要观赏其银白色肥大的花芽。

(1)形态特征 植株基部抽枝,新枝有绒毛,叶互生,披针形,边缘有细锯齿,背面有毛,雌雄异株。花芽肥大,芽外有一紫红色的苞片。苞片脱落后,即露出银白色的花芽,肥大丰厚,形如笔头,花期12月份至翌年2月份。

(2)生态习性 银芽柳喜阳光、耐肥、耐涝,生长适温为18～30℃,相对湿度60%～90%,在水边生长良好。最适土壤pH 6.0～6.5。对土壤的适应范围较广,以通透性能良好的沙壤土为宜。

(3)生产技术

①繁殖方法 银芽柳以扦插繁殖为主,春季2月份将枝条截成10 cm左右的插穗,基部浸蘸生长素后直接插入土中,插入土中部分为插穗长度的2/3左右。行株距为15 cm×20 cm。

②生产要点 整地时要施入足够的基肥,作畦后用塑料薄膜进行覆盖,以防杂草滋生。苗长至14片叶时摘心。整个生育期追肥7～8次。银芽柳的栽培管理较简单粗放。

银芽柳常见的病害有立枯病、黑斑病、卷叶病等,虫害主要有夜盗蛾、红蜘蛛、介壳虫等。应及时使用化学药物防治。

(4)采收 银芽柳一般在11月中旬到翌年1月份采收。收获时自枝条茎部剪下,采收前15 d左右应人工去除全部叶片。分级时将生长发育不良及芽苞稀少的枝条剔除,并将具有分叉的枝条和单枝分开,包扎成束装箱运出或上市销售。合格的枝条要求芽苞密度适中,每米长度具有38个芽苞,苞大色红。

三、主要切叶花卉栽培技术

(一)肾蕨(*Nephrolepis cordifolia*)

别名蜈蚣草,骨碎补科肾蕨属的多年生草本蕨类,是近年来常用的切叶植物。

1. 形态特征

肾蕨地下具有肉质块茎,块茎上可着生匍匐茎和根状茎,叶片羽状深裂,密集丛生,鲜绿色,叶背具孢子囊群,呈褐色颗粒状。

2. 生态习性

喜温暖潮湿,半阴环境,忌阳光直射。生长适温为20～22℃,不耐寒,怕霜冻。冬季需保持在 5℃ 以上的夜温。喜富含腐殖质、排水良好的微酸性土壤,要求高湿,不耐旱,忌积水。

3. 生产技术

(1)繁殖方法　生产上以分株繁殖为主。通常在春季新叶抽生前进行,分株前保持土壤干燥,掘起老株。自叶丛间切成几块,5~6 叶一丛,分栽定植即可。

(2)生产要点　切叶肾蕨栽培可采用床植或盆栽。栽培床宽 90~100 cm,3 行种植,株距 20~25 cm。定植后,春、夏、秋三季需遮阴,冬季注意保温,生长季内每隔 2~3 周后追施一次肥料,经常保持土壤湿润并保持较高的空气湿度。

4. 采收

肾蕨一年四季均可切叶,当叶片由绿转至浓绿时,叶片发育成熟时可采收。切叶每 20 枝扎成一束,水养后包装上市。

(二)铁线蕨(*Adiantum capillusveneris*)

铁线蕨又名铁线草。铁线蕨科铁线蕨属,为多年生常绿草本切叶花卉。

1. 形态特征

株高 15~40 cm,根状茎横走,密生棕色鳞毛。叶片为 2~4 回羽状复叶,小叶片呈斜扇形或似银杏叶片,深绿色,孢子囊群生于叶背顶部。叶薄革质,叶柄黑色,光滑油亮,细而坚硬如铁线,茎叶常青,姿态优雅独特。

2. 生态习性

分布于长江以南各省,是钙质土和石灰岩的指示植物。性喜温暖湿润和半阴环境,忌强光直射。生长适温为 18~25℃,喜疏松肥沃和含少量石灰质的沙壤土,冬季气温达 10℃ 才能使叶色鲜绿,要求空气湿度大的环境。

3. 生产技术

(1)繁殖方法　常用分株和孢子繁殖,分株在春季新芽未萌发之前进行,从外层向内切块,每块内有 3~4 个小株,孢子繁殖常在地面自行繁殖,待长出 3~4 叶时,即可移栽,人工扩繁同肾蕨。

(2)生产要点　选择阴湿环境栽培,配制培养土要求疏松通透,偏碱性,含有机质的土壤。按 30 cm×30 cm 定植,苗期叶面喷水保湿,防直射光。生产期应 2 周追 1 次稀肥水,不能浓肥沾叶,以免造成叶片枯斑。冬季气温 12℃ 以上才能正常生长,定期剪除老叶,叶过密或强光直射都会造成叶片发黄。

4. 采收

当叶色变绿,茎枝黑亮挺拔时即可采收,采收过晚孢子成熟变色,叶枯黄早。采收后应整理叶片,摆平整,叶在同一侧,防止叶正反扭曲杂乱,失去观赏价值,采收后 10 枝 1 束,分层放置在 2~4℃ 条件下湿贮,或制干燥叶。

(三)文竹(*Asparagus plumosus*)

别名云片竹,百合科天门冬属多年生常绿草本或藤本植物,原产非洲南部。文竹是优良的盆栽观叶植物,也是优良的切叶植物,常用于制作花篮、花束、胸花、台花等。

1. 形态特征

文竹茎纤细直立或呈藤本攀援状,丛生性强,茎长、光滑,叶小、退化成鳞片状,叶状枝水平展开。

2. 生态习性

文竹喜温暖潮湿气候和半阴环境,不耐寒,也不耐热,冬季最低温度不低于 10℃,夏季若超过 32℃,则生长停止,叶片发黄。喜疏松肥沃,排水良好的沙壤土。

3. 生产技术

(1)繁殖方法　文竹可用播种和分株育苗。

①播种　当年种子当年播种。3～4 月间,采种后立即点播于盆内,播后覆土 0.5～1 cm,并保持一定的湿度。温度控制在 20～25℃左右。出苗后苗高 5 cm 时,上小盆,每盆 2～3 株。

②分株　在春季结合翻盆换土进行,将株丛掰开上盆分栽即可。

(2)生产要点

①定植　供切叶用的文竹栽培,可采用地栽法或大盆栽法。地栽前将土壤耕翻,并施入腐熟的有机肥,由于文竹的根系稍肉质,较弱,故土壤要求疏松肥沃、通气、排水性好。定植床宽 80～90 cm,高畦,种两行,株距 25～30 cm。

②肥水管理　定植后应及时加强肥水管理,生长期间常浇水,保持土壤湿润,忌干燥。大盆栽的则应间干间湿,否则会烂根。秋后减少浇水,生长期间每月追肥 1～2 次含氮、钾的薄肥,促使叶茂,开花后停肥。

③光照　文竹好半阴,夏季阳光直射,易造成枝叶发黄,应加遮阳网,春、夏两季不宜见直射光。

④温度管理　冬季应保持防寒保暖工作,温度保持在 5～10℃为佳。

4. 采收

文竹切枝叶均应从基部剪除。切叶枝不可过量,应保持足够的营养面积。

(四)天门冬(*Asparagus densiflorus*)

又名天冬草、郁金山草,百合科天门冬属多年生常绿草本植物。天门冬草枝叶翠绿繁茂,有光泽,株形刚柔兼具,是重要的配叶材料。

1. 形态特征

根呈块状,茎丛生、蔓性、分枝力强。叶退化成鳞片状,着生茎节处,基部有 3～5 cm 硬刺。总状花序,花小,浆果,鲜红色,花期 6～8 月份,果实成熟期 11～12 月份。同属有松叶天门冬(又称武竹),针状枝纤细而短,密集成簇,翠绿色,直立;狐尾天门冬(又称狐尾武竹),茎直立,针状枝成串着生,稠密成狐尾状。

2. 生态习性

天门冬宜在温暖湿润和荫蔽的环境下生长。不耐寒,最适生长温度为 20～30℃。冬季最好在 10℃左右。忌烈日及阳光直射。高温,易造成枝叶色发黄。对土壤要求不严。喜疏松肥沃、排水良好的沙质壤土,耐干旱,忌积水。

3. 生产技术

(1)繁殖方法　播种或分株繁殖。播种可在 3～4 月份进行。去除浆果皮,浸种 1～2 d。

播种间距 2 cm 左右。播后覆土,保温。温度控制在 20～25℃ 左右,约 1 个月发芽。由于天门冬用种子繁殖时间长,成苗慢。生产上常常在春、夏季采用分株繁殖方法。选取 2 年以上的植株,用利刀将株丛切成 2～4 份。剔除被切伤的纺锤状肉质根,分栽极易成活。

(2)生产要点 天门冬生长快,适应性强,栽培管理简易。春夏季生长旺盛期,需要充足水分,每天应浇透水 1 次。注意不能有积水,一旦积水易造成烂根。秋后气温下降,应逐渐减少浇水。每半个月施肥 1 次,以氮、钾肥为主。天门冬怕强光照射,夏季应适当遮阴,并经常喷水降温,保持株丛翠绿。冬季应做好防寒保温工作,加强通风。3 年以上的天门冬植株茎蔓老化,应淘汰或修剪更新。

4. 采收

天门冬枝叶从基部剪除,并与疏枝结合起来。注意,切枝叶不可过量,以保持足够的营养面积。剪后放在水中吸足水分,20 枝一束上市。

四、切花的采收、分级、保鲜和贮运

(一)切花的采收

采收为保持切花有较长的瓶插寿命,大部分切花都尽可能在蕾期采收。蕾期采收具有切花受损伤少、便于贮运、减少生产成本(加快栽培设施周转、减少贮运消耗)等优越性,因此是切花生产中的关键技术之一。

由于切花种类多,各类之间在生长习性及贮运技术上存在明显差异。因此,具体的采收时间应因花而异。适于蕾期采收的种类有香石竹、菊花、唐菖蒲、香雪兰、百合等。月季也可蕾期采收,但必须小心操作,采收过早会产生"歪脖"现象。热带兰、火鹤花则不宜在蕾期采收。

(二)切花的分级

分级时首先要剔除病虫花、残次花,然后依据有关行业标准进行分级。我国农业部已先后制定颁布了菊花、月季、满天星、唐菖蒲和香石竹切花的产品质量分级、检验规则、包装、标志、运输和贮藏的技术要求及标准,可作为切花生产、批发、运输、贮藏、销售等各个环节的质量标准和产品交易标准。

(三)切花的包装

包装一般在贮运之前进行。切花包装前先进行捆扎,捆扎不能太紧,否则不但损伤花枝,而且冷藏时降温不均匀。包装规格一般按市场要求,按一定数量包扎。也有按重量捆扎的,如满天星、多头菊等。

(四)切花保鲜方法

1. 冷藏

低温冷藏是延缓衰老的有效方法。一般切花冷藏温度为 0～2℃;一些原产于热带的种类,如热带兰、一品红、红掌等对低温敏感,需要贮藏在较高的温度中。见表11-4。

表 11-4　常见切花贮藏温度

切花名称	贮藏温度/℃		约可贮藏时间/d	
	最低干藏	最高湿藏	最低干藏	最高湿藏
菊花	0	2～3	20～30	13～15
香石竹	0～1	1～4	60～90	3～5
月季	0.5～1	1～2	14～15	4～5
唐菖蒲	—	4～6	—	7～10
非洲菊	2	4	14	8
红掌	—	13	—	14～28
香雪兰	0～1		7～14	—
紫罗兰	—	1～4	—	10
补血草		4		1～2

　　冷藏中相对湿度是个重要因子,相对湿度高(90%～95%)能保证切花贮藏品质和贮藏后的开放率。如香石竹在饱和湿度贮藏后的开放率是相对湿度80%贮藏后开放率的2～3倍。欲保持较高的相对湿度,一方面应尽量减少贮藏室的开门次数,另一方面在包装时可采用湿包装。

　　除冷藏外,还有减压贮藏和气调贮藏等,这些贮藏方法需要一定的设备和条件。

2. 保鲜剂

　　保鲜剂的主要作用是:抑制微生物的繁殖、补充养分、抑制乙烯的产生和释放、抑制切花体内酶的活性、防止花茎的生理堵塞、减少蒸腾失水、提高水的表面活力等。

　　常见保鲜剂的成分有:

　　(1)营养补充物质　蔗糖、葡萄糖。

　　(2)乙烯抑制剂　硫代硫酸银、高锰酸钾等。

　　(3)杀菌剂　8-羟基喹啉盐、次氯酸钠、硫酸铜、醋酸锌等。

　　表 11-5 介绍了几种常用的切花保鲜剂。

表 11-5　几种常用的切花保鲜剂

切花名称	保鲜剂成分
月季	蔗糖 3%＋硝酸银 2.5% mg/L＋8-羟基喹啉硫酸盐 130 mg/L＋柠檬酸 200 mg/L 蔗糖 3%～5%＋硫酸铝 300 mg/L
香石竹	蔗糖 5%＋8-羟基喹啉硫酸盐 200 mg/L＋醋酸银 50 mg/L
菊花	蔗糖 3%＋硝酸银 25 mg/L＋柠檬酸 75 mg/L
唐菖蒲	蔗糖 3%～6%＋8-羟基喹啉硫酸盐 200～600 mg/L
非洲菊	蔗糖 3%＋8-羟基喹啉硫酸盐 200 mg/L＋硝酸银 150 mg/L＋磷酸二氢钾 75 mg/L
百合	蔗糖 3%＋8-羟基喹啉硫酸盐 20 mg/L

(五)切花的贮运技术

　　切花的运输是切花生产、经营中的重要环节之一。切花不耐贮运,运输环节中的失误往往会直接造成经济损失。

　　为使切花在运输过程中保持新鲜,可按品种习性适当提早采收。采收后立即离开温室,包装前进行必要的预处理。有条件的话,应配备专用的保鲜袋、保鲜箱和调温、调湿运输工具。适当降低运输途中的温度,特别是长途运输时更为必要。

　　良好的市场体系是缩短运输时间、减少损耗的又一个关键环节。在一定范围内应形成合理的销售网络,以最快的速度将切花发往各级批发、零售市场,以保证切花的品质。

计 划 单

学习领域	切花生产技术		
学习情境 11	切花生产技术	学时	10
计划方式	小组讨论、成员之间团结合作共同制订计划		
序号	实施步骤	使用资源	
制订计划说明			
	班级		第 组	组长签字	
	教师签字		日期	
计划评价	评语：		

决 策 单

学习领域	切花生产技术		
学习情境 11	切花生产技术	学时	10
方案讨论			

	组号	任务耗时	任务耗材	实现功能	实施难度	安全可靠性	环保性	综合评价
方案对比	1							
	2							
	3							
	4							
	5							
	6							

方案评价	评语：

班级		组长签字		教师签字		日期	

材料工具单

学习领域		切花生产技术					
学习情境 11		切花生产技术				学时	10
项目	序号	名称	作用	数量	型号	使用前	使用后
所用材料	1	网（网眼为 10 cm× 10 cm）	在生长期间确保茎干直立	50 m			
	2	尿素	追肥	50 kg			
	3	尼龙网	套花头	3 000 个			
	4	有机肥	秋施基肥	5 000 kg			
	5	切花品种	品种识别	20 个			
	6						
	7						
	8						
	9						
	10						
	11						
所用工具	1	铁锹	施肥	50 把			
	2	修枝剪	修剪	50 把			
	3	小铲	除草	50 把			
	4	手套	劳动保护	50 双			
	5	嫁接刀	繁殖嫁接	30 把			
	6	波尔多液	防治病虫害	10 瓶			
	7						
	8						
	9						
	10						
	11						
班级		第　组	组长签字			教师签字	

实　施　单

学习领域	切花生产技术		
学习情境 11	切花生产技术	学时	10
实施方式	小组合作；动手实践		
序号	实施步骤	使用资源	
1	基本理论讲授	多媒体	
2	切花种类和品种识别	花卉市场、大轿车	
3	切花土肥水管理	标准示范园、大轿车	
4	切花整枝、抹芽、摘蕾	标准示范园、大轿车	
5	病虫害防治	标准示范园、大轿车	
6	切花修剪	标准示范园、大轿车	

实施说明：

　　利用多媒体资源，进行理论学习，掌握切花栽培基本理论知识水平；

　　利用花卉市场，通过切花品种识别，熟悉当前生产上常见切花优良品种；

　　利用标准示范园，通过温室生长期管理、花期管理和整形修剪，以及切花土肥水管理等环节，掌握切花管理的各项技能，完成周年切花管理任务，掌握切花高效栽培技术和病虫害防治；

　　通过大棚和温室参观，了解切花栽培现状，提高学习兴趣和积极性。

班级		第　　组	组长签字	
教师签字			日期	

作 业 单

学习领域	切花生产技术		
学习情境11	切花生产技术	学时	10
作业方式	资料查询、现场操作		
1	切花与切花生产的含义是什么?		
作业解答:			
2	切花的栽培方式怎样?		
作业解答:			
3	切花菊栽培类型有哪些?		
作业解答:			
4	试述切花菊栽培要点。		
作业解答:			

作业评价	班级		第　组	学号		姓名	
	教师签字		教师评分			日期	
	评语:						

检 查 单

学习领域		切花生产技术		
学习情境 11		切花生产技术	学时	10
序号	检查项目	检查标准	学生自检	教师检查
1	基本理论知识	课堂提问，课后作业，理论考试		
2	切花种类和品种	正确识别，能介绍基本情况		
3	秋施基肥和追肥	挖沟（穴）标准，回填正确		
4	切花定植	方法正确，操作熟练，分布均匀		
5	肥水管理	方法正确，操作熟练，肥量合理		
6	立柱张网	方法正确，操作熟练，网大小合理		
7	采收	方法正确，操作熟练，最佳采收时期		

	班级		第　组	组长签字	
	教师签字			日期	
检查评价	评语：				

评 价 单

学习领域	切花生产技术				
学习情境 11	切花生产技术			学时	10
评价类别	项目	子项目	个人评价	组内互评	教师评价
专业能力 （60%）	资讯 （10%）				
	计划 （10%）				
	实施 （15%）				
	检查 （10%）				
	过程 （5%）				
	结果 （10%）				
社会能力 （20%）	团结协作（10%）				
	敬业精神 （10%）				
方法能力 （20%）	计划能力 （10%）				
	决策能力 （10%）				
	班级		姓名	学号	总评
	教师签字	第　组	组长签字	日期	
评价评语	评语：				

教学反馈单

学习领域	切花生产技术			
学习情境 11	切花生产技术	学时		10
序号	调查内容	是	否	理由陈述
1	你是否明确本学习情境的目标？			
2	你是否完成了本学习情境的学习任务？			
3	你是否达到了本学习情境对学生的要求？			
4	资讯的问题，你都能回答吗？			
5	你知道切花有哪些种类和优良品种吗？			
6	你熟悉切花生长结果有哪些特性吗？			
7	你熟悉切花需肥规律吗？			
8	你知道世界四大鲜切花吗？			
9	你熟悉切花生长期管理内容吗？			
10	你掌握切花施肥技术吗？			
11	你掌握切花定植技术吗？			
12	你掌握切花土肥水管理技术吗？			
13	你掌握切花的抹芽、摘蕾技术吗？			
14	你掌握切花优质高效栽培技术吗？			
15	你熟悉四大鲜切花的生态习性吗？			
16	通过几天来的工作和学习，你对自己的表现是否满意？			
17	你对本小组成员之间的合作是否满意？			
18	你认为本学习情境对你将来的学习和工作有帮助吗？			
19	你认为本学习情境还应学习哪些方面的内容？（请在下面回答）			
20	本学习情境学习后，你还有哪些问题不明白？哪些问题需要解决？（请在下面回答）			

你的意见对改进教学非常重要，请写出你的建议和意见：

调查信息		被调查人签字		调查时间	

学习情境 12　花卉应用技术

任 务 单

学习领域	花卉生产技术		
学习情境 12	花卉应用技术	学时	6
任务布置			
学习目标	1.能够说出花卉在园林绿地中的应用形式。 2.能够说出花坛的种类和特点。 3.能用当地花卉类型设计花丛式花坛和模纹花坛。 4.能够拟定大型会场盆花装饰设计方案、拟定居室环境盆花装饰设计方案。 5.学会花卉租摆的操作过程。 6.培养学生吃苦耐劳、开拓创新、诚实守信的职业素质。		
任务描述	针对花卉不同应用形式。具体任务要求如下： 1.实地调查当地花卉应用形式。 2.设计一组盛花花坛的效果图，并注明所用花卉名称和数量。		

学时安排	资讯 1 学时	计划 0 学时	决策 0 学时	实施 3 学时	检查 1 学时	评价 1 学时

参考资料	[1] 曹春英.花卉栽培.北京：中国农业出版社,2001. [2] 谢国文.园林花卉.北京：中国农业科学技术出版社,2002. [3] 康亮.园林花卉学.北京：中国建筑工业出版社,1999. [4] 鲁涤非.花卉学.北京：中国农业出版社,1998. [5] 朱加平.园林植物栽培养护.北京：中国农业出版社,2001. [6] 赵兰勇.商品花卉生产与经营.北京：中国农业出版社,1999. [7] 卢思聪编著.室内盆栽花卉.北京：金盾出版社,1997. [8] http://www.fpcn.net/花卉图片信息网

对学生的要求	1.理解花坛、盛花花坛、模纹花坛、花境、花台等概念。 2.掌握花卉在园林绿地中的应用形式与特点？ 3.利用课余时间对当地花卉应用形式进行调查，并写出调查报告。 4.用当地花卉类型设计花丛式花坛和模纹花坛。 5.本情境工作任务完成后，需要提交调查报告和作业。

资 讯 单

学习领域	花卉生产技术		
学习情境 12	花卉应用技术	学时	6
咨询方式	在教材、图书馆、互联网及信息单上查询;咨询任课教师		
咨询问题	1.露地花卉有哪几种应用形式? 2.花坛有哪几种类型?各有何特点? 3.花坛花卉配置的原则有哪些? 4.花坛与花境对花卉材料的选择有何不同? 5.盆花的应用形式有哪些? 6.试述花卉租摆的条件和租摆的操作过程。		
资讯引导	1. 问题 1~5 可以在《花卉生产技术》(张树宝)和《花卉栽培》(曹春英)第 10 章中查询。 2. 问题 6 可以在《花卉生产技术》(张树宝)第 10 章中查询。		

信 息 单

学习领域	花卉生产技术		
学习情境 12	花卉应用技术	学时	6

信 息 内 容

一、花卉在园林绿地中的应用

（一）花坛

花坛是在具有几何轮廓的植床内种植各种不同色彩的花卉,运用花卉的群体效果来体现图案纹样,或观赏盛花时绚丽景观的一种花卉应用形式。花坛富有装饰性,在园林布局中常作为主景,在庭院布置中也是重点设置部分,对于街道绿地和城市建筑物也起着重要的配景和装饰美化的作用。花坛应用的任务就是要事先培育出植株低矮、生长整齐、花期集中、株丛紧密和花色艳丽的花苗。在开花前按照一定的图样栽入花坛之中,运用花卉的群体效果来体现图案纹样,或观赏盛花时绚丽景观的一种花卉应用形式。

1. 花坛的分布地段

花坛一般设置在建筑物的前方、交通干道中心、主要道路或主要出入口两侧、广场中心或四周、风景区视线的焦点及草坪等。主要在规则式布局中应用,有单独或多个带状及成群组合等类型。在园林中,花坛的布置形式可以是一个很大的独立式花坛,也可以用几个花坛组成图案式或带状连续式。

2. 花坛的种类

（1）依据花材不同和布置方式划分

①花丛式花坛　又称盛花花坛,花坛内栽植的花卉以其整体的绚丽色彩与优美的外观取得群体美的观赏效果。可由不同种类花卉或同种类不同花色品种的群体组成。盛花花坛外部轮廓主要是几何图形或几何图形的组合,大小要适度。内部图案要简洁,轮廓鲜明,体现整体色块效果。

适合的花卉应株丛紧密,着花繁茂,在盛花时应完全覆盖枝叶,要求花期较长,开放一致,花色明亮鲜艳,有丰富的色彩幅度变化。同一花坛内栽植几种花卉时,它们之间界限必须明显,相邻的花卉色彩对比一定要强烈,高矮则不能相差悬殊。

②模纹花坛　主要由低矮的观叶植物或花、叶兼美的植物组成,表现群体组成的精美图案或装饰纹样,常见的有毛毡花坛、浮雕花坛和彩结花坛。模纹花坛外部轮廓以线条简洁为宜,面积不宜过大。内部纹样图案可选择的内容广泛,如工艺品的花纹、文字或文字的组合、花篮、花瓶、各种动物、乐器的图案等。色彩设计应以图案纹样为依据,用植物的色彩突出纹样,使之清新而精美。多选用低矮细密的植物。如五色草类、白草、香雪球、雏菊、半枝莲、三色堇、孔雀草、光叶红叶苋及矮黄杨等。毛毡花坛各种组成的植物修剪成同一高度,表现平整,如华丽的地毯;浮雕花坛是根据花坛模纹变化,植物的高度有所不同,部分纹样凹隐或凸

起。凸起或凹隐的可以使不同植物,也可以是同种植物通过修剪使其呈现凸凹变化,从而具有浮雕效果。

(2)按花坛空间位置划分

①平面花坛　花坛表面与地面平行,主要观赏花坛的平面效果,也包括沉床花坛或稍高地面的花坛。

②斜面浮雕式花坛　花坛设置在斜坡或阶地上,也可以布置在建筑的台阶两旁或台阶中间,花坛表面为斜面。

③立体花坛　花坛向空间伸展,具有竖向景观。常以造型花坛为多见。用模纹花坛的手法,选用五色草或小菊等草本植物制成各种造型,如动物、花篮、花瓶、塔、船、亭等。

模纹花坛和立体花坛一般都要求材料低矮细密且能耐修剪。由于一、二年生草本花卉生长速度不一,图案不易稳定,观赏期较短,也不耐修剪,故选用较少。而多用枝叶细小、株丛紧密、萌蘖性强,耐修剪的木本或草本观叶植物为主。如五色草、金叶女贞、雀舌黄杨、紫叶小檗、红花继木等。

3. 花坛花卉配置的原则

配置花坛花卉时首先要考虑到周围的环境和花坛所处的位置。若以花坛为主景,周围环境以绿色为背景,那么花坛的色彩及图案可以鲜明丰富一些;如以花坛作为喷泉、纪念碑、雕塑等建筑物的背景,其图样应恰如其分,不要喧宾夺主。

花坛的色彩要与主景协调。在颜色的配置上,一般认为红、橙、粉、黄为暖色,给人以欢快活泼、热情温暖之感;蓝、紫、绿为冷色,给人以庄重严肃、深远凉爽之感。如幼儿园、小学、公园、展览馆所配置的花坛,造型要秀丽、活泼,色调应鲜艳多彩,给人以舒适欢快、欣欣向荣的感觉;四季花坛配置时要有一个主色调,使人感到季相的变化。如春季用红、黄、蓝或红、黄、绿等组合色调给人以万木复苏,万紫千红又一春的感受;夏季以青、蓝、白、绿等冷色调为主,营建一个清凉世界;秋季用大红、金黄色调,寓意喜获丰收的喜悦;冬季则以白黄、白红为主,隐含瑞雪兆丰年,春天即将来临的意境。

花卉植株高度的搭配。四面观花坛,应该中心高,向外逐渐矮小;一侧观花坛,后面高,前面低。

同一花坛内色彩和种类配置不宜过多过杂,一般面积较小的花坛,只用一种花卉或1～2种颜色;大面积花坛可用3～5种颜色拼成图案,绿色广场花坛,也可只用一种颜色如大红、金黄色等,与绿地草坪形成鲜明的对比,给人以恢宏的气势感。

4. 花坛配置常用的花卉种类

花坛配置常用的花卉材料包括一、二年生花卉,宿根花卉,球根花卉等。花丛式花坛常用花卉种类可参阅表12-1,模纹花坛常用花卉材料可参阅表12-2。

近几年,各地从国外引进了许多一、二年生花卉的F_1代杂交种,如巨花型三色堇、矮生型金鱼草、鸡冠花、凤仙花、万寿菊、矮牵牛、一串红、羽衣甘蓝等,在设施栽培条件下,一年四季均可开花,极大丰富了节日用花。

花坛中心除立体花坛采用喷泉、雕塑等装饰外,也可选用较高大而整齐的花卉材料,如美人蕉、高金鱼草、地肤等,也可用木本花卉布置,如苏铁、雪松、蒲葵、凤尾兰等。

表 12-1 花丛式花坛常用花卉

季节	中文名	学名	株高/cm	花期/月份	花色
春	三色堇	*Viola tricolor* L.	10～30	3～5	紫、红、蓝、堇、黄、白
	雏菊	*Bellis perennis* L.	10～20	3～6	白、鲜红、深红、粉红
	矮牵牛	*Petunia hybrida* Vilm	20～40	5～10	白、粉红、大红、紫、雪青
	金盏菊	*Calendula officinalis*	20～40	4～6	黄、橙黄、橙红
	紫罗兰	*Matthiola inana*	20～70	4～5	桃红、紫红、白
	石竹	*Dianthus chinensis*	20～60	4～5	红、粉、白、紫
	郁金香	*Tulipa gesmeeriana*	20～40	4～5	红、橙、黄、紫、白、复色
夏	矮牵牛	*Petunia hybrida* Vilm	20～40	5～10	白、粉红、大红、紫、雪青
	金鱼草	*Antirrhinum majus*	20～45	5～6	白、粉、红、黄
	百日草	*Zinnia elegans*	50～70	6～9	红、白、黄、橙
	半枝莲	*Portulaca grandiflora*	10～20	6～8	红、粉、黄、橙
	美女樱	*Verbena hybrida*	25～50	4～10	红、粉、白、蓝紫
	四季海棠	*Begonia simperflorens*	20～40	四季	红、白、粉红
秋	翠菊	*Callistephus chinensis*	60～80	7～11	紫红、红、粉、蓝紫
	凤仙花	*Impatiens balsamina*	50～70	7～9	红、粉、白
	一串红	*Salvia splendens*	30～70	5～10	红
	万寿菊	*Tagetes erecta*	30～80	5～11	橘红、黄、橙黄
	鸡冠花	*Celosia cristata*	30～60	7～10	红、粉、黄
	长春花	*Catharanthus roseus*	40～60	7～9	紫红、白、红、黄
	千日红	*Gomphrena globosa*	40～50	7～11	紫红、深红、堇紫、白
	藿香蓟	*Ageratum conyzoides*	40～60	4～10	蓝紫
	美人蕉	*Canna*	100～130	8～10	红、黄、粉
	大丽花	*Dahlia pinnata*	60～150	6～10	黄、红、紫、橙、粉
	菊花	*D. morifolium*	60～80	9～10	黄、白、粉、紫
冬	羽衣甘蓝	*Brassica oleracea*	30～40	11至翌年2	紫红、黄白
	红叶甜菜	*Betavulgaris* var. *cicla*	25～30	11至翌年2	深红

表 12-2 模纹花坛常用花卉

中文名	学名	株高/cm	花期/月份	花色
五色草	*A. bettzickiana*	20	观叶	绿、红褐
白草	*S. lineare* var. *albamargina*	5～10	观叶	白绿色
荷兰菊	*Aster novi-bergii*	50	8～10	蓝紫
雏菊	*Bellis perennis* L.	10～20	3～6	白、鲜红、深红、粉红
翠菊	*Callistephus chinensis*	60～80	7～11	紫红、红、粉、蓝紫
四季海棠	*Begonia simperflorens*	20～40	四季	红、白、粉红
半枝莲	*Portulaca grandiflora*	10～20	6～8	红、粉、黄、橙
小叶红叶苋	*Alternanthera amoena*	15～20	观叶	暗红色
孔雀草	*Tsgetes patula*	20～40	6～10	橙黄

5. 花坛的建设与管理

建设花坛按照绿化布局所指定的位置,翻整土地,将其中砖块杂物过筛剔除,土质贫瘠的要调换新土并加施基肥,然后按设计要求平整放样。

栽植花卉时,圆形花坛由中央向四周栽植,单面花坛由后向前栽植,要求株行距对齐;模纹花坛应先栽图案、字形,如果植株有高低,应以矮株为准,对较高植株可种深些,力求平整,株行距以叶片伸展相互连接不露出地面为宜,栽后立即浇水,以促成活。

平时管理要及时浇水,中耕除草,剪残花,去黄叶,发现缺株及时补栽;模纹花坛应经常修剪、整形,不使图案杂乱,遇到病虫害发生,应及时喷药。

近年来随着施工手段的改善,出现了活动花坛。即预先在花圃根据设计意图把花卉栽种在预制的种植钵内,再运送到城市广场、道路等地进行装饰,不仅施工快捷,也可随时根据需要布置。种植钵的制作材料有玻璃钢、混凝土、竹木等。造型也有圆形、方形、高脚杯形、组合形等。活动花坛用花与固定花坛相比,因其体型较小,配花时可灵活多变。且由于都是高出地面,也可用蔓性花材镶边,以补充花坛本身的僵硬线条造成的不足。

(二)花台

花台又称高设花坛,是高出地面栽植花木的种植方式。花台四周用砖、石、混凝土等堆砌作台座,其内填入土壤,栽植花卉,类似花坛,但面积较小。在庭院中作厅堂的对景或入门的框景,也有将花台布置在广场、道路交叉口或园路的端头以及其他突出醒目便于观赏的地方。

花台的配置形式一般可分为两类:

1. 规则式布置

规则式花台的外形有圆形、椭圆形、正方形、矩形、正多角形、带形等,其选材与花坛相似,但由于面积较小,一个花台内通常只选用一种花卉,除一、二年生花卉及宿根、球根类花卉外,木本花卉中的牡丹、月季、杜鹃、凤尾竹等也常被选用。由于花台高出地面。因而应选用株形低矮、繁密匍匐,枝叶下垂于台壁的花卉如矮牵牛、美女樱、天门冬、书带草等十分相宜。这类花台多设在规则式庭院中、广场或高大建筑前面的规则式绿地上。

2. 自然式布置

自然式布置又称盆景式花台,把整个花台视为一个大盆景,按中国传统的盆景造型。常以松、竹、梅、杜鹃、牡丹为主要植物材料,配饰以山石、小草等。构图不着重于色彩的华丽而以艺术造型和意境取胜。这类花台多出现在古典式园林中。

花台多设在地下水位高或夏季雨水多、易积水的地区,如根部怕涝的牡丹等就需要花台。古典园林的花台多与厅堂呼应,可在室内欣赏。植物在花台内生长,受空间的限制,不如地栽花坛那样健壮,所以,西方园林中很少应用。花台在现代园林中除非积水之地,一般不宜于大量设置。

(三)花境

1. 花境的概念和特点

花境是由规则式向自然式过度的一种花卉的布置形式。外形是整齐规则的,其内部植物配置则大多采用不同种类的自然斑块混交。但栽在同一花境内的不同花卉植物,在株型和数量上要彼此协调,在色彩或姿态上则应形成鲜明的对比。以多年生花卉为主组成的带状地段,花卉布置常采取自然式块状混交,表现花卉群体的自然景观。花境是根据自然界中林地、边缘地带多种野生花卉交错生长的规律,加以艺术提炼而应用于园林。花境的边缘依据环境的不同可以是直线,也可以是流畅的自由曲线。

2. 花境设计原则

花境设计首先是确定平面,要讲究构图完整,高低错落,一年四季季相变化丰富又看不到明显的空秃。花境中栽植的花卉,对植株高度要求不严,只要开花时不被其他植株遮挡即可,花期不要一致,要一年四季都能有花;各种花卉的配置比较粗放,只要求花开成丛,要能反映出季节的变化和色彩的协调。

3. 花卉材料的选择和要求

花境内植物的选择以在当地露地越冬、不需特殊管理的宿根花卉为主,兼顾一些小灌木及球根花卉和一、二年生花卉。如玉簪、石蒜、紫菀、萱草、荷兰菊、菊花、鸢尾、芍药、矮生美人蕉、大丽花、金鸡菊、蜀葵等。配植的花卉要考虑到同一季节中彼此的色彩、姿态、形状及数量上要搭配得当,植株高低错落有致,花色层次分明。理想的花境应四季有景可观,即使寒冷地区也应做到三季有景。花境的外围要有一定的轮廓,边缘可以配置草坪、葱兰、麦冬、沿阶草、半枝莲等作点缀,也可配置低矮的栏杆以增添美感。

花境多设在建筑物的四周、斜坡、台阶的两旁和墙边、路旁等处。在花境的背后,常用粉墙或修剪整齐的深绿色的灌木作背景来衬托,使二者对比鲜明,如在红墙前的花境,可选用枝叶优美、花色浅淡的植物来配置,在灰色墙前的花境用大红、橙黄色花来配合则很适宜。

4. 花境类型

花境因设计的观赏面不同,可分为单面观赏花境和两面观赏花境等种类。

(1)单面观赏花境　花境宽度一般为2~4 m宽,植物配置形成一个斜面,低矮的植物在前,高的在后,建筑或绿篱作为背景,供游人单面观赏。其高度可高于人的视线,但不宜太高,一般布置在道路两侧、建筑物墙基或草坪四周等地。

(2)两面观赏花境　花境宽度一般为4~6 m宽。植物的配置为中央高,两边较低,因此,可供游人从两面观赏,通常两面观赏花境布置在道路、广场、草地的中央等地。

5. 花境的建设、养护

花境的建设、养护与花坛基本相同。但在栽植花卉的时候,根据布局,先种宿根花卉,再栽一、二年生花卉或球根花卉,经常剪残花,去枯枝,摘黄叶,对易倒伏的植株要支撑绑缚,秋后要清理枯枝残叶,对露地越冬的宿根花卉应采取防寒措施,栽后2~3年后的宿根花卉,要进行分株,以促进更新复壮。

(四)花柱

花柱作为一种新型绿化方式,越来越受到人们的青睐,它最大的特点是充分利用空间,立体感强,造型美观,而且管理方便。立体花柱四面都可以观赏,这样弥补了花卉平面应用的缺陷。

1. 花柱的骨架材料

花柱一般选用钢板冲压成10 cm间隔的孔洞(或钢筋焊接成),然后焊接成圆筒形。孔洞的大小要视花盆而定,通常以花盆中间直径计算。然后刷漆、安装,将栽有花草的苗盆(卡盆)插入孔洞内,同时花盆内部都要安装滴水管,便于灌水。

2. 常用的花卉材料

应选用色彩丰富、花朵密集且花期长的花卉。例如长寿花、三色堇、矮牵牛、四季海棠、天竺葵、早小菊、五色草等。

3. 花柱的制作

(1)安装支撑骨架　用螺丝等把花柱骨架各部分连接安装好。

(2)连接安装分水器　花柱等立体装饰,都配备相应的滴灌设备,并可实行自动化管理。

(3)卡盆栽花　把花卉栽植到卡盆中。进行花柱装饰的花卉会在室外保留时间较长,栽到花柱后施肥困难,因此应在上卡盆前施肥。施肥的方法:准备一块海绵,在海绵上放上适量缓释性颗粒肥料,再用海绵把基质包上,然后栽入卡盆。

(4)卡盆定植　把卡盆定植到花柱骨架的孔洞内,把分水器插入卡盆中。

(5)养护管理　定期检查基质干湿状况,及时补充水分;检查分水器微管是否出水正常,保证水分供应;定期摘除残花,保证最佳的观赏效果;对一些观赏性变差的植株要定期更换。

(五)花篱

利用蔓性和攀缘类花卉可以构成篱栅、棚架、花廊;还可以点缀门洞、窗格和围墙。既可收到绿化、美化之效果,又可起防护、蔽荫的作用,给游人提供纳凉、休息的场所。

在篱垣上常利用一些草本蔓性植物作垂直布置,如牵牛花、茑萝、香豌豆、苦瓜、小葫芦等。这些草花重量较轻,不会将篱垣压歪压倒。棚架和透空花廊宜用木本攀缘花卉来布置,如紫藤、凌霄、络石、葡萄等它们经多年生长后能布满棚架,经多年生长具有观花观果的效果,同时又兼有遮阳降温的功能。采用篱、垣及棚架形式,还可以补偿城市因地下管道距地表近,不适于栽树的弊端,有效地扩大了绿化面积,增加城市景观,保护城市生态环境,改善人民生活质量。

特别应该提出的是攀缘类月季与铁线莲,具有较高的观赏性,它可以构成高大的花柱,也可以培养成铺天盖地的花屏障,既可以弯成弧形做拱门,也可以依着木架做成花廊或花凉棚,在园林中得到广泛的应用。

在儿童游乐场地常用攀缘类植物组成各种动物形象。这需要事先搭好骨架,人工引导使花卉将骨架布满,装饰性很强,使环境气氛更为活跃。

(六)篱垣及棚架

用开花植物栽植、修剪而成的园林中较为精美的绿篱或绿墙。主要花卉有栀子花、杜鹃花、茉莉花、六月雪、迎春、凌霄、木槿、麻叶绣球、日本绣线菊等。

花篱按养护管理方式可分为自然式和整形式,自然式一般只施加少量的调节生长势的修剪,整形式则需要定期进行整形修剪,以保持体形外貌。在同一景区,自然式花篱和整形式花篱可以形成完全不同的景观,根据具体环境灵活运用。

花篱的栽植方法是在预定栽植的地带先行深翻整地,施入基肥,然后视花篱的预期高度和种类,分别按 20 cm、40 cm、80 cm 左右的株距定植。定植后充分灌水,并及时修剪。养护修剪原则是:对整形式花篱应尽可能使下部枝叶多见阳光,以免因过分荫蔽而枯萎,因而要使树冠下部宽阔,愈向顶部愈狭,通常以采用正梯形或馒头形为佳。对自然式花篱必须按不同树种的各自习性以及当地气候采取适当的调节树势和更新复壮措施。

(七)专类园

花卉种类繁多,而且有些花卉又有许多品种,观赏性很高。把一些具有一定特色、栽培历史悠久、品种变种丰富、具有广泛用途和很高观赏价值的花卉,加以搜集,集中栽植,布置成各类专类园。如梅园、牡丹园、月季园、鸢尾园、水生花卉专类园、岩石园等,集文化、艺术、景观为一体,是很好的一种花卉应用形式。

1. 岩石园

以自然式园林布局,利用园林中的土丘、山石、溪涧等造型变化,点缀以各种岩生花卉,创造出更为接近自然的景色。岩生花卉的特点是耐瘠薄和干旱,它们大都喜欢紫外线强烈、阳光充足和冷凉的环境条件。因为它们都生长在千米以上的高山上,把这类植物拿到园林的岩石园内栽植时,大多不适应平原地区的自然环境,在盛夏酷暑季节常常死亡。除了海拔较高的地区外,一般大多数高山岩生花卉难以适应生长,所以实际上应用的岩生花卉主要是由露地花卉中选取,选用一些低矮、耐干旱瘠薄的多年生草花,也需要有喜阴湿的植物,如秋海棠类、虎耳草、苦苣苔类、蕨类等。

2. 水生花卉专类园

中国园林中常用一些水生花卉作为种植材料,与周围的景物配合,扩大空间层次,使环境艺术更加完美动人。水生花卉可以绿化、美化池塘,湖泊等大面积的水域,也可以装点小型水池,并且还有一些适宜于沼泽地或低湿地栽植。在园林中常专设一区,以水生花卉和经济植物为材料,布置成以突出各种水景为主的水景园或沼泽园。

在园林种各种水生花卉使园林景色更加丰富生动,可以改善单调呆板的环境气氛,还可以利用水生花卉的一些经济用途来增加经济收入。同时还起着净化水质,保持水面洁净,抑制有害藻类生长的作用。

在栽植水生花卉时,应根据水深、流速以及景观的需要,分别采用不同的水生植物来美化。如沼泽地和低湿地常栽植千屈菜、香蒲等。静水的水池宜栽植睡莲、王莲。水深 1 m 左右,水流缓慢的地方可栽植荷花,水深超过 1 m 的湖塘多栽植萍蓬草、凤眼莲等。

二、盆花应用与布置

盆栽花卉是环境花卉装饰的基本材料,具有布置更换方便、种类形式多样、观赏期长,而且四季都有开花、适应性强等优点。另外,盆栽花卉种类形式多样,花朵大小、花形、花色、叶形、叶色、植株大小等可供选择的余地大,为装点环境提供了有利的条件。盆栽花卉适应性广,不同程度的光照、水分、温度、湿度等环境都有与之相适应的盆栽花卉。盆栽花卉四季都有开花的种类,且花期容易调控,可满足许多重大节日和临时性重大活动的用花。现在广泛应用于宾馆、饭店、写字楼、娱乐中心、度假村等场所,已逐渐形成盆花租摆的业务。

(一)盆花的分类

1. 依据盆花高度(包括盆高)分类

(1)特大盆花 200 cm 以上。

（2）大型盆花　130～200 cm。

（3）中型盆花　50～130 cm。

（4）小型盆花　20～50 cm。

（5）特小型盆花　20 cm 以下。

2. 依据盆花的形态分类

（1）直立型盆花　植株生长向上伸展，大多数盆花属于此类。如朱蕉、仙客来、四季海棠、杜鹃等，是环境布置的主体材料。

（2）匍匐型盆花　植株向四周匍匐生长，有的种类在节间处着地生根，如吊竹梅、吊兰等，是覆盖地面或垂吊观赏的良好材料。

（3）攀缘性盆花　植株具有攀缘性或缠绕性，可借助他物向上攀升，如文竹、常春藤、绿萝等，可美化墙面、阳台、高台等，或以各种造型营造艺术氛围。

（二）盆花的主要应用形式

1. 室外应用

（1）平面式布置　用盆花水平摆放成各种图形，其立面的高度差较小，适用于小型布置。用花种类不宜过多，其四面观赏布置的中心或一面观赏布置的背面中部最好有主体盆花，以使主次分明，构成鲜明的艺术效果。也可布置成花境、连续花坛等，主要运用于较小环境的布置，如院落、建筑门前或小路两旁等，或在大型场合中作局部布置。

（2）立体式布置　多设置花架，将盆花码放架上，构成立面图形。花架的层距要适宜，前排的植株能将后排的花盆完全掩盖，最前一排用观叶植物镶边，如天门冬、肾蕨等，利用它们下垂的枝叶挡住花盆。用于大型花坛布置。图案和花纹不宜过细，以简洁、华丽、庄重为宜。立体式布置多设置在门前广场、交叉路口等处。

（3）盆花造境　按照设计图搭成相应的支架，将盆花组合成设计的图案，再配以人造水体，如喷泉、人造瀑布等。如每年"十一"各地广场都有许多大型植物造境。

露地环境气温较高，阳光强烈，空气湿度小，通风较好，选用的盆花要适宜这样的环境条件。如一串红、天竺葵、瓜叶菊、冷水花、南洋杉、一品红、叶子花、榕树、海桐等。

2. 室内应用

（1）正门内布置　多用对称式布置，常置于大厅两侧，因地制宜，可布置两株大型盆花，或成两组小型花卉布置。常用的花卉有：苏铁、散尾葵、南洋杉、鱼尾葵、山茶花等。

（2）盆花花坛　多布置在大厅、正门内、主席台处。依场所环境不同可布置成平面式或立体式，但要注意室内光线弱，选择的花卉光彩要明丽鲜亮，不宜过分浓重。

（3）垂吊式布置　在大厅四周种植池中摆放枝条下垂的盆花，犹如自然下垂的绿色帘幕，轻盈，十分美观。或置于室内角落的花架上，或悬吊观赏，均有良好的艺术效果。常用的花卉有：绿萝、常春藤、吊竹梅、吊兰、紫鸭趾草等。

（4）组合盆栽布置　组合盆栽是近年流行的花卉应用，强调组合设计，被称为"活的花艺"。将草花设计成组合盆栽，并搭配一些大小不等的容器，配合株高的变化，以群组的方式放置。另外，还可以根据消费者的爱好，随意打造一些理想的有立体感的组合景观。

（5）室内角隅布置　角隅部分是室内花卉装饰的重要部位，因其光线通常较弱，直射光较少,所以要选用一些较耐弱光的花卉,大型盆花可直接置于地面,中小型盆花可放在花架上。如巴西铁、鹅掌柴、棕竹、龟背竹、喜林芋等。

(6)案头布置　多置于写字台或茶几上,对盆花的质量要求较高,要经常更换,宜选用中小型盆花,如兰花、文竹、多浆植物、杜鹃花、案头菊等。

(7)造景式布置　多布置在宾馆、饭店的四季厅中。可结合原有的景点,用盆花加以装饰,也可配合水景布置。一般的盆栽花卉都可以采用。

(8)窗台布置　窗台布置是美化室内环境的重要手段。南向窗台大多向阳干燥,宜选抗性较强的虎刺、虎尾兰和仙人掌类及多浆植物,以及茉莉、米兰、君子兰等观赏花卉;北向窗台可选择耐阴的观叶植物,如常春藤、绿萝、吊兰和一叶兰等。窗台布置要注意适量采光及不遮挡视线为宜。

(三)盆花的装饰设计

1. 大门口的绿化装饰

大门是人的进出必经之地,是迎送宾客的场所,绿化装饰要求朴实、大方、充满活力,并能反映出单位的明显特征。布置时,通常采用规则式对称布置,选用体形壮观的高大植物配置于门内外两边,周围以中小形花卉植物配置2～3层形成对称整齐的花带、花坛,使人感到亲切明快。

2. 宾馆大堂的绿化装饰

宾馆的大堂,是迎接客人的重要场所。对整体景观的要求,要有一个热烈、盛情好客的气氛,并带有豪华富丽的气魄感,才会给人留下美满深刻的印象。因此在植物材料的选择上,应注重珍、奇、高、大,或色彩绚丽,或经过一定艺术加工的富有寓意的植物盆景。为突出主景,再配以色彩夺目的观叶花卉或鲜花作为配景。

3. 走廊的绿化装饰

此处的景观应带有浪漫色彩,使人漫步于此,有着轻松愉快的感觉。因此,可以多采用具有形态多变的攀缘或悬垂性植物,此类植物茎枝柔软,斜垂盆外,临风轻荡,具有飞动飘逸之美,使人倍感轻快,情态宛然。

4. 居住环境绿化装饰

首先要根据房间和门厅大小、朝向、采光条件选择植物。一般说,房间大的客厅,大门厅,可以选择枝叶舒展、姿态潇洒的大型观叶植物,如棕竹、橡皮树、南洋杉、散尾葵等,同时悬吊几盆悬挂植物,使房间显得明快,富有自然气息。大房间和门厅绿化装饰要以大型观叶植物和吊盆为主,在某些特定位置,如桌面,柜顶和花架等处点缀小型盆栽植物;若房间面积较小,则宜选择娇小玲珑、姿态优美的小型观叶植物,如文竹、袖珍椰子等。其次要注意观叶植物的色彩、形态和气质与房间功能相协调。客厅布置应力求典雅古朴,美观大方,因此要选择庄重幽雅的观叶植物。墙角宜放置苏铁、棕竹等大中型盆栽植物,沙发旁宜选用较大的散尾葵、鱼尾葵等,茶几和桌面上可放1～2盆小型盆栽植物。在较大的客厅里,可在墙边和窗户旁悬挂1～2盆绿萝、常春藤。书房要突出宁静、清新、幽雅的气氛,可在写字台放置文竹,书架顶端可放常春藤或绿萝。卧室要突出温馨和谐,所以宜选择色彩柔和、形态优美的观叶植物作为装饰材料,利于睡眠和消除疲劳。微香有催眠入睡之功能,因此植物配置要协调和谐,少而静,多以1～2盆色彩素雅,株型矮小的植物为主。忌色彩艳丽、香味过浓、气氛热烈。

5. 办公室的绿化装饰

办公室内的植物布置,除了美化作用外,空气净化作用也很重要。由于电脑等办公设备的增多,辐射增加,所以采用一些对空气净化作用大的植物尤为重要。可选用绿萝、金琥、巴西木、吊兰、荷兰铁、散尾葵、鱼尾葵、马拉巴栗、棕竹等植物。另外由于空间的限制,采用一些垂吊植物也可增加绿化的层次感。在窗台、墙角及办公桌等点缀少量花卉。

6. 会议室的绿化装饰

布置时要因室内空间大小而异。中小型会议室多以中央的条桌为主进行布置。桌面上可摆放插花和小型观叶、观花类花卉,数量不能过多,品种不宜过杂。大型会议室常在会议桌上摆上几盆插花或小型盆花,在会议桌前整齐地摆放1～2排盆花,可以是观叶与观花植物间隔布置,也可以是一排观叶,一排观花的。后排要比前排高,其高矮以不超过主席台会议桌为宜,形成高矮有序、错落有致,观叶、观花相协调的景观。

7. 展览室与陈列室绿化装饰

展览室与陈列室常用盆花装饰。如举办书画或摄影展览,一般空地面积较大,但决不能摆设盆花群,更不能用观赏价值较高,造型奇特或特别引人注目的盆花进行摆设,否则会喧宾夺主,使画展、影展变成花展,分散观众的目标。布置的目的是协调空间、点缀环境,其数量一般不多,仅于角隅、窗台或空隙处摆放单株观叶盆花即可。如橡皮树、蒲葵、苏铁、棕竹等。

8. 各种会场绿化装饰

(1)严肃性的会场　要采用对称均衡的形式布置,显示出庄严和稳定的气氛,选用常绿植物为主调,适当点缀少量色泽鲜艳的盆花,使整个会场布局协调,气氛庄重。

(2)迎、送会场　要装饰得五彩缤纷,气氛热烈。选择比例相同的观叶、观花植物,配以花束、花篮,突出暖色基调,用规则式对称均衡的处理手法布局,形成开朗、明快的场面。

(3)节日庆典会场　选择色、香、形俱全的各种类型植物,以组合式手法布置花带、花丛及雄伟的植物造型等景观,并配以插花、花篮等,使整个会场气氛轻松、愉快、团结、祥和,激发人们热爱生活、努力工作的情感。

(4)悼念会场　应以松柏常青植物为主体,规则式布置手法形成万古长青、庄严肃穆的气氛。与会者心情沉重,整体效果不可过于冷感,以免加剧悲伤情绪,应适当点缀一些白、蓝、青、紫、黄及淡红的花卉,以激发人们化悲痛为力量的情感。

(5)文艺联欢会场　多采用组合式手法布置,以点、线、面相连装饰空间,选用植物可多种多样,内容丰富,布局要高低错落有致。色调艳丽协调,并在不同高度以吊、挂方式装饰空间,形成一个花团锦簇的大花园,使人感到轻松、活泼、亲切、愉快,得到美的享受。

(6)音乐欣赏会场　要求以自然手法布置,选择体形优美、线条柔和、色泽淡雅的观叶、观花植物,进行有节奏的布置,并用有规律的垂吊植物点缀空间,使人置身于音乐世界里,聚精会神地去领略那和谐动听的乐章。

三、花卉租摆

随着人们物质文化水平的不断提高,绿化、美化环境的意识也在逐渐加强,花卉租摆作为一种新的行业也逐渐兴起。

(一)花卉租摆的内涵

花卉租摆是以租赁的方式,通过摆放、养护、调换等过程来保证客户的工作生活环境、公共场所等始终摆放着常看常青、常看常新的花卉植物的一种经营方式。花卉租摆不仅省去了企事业单位和个人养护花卉的麻烦,而且专业化的集约经营为企事业单位和个人提供了以低廉的价格便可摆放高档花卉的可能,符合现代人崇尚典雅,崇尚自然的理念。花卉租摆服务业必然随着我国社会经济的飞速发展,随着人们对花卉植物千年不变的情结而蓬勃发展,走进千家万户,走进每一个角落。

(二)花卉租摆的具体操作方法及要求

1. 花卉租摆的条件

(1)从事花卉租摆业必须有一个花卉养护基地,有足够数量的花卉品种作保证。一般委托租摆花卉的单位,如商场、银行、宾馆、饭店、写字楼、家庭等的花卉摆放环境与植物生长的自然环境是不同的,大多数摆放环境光照较弱,通风不畅,昼夜温差小,尤其在夏季有空调,冬季有暖气时,室内湿度小,给植物的自然生长造成不利影响,容易产生病态,甚至枯萎死亡。花卉摆放一段时间后可更换下来送回到养护基地,精心养护,使之恢复到健康美观的状态。更换时间一般根据花卉品种及摆放环境的不同而不同。

(2)过硬的养护管理技术,掌握花卉的生长习性,对花卉病虫害要有正确的判断,以便随时解决租摆过程中花卉出现的问题。

2. 花卉租摆的操作过程

(1)签订协议　花卉租摆双方应签订一份合同协议书,合同内容应对双方所承担的责任和任务加以明确。

(2)租摆设计　包括针对客户个性进行花卉材料设计、花卉摆放方式设计和对特殊环境要求下的花卉设计。视具体情况,如有的大型租摆项目还要制作效果图使设计方案直观易懂。

(3)材料准备　选择株型美观、色泽好、生长健壮的花卉材料及合适的花盆容器;修剪黄叶,擦拭叶片,使花卉整体保持洁净;节假日及庆典等时期为烘托气氛还可对花盆进行装饰。

(4)包装运输　花卉进行必要的包装、装车并运送到指定地点。

(5)现场摆放　按设计要求将花卉摆放到位,以呈现花卉最佳观赏效果。

(6)日常养护　包括浇水、保持叶面清洁、修剪黄叶、定期施肥、预防病虫害发生。

(7)定期检查　检查花卉的观赏状态、生长情况,并对养护人员的养护服务水平进行监督考核。

(8)更换植物　按照花卉生长状况进行定期更换及按照合同条款定期更换。

(9)信息反馈　租摆公司负责人与租摆单位及时沟通,对租摆花卉的绿化效果进行调查并进行改善;对换回的花卉精心养护使其复壮。

3. 花卉租摆材料选择

在进行花卉租摆时，所用花卉与环境的协调程度直接影响到花卉的美化作用。从事花卉租摆要充分考虑到花卉的生理特性及观赏性，根据不同的环境选择合适的花卉进行布置，同时要加强管理，保证租摆效果。租摆材料的选择是关键。选择的材料好，不仅布置效果好，而且可以延长更换周期，降低劳动强度和运输次数，从而降低成本。在具体选择花卉时，主要是根据花卉植物的耐阴性和观赏性以及租摆空间的环境条件来选择。

首先，考虑花卉植物的耐阴性，除了节日及重大活动在室外布置外，一般要求长期租摆的客户都是室内租摆，因此，选择耐阴性的花卉显得尤为重要。它们主要包括万年青、竹芋、苏铁、棕竹、八角金盘、一叶兰、龟背竹、君子兰、肾蕨、散尾葵、发财树、红宝石、绿巨人、针葵等。

其次，要考虑花卉植物的观赏性。室内租摆以观叶植物为主，它们的叶形、叶色、叶质各具不同观赏效果。叶的形状、大小千变万化，形成各种艺术效果，具有不同的观赏特性。棕榈、蒲葵属掌状叶形，使人产生朴素之感；椰子类叶大，羽状叶给人以轻快洒脱的联想，具有热带情调。叶片质地不同，观赏效果也不同，如榕树、橡皮树具革质的叶片，叶色浓绿，有较强反光能力，有光影闪烁的效果。纸质、膜质叶片则呈半透明状，给人以恬静之感。粗糙多毛的叶片则富野趣。叶色的变化同样丰富多彩，美不胜收，有绿叶、红叶、斑叶、双色叶等。总之，只有真正了解花卉的观赏性，才能灵活运用。

另外，在进行花卉摆放前要对现场进行全面调查，对租摆空间的环境条件有个大致了解，设计人员应先设计出一个摆放方案，不仅要使花卉的生活习性与环境相适应，还要使所选花卉植株的大小、形态及花卉寓意与摆放的场合和谐，给人以愉悦之感。

4. 花卉租摆的管理

(1)在养护基地起运花卉植物时，应选无病虫害，生长健壮，旺盛的植株，用湿布抹去叶面灰尘使其光洁，剪去枯叶黄叶。一般用泥盆栽培的花卉都要有套盆，用以遮蔽原来植株容器的不雅部分，达到更佳的观赏效果。

(2)在摆放过程中的管理。包括水的管理和清洁管理。水的管理很重要，花卉植物不能及时补充水分很容易出现蔫叶、黄叶现象，尤其是在冬、夏季有空调设备的空间，由于有冷风或暖风，使得植物叶面蒸发量大，容易失水，管护人员要根据植物种类和摆放位置来决定浇水的时间、次数及浇水量，必要时往叶面上喷水，保持一定的湿度。用水时，对水质也要多加注意。管理人员应经常用湿布轻抹叶面灰尘使其清洁。此外，还应经常观察植株，及时剪除黄叶、枯叶，对明显呈病态有碍观赏效果的植株及时撤回养护基地养护。由于打药施肥容易产生异味，对环境造成污染，所以一般植物在摆放期间不喷药施肥，可根据植株需要在养护基地进行处理。

(3)换回植株的养护管理。植株换回后要精心养护，使之能够早日恢复健壮。先剪掉枯叶、黄叶再松土施肥，最后保护性地喷1次杀菌灭虫药剂，然后进行正常管理。

四、花卉的其他用途

长期以来，花卉作为美的使者，主要供人们观赏，并美化环境。然而近年来，随着经济文化的进步和食品工业的迅猛发展，作为植物之精华的花类成为食品和保健食品的主料或配料、食品工业的原料,与人们生活紧紧联系起来。

(一)药用

花卉中许多种类既可供观赏又具药用价值,据统计,在已知的植物花卉中,有77%的花卉能直接药用,另外还有3%的花卉经过加工后也可以药用。如菊花的药用价值早已为世人公认。据《本草纲目》记载:"菊花能除风热,宜肝补阴"。还能散风清热,明目解毒。现代医学验证菊花中含有菊甙、胆碱、腺嘌呤、水苏碱等,还含有龙脑、龙脑乙酯、菊花酮等挥发油,对痢疾杆菌、伤寒杆菌、结核杆菌、霍乱病菌均有抑制作用。食用菊花还可降低血液中的血脂和胆固醇,可预防心脏病的发生。另外菊花中还含有丰富的硒,能抗衰老,增强身体的免疫能力。

(二)食用

花卉食用,源远流长。《诗经》中有"采紫祁祁"之句,"紫"即白色小野菊。古人于入秋之际大批采集,既可入馔,又能入药。这被认为是食用鲜花的最早记载。屈原《离骚》中有"朝饮木兰之坠露兮,夕餐秋菊之落英"。可见当时已有食用菊花的先例。清代《餐芳谱》中详细叙述了20多种鲜花食品的制作方法。

现在,由于人们日益推崇"饮食回归自然",花卉已成为餐桌上的佳肴。花馔也向鲜、野、绿、生发展。在日本、美国,时兴"鲜花大餐",在法国、意大利、新加坡等国食花已成为新的饮食时尚。目前鲜花已成为世界流行的健康食品之一,深受世人喜爱。

1. 花卉食用种类

我国食用花卉的种类达100多种。根据食用器官不同,可分为以下几类:

(1)食花类 常见的食用鲜花种类有:菊花、紫藤、刺槐花、黄花菜、黄蜀葵、牡丹、荷花、兰花、百合、玉兰、梅花、蜡梅、蔷薇花、芙蓉花、杏花、丁香、啤酒花、芍药、梨花、蒲公英、芙蓉花等。还有一些种类不太普及,如金雀花、凤仙花、桃花、地黄、鸡冠花、美人蕉、杜鹃、牵牛花、紫荆花、锦带花、金盏菊、鸢尾、秋海棠、连翘、万寿菊、白兰花、昙花、紫罗兰、旱金莲、石斛花等。

(2)食茎叶类 菊花、马兰、薄荷、石刁柏、蜀葵、凤仙花、棕榈、木槿、仙人掌、地肤、蕨类等。

(3)食根及变态根、茎类 桔梗、天门冬、麦冬、荷花、山丹、百合、大丽菊、玉竹、芍药等。

(4)食种子或果实类 荷花、仙人掌、悬钩子、野蔷薇、枸杞、刺梨、山茱萸、沙棘、蜀葵、鸡冠花等。

2. 花卉食用方法

(1)直接食用 采鲜花烹制菜肴,熬制花粥,制作糕饼,采嫩茎叶做菜,是花卉最普遍的食用方式。常见可直接食用的种类有:菊花、紫藤、百合、黄花菜、蒲公英、梅花、桂花、玉兰、荷花、芙蓉花、木瑾、茉莉、兰花、月季、桃花、旱金莲、紫罗兰、芦荟、诸葛菜等。

(2)加工后食用 花卉可做成糖渍品,泡制成酒、茶,制作饮料等。桂花可制桂花糖、糕点、桂花酱、桂花酒,菊花可制菊花茶和菊花酒,其他的还有忍冬花茶、野菊花茶、茉莉花茶等。

3. 食用价值

花卉作食品主要是食用花瓣。可以说,可食花完美地体现了食品的三大功能:①色香味俱全,且外观美丽,色艳香鲜,风味独特;②营养价值高且全面,含极丰富的蛋白质、11 种氨基酸、脂肪、淀粉、14 种维生素、多种微量元素以及生物碱、有机酸、酯类等;③对人体有良好保健和疗效功能,常食可增强免疫、祛病益寿、养颜美容,并对中风后遗症、贫血、糖尿病有较好疗效。

(三)提取花色素及香料

花朵的香气,一般是由腺体或油细胞分泌的挥发性物质,给人以醇香馥郁、愉快舒畅的感受,有益于身心健康。有些花卉的花朵芳香物质的含量较高,适宜提取制成香料(精),因此,这类花卉常被作为香料植物栽培,如白兰、茉莉、珠兰、玫瑰、代代等。万寿菊,其花朵可作为提取脂溶性黄色素的工业原料。该色素广泛用于食品和饲料工业中,属纯天然产品,在国际市场供不应求,前景很好。

计 划 单

学习领域	花卉生产技术		
学习情境 12	花卉应用技术	学时	6
计划方式	小组讨论、成员之间团结合作共同制订计划		
序号	实施步骤		使用资源
制订计划说明			

	班级		第 组	组长签字	
	教师签字			日期	
计划评价	评语：				

决 策 单

学习领域	花卉生产技术		
学习情境 12	花卉应用技术	学时	6

方案讨论

方案对比	组号	任务耗时	任务耗材	实现功能	实施难度	安全可靠性	环保性	综合评价
	1							
	2							
	3							
	4							
	5							
	6							

方案评价	评语:

班级		组长签字		教师签字		日期	

材料工具单

学习领域	花卉生产技术						
学习情境12	花卉应用技术					学时	6
项目	序号	名称	作用	数量	型号	使用前	使用后
所用仪器仪表	1						
	2						
	3						
	4						
	5						
	6						
	7						
所用材料	1	花盆	盆花摆放	3 000 个	20 cm		
	2	铁丝	绑扎	50 kg			
	3						
	4						
	5						
	6						
	7						
	8						
所用工具	1	剪刀	修剪	50 把			
	2	浇水壶	浇水	30 个			
	3						
	4						
	5						
	6						
	7						
	8						
班级		第　　组	组长签字		教师签字		

实 施 单

学习领域	花卉生产技术		
学习情境 12	花卉应用技术	学时	6
实施方式	学生独立完成、教师指导		

序号	实施步骤	使用资源
1	花卉的应用形式	多媒体课件
2	花坛的摆放	实习基地
3	室内盆花的应用	花卉实验室
4	花卉的药用、食用	多媒体课件

实施说明：

　　通过多媒体课件上课,学生能够很清晰地看到园林绿地花卉应用的不同形式。通过在花卉的实习基地进行实地操作摆放,学生能很好地掌握花卉在园林中的应用。

班级		第 组	组长签字	
教师签字			日期	

作 业 单

学习领域	花卉生产技术		
学习情境 12	花卉应用技术	学时	6
作业方式	资料查询、现场操作		
1	露地花卉有哪些应用形式？		
作业解答：			
2	盆花的应用形式有哪些？		
作业解答：			
3	花卉租摆的条件及过程有哪些？		
作业解答：			
4			
作业解答：			
5			
作业解答：			

作业评价	班级		第 组	学号		姓名	
	教师签字		教师评分		日期		
	评语：						

检 查 单

学习领域	花卉生产技术		
学习情境 12	花卉应用技术	学时	6
序号	检查项目	检查标准	学生自检	教师检查
1	花坛方案的制订	准备充分,细致周到		
2	当地花卉应用调查实施情况	有组织,有分工,有利于提高效率		
3	教学过程中的课堂纪律	听课认真,遵守纪律,不迟到不早退		
4	实施过程中的工作态度	在工作过程中乐于参与		
5	上课出勤状况	出勤95％以上		
6	安全意识	无安全事故发生		
7	合作精神	能够相互协作,相互帮助		
8	实施结束后的任务完成情况	任务完成顺利,与组内成员合作融洽,报告中的花卉种类数量准确		

	班级		第 组	组长签字	
	教师签字			日期	
检查评价	评语:				

评 价 单

学习领域	花卉生产技术				
学习情境 12	花卉应用技术			学时	6
评价类别	项目	子项目	个人评价	组内互评	教师评价
专业能力 (60%)	资讯 (10%)	搜集信息(5%)			
		引导问题回答(5%)			
	计划 (10%)	计划可执行度(3%)			
		程序的安排(4%)			
		方法的选择(3%)			
	实施 (20%)	工作步骤执行(15%)			
		安全保护(5%)			
	结果 (10%)	育苗数量及成活率(10%)			
	作业 (10%)	完成质量(10%)			
社会能力 (20%)	团结协作 (10%)	小组成员合作良好(5%)			
		对小组的贡献(5%)			
	敬业精神 (10%)	学习纪律性(5%)			
		爱岗敬业、吃苦耐劳精神(5%)			
方法能力 (20%)	计划能力 (20%)	考虑全面、细致有序(20%)			

	班级		姓名		学号		总评	
	教师签字		第 组	组长签字			日期	
评价评语	评语：							

教学反馈单

学习领域	花卉生产技术			
学习情境 12	花卉应用技术	学时		6
序号	调查内容	是	否	理由陈述
1	你是否明确本学习情境的目标？			
2	你是否完成了本学习情境的学习任务？			
3	你是否达到了本学习情境对学生的要求？			
4	资讯的问题，你都能回答吗？			
5	你是否知道露地花卉在园林绿地中有哪些应用形式？			
6	你知道花坛花卉配置的原则吗？			
7	花坛配置常用的花卉你能说出多少种？			
8	你能够独立设计花坛吗？			
9	你知道花卉租摆的操作过程吗？			
10	你是否喜欢这种上课方式？			
11	通过几天来的工作和学习，你对自己的表现是否满意？			
12	你对本小组成员之间的合作是否满意？			
13	你认为本学习情境对你将来的学习和工作有帮助吗？			
14	你认为本学习情境还应学习哪些方面的内容？（请在下面回答）			
15	本学习情境学习后，你还有哪些问题不明白？哪些问题需要解决？（请在下面回答）			

你的意见对改进教学非常重要，请写出你的建议和意见：

调查信息		被调查人签字		调查时间	

参考文献

[1] 曹春英.花卉栽培.北京:中国农业出版社,2011.

[2] 陈俊愉.中国花卉品种分类学.北京:中国林业出版社,2001.

[3] 北京林业大学园林系花卉教研组.花卉学.北京:中国林业出版社,1990.

[4] 康亮.园林花卉学.北京:中国建筑工业出版社,1999.

[5] 芦建国,杨艳容.园林花卉.北京:中国林业出版社,2006.

[6] 张树宝.花卉生产技术.重庆:重庆大学出版社,2010.

[7] 鲁涤非.花卉学.北京:中国农业出版社,2003.

[8] 杨红丽.园艺植物生产技术(第三分册).河南农业职业学院.

[9] 郭维明,毛龙生.观赏园艺概论.北京:中国农业出版社,2001.

[10] 刘会超,王进涛,武荣花.花卉学.北京:中国农业出版社,2006.

[11] 陈俊渝,刘师汉.园林花卉.上海:上海科学技术出版社,1980.

[12] 包满珠.花卉学.北京:中国农业出版社,2006.

[13] 鲁涤飞.花卉学.北京:中国农业出版社,1998.

[14] 吴志华.花卉生产技术.北京:中国农业出版社,2005.

[15] 朱加平.园林植物栽培养护.北京:中国农业出版社,2001.

[16] 宋满坡.园艺植物生产技术.河南农业职业学院,2009.

[17] 杜莹秋.宿根花卉的栽培与应用.北京:中国林业出版社,2002.

[18] 金波.常用花卉图谱.北京:中国农业出版社,1998.

[19] 赵兰勇.商品花卉生产与经营.北京:中国农业出版社,1999.

[20] 卢思聪.室内盆栽花卉.北京:金盾出版社,1997.

[21] 谢国文.园林花卉学.北京:中国农业科学技术出版社,2005.